機器學習入門－R 語言

徐偉智、社團法人台灣數位經濟發展學會　編著

全華圖書股份有限公司

序言

筆者在大學院校已任教超過 20 年，回首來時路，唯一不變之處就是「永遠在變」，學習與教學的內涵與方式從未停止變化。回想筆者從小學至大學的學習經驗，有將近五分之一的學習時間都花在記憶知識上，也就是花許多時間成爲「博學強記」的人。我確信，那時還在念國中的自己一定記得李白是哪裡的人、字什麼？號什麼？只是現在忘得差不多了，不過沒關係，有 Google。

現在的學習環境已發生天翻地覆的改變，藉由 Google 搜尋可瞬間得到想要知道的知識，而且是以海量計。這讓筆者覺得早期的「博學強記」的學習方式眞的是浪費生命。從「Gooogle 什麼都有」的角度出發，那麼寫一本專業的實體書是否還有必要？或者，換個問法，從「Gooogle 什麼都有」的角度出發，若要寫一本書，那關鍵內容會是什麼？針對此大哉問，筆者的回答是書的內容必須能讓閱讀者具備進入 Google 巨量知識殿堂的一把鑰匙，也就是讀完書的內容後即具備「進入某專業領域 Google 大門」的能力，之後能知道要下哪些關鍵字、能判斷所搜尋到的知識與文獻的正確性、能規劃自學的學習路徑。本書的主題是「AI 機器學習」，編著的目的就是希望能讓閱讀者具備 AI 機器學習的入門知識與學理基礎。之後，若想進一步學習，可以讀懂 Google 找到的學習材料。

「人工智慧」、「AI」、「機器學習」、「深度學習」名詞到處飛舞，不少人將之視爲解決許多問題的萬靈丹，但對 AI 到底如何應用卻仍然茫然。從經驗中學習是機器學習的關鍵，這裡的經驗是以資料集 (Data Set) 的方式呈現。簡單來說，機器學習是 AI 的子集合，機器學習的目的是從給定的資料集學到詮釋資料集的模型 (Model)。一旦模型得到之後，就可以使用來預測、估計及分類新觀察值。

本書不從高深的數學講解機器學習，而是從實作的角度來講解，實作工具使用統計學家開發的 R 語言。本書使用 R 做爲實作的程式語言，而不是使用 Python，主要是著眼於以下幾點：

序言

(一) R 語言即便是非資訊背景的社會人文與管理領域都能輕鬆駕馭，可以說會 Excel 就很容易可以學會 R。R 很容易學的特徵之一是可以使用非常簡潔的代碼駕馭複雜的統計模型與 AI 機器學習演算法。

(二) R 語言第三方套件非常豐富，其中統計分析功能套件更是齊全好用，另外圖形繪製功能更是令人驚艷，透過 ggplot2 套件，幾乎可以畫出任何想呈現的圖。

(三) R 語言與 Python 不衝突，可以互相搭配。以 R 語言當做入門語言，再進階到 Python。之後可以使用 Python 進行資料前處理，再使用 R 做數據檢驗，最後使用 Python 開發 AI 應用程式。也就是可以將 R 視為 Python 的第三方套件。事實上，如果至 104 或 1111 人力銀行以 R 語言做為關鍵字，工作機會亦不在少數，而且許多人力需求都是與 Python 並列的程式語言技能要求。

本書的內容安排，首先釐清 AI、AI 技術、機器學習的差異，並從頭說明 R 程式語法，接著再以可實作的方式講解線性分類器、非線性分類器與線性迴歸模型。除了類神經網路分類器與決策樹模型之外，針對許多人覺得很神祕的支持向量機 (SVM, Support Vectors Machine) 分類器，本書也徹底解析其運作原理。最後一章則以淺顯易懂的方式講解 AI 模型的效能評估指標。如果你對召回率 (recall rate)、靈敏度 (Sensitivity)、精準度 (Precision rate)、正確率、偽陽性、偽陰性、ROC 曲線…等，總是存著一些理解的盲點，那麼這一章就是你的解答。

最後，祝各位讀者閱讀愉快。

編著者：徐偉智 2022-11

(目前任職國立高雄科技大學電腦與通訊工程系，智慧生活資通創新與服務中心，教授兼中心主任)

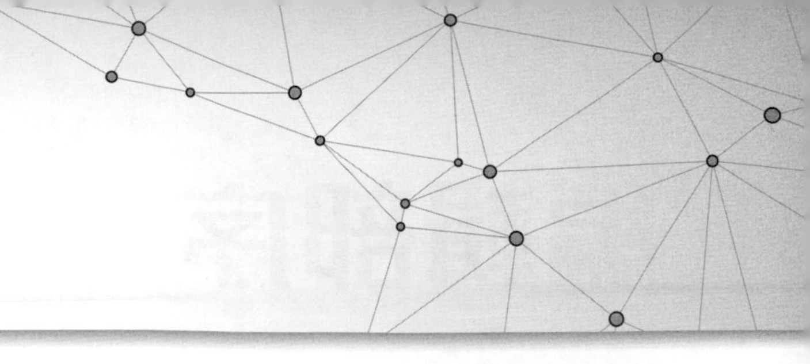

作者簡介

徐偉智

現任：

高雄科技大學電腦與通訊工程系教授

高科大 ESG 與數位科技應用中心主任

台灣數位經濟發展學會理事長

台灣專案管理學會理事

曾任：

國立高雄第一科技大學電腦與通訊工程系主任

國立高雄第一科技大學圖書資訊館館長

學歷：

台大電機系博士

台大電機系學士

建國高中

專長：

數位訊號處理、軟體系統分析與設計、AI、Blockchain、IoT、專案管理

信箱：

weichih2010@gmail.com

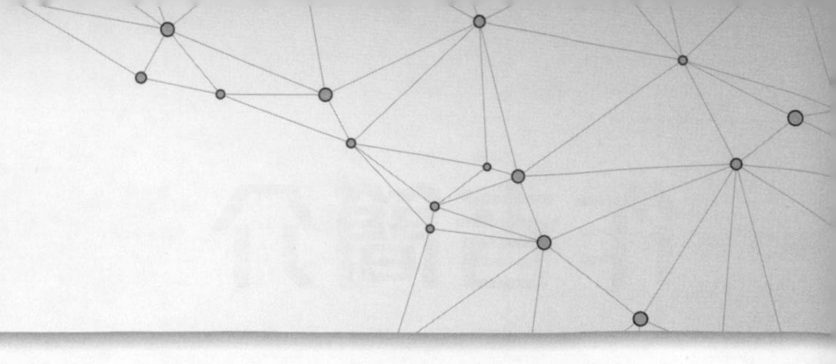

編輯部序

「系統編輯」是我們的編輯方針，我們所提供給您的，絕不只是一本書，而是關於這門學問的所有知識，他們由淺入深，循序漸進。

機器學習是AI人工智慧的基礎，而本書爲了讓讀者能夠輕易理解，所以從入門者角度做編寫外，藉由R的簡潔代碼，可以輕鬆駕馭繁雜的統計模型。書中先講述AI及R語言的介紹，從R安裝、基礎語法到進階語法，讓讀者對於能夠先掌握R語言，接著藉由R語言講述機器學習的各種實作項目，如資料分析、線性回歸模型及模型評估等，藉此能夠將R活用，並且對於機器學習有更進一步的認識。本書適用於大學、科大資工、電機、電子、電通系「機器學習」課程使用，也適用於非資訊相關科系之「人工智慧概論」課程。

同時，爲了使您能有系統且循序漸進研習相關方面的叢書，我們以流程圖方式，列出各有關圖書的閱讀順序，以減少您研習此門學問的探索時間，並能對這門學問有完整的知識。若您在這方面有任何問題，歡迎來函聯繫，我們將竭誠爲您服務。

相關叢書介紹

書號：06393007
書名：機率學(附參考資料光碟)
編著：姚賀騰
16K/368 頁/525 元

書號：0596902
書名：資料結構與演算法：使用 JAVA (第六版)
英譯：佘步雲
16K/608 頁/690 元

書號：06443007
書名：一行指令學 Python：用機器學習掌握人工智慧(附範例光碟)
編著：徐聖訓
16K/416 頁/500 元

書號：06068
書名：線性代數(第二版)
英譯：江大成.林俊昱.陳常侃
16K/720 頁/750 元

書號：19382
書名：人工智慧導論
編著：鴻海教育基金會
16K/228 頁/380 元

書號：05417747
書名：資料結構－使用 C 語言(第五版)(精裝本)(附範例光碟)
編著：蔡明志
20K/472 頁/490 元

書號：06148017
書名：人工智慧－現代方法(第三版)(附部份內容光碟)
英譯：歐崇明.時文中.陳 龍
16K/720 頁/800 元

◎上列書價若有變動，請以最新定價為準。

流程圖

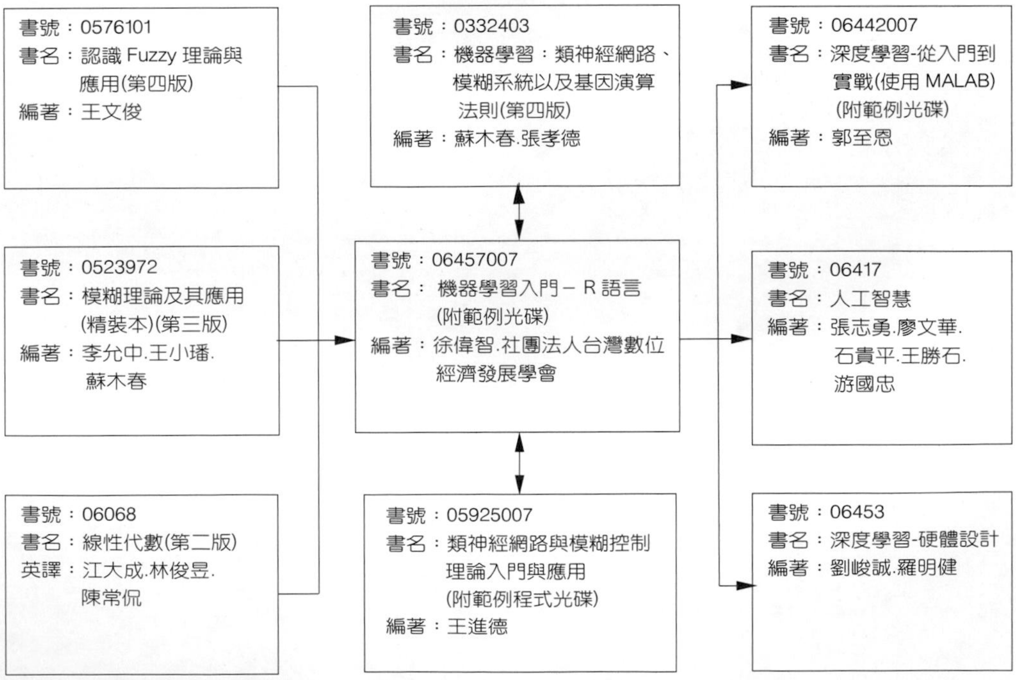

書號：0576101
書名：認識 Fuzzy 理論與應用(第四版)
編著：王文俊

書號：0523972
書名：模糊理論及其應用(精裝本)(第三版)
編著：李允中.王小璠.蘇木春

書號：06068
書名：線性代數(第二版)
英譯：江大成.林俊昱.陳常侃

書號：0332403
書名：機器學習：類神經網路、模糊系統以及基因演算法則(第四版)
編著：蘇木春.張孝德

書號：06457007
書名：機器學習入門－R 語言(附範例光碟)
編著：徐偉智.社團法人台灣數位經濟發展學會

書號：05925007
書名：類神經網路與模糊控制理論入門與應用(附範例程式光碟)
編著：王進德

書號：06442007
書名：深度學習-從入門到實戰(使用 MALAB)(附範例光碟)
編著：郭至恩

書號：06417
書名：人工智慧
編著：張志勇.廖文華.石貴平.王勝石.游國忠

書號：06453
書名：深度學習-硬體設計
編著：劉峻誠.羅明健

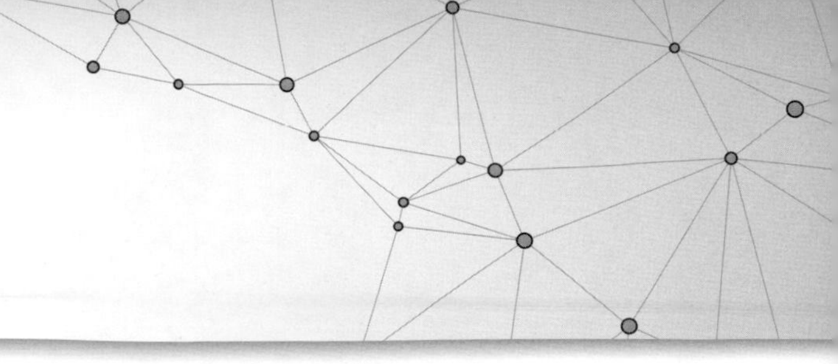

目錄

第 1 章　AI、AI 技術與 AI 應用

第 2 章　R 軟體安裝與使用

第 3 章　R 語言基礎編程語法

第 4 章　R 語言進階編程語法

第 5 章　R 資料分析的基本觀念

第 6 章　線性迴歸模型

第 7 章　線性分類器

第 8 章　非線性分類器

第 9 章　模型評估

1 AI、AI 技術與 AI 應用

1-1 人工智慧

談到人工智慧 (artificial intelligence,AI)，許多人眼睛都會爲之一亮，可見人類對 AI 的確有所憧憬。有一部電影「A.I. 人工智慧」，原著小說早在 1982 年之前即已完成，電影則在 2001 年上映，上映後即屢創票房。還有其它票房表現不俗的電影也在探討 AI 議題，例如「銀翼殺手」及「全民公敵」。由此可以看出，人們對 AI 想望之程度。

那 AI 到底是指甚麼？AI 會多麼像人類？其實，AI 最早的概念是指能夠通過圖靈測試 (Turing test) 而人們無法與眞人做區別的運算機器。1950 年代有一位英國數學家，艾倫 ‧ 圖靈 (Alan Turing)，他同時也是邏輯學家，被稱爲電腦科學之父。他發表了一篇論文：運算機器與智慧 (computing machinery and intelligence)，提出現在被稱爲圖靈測試 (Turing test) 的實驗。人類測試員透過螢幕與打字機之類的裝置，同時與在不同房間的人與電腦對談，人類測試員不知道人與電腦分別在哪一個房間，如果電腦的應答能夠騙倒測試員，讓測試員以爲它是眞人，那麼這台電腦就算通過了圖靈測試。

圖靈測試的步驟非常簡單，測試員事先準備好問題，對在不同房間的人與電腦提問，然後根據他們的回答辨識房間裡的答題者是人還是電腦。換句話說，電腦如果能在對話過程中充分表現「人性」，就可以讓測試員以爲是在與眞人互動。

雖然經過許多研究者的努力，目前仍然沒有電腦通過圖靈測試，最多只能達到某種程度的近似。

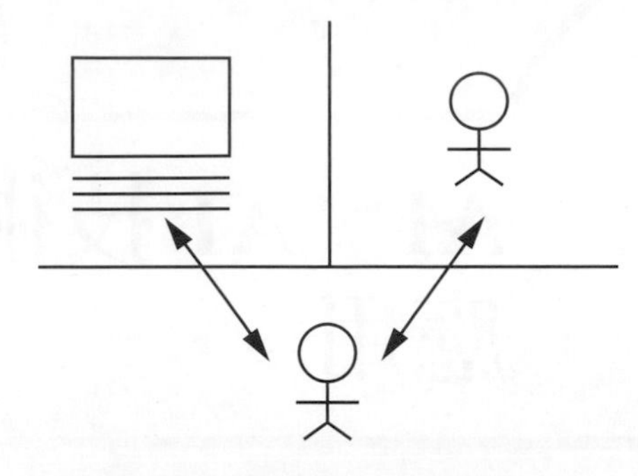

▲圖 1-1　圖靈測試的示意圖。

談到 AI 的應用，我們不應期待 AI 取代人來思考事情，而是期待 AI 可以幫助我們思考得更完整，決策能更精準。

AI 的應用例，不勝枚舉。在預測上的應用上，有些企業使用需求預測技術，先透過多維度的時間序列歷史資料以機器學習方式，預測未來需求，並依預測結果做出以「需求導向」(demand-driven) 的決策。國際調研機構 Gartner 指出，企業以「需求導向」做決策，平均可降低 15～30% 的庫存成本。美國賽仕軟體 (SAS) 公司是財富 500 強企業，使用最多的軟體供應商。在網頁「讓 AI 入魂，精準預測你的需求與庫存」，舉出 3 個 AI 應用案例分別是：

1. 美國本田公司 (American Honda Motor) 爲了務實控制生產管理成本，希望能夠掌握客戶未來的需求會在何時發生，因此尋求導入預測技術。將 1,200 個經銷商的客戶銷售與維修資料建立預測模型，推估未來幾年內車輛回到經銷商維修的數量，這些資訊進一步轉爲各項零件預先準備的指標。該轉變讓美國本田做到預測準確度高達 99%，並降低 3 倍的客訴時間。

圖片來源：HONDA 官網

2. 老字號品牌 Levi's 利用分析功能掌握數百萬名全球各地消費者的需求，以及客戶所在地區特殊性與購買行為，還透過單一視圖平台做全球各分部銷售預估策略的溝通管道，並且應用需求預測的技術做出商品規劃、鋪貨以及庫存計畫。Levi's 因受惠於能確保經銷商和批發商維持最佳庫存量，且能有效掌握各地每種造型的需求量，每年為 Levi's 全球的生產流程節省 1.75 至 2 億美元 (約 52.5 至 60 億新台幣)。

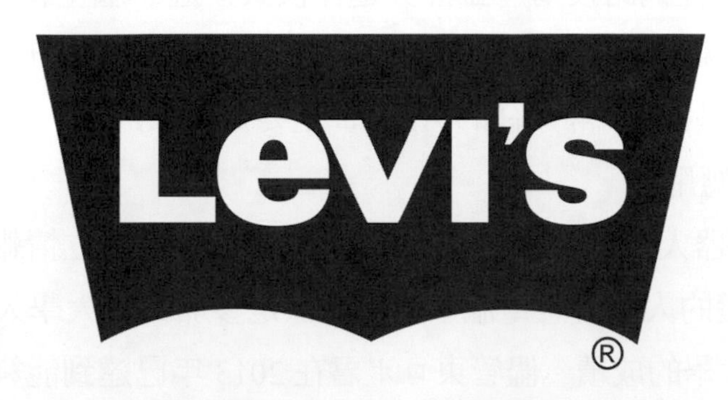

圖片來源：Levi's 官網

3. 雀巢 Nestle 很在乎銷售預測，因為這會影響到原物料的採購量。原物料不似維修零件，一旦超訂，過了保鮮期就只有銷毀一途。雀巢有上千種商品，在製造廠有許多產線與人力配置、倉儲 / 物流中心運量大，還有廣大的銷售通路等。雀巢將總體經濟、季節氣象資訊等時間序列變因納入考慮，加上客群的喜好，以及商品促銷事件也放入統計模型中。結果，雀巢除了提升 9% 商品銷量預測精準度、降低庫存成本外，也能為商品估算出更好的保鮮期提供更好的估算。

圖片來源：Nestle 官網

1-2 AI 技術

AI 當然要透過 AI 技術來實現。然而，目前的 AI 技術尚無法實現人類對 AI 的想望，也就是能像人類一樣思考而且比人類更聰明的電腦的那個時間點 (奇點，singularity) 尚未來到。「AI」與「AI 技術」，這是兩個完全不同的概念，前者是人類的想望，後者是實現此種想望的技術。即使模擬「神經元」的訊息傳導模式所發展出來的類神經網路技術，雖然其運作模式接近無腦生物 (如海星) 的神經元，但是從無腦生物再到會思考的人類大腦之間，運作機制的差異其實有著非常非常遙遠的距離。目前非常火紅的 AI 其實主要是指 AI 技術，而 AI 應用的正確說法是 AI 技術的應用。

東ロボ君 (機器人小東君) 是 2011~2016 年，由日本國立情報學研究所主導、東京大學負責開發的人工智慧電腦。開發目標是參加日本大學入學考試，並能取得足以考取東京大學的成績。儘管東ロボ君在 2013 年已達到能夠考取日本前段班公私立大學部分科系的能力，但「閱讀理解力」一直無法突破現今人工智慧技術的極限，因而在 2016 年計畫中止。計畫主要成員，新井紀子博士所著的《AI vs 教科書が読めない子供たち》(「人工智慧 vs 無法閱讀教科書的孩子們」) 此書已名列其出版社一東洋經濟新潮社 2018 年度最暢銷書籍之一。本書提出三個重點：(1) 現今已知的人工智慧尚未進步到具有思考能力；(2) 政府應改變思維模式來因應 AI 時代；(3) 人力危機來臨：AI 技術的程度已足以勝任多數人類的工作，而現今教育制度不符合 AI 時代的需求。這三個觀點很適合最為 AI 時代的註腳。

AI 技術可以分成四大類：符號智慧 (symbolic intelligence)、計算智慧 (computatonal intelligence)、機器感知 (machine perception)、機器學習 (machine learning)。符號智慧是指人工智慧技術中，使用基於人類可讀的高階符號來表示問題、推論和搜索的方法的集合。符號人工智慧最典型的例子是專家系統，使用人類可讀的符號來建立規則，藉此進行推論。所產出的規則是以類似「If-Then-Else 語句的關係」來連接符號，形成規則推論網路。計算智慧的主要目的之一是從許許多多的可能路經中尋找最佳化的一個，例如基因演算法。機器感知是使電腦或機器具有類似人的感知能力，它是電腦或機器獲取外部訊息的重要途徑；模式識別 (pattern recognition)、自然語言處理、語音識別等都屬於機器感知 AI 技術。機器學習主要是透過收集到的過往資料與經驗中進行學習，並且找到這些資料的詮釋規則，也就是找到可以描述這些資料的模型 (model)。

目前一些大家常聽到的類神經網路 (neural network)、決策樹 (decision tree)、支援向量機 (supporting vector machine)、迴歸 (regression)…等都是機器學習技術的一種。許多人也常聽到的深度學習 (deep learning)，也是機器學習的一種，它是基於類神經網路所發展起來的技術。

AI、機器學習、深度學習的關係，如圖 1-2 所示。最大圈是 AI，機器學習是 AI 的子集合，而深度學習則是機器學習的子集合。

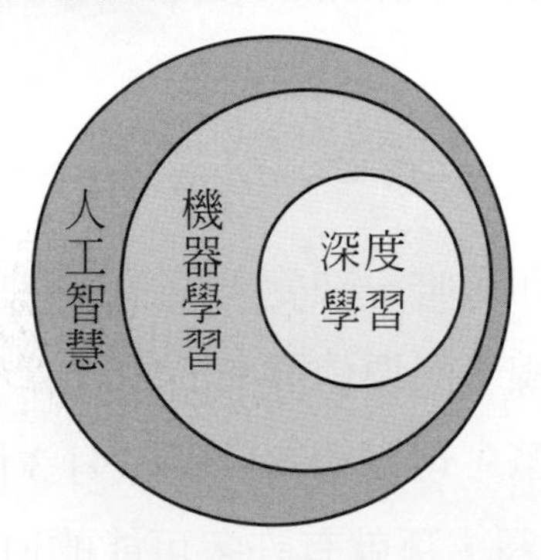

▲圖 1-2　人工智慧、機器學習、深度學習的關係

機器學習所需要的過往資料或經驗的集合叫作資料集 (dataset)。而 AI 技術裡最重要的一個觀點是塑模 (modeling)，運用資料集的機器學習塑模架構，如圖 1-3 所示：

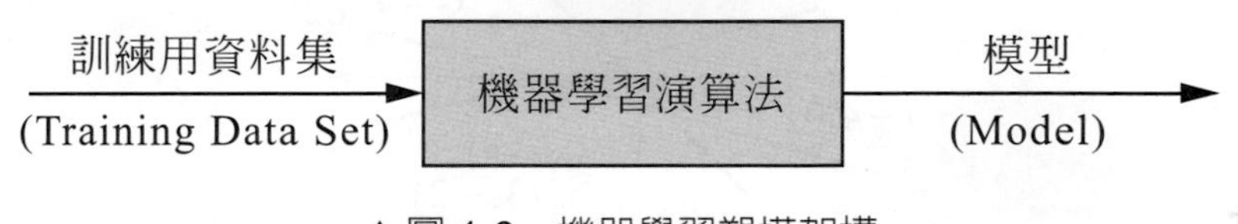

▲圖 1-3　機器學習塑模架構

機器學習演算法的輸出就是模型，給定訓練用資料集之後，經過演算法的運算後就會輸出模型。這是假設資料集可以運用某一種方式詮釋，至於詮釋的方式可以是數學或非數學形式。底下就以給定 2 個二維座標點，(3,3),(–4,0) 為例做說明。假設這 2 個座標點可以使用一條直線詮釋，也就是會有一條直線通過這 2 點，如圖 1-4 所示。

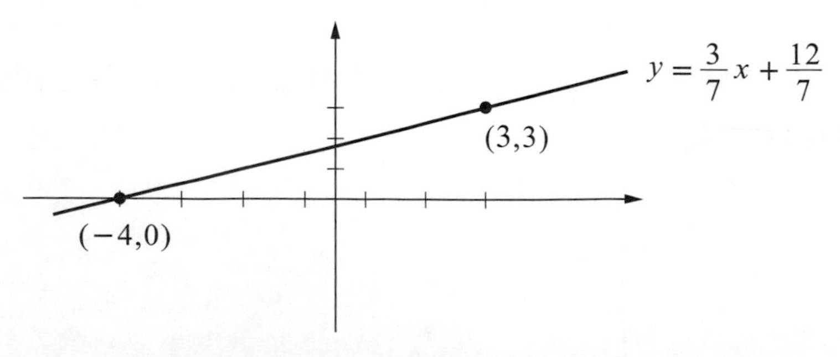

▲圖 1-4　兩個資料點使用直線詮釋

國中數學就已學過直線方程式的數學表示爲 $y = ax+b$，這裡的 a 是斜率 (slope)，b 是截距 (intercept)。將 2 個座標點 (3,3) 及 (–4,0) 代入方程式可解出 a 及 b，因爲兩個未知數只需兩道方程式即可解出。解題過程如下：

$$\begin{cases} 3 = 3a + b \\ 0 = -4a + b \end{cases} \Rightarrow \begin{cases} 3a + b = 3 & \text{..................} ① \\ -4a + b = 0 & \text{..................} ② \end{cases}$$

由②知 $b = 4a$，代入①得 $3a+4a = 3 \Rightarrow 7a = 3 \Rightarrow a = \frac{3}{7}$, $b = \frac{12}{7}$ 。

就二維平面而言，2 點即可唯一決定一條直線，也就是如果資料集只有這 2 筆資料點，那要決定這條直線，只要依照前面的計算步驟，即可解出。

然而資料集通常不只 2 筆，現在給定資料點有 3 個，(3,3),(–4,0),(3,–2)，假設這 3 點可以使用一條直線詮釋，那就有許多可能的直線，如圖 1-5 所示，我們只列出 3 種可能性 $L1$、$L2$、$L3$。

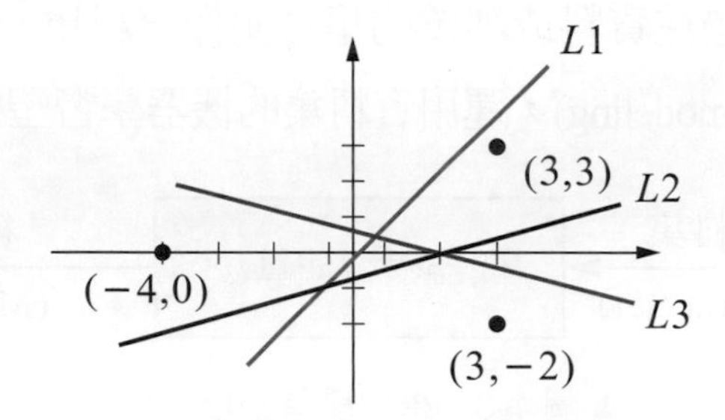

▲圖 1-5　給定 3 點找最佳詮釋直線的示意圖

3 個資料點使用直線詮釋有許多可能性，不只我們繪出的 3 條可能直線，正確來說，應該有無窮多種可能的直線可用來詮釋所給定的 3 個資料點。這就引發一個問題，在眾多的可能性中，那一個才是最佳的，這就是資料塑模演算法所要解決的問題。擴大來說，機器學習的目的就是運用電腦的運算能力，從許許多多的可能性中，找出資料集的最佳詮釋模型。換句話說，模型必須基於資料集訓練而得，因此，「No Data，No AI」。想要應用 AI 技術，第一件工作就是收集訓練資料集 (Training Data Set)。

1-3　AI 應用

所謂 AI 的應用其實是基於訓練資料集完成了機器學習得到模型 (model) 之後所要關注的事，因此才有「沒有資料，沒有 AI」的說法。AI 應用的架構如圖 1-6 所示：

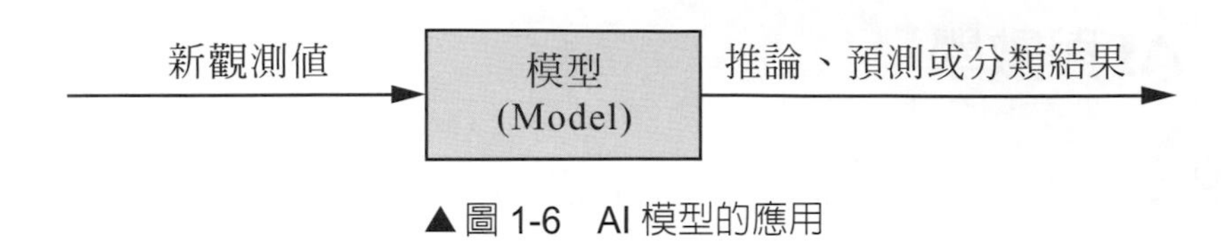

▲圖 1-6　AI 模型的應用

我們以前使用 2 個資料點作爲訓練資料集所得到的直線模型 $y=\frac{3}{7}x+\frac{12}{7}$ 爲例，這裡的新觀測值就只有水平 x 座標。x 輸入到模型之後，代入方程式就可以得到 y。舉例來說，當 $x=6$, $y=\frac{3\times 6}{7}+\frac{12}{7}=\frac{30}{7}$，也就是給定 x 就可以得到 y，這個概念其時就是預測 (predication) 或估測 (estimate) 的一種應用。

AI 的應用除了前述的預測或估測，還有分類 (classifying) 的用途，例如應用在產品生產線上的良品與不良品的分類。分類器可以應用的範圍，涵蓋範圍很廣，包括文件分類、瑕疵品檢測、人臉辨識、網路攻擊識別、動物分類、植物分類等。

對企業或組織來說，AI 是數位轉型的利器，其最大意義是從資訊化走向智慧化，並爲企業或組織帶來效益。在作法上，必須將 AI 應用視爲一種導入專案，先確定目標再尋找解決方案，圖 1-7 爲 AI 應用導入專案的步驟。

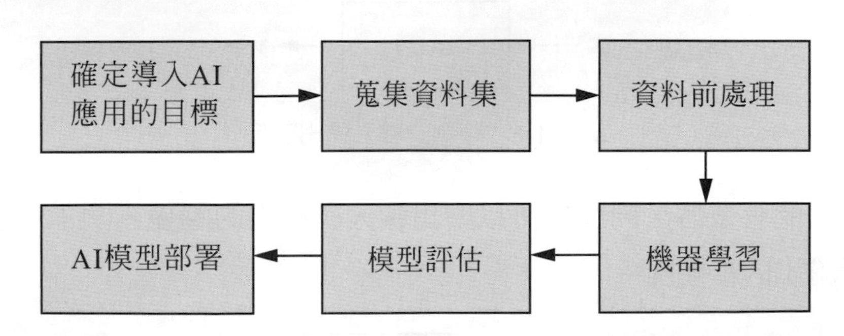

▲圖 1-7　AI 應用導入專案之流程步驟

從圖 1-7 可以理解到 AI 的應用絕非只是資訊工程師的事，「確定導入 AI 應用的目標」，必須有組織及企業高層的投入，而「蒐集資料集」與「資料前處理」

則需要具備領域知識的專家或有經驗者投入。「機器學習」與「模型評估」與「AI 模型部署」確實就需要資訊工程師。但這 3 項工作項目所需要的資訊技能是不同的，「機器學習」與「模型評估」需要具備有人工智慧深厚知識與技術的工程師，但「AI 模型部署」則只需要能實現應用程式的軟體工程師即可。

1-4　AI 與數學

要了解 AI，數學是基本功，底下就介紹與 AI 原理有關的數學。

1-4-1　函數的概念

仍然以直線 $y = ax+b$ 爲例來說明函數 (function) 的概念，將 y 書寫成 $f(x)$，也就是可以寫成

$$y = f(x) = ax+b$$

上述函數的關係可以解讀成，給定 x，然後代入一個數學式 $f(x)$ 就可以得到輸出值 y。例如 $a = 2$，$b = 3$ 時，$y = f(x) = 2x+3$，當 $x = 7$ 時，$f(7) = 2\times7+3 = 17$，也就是 $y = 17$。

x 被稱爲自變數，y 被稱爲應變數。自變數與應變數可以畫成圖 1-8 的結構，x 是輸入，y 是輸出。

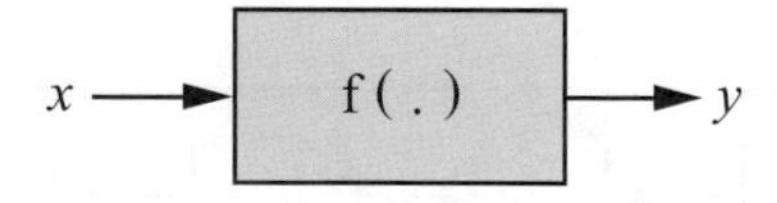

▲圖 1-8　函數之輸入輸出關係

輸入也可能有多個，同樣也可以繪出輸入與輸出的關係，圖 1-9 是以 3 個輸入爲例，所繪出的結構圖。

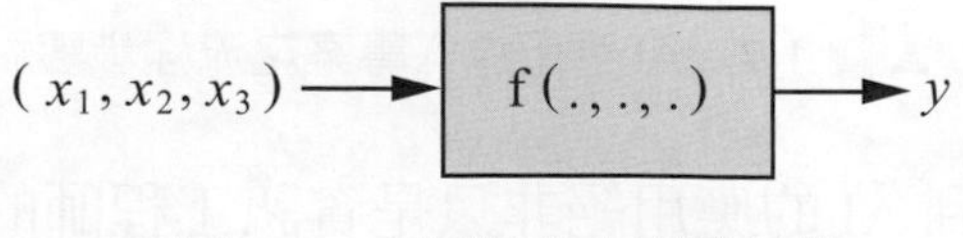

▲圖 1-9　多元輸入之函數結構

討論到輸出 y 與輸入 (x_1,x_2,x_3) 的關係式，有許多的形式，例如：

$$y = f(x_1 + x_2 + x_3) = ax_1 + bx_2 + cx_3 + d$$

$$y = f(x_1 + x_2 + x_3) = ax_1^{\ 2} + bx_1x_2 + cx_2 + dx_2x_3 + ex + f$$

上述第二個函數的係數有 $\{a,b,c,d,e,f\}$，比起前一個多了 2 個，前一個函數式只有 $\{a,b,c,d\}$4 個係數。

如何求得函數的係數？這是一個解題的過程，以前面 2 個例子來說，第 1 個函數的係數有 4 個，也就是有 4 個未知數，只要能寫成 4 個方程式就可以解出，也就是要有 4 筆資料記錄就可以寫出 4 個方程式。這裏的資料記錄的內容必須包含輸入項及輸出項。第二個函數則需要 6 個方程式才能解，同理可知，這種情況就至少需要 6 筆資料記錄才能形成 6 個方程式。

1-4-2 線性代數的概念

我們以 $y = f(x_1 + x_2 + x_3) = ax_1 + bx_2 + cx_3 + d$ 爲例，從解得 $\{a, b, c, d\}$ 四個系數的步驟，說明線性代數的概念。

必須要建立 4 個等式才能解出此函數的 4 個係數，也就是要有 4 筆資料記錄，每一筆資料記錄的結構爲 (x_1, x_2, x_3, y)，輸入是 $\{x_1,x_2,x_3\}$ 輸出是 $\{y\}$。

下表就是一個假設的 4 筆資料記錄的資料集。

x_1	x_2	x_3	y
2	3	5	7
4	−2	−3	9
3	4	−5	6
5	2	−2	11

上表是一種結構化的資料集，最上方的那列是欄位名稱，總共有 4 行，分別是 x_1, x_2, x_3 及 y，接下來 4 列就是 4 筆資料記錄 (data record)。

將 4 筆資料記錄分別代入 $y = f(x_1, x_2, x_3)$ 可以得到 4 個方程式，如下：

$$\begin{cases} 7 = 2a + 3b + 5c + d \text{.........................} ① \\ 9 = 4a - 2b - 3c + d \text{.........................} ② \\ 6 = 3a + 4b - 5c + d \text{.........................} ③ \\ 11 = 5a + 2b - 2c + d \text{.......................} ④ \end{cases}$$

4 個未知數，剛好有 4 個方程式，所以透過上述的 4 個方程式可以得到唯一解。線性代數有 2 個最基本的觀念，一個是向量 (vector)，一個是矩陣 (matrix)。

上述 4 個方程式可以寫成向量與矩陣的關係。

$$\begin{bmatrix} 2 & 3 & 5 & 1 \\ 4 & -2 & -3 & 1 \\ 3 & 4 & -5 & 1 \\ 5 & 2 & -2 & 1 \end{bmatrix} \begin{bmatrix} a \\ b \\ c \\ d \end{bmatrix} = \begin{bmatrix} 7 \\ 9 \\ 6 \\ 11 \end{bmatrix} \text{.....................} ⑤$$

第⑤式表示式其實就是第①～④式表示成矩陣與向量的形式，第⑤式可以拆解回爲第①～④式，例如矩陣第一列的 [2 3 5 1] 與 [a b c d] 一對一相乘等於 7 就得到第①式，也就是 $2a+3b+5c+d = 7$，其他依此類推。

表示成矩陣與向量後，一步步求解的步驟，我們說明如下。首先，令 A，$\underline{r}$ 及 $\underline{g}$ 分別代表第⑤式的矩陣與向量。

$$A = \begin{bmatrix} 2 & 3 & 5 & 1 \\ 4 & -2 & -3 & 1 \\ -3 & 4 & -5 & 1 \\ 5 & 2 & -2 & 1 \end{bmatrix} \quad \underline{r} = \begin{bmatrix} a \\ b \\ c \\ d \end{bmatrix} \quad \underline{g} = \begin{bmatrix} 7 \\ 9 \\ 6 \\ 11 \end{bmatrix}$$

可以表示成

$$A\underline{r} = \underline{g} \text{............} ⑥$$

矩陣中有一個很重要的反矩陣概念，一個矩陣乘上它的反矩陣會得到單位矩陣。例如 4×4 的單位矩陣由 A 與其反矩陣 A^{-1} 相乘可以得到單位矩陣 I，如下式：

$$I=\begin{bmatrix}1&0&0&0\\0&1&0&0\\0&0&1&0\\0&0&0&1\end{bmatrix}=A^{-1}A$$

在第⑥式的等號兩邊乘上 A 的反矩陣 A^{-1}，可得到第⑦式：

$$A^{-1}A\underline{r}=A^{-1}\underline{g} \text{..........} ⑦$$

而 $A^{-1}A=I$，可以得到第⑧式，如下：

$$\begin{bmatrix}1&0&0&0\\0&1&0&0\\0&0&1&0\\0&0&0&1\end{bmatrix}\begin{bmatrix}a\\b\\c\\d\end{bmatrix}=A^{-1}\underline{g} \text{.............} ⑧$$

第⑧式等號左邊依據矩陣與向量相乘的原理，就是向量 $\underline{r}$，也就是待解係數所形成的向量。表示成第⑨式如下：

$$\underline{r}=A^{-1}\underline{g} \text{...........} ⑨$$

反矩陣的求解過程在許多線性代數的書都會提到，在這裡就不往下說明了。

1-4-3　微分的概念

微分在 AI 上的應用主要是在求取函數的極值 (最大值或最小值)。接下來，我們舉一個函數作爲說明例。給定一個函數如第⑩式：

$$y=f(x)=x^2-6x+10 \text{.......................} ⑩$$

若 x 從 1 變化到 5，每個 x 值可以得到一個 y 值，然後將所有座標點 (x,y) 畫在二維座標圖上，如圖 1-10 所示

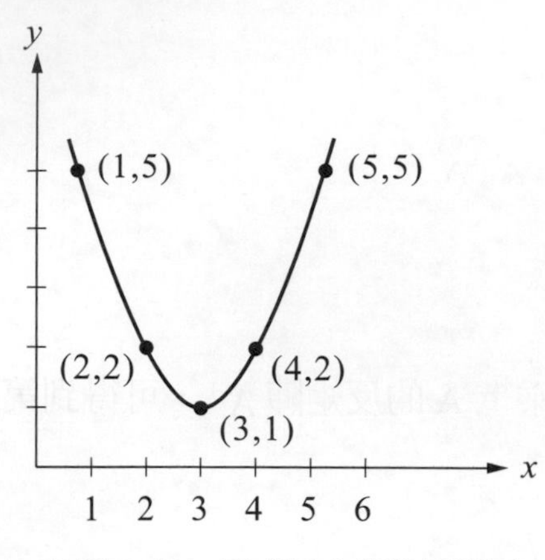

▲圖 1-10　函式最小值的示意圖

觀察上圖，已標示了若干符合第⑩式的 (x, y) 座標點其中當 $x = 3$ 時，函數有一個最小值，也就是將 x 代入後，得到 $y = 1$，如下：

$$y = f(3) = 3^2 - 6\times 3 + 10 = 1$$

如果不使用繪圖法找最小值，一般應如何計算？最常被使用的方法是對函數 $f(x)$ 進行微分，然後令微分項等於 0，再求解。我們先簡單介紹微分公式如下：

(1) c 爲常數之微分公式：$\frac{d}{dx}(c) = 0$ (結果爲 0)

(2) 函數 x 的微分公式：$\frac{d}{dx}(x) = 1$

(3) 冪次定律：若 n 爲一個整數，則 $\frac{d}{dx}(x^n) = n \cdot x^{n-1}$

微分的意義是斜率，函數的極值會發生在斜率爲零，也就是水平切線的那一個 x 值，也就是求 $f(x)$ 的極值就是解下列的方程式：

$$\frac{d}{dx}\left(f(x)\right) = 0$$

以函數 $f(x)=x^2-6x+10$ 爲例，底下爲一步一步計算極值的過程。

$$\frac{d}{dx}\left(f(x)\right)=\frac{d}{dx}(x^2-6x+10)=2x-6$$
令 $2x-6=0$
$\Rightarrow x-3=0$
$\Rightarrow x=3$

也就是極值會發生 $x=3$ 時，將 x 值代入到 $f(x)$，可以得到 $f(3)=y=3^2-6\times3+10=1$，也就是極值爲 1。

一個函數如果有多個輸出變數，當函數對每一個變數微分時，可以將其他輸出變數視爲常數，然後套用前述的微分公式，這個概念叫偏微分。舉例來說，$g(a,b)=a^2+ab+b^3$，則對 $\{a,b\}$ 有下列的微偏分

$$\frac{\partial}{\partial a}\left(g(a,b)\right)=2a+b\ ,\ \frac{\partial}{\partial b}\left(g(a,b)\right)=a+3b^2\ 。$$

討論圖 1-4 所對應的情境時，所問的一個問題是，給定 (3,3),(–4,0),(3,–2) 3 個資料點，如何找出一條直線可以最佳詮釋這 3 個資料點？這個問題的求解，其實就是最佳化的概念，要從多條直線中找到一條直線與這 3 點的誤差總和最小。

首先，假設存在一條直線 $y=ax+b$ 可以最佳詮釋這 3 個點。如果只有 2 個點可以唯一決定一條線，而且這 2 個點會在這一條直線上。現在卻有 3 個點，因此它們不會在同一條線上，而是會在這一條線的附近。也就是說，如果將 3 個點的 (x,y) 代入 $y=ax+b$，實際上會有誤差值。將 (3,3)、(–4,0)、(3,–2) 代入 $y=ax+b$，可以得到以下 3 個方程式：

$$\begin{cases}3=3a+b+\varepsilon_1\\0=-4a+b+\varepsilon_2\\-2=3a+b+\varepsilon_3\end{cases}\Rightarrow\begin{cases}\varepsilon_1=3-3a-b\\\varepsilon_2=0+4a-b\\\varepsilon_3=-2-3a-b\end{cases}$$

這裡的 ε_1、ε_2 及 ε_3 是誤差值。所謂最佳化指的是要找到一組 $\{a,b\}$ 可以使得總和誤差量最小。誤差量總和的計算方式之一是將各誤差值的平方加起來，$\varepsilon_1^{\ 2}+\varepsilon_2^{\ 2}+\varepsilon_3^{\ 2}$。由於誤差量會依照 $\{a,b\}$ 的不同而有不同的值，也就是 $\{a,b\}$ 是輸入變數，誤差量總和是輸出變數。將誤差量總和以 $E(a,b)$ 表示，我們得到以下的函數

$$E(a,b) = \varepsilon_1^{\ 2} + \varepsilon_2^{\ 2} + \varepsilon_3^{\ 2} = (3-3a-b)^2 + (4a-b)^2 + (-2-3a-b)^2 \text{..........} \ ⑫$$

爲了找到一組 $\{a,b\}$ 使得 $E(a,b)$ 有最小值，將 $E(a,b)$ 對 a 與 b 偏微分，構成以下 2 個方程式：

$$\begin{cases} \dfrac{\partial}{\partial a}\left(E\left(a,b\right)\right) = 2\left(3-3\text{a}-\text{b}\right)\left(-3\right) + 2\left(4\text{a}-\text{b}\right)\left(4\right) + 2\left(-2-3\text{a}-\text{b}\right)\left(-3\right) = 0 \\ \dfrac{\partial}{\partial a}\left(E\left(a,b\right)\right) = 2\left(3-3\text{a}-\text{b}\right)\left(-1\right) + 2\left(4\text{a}-\text{b}\right)\left(-1\right) + 2\left(-2-3\text{a}-\text{b}\right)\left(-1\right) = 0 \end{cases}$$

$$\Rightarrow \begin{cases} -9+9a+3b+16a-4b+6+9a+3b=0 \\ -3+3a+b-4a+b+2+3a+b=0 \end{cases}$$

$$\Rightarrow \begin{cases} 34a+2b-3=0 \\ 2a+3b=0 \end{cases}$$

$$\Rightarrow \begin{cases} 34a+2b=3 \text{................} \ ⑬ \\ 2a+3b=0 \text{..................} \ ⑭ \end{cases}$$

從第⑭式 $2a+3b = 0$ 可以得到 $2a = -3b$，也就是 $a = -\frac{3}{2}b$，代入到第⑬式 $34a+2b = 3$ 可以得到

$$34 \times \left(-\frac{3}{2}\text{b}\right) + 2\text{b} = 3$$

$$\Rightarrow -51\text{b}+2\text{b} = 3$$

$$\Rightarrow -49\text{b} = 3$$

$$\Rightarrow \text{b} = -\frac{3}{49}$$

而 $a = -\frac{3}{2}b$，將 b 所得到的值代回可以得到

$$a = (-\frac{3}{2}) \times (-\frac{3}{49}) = \frac{9}{98}$$

從以上的推導，可以使得 $E(a,b)$ 最小的 $\{a,b\}$ 是 $\{\frac{9}{98}, -\frac{3}{49}\}$。

1-4-4　常態分佈概論

如果度量一個變數的值許多次後，將每一個值所發生的次數統計起來，再將之呈現在一個圖上，會是一個類似鐘的形狀。橫軸爲變數 x，縱軸是各值的統計次數，如圖 1-11 所示。

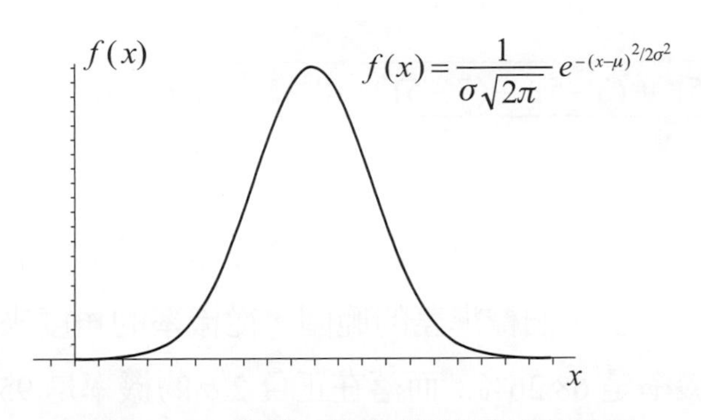

▲圖 1-11　變數 x 各值出現次數之統計圖

許多度量值都是具有這樣的特性，我們通常會以常態分配函數去做近似這個統計特性。常態分配的函數可以表示成下式：

$$f(x)=\frac{1}{\sigma\sqrt{2\pi}}e^{-\frac{(x-\mu)^2}{2\sigma^2}}$$

上述中的 σ 稱爲標準差 (standard deviation)，μ 是平均值 (mean)。將 x 的值從負值很大一直變化到正值很大即可繪出圖 1-11 的類似圖。

給定一個變數的觀測值或度量值，假設變數服從常態分佈，我們可以計算出常態分配的平均值 μ 及標準差 σ。假設 x 變數的觀測值的集合爲 $\{x_1,x_2,\dots x_N\}$，共有 N 個，估計標準差時，因平均值已知，自由度要減掉 1，平均值與估測爲：

$$\mu=\frac{\sum_{i=1}^{N}x_i}{N}$$

$$\sigma=\sqrt{\frac{\sum_{i=1}^{N}(x_i-\mu)^2}{N-1}}$$

上述 2 個計算式的數學推導過程，我們就省略。接下來，以實際例子計算一遍。給定 x 量測值 5 筆，{2,3,7,8,10}，計算其平均值與標準值的步驟如下

$$\mu = \frac{2+3+7+8+10}{5} = 6$$

$$\sigma = \sqrt{\frac{(2-5)^2+(3-5)^2+(7-5)^2+(8-5)^2+(10-5)^2}{5-1}} = 3.4$$

若常態分配刻度以 1 個 α 為單位向平均值 μ 兩邊展開，也就是 x 的值以平均值 μ 為中心向左右各涵蓋 1 個標準差的範圍。從機率的角度來看，落在正負一個標準差的變數值之機率是 68.26%。而落在正負 2 σ 的機率是 95.44%。在實際應用上，常常假設我們所考慮的變數，其機率分佈近似於常態分配。也就是說，大約有 68.3% 的量測值會分布在距離平均值 1 個標準差之內的範圍，有 95.44% 的機率會落在 2 個標準差之內。

常態分配在統計上十分重要，是推論統計的基礎，雖然實際量測得到的數據，不可能像前面所繪出的鐘形那麼完美，但是大部分的情況是十分接近的。在生活中有許多實際現象，例如量測了許多人的身高的分佈就會接近鐘形分配。在自然界中所觀察到的數據也會呈現鐘形分配，舉例來說，人類從受孕到分娩的懷孕期長短因體值各有不同，但大致遵循平均數 266 天 (38 週)，標準差 16 天的常態分佈。

1-4-5 機率與統計概論

機率的定義：S 為包含 N 個樣本的集合，假設各事件出現的機會均相等，則事件 A 發生的機率是 A 之元素個數除以 N，如下式

$P(A) = \dfrac{n(A)}{n(S)} = \dfrac{n(A)}{N}$；n($A$) 是 A 之元素個數，$n(S)$ 則是 S 的元素個數。

舉一個例子說明，假設在一個袋子內有 10 個白球，2 個黑球，若每個球的大小質地都一樣，從袋子中取一個球，請問取到黑球的機率為何？解法如下：

將 10 個白球進行編號 $w_1, w_2, w_3, \cdots, w_{10}$，也將 2 個黑球編號 b_1, b_2，也就是 $S = \{w_1, w_2, w_3, \cdots, w_{10}, b_1, b_2\}$，由於每個球的大小質地都一樣，所以每顆球出現的

機率均等。取得 b_1 與 b_2 的都是取得黑球，因此取得黑球的事件 $A = \{ b_1, b_2 \}$，所以 $P(A) = \frac{n(A)}{n(S)} = \frac{2}{12} = \frac{1}{6}$

依同樣的理解，如果骰子的每一面的大小質地都一樣，那麼擲骰子，每一面的機率均爲 $\frac{1}{6}$，也就是骰子的 6 面都有相同的出現機率。

所謂統計是在面對不確定的狀況下，能夠幫助人們做決策的一種科學方法。統計是探討全體不確定之相關現象的通則，而非個別事件發生的結果。統計方法則是蒐集、整理、分析資料以及解釋並推論統計結果的科學方法。統計結果可以使用統計量的方式呈現，統計量主要用來表達資料集中或資料分散的程度。統計量是由一組樣本所計算出來的數值。算術平均數、加權平均數、眾數、全距、四分位距都是統計量，分別說明於後。

(1) 算術平均數

給定一組樣本值 $\{x_1, x_2, \cdots, x_n\}$，$n$ 是樣本的數目，統計量算數平均數的計算如下式

$$\bar{x} = \frac{1}{n}\left(x_1 + x_2 + \ldots + x_n\right) = \frac{1}{n}\sum_{i=1}^{N} x_i$$

(2) 加權平均數

統計資料中，如果每一筆資料的重要性不同，就必須使用加權方式計算平均數，稱爲加權平均數。若每一筆資料的權重爲 $w_1, w_2, \cdots, w_N$，則加權平均數 $\bar{w}$ 的計算如下式

$$\bar{w} = \sum_{i=1}^{n} x_i w_i \text{ ; } \sum_{i=1}^{n} w_i = 1.0$$

算數平均數的每一筆數值的權重是 $\frac{1}{n}$。

加權平均數的應用場合，其中一個例子是計算學生學期總平均成績，因爲各科成績的重要性依上課時數的不同而異，爲了正確的評量成績，必須考慮各科的授課時數並採用加權的方式處理。

下表爲小明這個學期英文、數學及國文的成績及每週上課時數，請使用加權平均方法算出學期總平均成績。

	英文	數學	國文
成績	78	80	90
時數(每週)	25	35	40

一般來說，所有數值的權重的總和應該等於 1.0。因此，本例子的各科成績權重的設計可以是各科時數除以總時數，也就是 $\{\frac{25}{100},\frac{35}{100},\frac{40}{100}\} = \{0.25,0.35,0.40\}$。

加權平均數的計算方式如下

$$\bar{w} = 0.25\times78+0.35\times80+0.40\times90 = 83.5$$

(3) 中位數 (median)

若資料有 N 筆數值，當 N 是奇數時，中位數是指按照大小排列後之第 $\frac{N+1}{2}$ 個數；若 N 爲偶數時，中位數是指按大小排列後之第 $\frac{N}{2}$ 個數與 $\frac{N}{2}+1$ 個數的平均數。中位數的適用時機是若某一筆數值比中位數大，則可知道該筆數值在母群體的上半部內；若某一筆的數值比中位數小，則可知道該筆數值位在母群體的下半部內。

(4) 眾數

在一組數值資料中，出現次數最多的數值稱爲「眾數」。

(5) 全距

在一群數值資料中，最大值與最小值的差稱作全距。

(6) 四分位距

將一組數值資料，依照大小順序，由小到大排成一列。假設中位數爲 M，在此數列中，比 M 小的那一組數列的中位數稱爲第 1 個四分位數。比 M 大的那一組數列的中位數稱爲第 3 個四分位數。

1-5　AI 與編程

編程 (coding) 是開發 AI 應用的必要技術。在資料蒐集、資料前置處理時需要編程，機器學習演算法的實作也需要編程。將 AI 模型建置成應用系統更是需要編程技術。

對於資訊領域的工程人員，C++、Java、C# 等程式語言是他們在實現 AI 應用的編程工具。但是對於非資工領域者，Python 與 R 則爲編程語言的首選。

AI 領域最重要的兩大程式語言就是 Python 和 R。目前在科學領域 AI 應用的各種相關聯的框架 (framework) 都是以 Python 爲主要語言開發出來的。Python 提供 scikit-learn 的框架，可以無縫的與常用的 AI 演算法一起使用。Python 之所以適合 AI，是 Python 已積累了大量的工具庫、架構。人工智慧所涉及的大量的數據計算都可以在 Python 中使用，例如 NumPy 提供科學領域的計算功能、SciPy 的高級計算和 PyBrain 的機器學習。

Python 已實現機器學習領域中大部分的需求。AI 需要大量的實驗探討，使用 Python，幾乎每一個想法都可以迅速以 20 ～ 30 行程式碼實現。因此，Python 對於人工智慧是非常有用的程式語言。此外，Python 本身是一種通用語言，除了資料科學外也可以廣泛使用在網路開發、網站建置、遊戲開發、網路爬蟲等領域。當需要整合系統產品服務時，可以作爲一站式的開發語言，更重要的是 Python 也可以非常輕易和 C/C++ 等效能較佳的語言整合。

另一種 AI 應用常用的程式語言是 R。R 是統計學家開發的程式語言，擅長於統計分析、圖表繪製、資料探勘，常用於學術研究領域。Python 和 R 並非互斥，而是互補，許多資料工程師、科學家往往是在 Python 和 R 兩種語言間轉換。需要小量模型驗證、統計分析和圖表繪製使用 R，當要撰寫演算法和資料庫應用、網路服務時則移轉到 Python。

1-6 何謂深度學習？

這一波 AI 的熱潮可以說是因爲深度學習 (Deep Learning) 所造成的。深度學習是機器學習的一種，是從類神經網路變化而來。兩者的第一個差別是深度學習的隱藏層數目與各層的節點數目比傳統的類神經網路多很多，這是“深度 (Deep)”的由來，第二個差別是傳統的類神經網路的訓練資料集 (Training Data Set) 是結構化資料，也就是可以使用資料表呈現出來，但深度學習則可以是非結構化資料。以影像爲例，若要以傳統類神經網路學習到分類模型，其進行步驟如圖 1-12 所示：

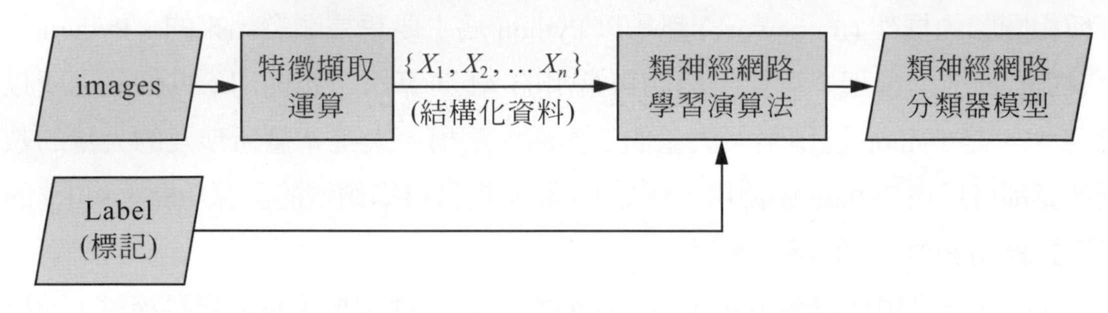

▲圖 1-12

這裏標記可以看成是分類的標的，例如要分辨相片上有無狗影像，那麼就需要標記訓練用的相片有狗或沒有狗，若有狗還需標出狗影像的矩形框。圖 1-12 的特徵擷取運算在許多影像處理的書及論文都已有詳細討論，在此便不再贅述。

舉標記的另一個例子，如果是要訓練出一個能辨識阿拉伯數字的分類器，那麼每一張用來做爲訓練用的影像就要標記是對應到那一個數字。

若深度學習應用到影像分類，「特徵擷取運算」的步驟在訓練分類模型時是可以省略的，如圖 1-13 所示：

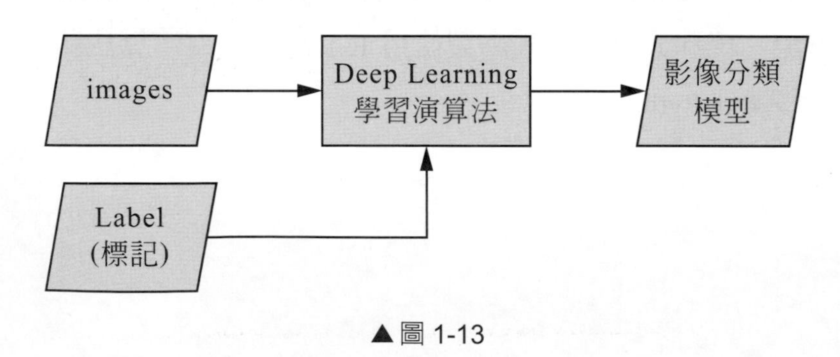

▲圖 1-13

深度學習是將特徵擷取都看成是模型的一部份，也就是透過學習的方式找到擷取特徵的規則與作法，所以會增加隱藏層項目。

因爲深度學習的隱藏層數目增加了，神經元節點數目也增加了，意謂著在訓練階段要求解的未知數也會大幅增加。這意味著，訓練資料量也需要增加許多，才能訓練出適用的模型。

習題

1. 什麼是人工智慧？
2. AI與AI技術分別是什麼概念？
3. AI技術可以分成哪四大類？
4. AI、機器學習、深度學習是什麼關係？
5. 什麼是資料集？
6. 請問AI應用導入專案之流程步驟是？
7. 如何求得函數 $y = ax_1 + bx_2 + c$ 的係數？
8. 在一個袋子內有10個白球，2個黑球，若每個球的大小質地都一樣，從袋子中取一個球，請問取到白球的機率為何？
9. 一組數值資料有30個連續奇數，由小排到大分別是：1、3、5、7、9、11、……、55、57、59，試求該組資料的算術平均數？
10. 下表為小明這個學期英文、數學及國文的成績，請使用加權平均方法算出學期總平均成績。

	比重	成績
英文	2	80
數學	1	75
國文	1	85

11. 有一組資料的數值如下：11、56、48、23、56、98、48、21、4、53、11、21、47、21，求中位數、眾數、全距各是多少？
12. 類神經網路與深度學習，兩者最大的差異為何？

2 R 軟體安裝與使用

2-1 下載 R 軟體

學習 R 的第一步就是下載 R 軟體並安裝。您可從 CRAN(Comprehensive R Archive Network) 網站取得 R，這是 R 資源的官方網站，網址為 https://cran.r-project.org/。網頁的上方為下載 R 的連結，提供了各種作業系統的版本，包括 Windows、MacOS X 和 Linux，如圖 2-1 所示。

Windows 使用者可以點擊連結 Download R for Windows，然後選 base，接下來選按 Download R 3.x.x for Windows(在這裡的 x 指的是 R 的版本)，如圖 2-2 所示。

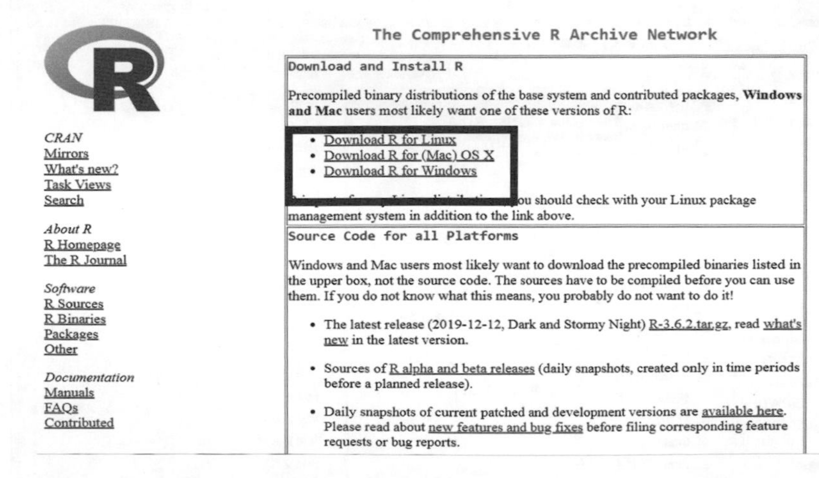

▲圖 2-1 R 網站 (選擇電腦作業系統下載 R 語言)

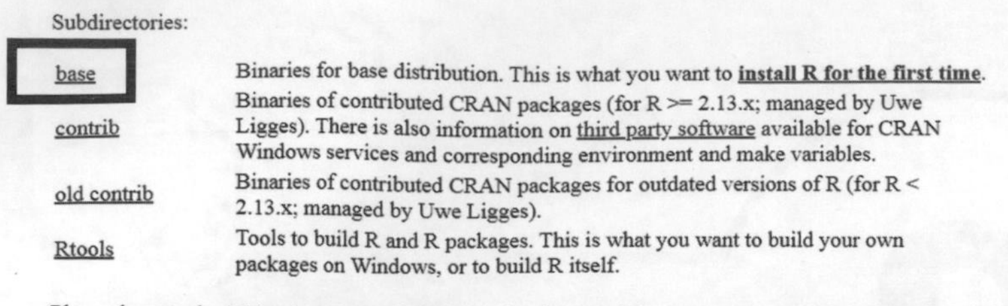

▲圖 2-2 選擇 base 類型

接著選擇 “ Download R 3.6.2 for Windows”。(註：請選擇最新的版本，因為 R 的改版非常快) 如圖 2-3 所示。

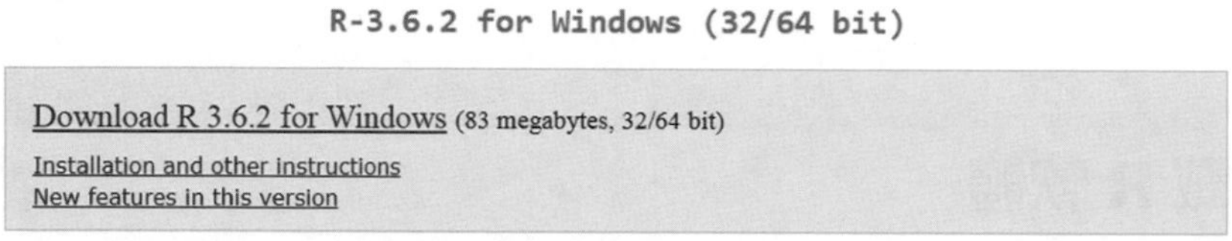

R-3.6.2 for Windows (32/64 bit)

Download R 3.6.2 for Windows (83 megabytes, 32/64 bit)
Installation and other instructions
New features in this version

▲圖 2-3 最新版軟體下載

2-2 R 的安裝

下載完成後，請到「user/ 下載」資料夾，選擇剛剛下載的軟體，然後按滑鼠右鍵，然後選擇「以系統管理員身分執行」。操作步驟，如圖 2-4 所示。

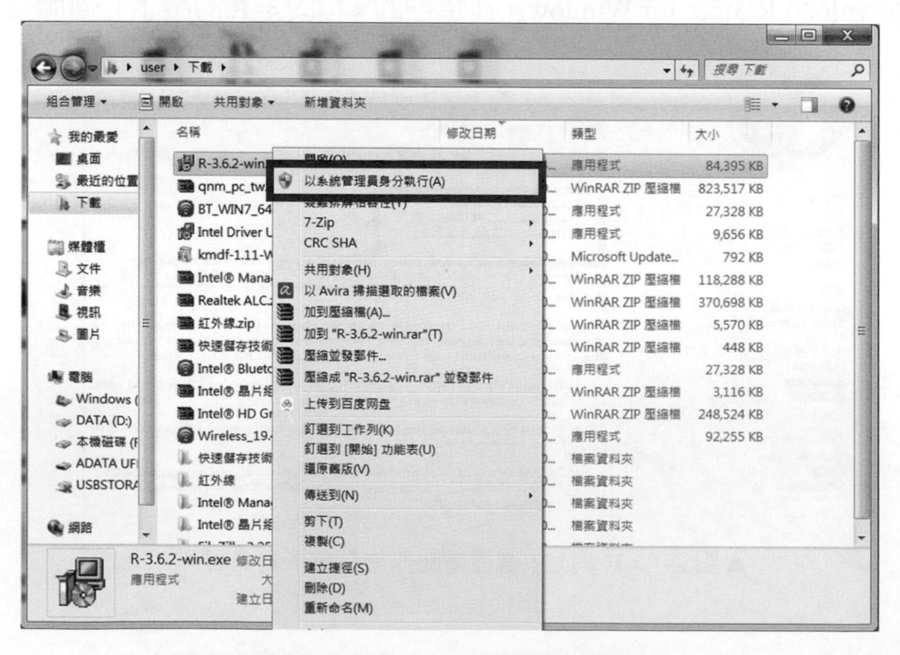

▲圖 2-4 執行 R 軟體的安裝程式

在第一個交談窗裡，如圖 2-5 所示，有提供 3 種語言的選擇，預設爲 English，請選擇繁體中文，然後點擊確定。

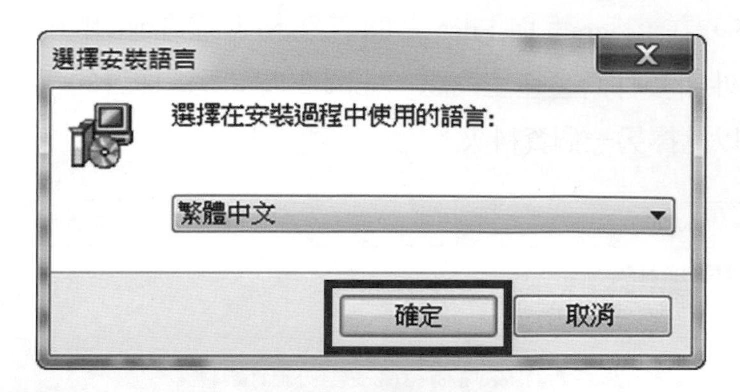

▲圖 2-5　選擇語言

接著會顯示軟體授權規範，如圖 2-6 所示。只有同意了授權書規範之後才能繼續安裝，因此就選擇同意授權後，直接點擊下一步！

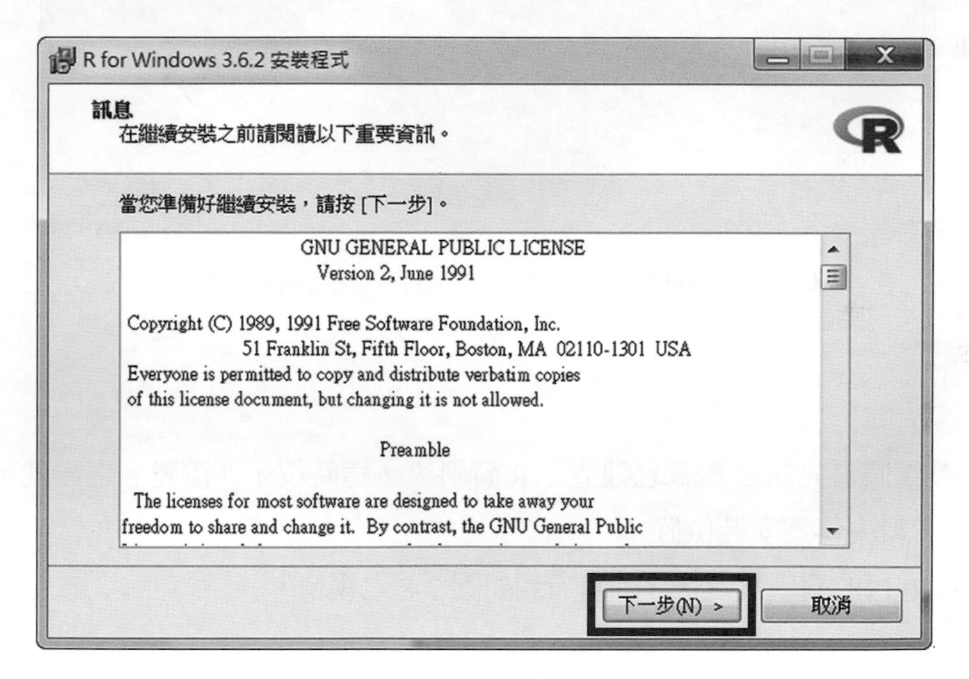

▲圖 2-6　同意授權書後按「下一步」

接著安裝程式會詢問 R 的安裝資料夾。CRAN 的官方說明建議，R 的安裝資料夾路經最好不能有空格。但是 R 軟體安裝預設的目的資料夾多半是 Program Files\R 資料夾，在 Program 與 Files 之間有空格，這在使用一些 FORTRAN 或 C++ 所開發的外掛套件時會產生問題。在圖 2-7 顯示選擇目的資料夾的交談窗，按「瀏覽」可以選擇另一個資料夾。

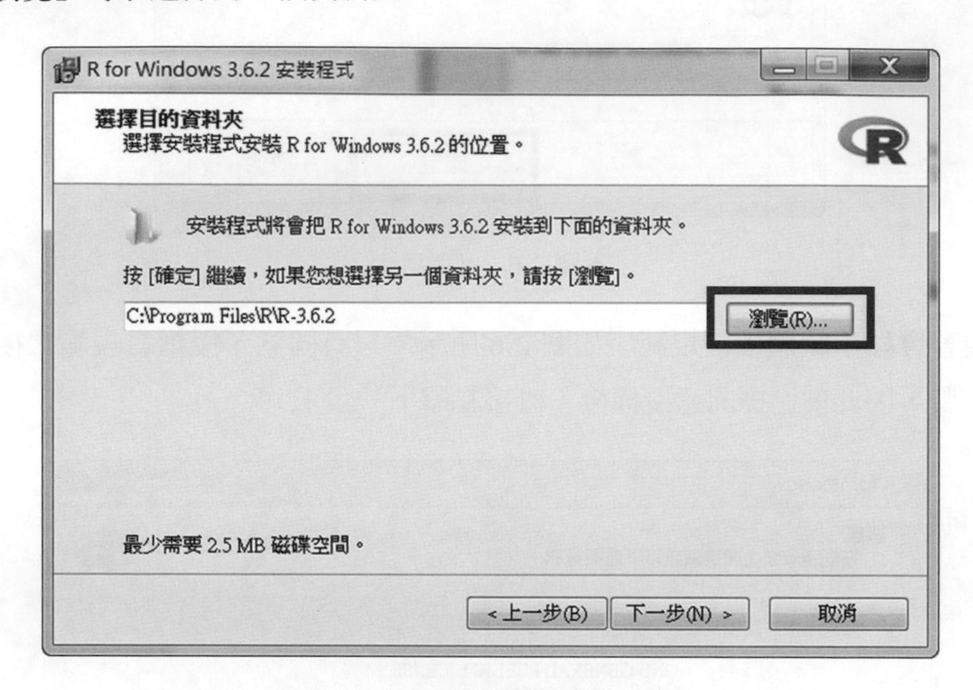

▲圖 2-7　選擇一個沒有空格的目的資料夾名稱是很重要的

假設我們事先在 D 磁碟已建立了 R 資料夾，這時按了「瀏覽」之後就可以選擇 D:\R 資料夾作爲安裝位置。

選擇好目的資料夾之後，即可看到如圖 2-8 之視窗。

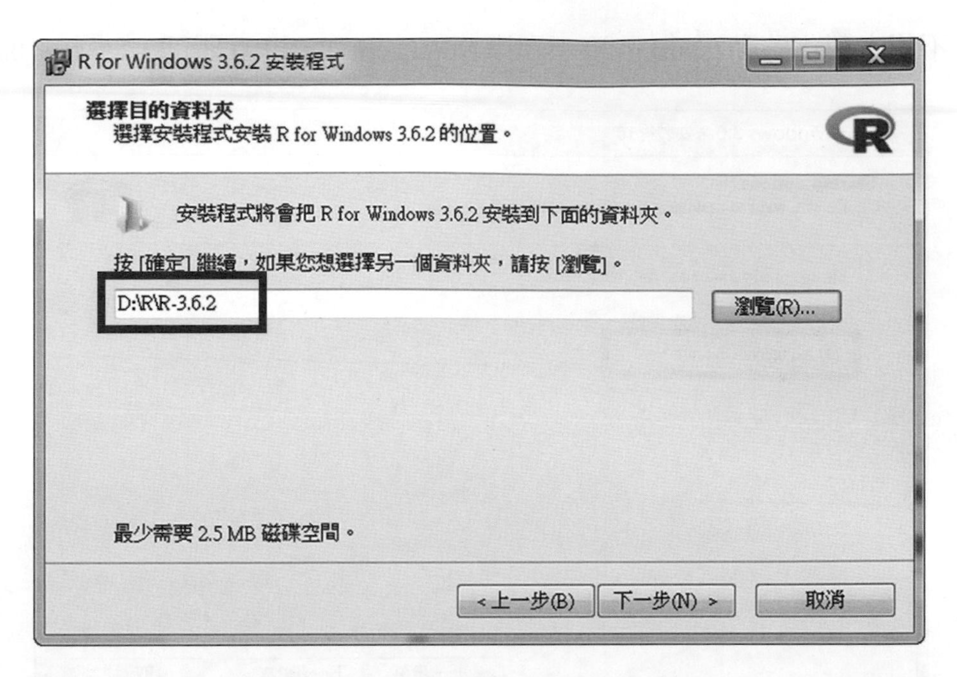

▲圖 2-8　選擇 R 的安裝之目的資料夾

接著，如圖 2-9 所示的是可安裝之 R 元件的列表。若你的電腦是 64 位元，目前大部分電腦都是 64 bit，所以 32-bit Files 選項可以不用勾選，其他選項則建議都勾選之後，按「下一步」。

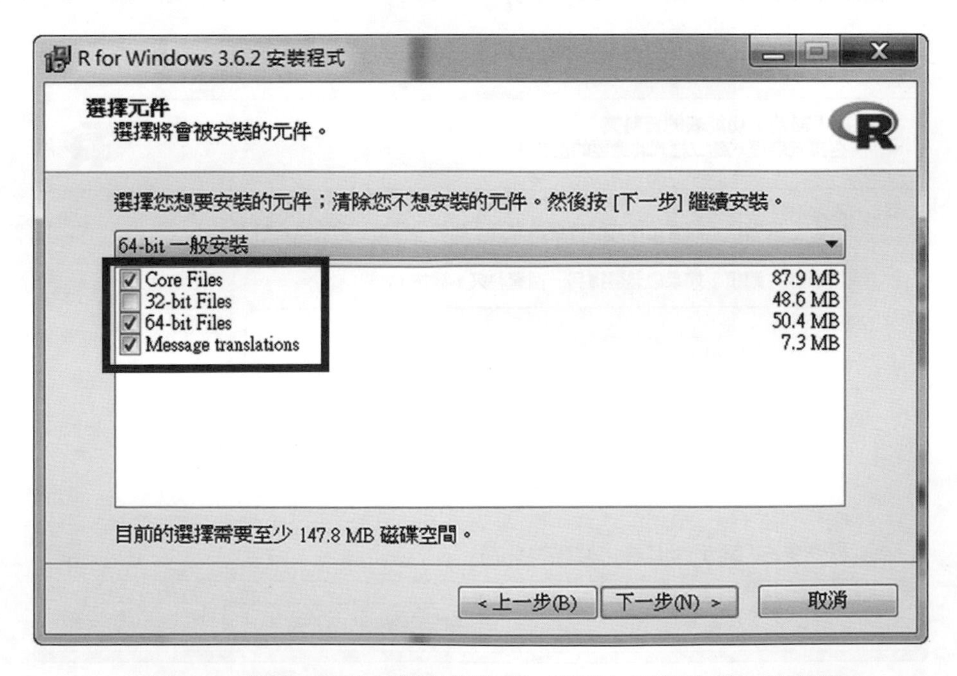

▲圖 2-9　除了 32 位元檔案的選項，建議勾選其他所有的選項

若不想客製化啓動 (startup) 選項則選 No(accept defaults) 即可，如圖 2-10 所示。

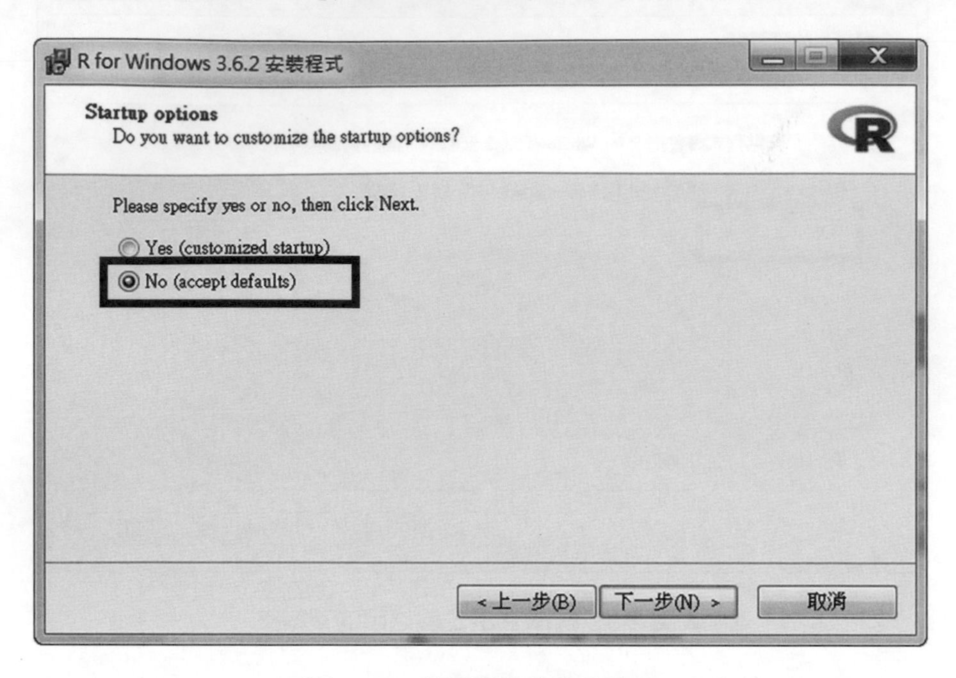

▲圖 2-10　接受預設的啓動選項。

接下來選擇是否要將 R 的捷徑名稱 (shortcut) 建立在「開始」功能表 (Start menu)，預設爲 R 即可，如圖 2-11 所示。

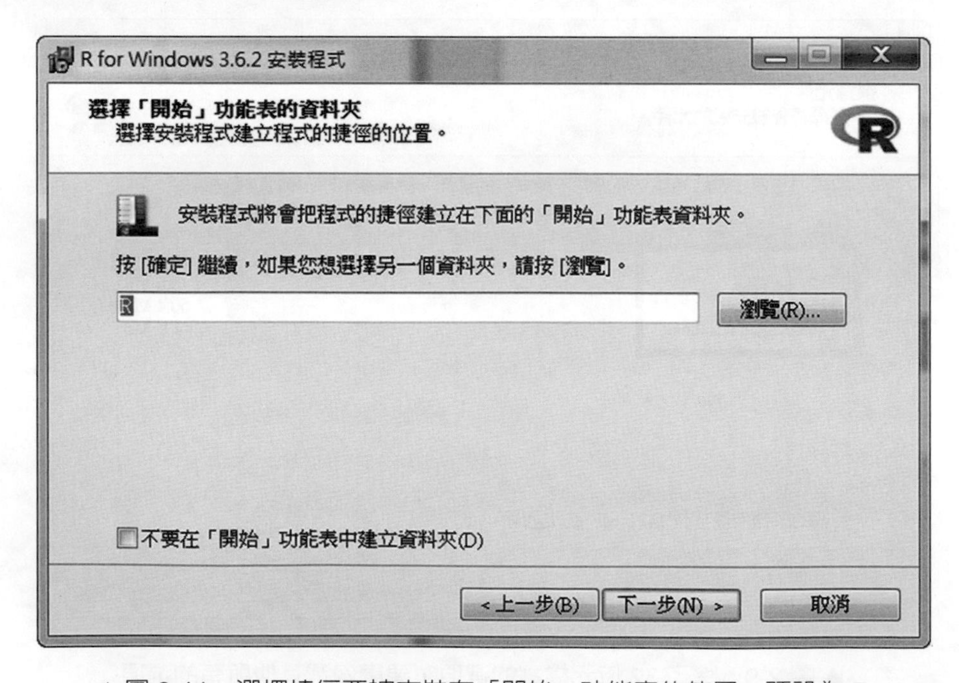

▲圖 2-11　選擇捷徑要被安裝在「開始」功能表的位置，預設為 R

最後一個選項提供了將版本號碼儲存到登錄表的選項以及將有副檔名 R 的檔案關聯至 R 軟體這兩個選項，如圖 2-12 所示。

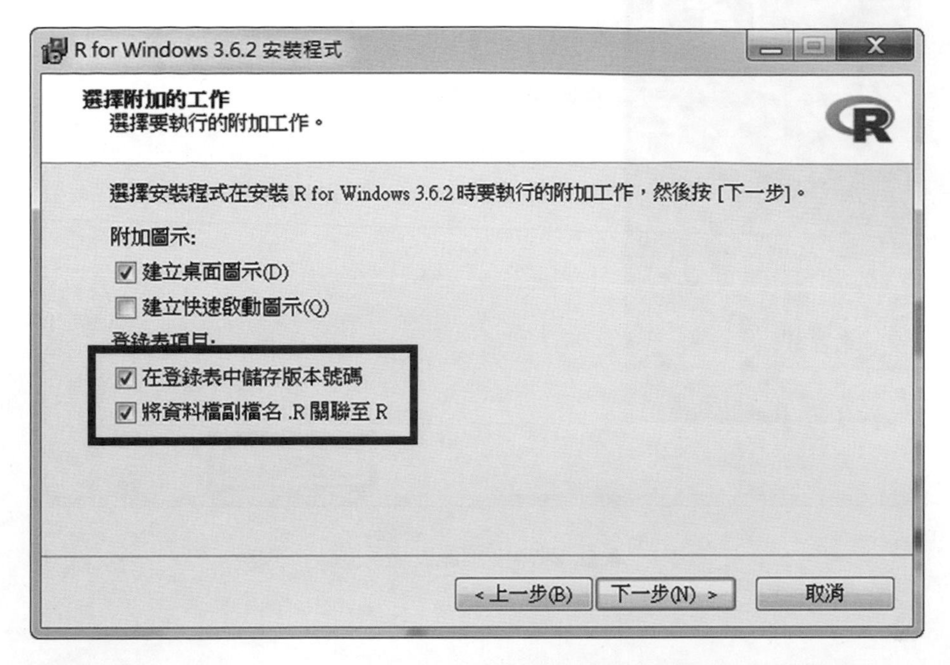

▲圖 2-12　建議勾選「在登錄表中儲存版本號碼」和「將資料檔副檔名 .R 關聯至 R」這兩個選項

設定關聯後，以後只要在 .R 的檔案上以滑鼠按 2 下即可自動以 R 軟體開啓。點擊「下一步」後，安裝就會開始，且會顯示進度，完成後即可按「完成」，如圖 2-13 及圖 2-14 所示。

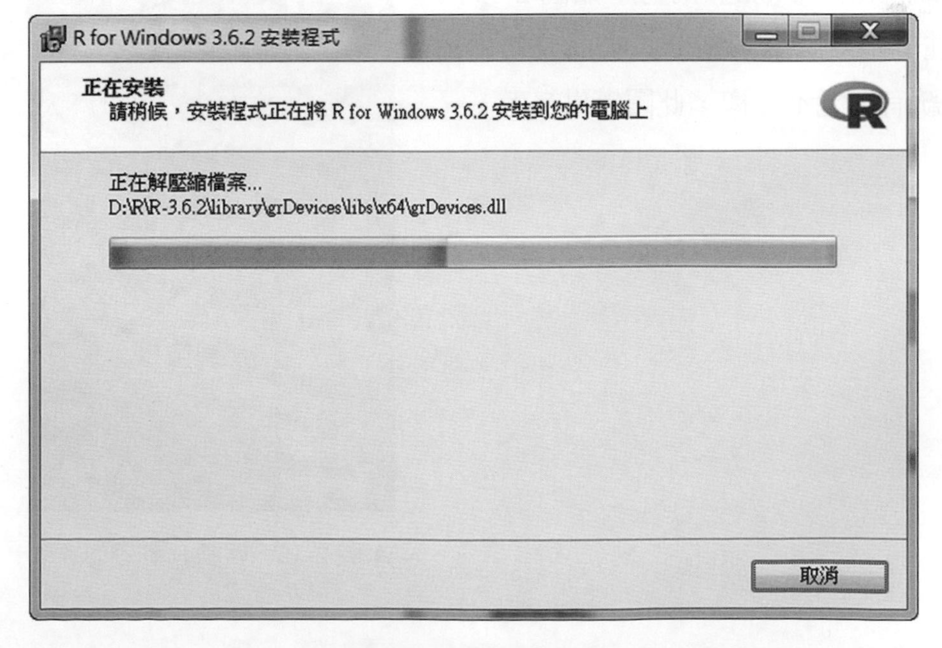

▲圖 2-13　安裝進度的顯示

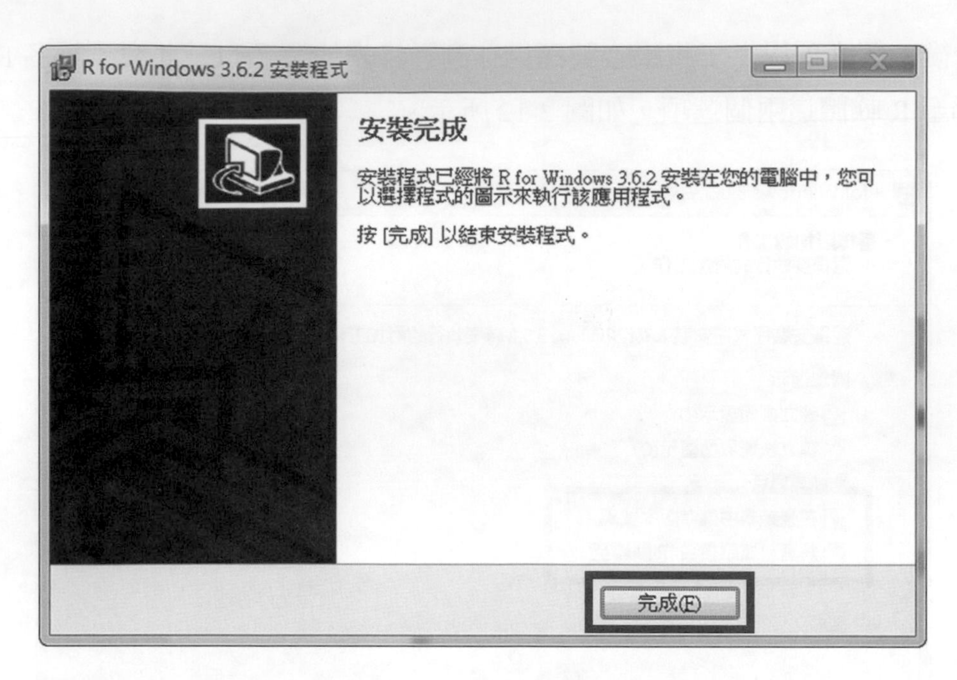

▲圖 2-14　確認安裝完成

2-3　R 的使用

R 安裝好之後，從「開始」功能表的「R」選單啓動 R 的執行，選擇「Ri386 3.6.2」或「Rx64 3.6.2」均可。如圖 2-15 所示。(註：由於版本不斷演進，而且使用的作業系統有可能不一樣，此圖僅供參考)

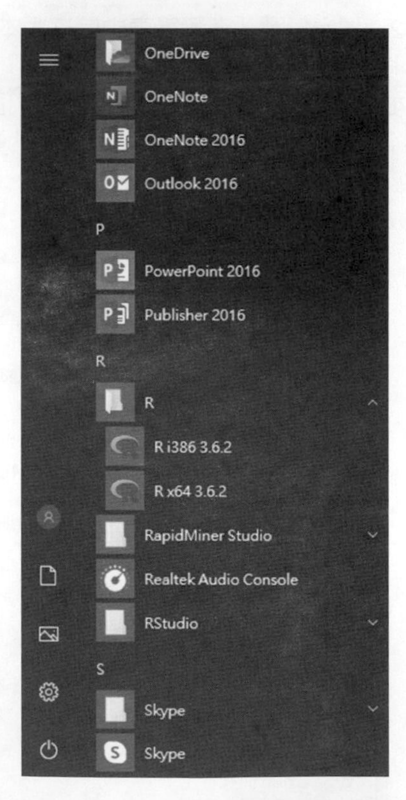

▲圖 2-15　啓動 R 軟體的選單

啟動 R 軟體後，即會開啟一個圖形化視窗操作界面 (RGui) 並出現一個 R 控制台 (R Console) 或 R 工作台，如圖 2-16 所示。圖上有版本的說明，也有一些內建功能的說明，例如 license() 可以顯示所安裝的 R 之版本的詳細說明。

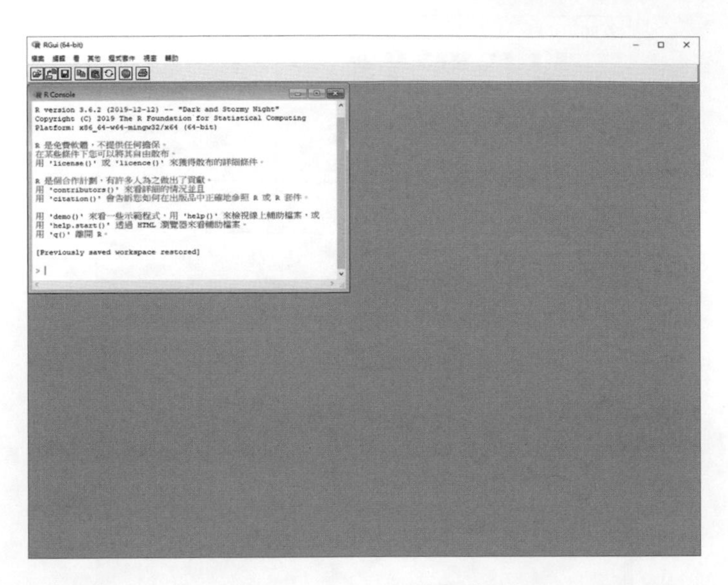

▲圖 2-16　RGui 視窗操作界面

要執行 R 的命令，需要把命令輸入到 R 控制台的符號 > 之後的閃爍游標處，輸入完成後按鍵盤的「Enter」鍵即可顯示出執行結果。

圖 2-17 是在 R 控制台鍵入 license() 後按下「Enter」，以及鍵入 "2+2" 後再按下「Enter」之後的控制台內容。

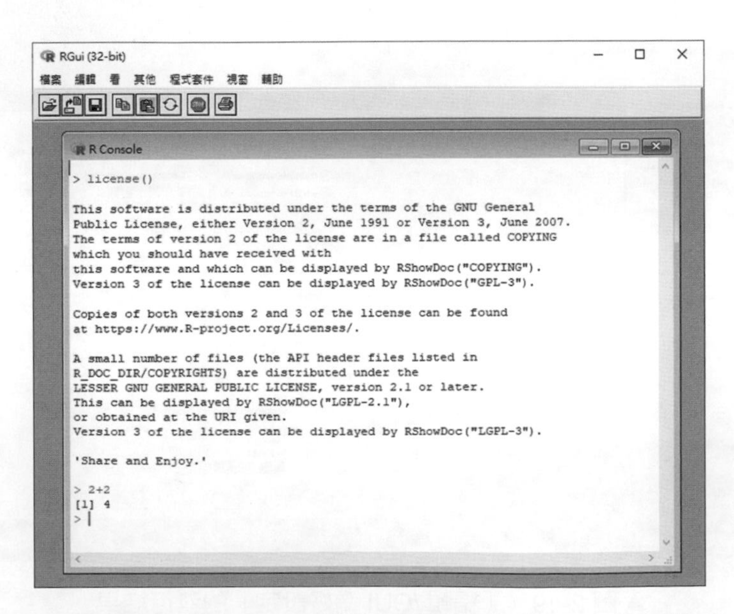

▲圖 2-17　R console 鍵入 license() 與「2+2」的內容

RGui 視窗操作界面的功能列有「檔案」、「編輯」、「程式套件」、「視窗」、「輔助」等幾個主功能類別。選按「編輯 / 清空主控臺」可以將主控臺 (R console) 的內容清空，並將游標移到編輯器的第一列，如圖 2-18 所示：

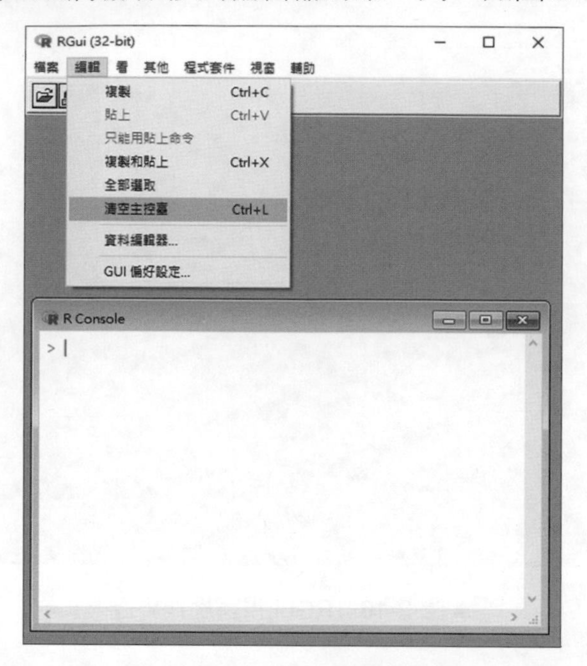

▲圖 2-18　「編輯 / 清空主控臺」的操作結果

選按「編輯 /GUI 偏好設定」則可以設定主控臺的文字顏色，大小，背景色及其他外觀，如圖 2-19 所示：

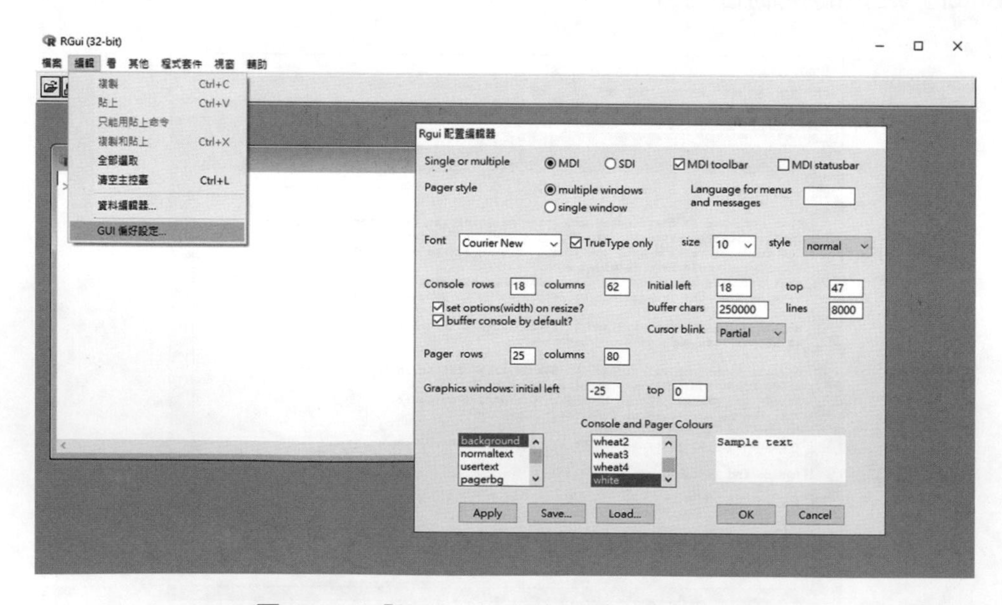

▲圖 2-19　「編輯 /GUI 偏好設定」的執行結果

程式都是一個命令一個命令依序執行，使用者在主控臺上輸入 R 命令是以「Enter」鍵有否按下，決定是否要執行。但是，當所輸入的命令不完整時，R 並不會執行。例如我們想鍵入 “110 – 5” 執行兩數相減的計算，當鍵入 “110 – 5” 按下「Enter」鍵，結果為 105；但是當只鍵入 110 – 後就按「Enter」鍵，雖然有跳行動作，但不會執行，而是在下一行出現 + 的符號。這裡的 + 不是指加法，而是要求再鍵入完整命令之後續內容，我們再鍵入 5 後指令就完整了，所以按「Enter」就會執行兩數相減並呈現 105 的結果。上述的操作與執行結果如圖 2-20 所示。

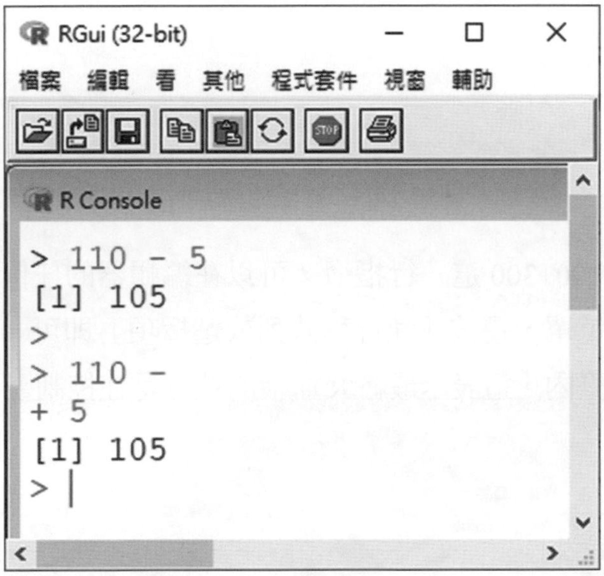

RGui (32-bit)

檔案　編輯　看　其他　程式套件　視窗　輔助

R Console

```
> 110 - 5
[1] 105
>
> 110 -
+ 5
[1] 105
> |
```

▲圖 2-20　主控台的操作

在主控臺上鍵入指令再按「Enter」會馬上執行並且顯示執行結果，如此一來畫面會略嫌凌亂，而且會打亂編程的思緒。針對這個困難，我們可以啓動 R 編輯器解決。

選按 RGui 視窗主功能表的「檔案 / 建立新的命令稿」就可以啓動 R 編輯器，如圖 2-21 所示：

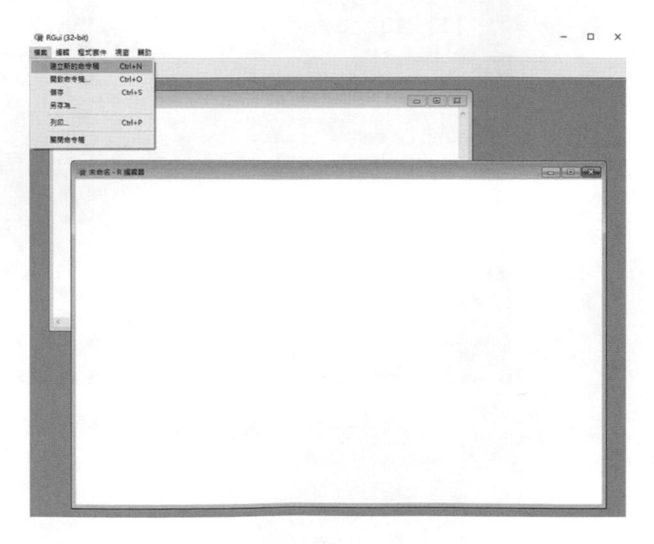

▲圖 2-21　R 編輯器的頁面

在編輯器內所輸入的命令可以單指令執行，也可以整批執行。編輯器輸入命令，實際執行還是必須透過主控臺。「建立新命令稿」後，在編輯器輸入如圖 2-22 的 3 行指令，並將滑鼠游標放在 100+300 那一行。

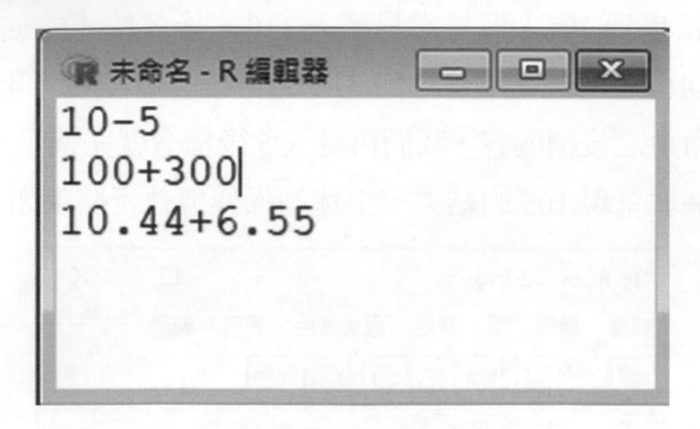

▲圖 2-22　R 編輯器的使用

若要單行執行 100+300 這一行指令，可以在編輯器的任何一個位置，按下滑鼠右鍵使出現功能選單，選按「執行程式列或選擇項」即可。所執行的命令及結果會出現在 R 控制臺內，這表示最終 R 命令的執行是在控制臺，如圖 2-23 所示。

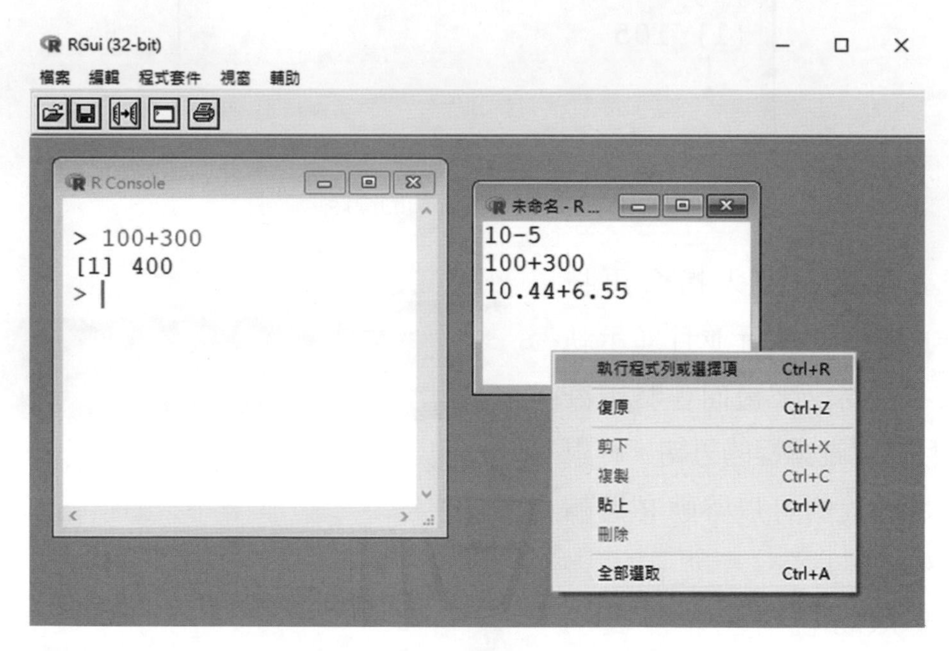

▲圖 2-23　R 編輯器內指令的執行

圖 2-23 之「執行程式列或選擇項」的右方有「Ctrl+R」的快捷鍵提示，表示我們可以同時按下 Ctrl+R 以取代按滑鼠右鍵再執行的方式。

將滑鼠游標移到編輯器上的指令 10.44+6.55 那一行，然後同時按下鍵盤上的 Ctrl 與 R 鍵，會發現 10.44+6.55 的命令及其執行結果同時出現在控制臺上，如圖 2-24 所示。

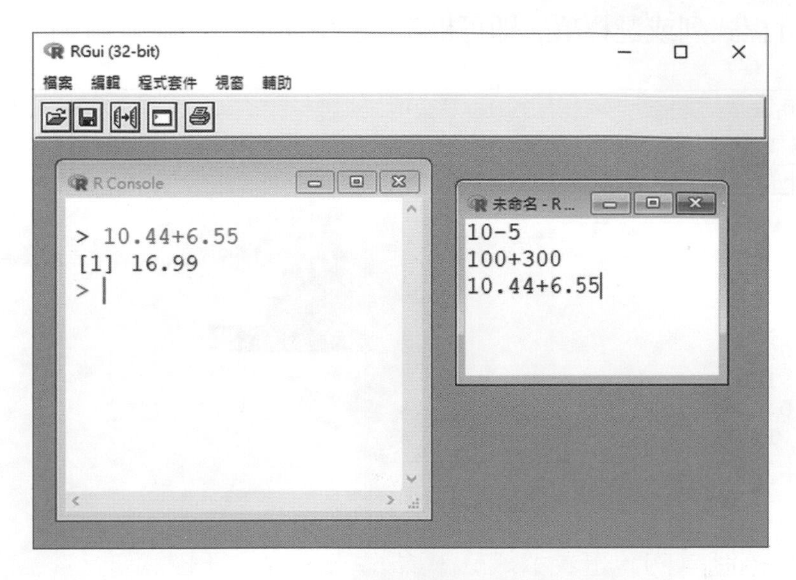

▲圖 2-24　「Ctrl+R」快捷鍵的使用

若仔細觀察 Ctrl+R 的執行過程，會發現每次執行完後游標都會移至下一行命令。這意謂著，如果我們連續按 Ctrl+R，程式命令就一行一行被執行。將滑鼠游標移到 10 − 5 那一行命令，然後同時按下 Ctrl+R 鍵連續 3 次，就可以看到編輯器上的 3 個命令依序被執行，如圖 2-25 所示。

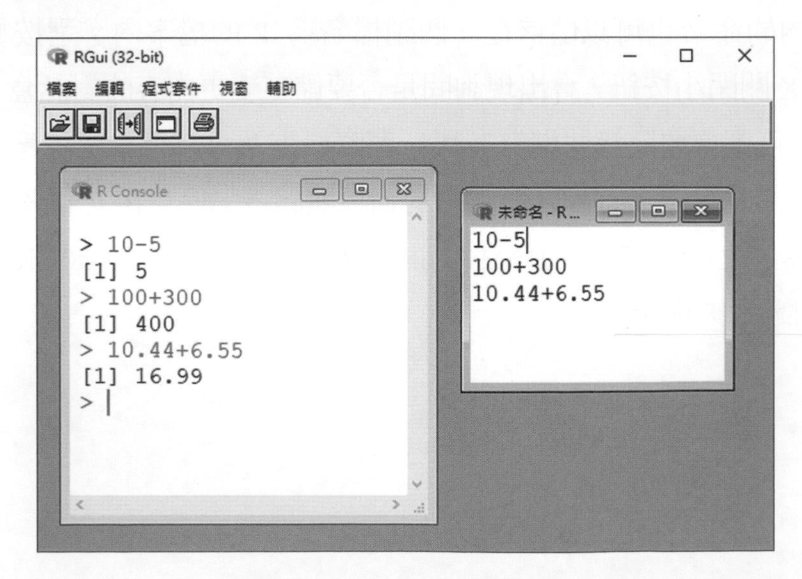

圖 2-25　「Ctrl+R」連續執行

如何以批次方式執行編輯器內多行 R 命令，也就是只按「Ctrl+R」鍵一次或「按滑鼠右鍵後選按執行程式列或選擇項」一次就可以執行編輯器內的所有 R 指令。

作法是將編輯器內所有命令反白 (High light) 之後再按「Ctrl+R」鍵或按滑鼠右鍵後「執行程式列或選擇項」即可批次執行，如圖 2-26 所示：

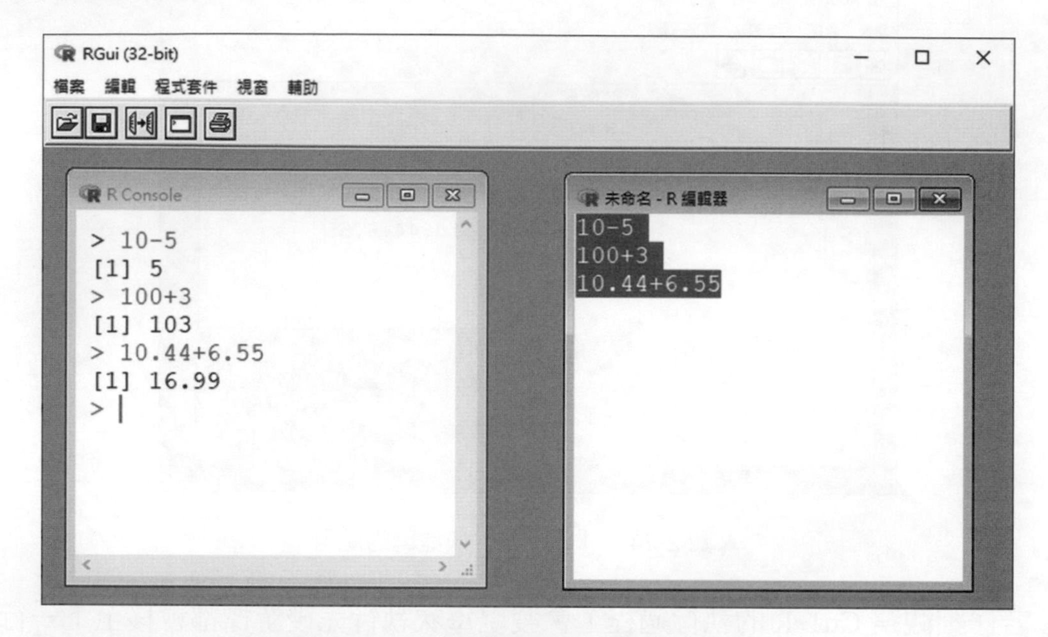

▲圖 2-26 批次執行編輯器內的所有命令

編輯器內的命令也可以儲存在一個副檔名為 .R 的檔案內。選按 R 編輯器視窗右上角的 X 關閉小按鈕，會出現詢問是否要儲存變更內容的對話盒，如果選按「是 (Y)」即可選擇要將程式儲存在那一個資料夾並可自行給定檔案名稱。這個概念是相當於在編輯器上試寫，確定所有命令無誤後，保存在 R 檔內。

將編輯器上之命令儲存在 D:\MyWork 資料夾內，檔名為 test01.R 的操作步驟如圖 2-27 及圖 2-28 所示：

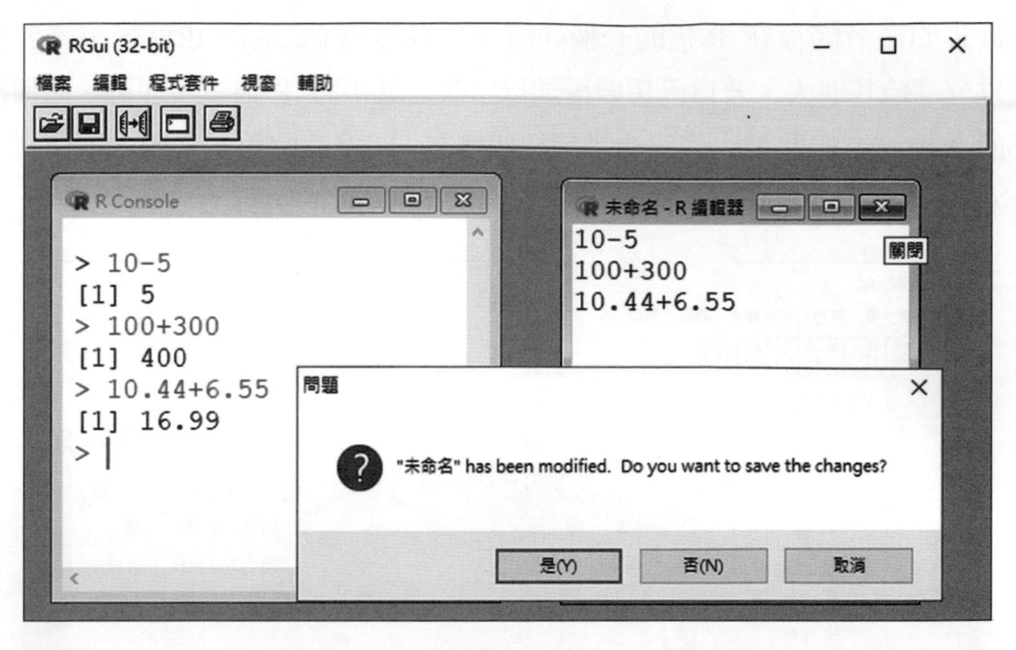

▲圖 2-27　將 R 編輯內的所有命令儲存成檔案

▲圖 2-28　將 R 編輯內的命令儲存在 .R 檔

將 R 的命令儲存在 .R 檔的一個好處是可以複用 (reuse)，也就是不需要重寫也可以分享給其他人，若自己想要再加以修改，就再將 .R 檔讀入即可。如何讀入外部的 R 檔到編輯器，一個作法是選按「檔案 / 開啓命令稿」之後，選擇要讀入的 R 檔，如圖 2-29 的範例是讀入 D:\MyWork\test01.R 的步驟。

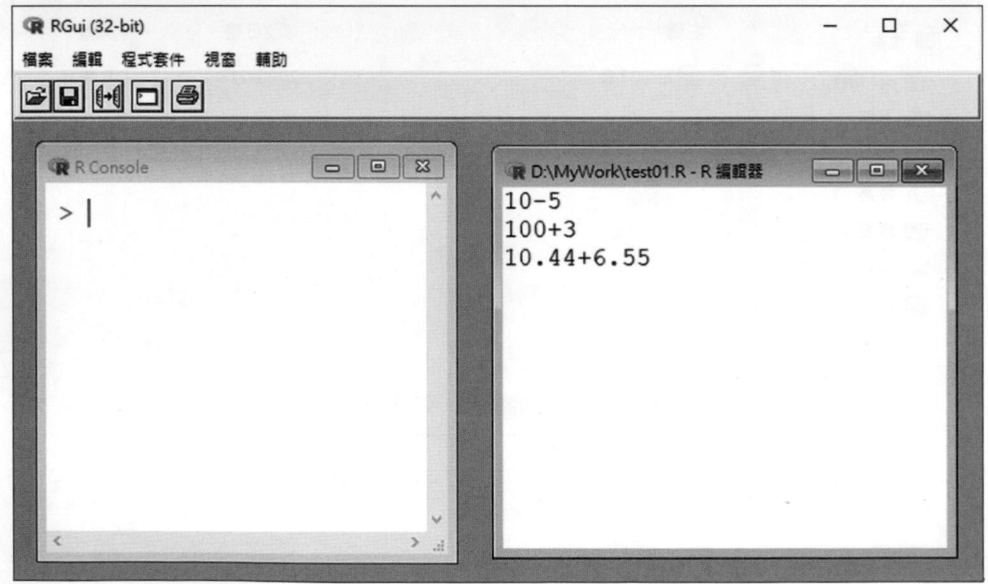

▲圖 2-29　開啓命令搞 .R 檔

讀入之後的操作就如同我們前面所描述過的，將滑鼠游標在編輯器選取一行指令或整個反白選取，然後按 “Ctrl+R” 執行，或者在編輯器上按右健選擇快選功能表的「執行程式列或選擇項」。

RGui 使用者操作界面是多視窗操作的概念，也就是在畫面上可以同時存在多個視窗，例如 R 編輯器與主控台 (R Console) 同時存在。這裡有 2 點要特別提醒，第一點是使用者要清楚知道目前是哪一個子視窗處於活躍狀態，對滑鼠的操作，以及鍵盤的輸入有作用的就是活躍視窗。當我們在 RGui 上開啓多個子視窗，辨識哪一個處於活躍狀態是很重要的，不然有時會發生輸入錯誤，活躍的視窗的標題列會呈現明顯的深色；第二個提醒是爲了容易辨識所有子視窗，可以到主功能列的「視窗」選擇視窗的排列方式，有 3 種，分別是 (1) 層疊、(2) 水平並排、(3) 垂直並排。圖 2-30 是執行「視窗 / 水平並排」，並在「R 編輯器」的標題列以滑鼠點選一下使其成爲活躍視窗的結果。

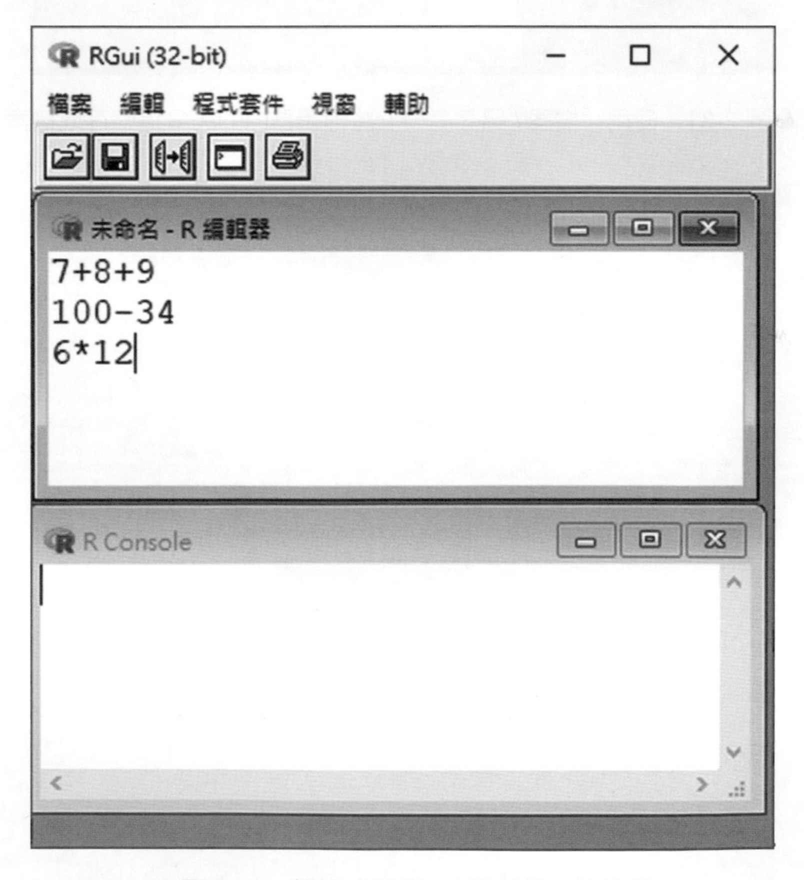

▲圖 2-30　執行「視窗 / 水平並排」的結果

將編輯器的命令搞存成R檔的另一個作法是執行「檔案/另存爲…」，如圖2-31所示。

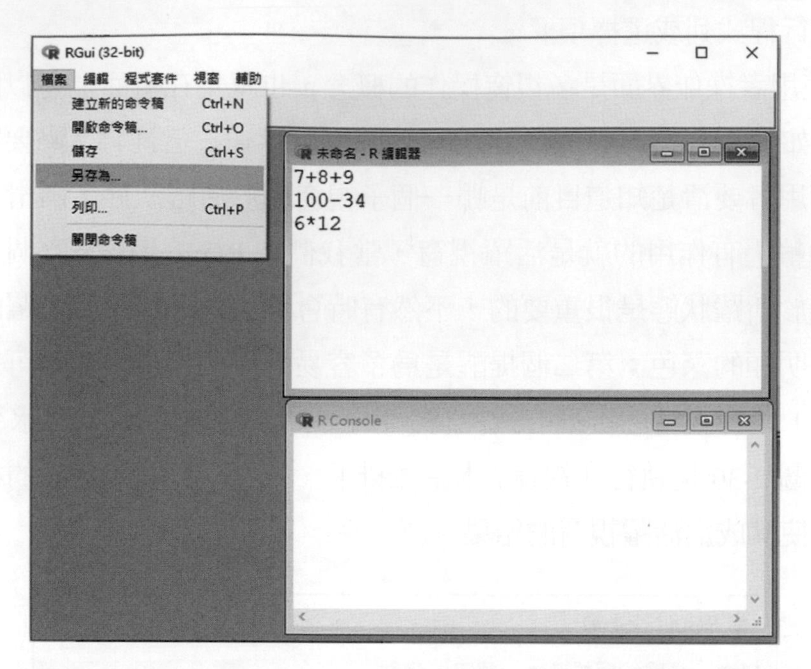

▲圖 2-31　使用「檔案/另存為…」將編輯器內的命令稿儲存成檔案

習題

1. R 軟體可以到 CRAN 取得，CRAN 的網址是？
2. 爲什麼 R 軟體安裝預設的目的資料夾路徑最好不能有空格？
3. 在控制台輸入 R 命令的方式爲何？
4. RGui 操作視窗的功能列有哪些功能選單？
5. RGui 操作視窗的「編輯 / 清空主控臺」的功能爲何？
6. RGui 操作視窗的「編輯 /GUI 偏好設定」的功能爲何？
7. 在控制臺上所輸入的 R 命令若不完整，即使按了「Enter」鍵之後，會有什麼情況出現？
8. RGui 操作視窗的「檔案 / 建立新的命令稿」的功能爲何？
9. 在 R 編輯器內輸入命令後如何單行執行？
10. 在 R 編輯器內，如何依序執行多行命令？
11. 在 R 編輯器內，如何以批次方式執行多行命令？
12. 將 R 編輯器的程式碼存成 R 的操作過程爲何？

3 R 語言基礎編程語法

3-1 何謂變數？

變數可以說是程式設計 (programming) 或編輯程式代碼 (coding, 編程) 最核心的概念。變數 (variable) 可以想像成是一個取有名稱的箱子 (box)，圖 3-1 是一個命名爲 dog 的箱子。

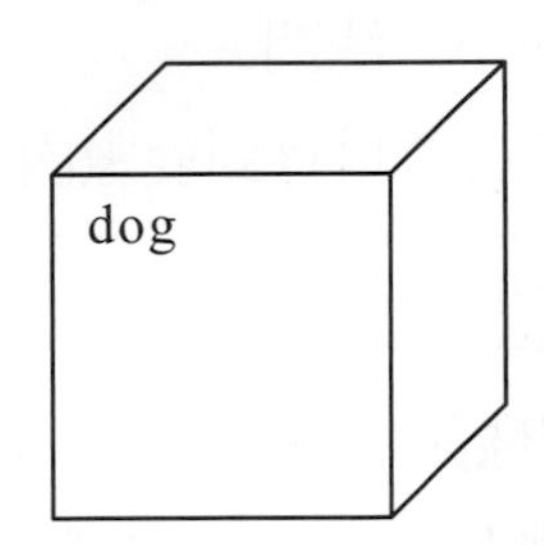

▲圖 3-1　命名為 dog 的箱子

箱子可以放入資料 (data)，也就是其內容物是資料。我們當然也可以從箱子內將資料取出。如圖 3-2(a) 及圖 3-2(b) 所示。

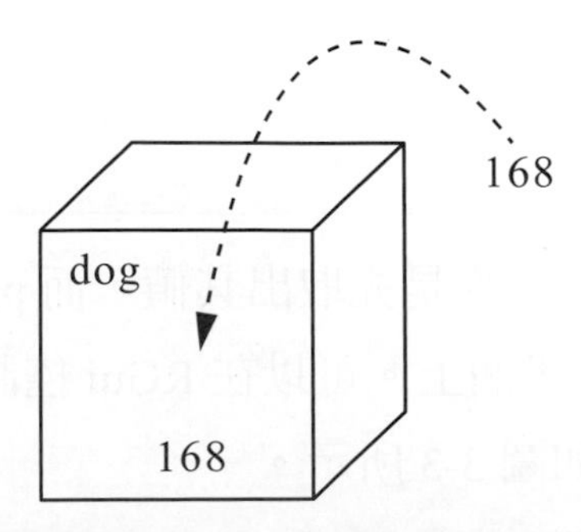

▲圖 3-2(a)　將 168 放入 dog 箱子內

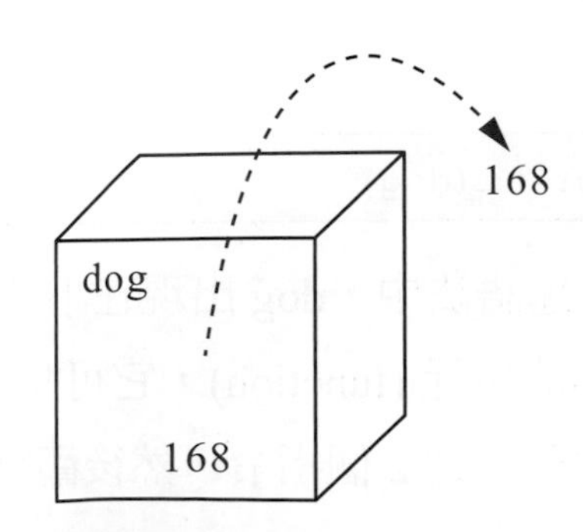

▲圖 3-2(b)　從 dog 箱子內取出 168

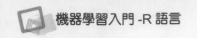

「變數是一個有名稱的箱子，可以放入資料，也可取出資料。」這句口訣，請牢記。

3-2 編程的操作型定義～以變數為例

編程最基本的觀念就是對電腦下命令，使其完成某種任務。

既然是對電腦下命令就需要訂定命令的語法 (syntax)，也就是編寫命令的寫法規範。命令的語法因爲應用目的與場合的不同有許多種，但是都可以視爲與電腦溝通的程式語言 (programming language)。不同的程式語言會有對應的語法解譯器 (interpreter)，解譯器解譯命令的語法後，令電腦執行對應的動作。例如「110 − 5」就是命令電腦執行 110 − 5 的減法運算。

R 是程式語言的一種，其解譯器就是在前一章所安裝的 R。程式編輯者 (programmer) 編寫命令，經由解譯器解讀後才會執行動作。programmer 最重要的知識就是要熟悉命令的語法與執行動作之間的對應關係，任何細微的動作都是由命令語法所促成，即使在前一章所提及的變數也不例外。透過“操作想像”來理解各種不同的命令是學習編程的不二法門。

如何對變數箱子命名，以及將資料存到變數內，R 語法如下：

```
dog<-168
```

對「dog < −168」的操作想像如下所述，有一個變數盒子叫 dog，從箭頭符號的右邊開始執行動作，順著箭頭的指向，將符號 < − 右邊的資料 168 放入左邊的變數 dog 內。 < − 這個符號稱爲指派運算子 (assignment operator) 以後看到這個符號就是將右邊的執行結果放到左邊，也就是將資料存到變數內。

另外，只要變數出現在小括號內或單獨出現，就是將變數內容取出的意思，例如：

```
print(dog)
```

上述語法中，dog 出現在小括號內，所以執行動作是先取出其值，而 print 是一個功能單元 (function)，它可將取出的值顯示在畫面上。可以在 RGui 控制台輸入學到目前的 2 個指令，然後觀察執行的結果，如圖 3-3 所示。

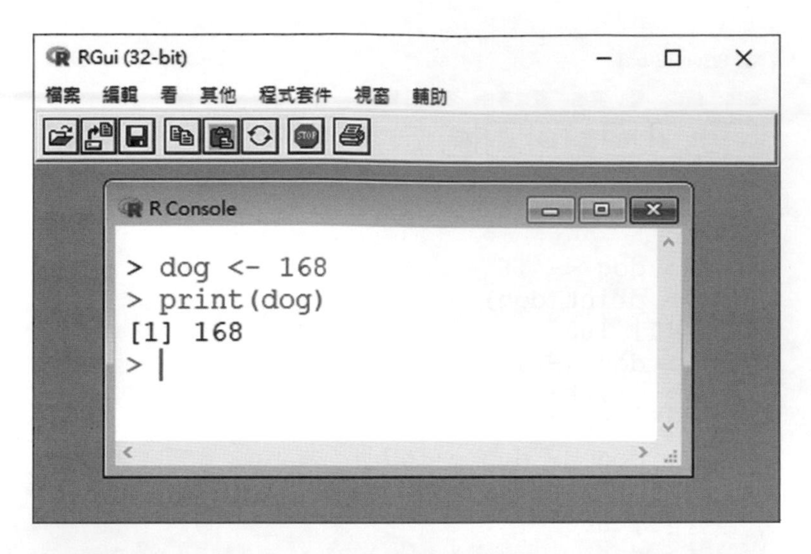

▲圖 3-3　顯示 dog 變數內容的 print(dog) 命令

print(dog) 是將結果顯示在畫面上的意思，鍵入 print(dog) 再按下 Enetr 鍵會出現“[1] 168”於命令下方，這裡的 168 就是變數 dog 的內容。

如前述，指派運算子有一個很重要的概念就是“右邊先執行再指派到左邊”。大家可以猜一下以下的語法之執行動作與結果爲何。

```
dog<-168+100
```

很顯然，會先執行指定運算子右邊的加法運算，得到 268 的結果之後再儲存到左邊的 dog 變數內。即使 dog 內原本有資料，也會被指定運算子右邊的資料取代。因爲內容被取代掉了，所以最後 dog 的內容會是 268。如果這個指令是接續在前面 2 個指令之後，很明顯的，168 被 268 取代掉了。

將資料從變數箱子取出的語法除了出現在小括號內之外，只要變數名稱出現在指派運算符號的右邊也是將變數內容取出，例如：

```
dog<-dog+100
```

上述命令所引發的執行動作是先將 dog 變數的內容，也就是 268 取出，加上 100 之後再存回 dog 箱子內。我們將前面談過的語法，編寫在 R 控制台的編輯視窗內，如圖 3-4 所示。你可以試著想像自己是 R 命令解譯器，看到這幾個指令會如何執行，務必完成理解後再往下閱讀。

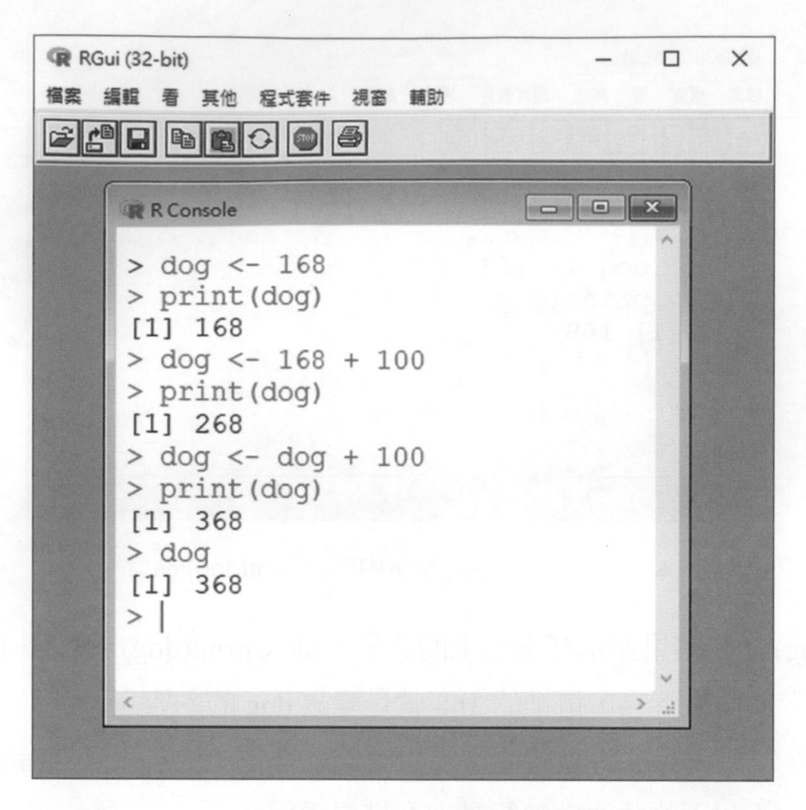

▲圖 3-4 變數操作的語法練習

R 控制台內，R 如何辨識每一行命令的結束，然後開始解譯的？主要是在每一行命令的結束都需按下鍵盤的 Enter 鍵。每一行命令也叫一個程式敘述 (statement)，而 R 以敘述後面是否有按下 Enter 鍵做判斷是否開始解譯執行。在圖 3-4 中，敘述是一行接著一行依序被執行。爲了觀察 dog 內容的變化，我們在 dog 變數的內容有改變後就執行 print(dog) 將內容顯示出來。從圖上可以看到，dog 的內容從 168、268、改變到最後是 368。每次要顯示內容就需要執行一次 print(dog) 功能，一個省略的方式是直接在符號 > 後直接輸入變數名稱，R 也會在畫面上顯示出變數的內容。在上圖的 R 命令最後一行敘述，變數單獨出現，其執行動作是將變數 dog 的內容取出，然後呈現在控制台內，與 print(dog) 的結果一模一樣。

programmer 在編寫程式語法時，常常會需要對程式敘述加上註解，但又不希望這些註解被語法解譯器誤認爲是命令，所以會使用特殊符號做爲註解標記。R 語言使用 # 這個符號做註解標記，凡是接在 # 之後的任何內容，R 均不做解譯，我們將上圖的每一行敘述加上註解。

```
dog<-168            # 命名一個變數 dog, 並將 168 儲存到 dog 內
dog<-dog+100        # <- 的右邊先執行，先取出 dog 的內容再加上 100,
                    # 再儲存回 dog. 所以 dog 會是 268
dog<-dog+100        # 取出 dog 內容 268 加上 100
                    # 再存回 dog, 目前是 368
print(dog)          # 將 dog 內容 368 取出再呈現出來
dog                 # 將 dog 內容 368 取出再呈現出來。
```

在第二章，我們曾經介紹 R 編輯器，通常編輯器與控制台是搭配使用的，上述的程式碼，我們重現於編輯器，全選後按「Ctrl + R」執行，執行順序與結果則呈現在 R 控制台，如圖 3-5 所示。從圖 3-5 的結果，註解在執行過程中，也會出現在控制台內。

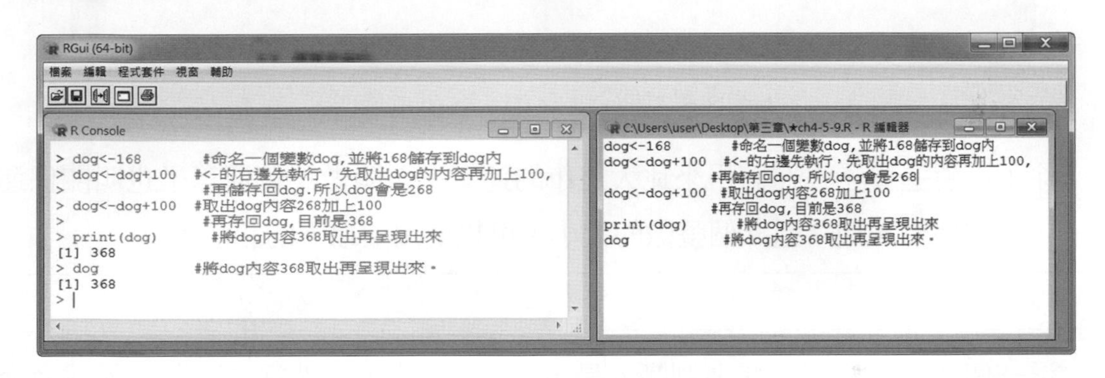

▲圖 3-5　全選後按「Ctrl + R」執行

3-3　運算與資料

程式最主要的目的是對資料的處理與運算，例如：

```
dog<-6+3
```

是將 6 與 3 加起來然後儲存到 dog。這裡的 + 就是執行加法運算，將 + 的左右兩邊的數值加起來，我們稱 + 為加法運算子。加法 (+) 是算術運算子之一。除了加法 (+)，還有減法 (-)、乘法 (*)、除 (/)。

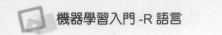

以 cat < − 100/5 這一個敘述爲例，100 會先除以 5 得到 20 再儲存到 cat。請大家試著完成圖 3-6 的練習：

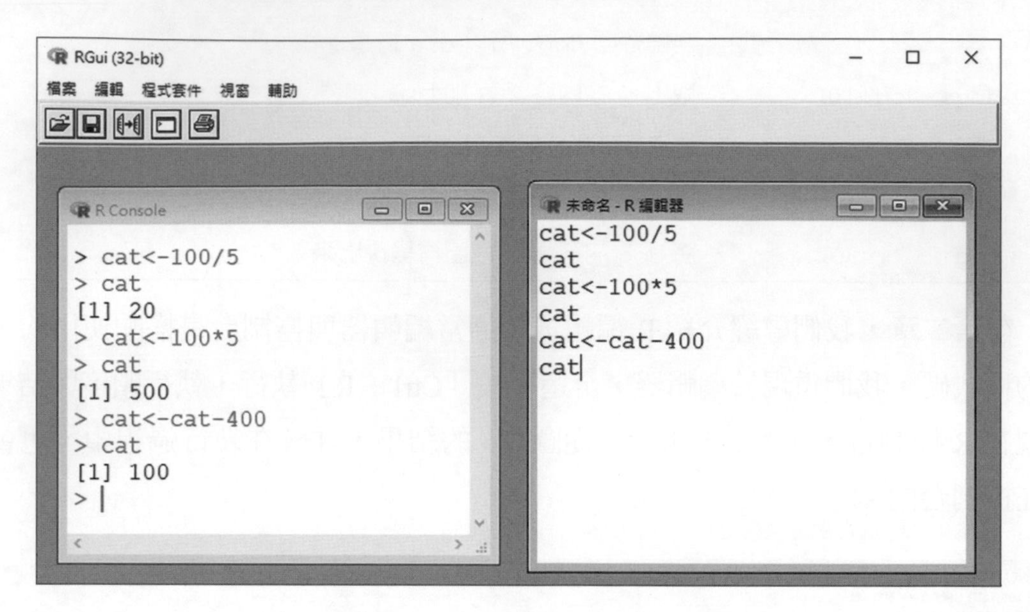

▲圖 3-6　加 (+)、乘 (*)、除 (/) 的操作

除了算術運算子，還有用來比大比小的運算子，叫做比較運算子也叫關係運算子，例如比較 6 與 7 這 2 個整數的大小，可以使用如以下的語法：

```
6>7
```

這一個命令的意思，是要判斷 6 是否大於 7，答案當然爲“否”，前述命令的結果爲假 (FALSE)。

比大比小的運算結果不是 TRUE 就是 FALSE，結果爲否對應到 FALSE，結果爲眞對應到 TRUE。關係運算子主要有以下幾種：

1. > 是否大於
2. < 是否小於
3. > = 是否大於或等於
4. < = 是否小於或等於
5. = = 是否等於
6. ! = 是否不等於

請完成圖 3-7 的練習：

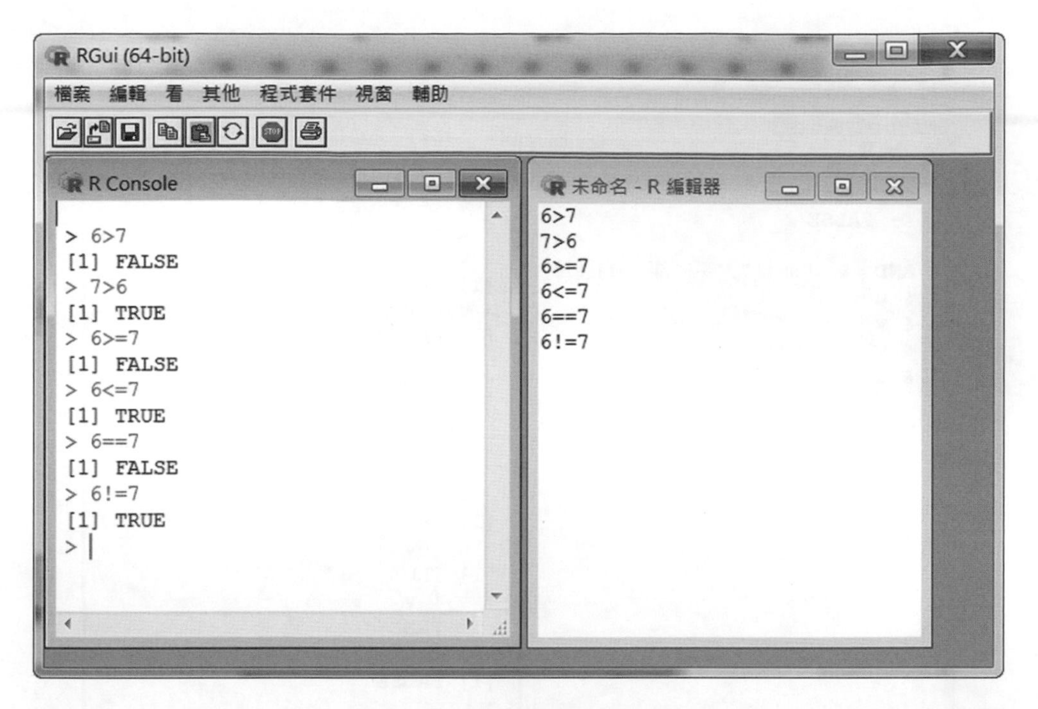

▲圖 3-7　關係運算子的操作

上述的練習中，可以看出 6==7(6 是否等於 7?) 的結果為 FALSE，但 6!=7(6 是否不等於 7?) 的結果為 TRUE。FLASE 是 TRUE 的反面。

任何程式語言主要都是處理資料，而資料有不同的型態，例如 6、−100、80.66 等是數值型態 (numeric)。有一種特殊的資料型態叫布林數 (boolean)，只有 2 種值，分別是 TRUE 與 FALSE。關係運算子的結果不是 TRUE 就是 FALSE。

除了算術運算子、關係運算子之外，還有一種運算子，叫作邏輯運算子 (logic operator)，其運算的資料對象是布林值 TRUE 與 FLASE。邏輯運算子有以下幾種：

1. &　讀成而且 (AND)
2. |　讀成或者 (OR)
3. !　讀成否定 (反面)(NOT)

& 運算子的左右兩個布林數必須都是 TRUE，結果才是 TRUE，其他情況都是 FALSE；| 運算子則只要有一個 TRUE，結果就是 TRUE；! 運算子則是將 TRUE 轉為 FALSE，FALSE 轉為 TRUE。

完成以下的 &(而且) 與 |(或者) 的各種不同組合的運算。

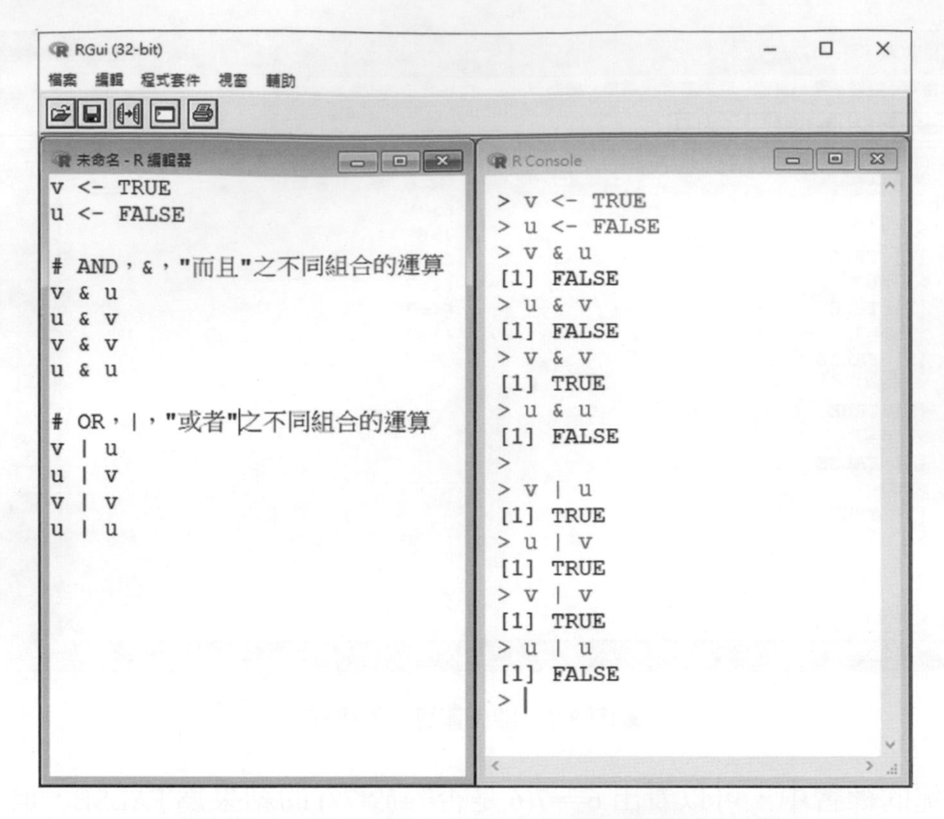

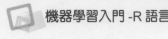

▲圖 3-8　&(而且) 與 | (或者) 的各種不同組合的運算

接著完成圖 3-9 的練習，並自己設想每一個指令的執行結果。

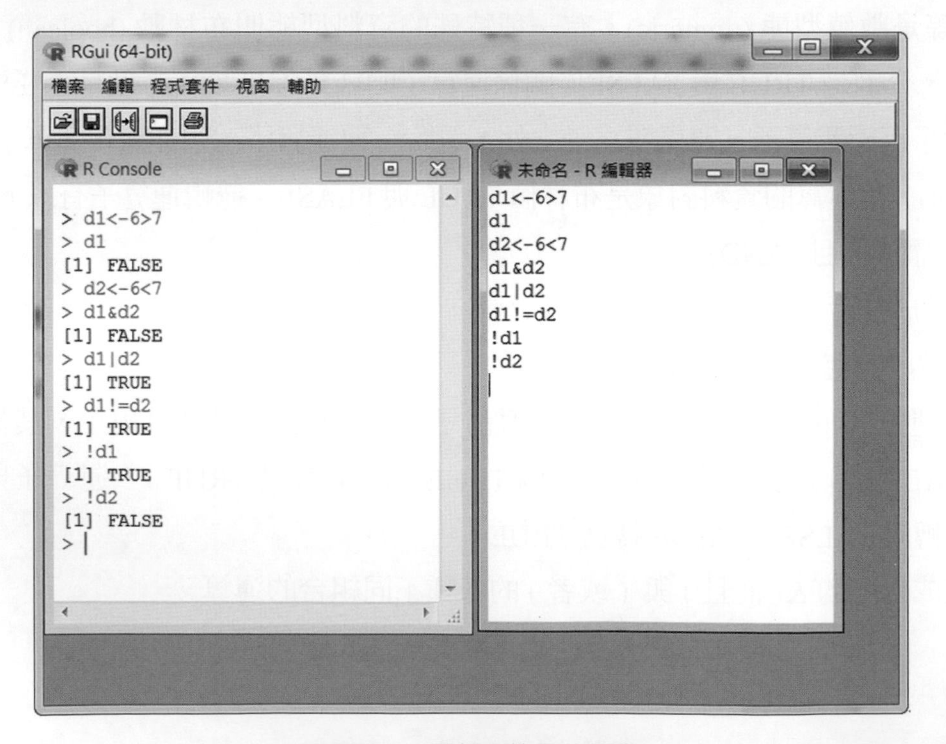

▲圖 3-9　邏輯運算子的操作

整數 (integer) 是數值 (numeric) 的一種，另外像 60.33，−100.88 等也是數值資料型態。除了 numeric 與 boolean 資料型態之外，還有一種稱爲字串 (string) 的資料型態。字串資料需要使用雙引號 (") 將其包含起來，完成圖 3-10 的練習：

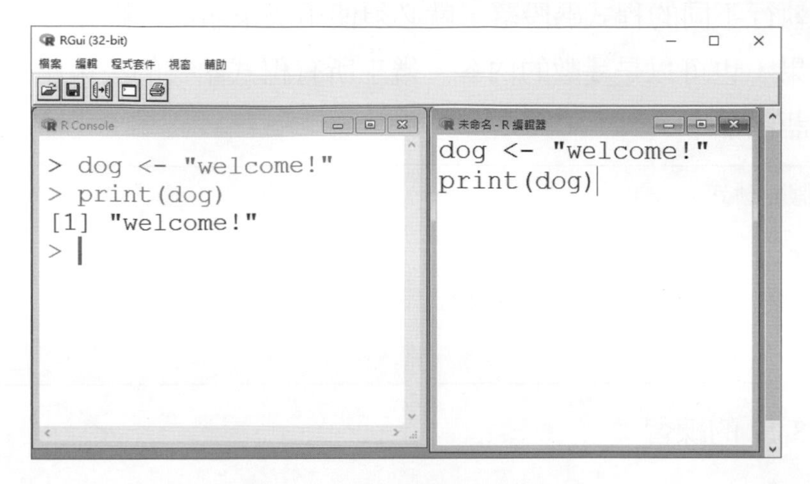

▲圖 3-10　字串資料型態的操作

運算子 (operator) 的運算對象是資料，做爲運算的資料在術語上叫運算元 (operand)。如果運算子需要左右兩個運算元就叫雙元運算子，例如取餘數運算子 %%，取商數的運算子 %/%，及次方運算子 ^ 都是雙元運算子。完成圖 3-11 的練習：

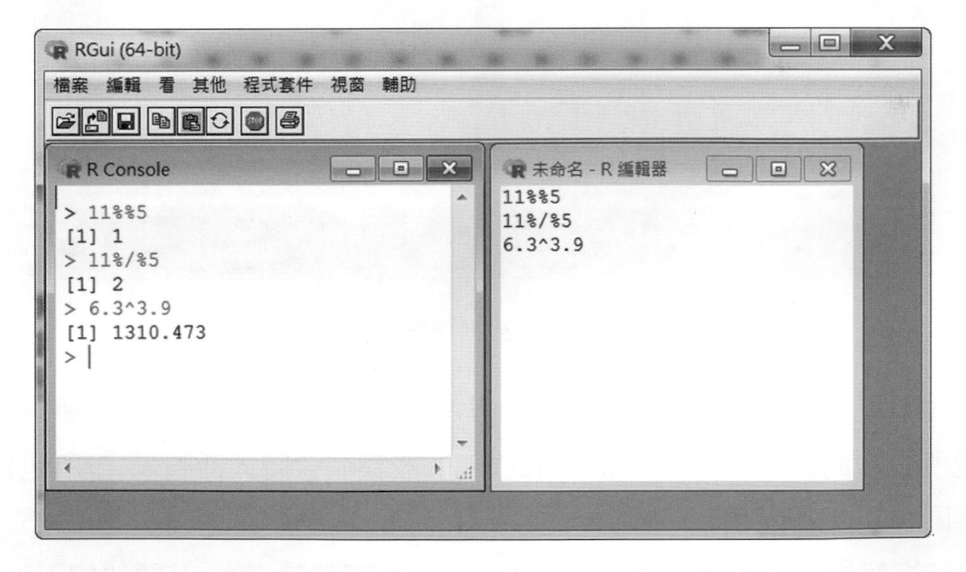

▲圖 3-11　取餘數、取商數、次方運算子的練習

3-4 決策 (if) 語法

程式碼的執行都是一行敘述接著一行敘述，由上而下依序進行。如果要依條件的不同，執行不同的程式碼段落，就必須使用決策語法。條件可以是某一個指令的執行結果，也可以是變數的內容。幾乎所有程式語言的決策語法都是 if。最簡單的 if 的語法如下：

```
if(真假判斷式)
{
  # 若判斷式為 TRUE 才執行這裡的程式段落
}
```

完成圖 3-12 的練習：

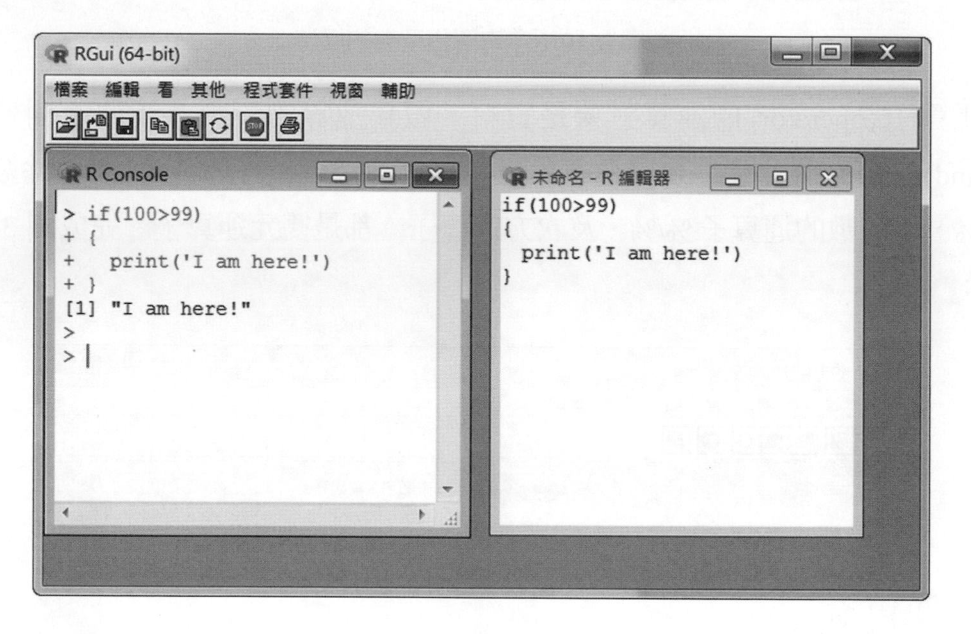

▲圖 3-12　if 決策語法

上述的程式碼，「100>99」就是眞假判斷式，其結果爲 TRUE，所以就執行大括號所包含的命令，print('I am here!')。一般我們會將大括號 {…} 所包括的範圍稱爲區塊範圍 (block)。

比較複雜的決策語法是 if-else(如果 … 就 … 不然就 …)，其語法如下：

```
if ( 真假判斷式 )
{
  # 若判斷式為 TRUE 就執行這裡的程式敘述。
}
else
{
  # 若判斷式為 FALSE 就執行這裡的程式敘述。
}
```

完成圖 3-13 的練習：

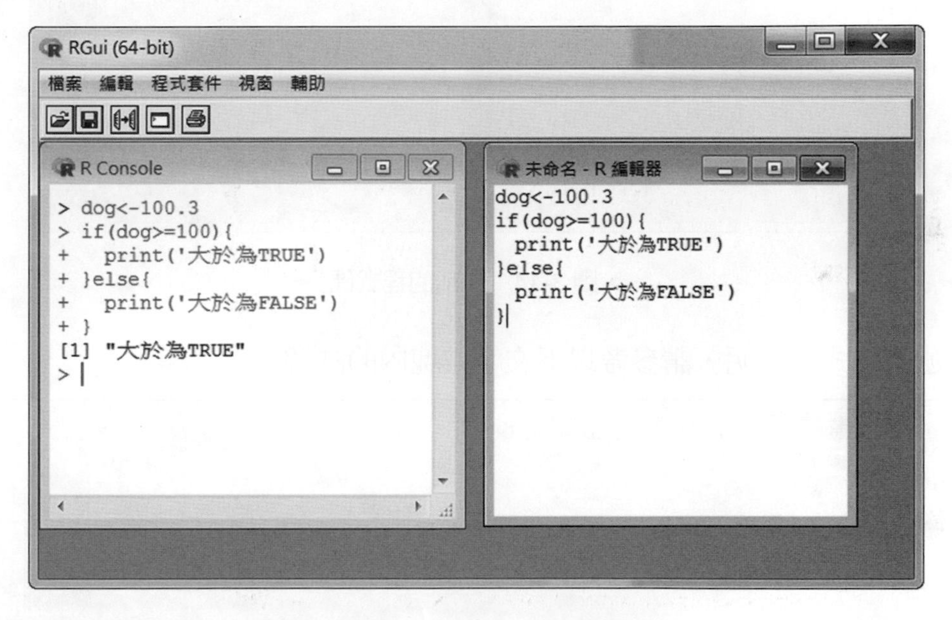

▲圖 3-13　if-else 決策語法

上述程式碼的判斷式「dog > =100」，在判斷式之前已將 dog 設定爲 100.3，顯然判斷式爲 TRUE，所以會執行 print(‘ 大於爲 TRUE’)。

你可以修改 dog 的值，dog < − 60，然後再執行一次，你會發現顯示在螢幕的字串不一樣了，因爲這次換成執行 print(‘ 大於爲 FALSE’)。

3-5 迴圈 (loop)

設想一種情況，要將 1 至 5 累加起來，以下的程式段落可以完成這個要求。

▲圖 3-14 累加的程式碼

上述的程式碼說明，請參考以下文字方塊內的註解。

```
# 將變數盒子 tatal 的預設值設定為 0
total <- 0
# 將 total 的內容 0 取出，加上 1，得到結果 1，存回 total
total <- total + 1
# 將 total 的內容 1 取出，加上 2，得到結果 3，存回 total
total <- total + 2
# 將 total 的內容 3 取出，加上 3，得到結果 6，存回 total
total <- total + 3
# 將 total 的內容 6 取出，加上 4，得到結果 10，存回 total
total <- total + 4
# 將 total 的內容 10 取出，加上 5，得到結果 15，存回 total
total <- total + 5
```

觀察上述程式碼，total < - total+n 的敘述一直重複出現，只是 n 從 1 一直重複到 5。

如果現在改成要將 1 至 10000 累加起來，一個做法是將 total < - total+n 的語法敘述一直重複 10000 次。也就是 n 從 1 一直變化到 10000，總共要寫 10000 次。這是很沒有效率的作法，解決的方式是使用迴圈語法。

迴圈語法主要是解決重複書寫命令敘述的問題。迴圈語法有 2 種：while loop 與 for loop。while loop 的語法如下：

```
while(真假判斷式)
{
  # 若判斷式為 TRUE 就執行這裡的敘述。
  # 執行到區塊內的敘述最後一行時，
  # 若判斷式仍為 TRUE，則再執行區塊內的所有敘述。依此類推。
  # 通常區塊內執行的敘述中會有改變判斷式真假的命令，
  # 不然會進入無窮迴圈。
}
```

依上述的 while 規範重新撰寫從 1 累加到 10000 的程式碼如圖 3-15 所示。

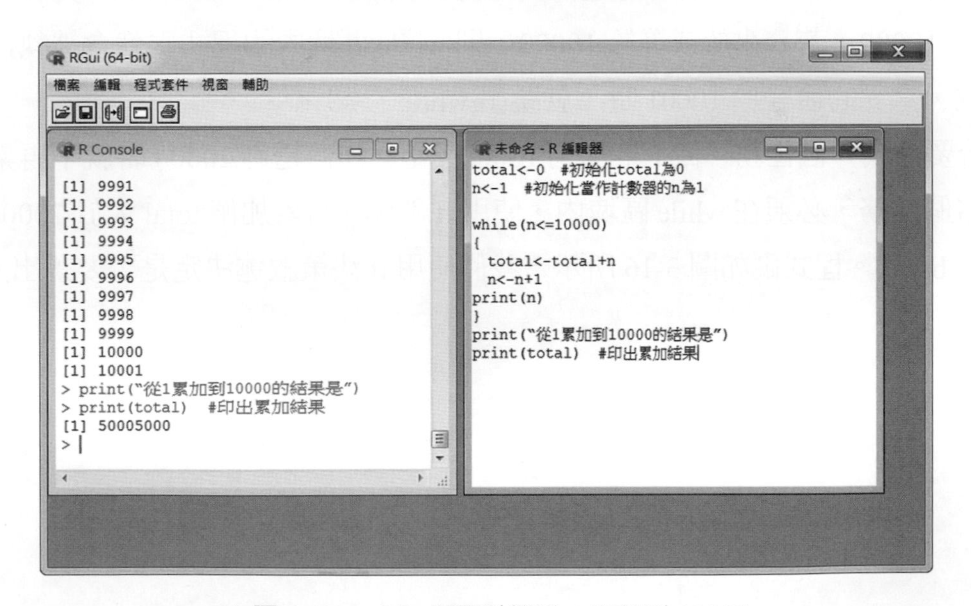

▲圖 3-15　while 迴圈計算從 1 累加到 10000

我們從第一行開始追蹤上述程式碼的執行，設定 total 的初始值為 0，設定 n 的初始值為 1。while(n <=10000) 是判斷 n 是否小於或等於 10000，若為 TRUE 則會執行 while loop 的區塊內的 3 個敘述：

```
{
total<-total+n
n<-n+1
print(n)
}
```

依序執行完區塊內的所有敘述一次就叫做一次疊代 (iteration)。由於 total 的初始值為 1，n 的初始值為 0，所以第一次疊代內後，total 會是 1，n 是 2。

每一次疊代的最後命令被執行完之後，會再次檢查 while 小括號內的眞假判斷式。如果判斷式為 TRUE，則會再執行另一次疊代。疊代的執行會一直重複，直到判斷式為 FALSE 才跳出 while 迴圈。以上例來說，跳出 while 迴圈就會執行 print(total)。

任何程式語言，都可以使用 break 命令跳出迴圈，也就是在 while 迴圈區塊內如果執行到 break，疊代就不再進行，而是直接跳出迴圈。圖 3-15 的眞假判斷式是 n < =10000，若 n 小於或等於 10000，則 while 區塊內的程式碼就會被執行，換句話說，當 n 的值等於 10001 時，就跳出 while。

若要完成一個任務，從 1 累加到 10000，當累加值超過 20000 時就不再累加。針對這個任務，必須在 while 區塊內，使用 if 敘述，當累加值 total 大於 20000 時，就執行 break。程式碼如圖 3-16 所示，我們使用 if 決策敘述決定是否要跳出迴圈。

▲圖 3-16　迴圈內 break 的應用

在迴圈區塊內，有時需要跳過某些敘述不執行，這時可以使用 next 敘述。當執行到 next 指令，迴圈的真假判斷式會被直接執行，若結果爲 TRUE，就會進行另一個疊代。以前面的累加例子，如果要累加從 1 至 10000 所有非 7 倍數的數，就可以使用 if 配合 next。判斷一個數是否爲 7 的倍數，就以 7 去除再檢查是否其餘數爲 0，也就是 if (n%%7 == 0)，如圖 3-17 所示程式碼可以達成這個目的。

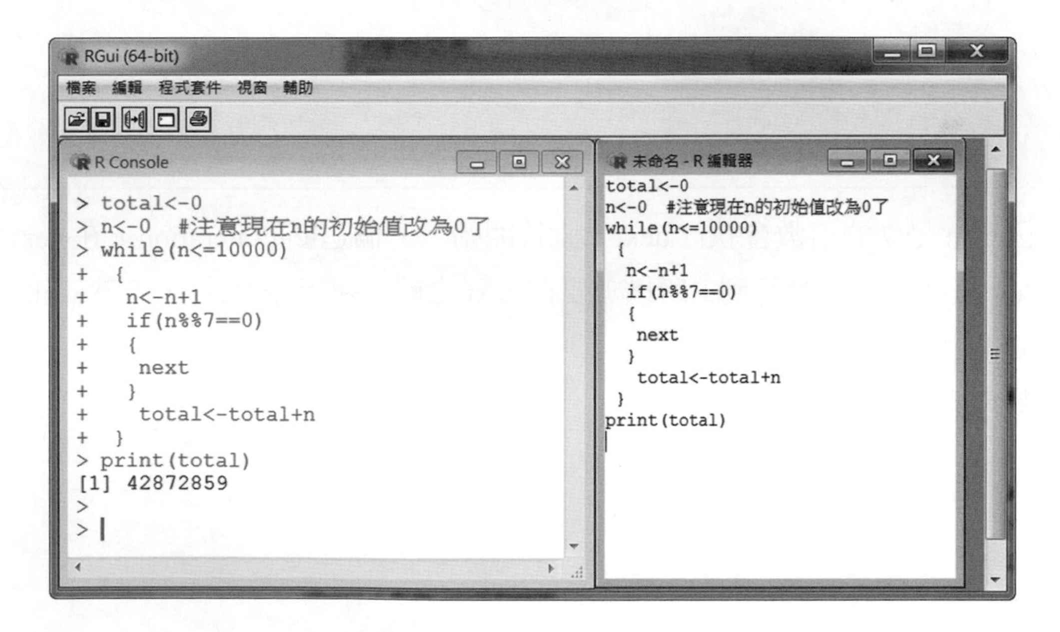

▲圖 3-17　迴圈內 next 的應用

追蹤上圖的程式碼，如果 n 是 7 的倍數，即執行 next，也就是之後的 total <− total+n 命令就不會被執行，而是進入到另一個疊代。因為進入下一個疊代之前，會執行判斷式 n <=10000，這也是為什麼需要在 next 之前先執行 n <−n+1，而 n 的初始值要改設定為 0。如此一來，才不會進入到無窮迴圈。

我們問一個問題，如果圖 3-17 的程式碼，while 區塊之前的初始值設定 n <−0，若改為 n <−1，則圖 3-17 的程式碼要如何修改才能達成同樣的任務？此問題的解答之程式碼如以下的文字區塊的內容：

```
total <- 0
n <- 1
while(n <= 10000)
{
  if(n%%7==0)
   {
     n <- n+1
     next
   }
  total <- total+n
   n <- n+1
}
print(total)
```

因為 n 是 7 的倍數會執行 next，直接開始下一個迴圈的 iteration，在 next 之後的 n<−n+1 不會被執行到，所以需要在 next 之前先執行 n<−n+1，不然 while 會進入無窮迴圈。

執行的結果如圖 3-18 所示：

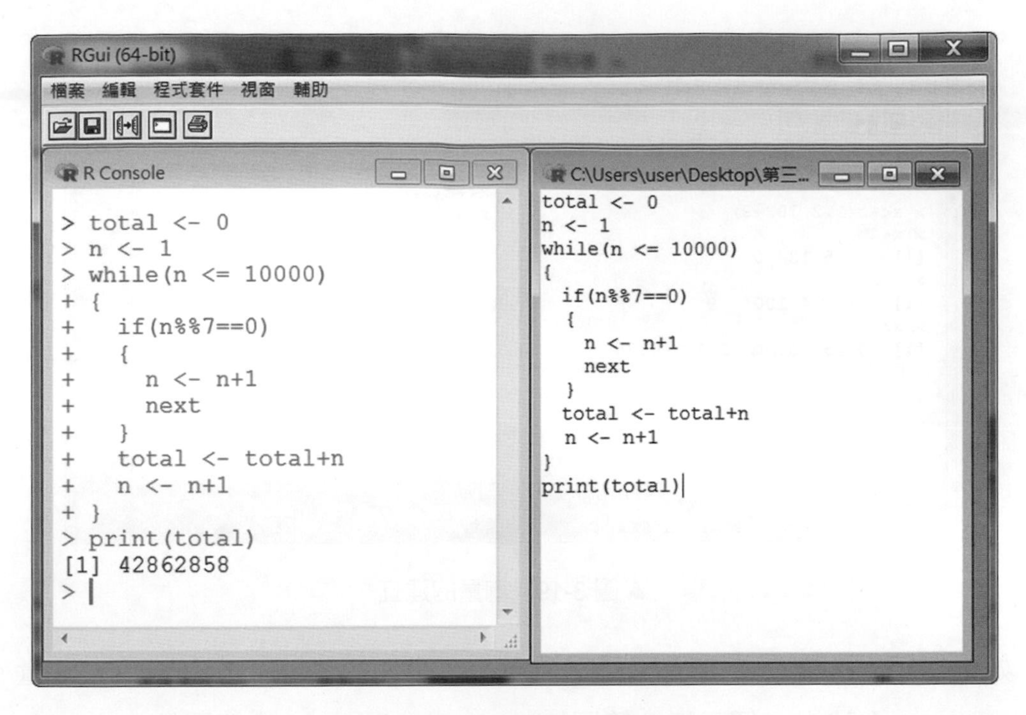

▲圖 3-18　迴圈內 next 的應用

3-6　向量 (vector) 資料物件

R 支援一種特殊的資料結構叫作向量 (vector)。所謂資料結構是一群資料元素的記錄與操作方法。向量是將一群具有相同型態的資料以有序的方式儲存在一起。

建立 vector 資料物件的語法是使用代表 combine 意義的符號 c，例如 c (1,2,10,−3) 就會建立一個擁有 4 個元素的向量，所儲存的內容分別是 1,2,10 及 −3。你可以將向量想像成 Excel 試算表的一個欄位內容之集合。可以設定一個名稱給向量以方便操作。例如，

```
x<-c(1,2,10,-3)
```

向量在運算上的好處就是其疊代動作是內建的，也就是運算會逐一作用到每一個元素。例如 x+3 的結果會是 c (4,5,13,0)，也就是每個元素都加上 3。請完成圖 3-19 的練習，向量 x 的每個元素都逐一套上加法，指數及除法運算。

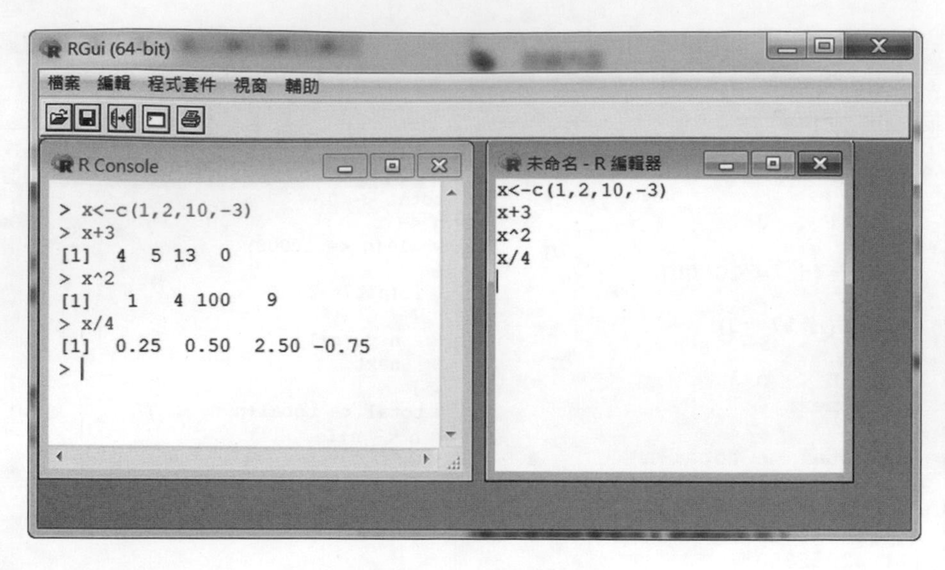

▲圖 3-19　向量的建立

如果要建立的向量，其元素是連續變化，可使用省略 c 的方式建立向量。例如 y < − 1:5，會建立 5 個元素，等同於 y < − c(1,2,3,4,5)，也等同於 y < − c(1:5)。

vector 的每個元素是依序存放的，當想要取出某個位置的元素內容時，可以使用中括號 [] 與索引值。x[1] 就是取出第一個元素的值；x[3:5] 就是取出第 3 個至第 5 個位置的元素內容；x[c(1,5)] 則是取出第 1 個與第 5 個位置的元素內容。請完成圖 3-20 的練習：

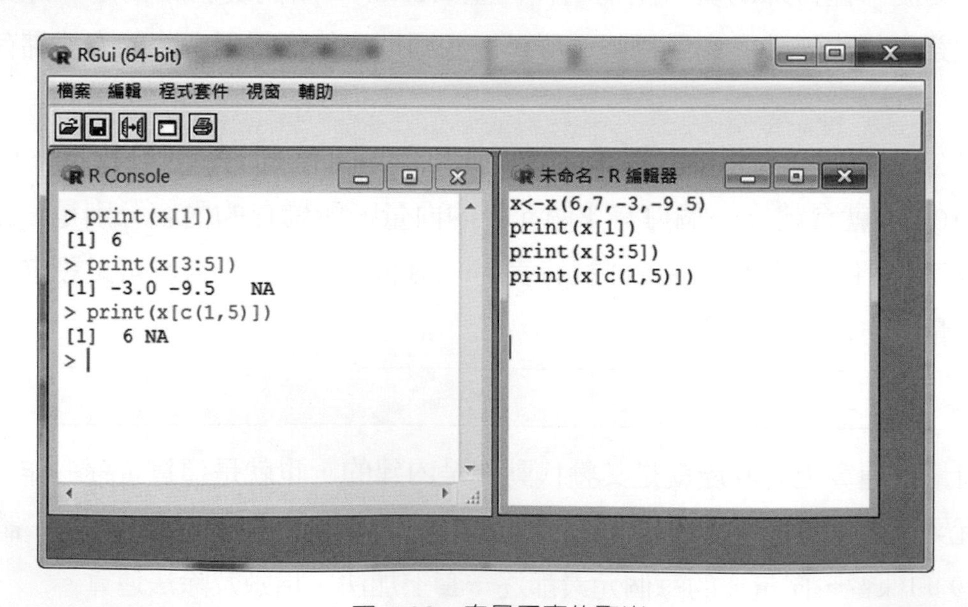

▲圖 3-20　向量元素的取出

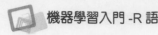

所要取出的向量元素有可能不存在，例如上例的 x 向量指有 4 個元素，而 x[3:5] 是想取出第 3 第 4 與第 5 個元素。當元素不存在，R 軟體會給一個 NA 的符號，NA 是英文 Not Available 的縮寫。

向量的元素個數必須在宣告時就給定。若在宣告時尚不需要設定初始值，則可以使用 numeric(...) 命令或其他類似的命令先設定每個元素的資料型態即可。例如，宣告一個擁有 5 個數值型態的元素之向量，monkey，語法如下：

```
monkey <- numeric(5)
```

這時 monkey 向量的所有元素之默認值會是 0。另外，向量與向量可以合併成爲更大的向量，例如 monkey 向量與 duck 向量合併爲 animal 向量，語法如下：

```
animal <- c(monkey, duck)
```

完成圖 3-21 的練習：

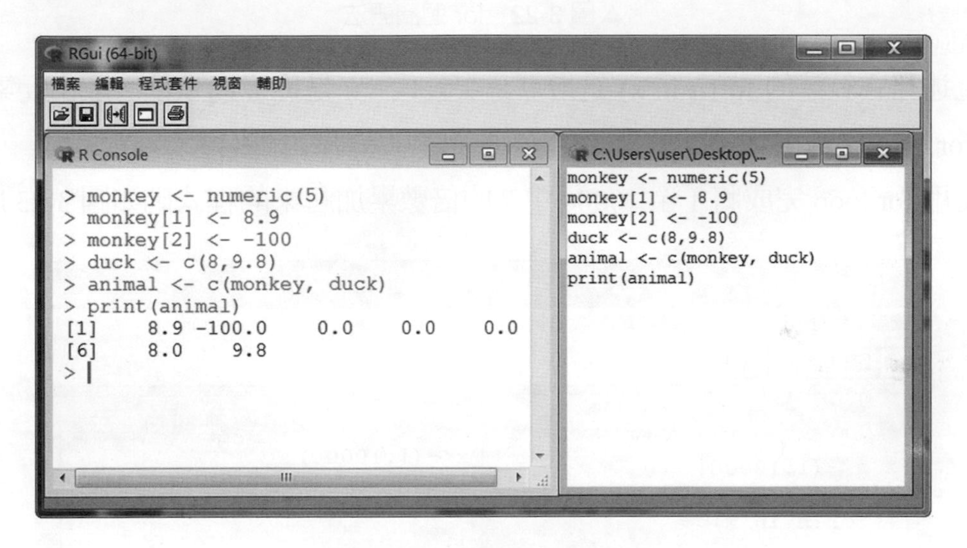

▲圖 3-21　向量與向量的合併

3-7　for 迴圈

除了 while 迴圈，R 語言也支持 for 迴圈，一般會配合向量使用。作法是將每一次迴圈疊代之計數器 (counter) 的來源先儲存在 vector 內，再依序取出。圖 3-22 就是將 1 至 10 的數印出來的程式碼。

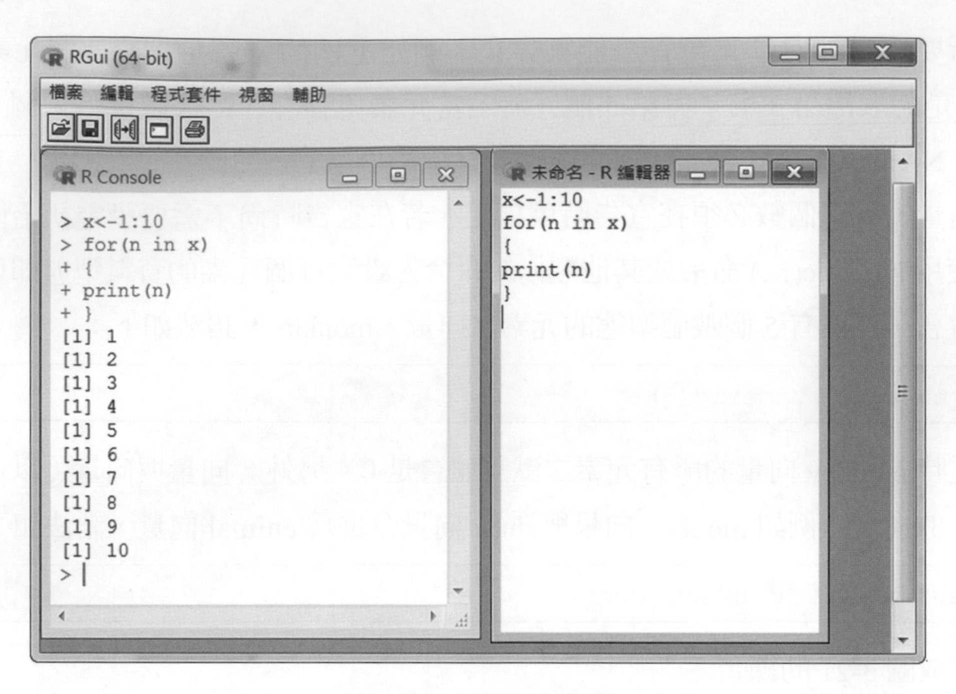

▲圖 3-22　for 迴圈語法

上述程式敘述的 for(n in x) 是指每一次疊代，n 是從 x 向量依序取出元素值再執行 for 迴圈區塊內的程式敘述。

使用 for loop 完成將 1 至 10000 中 7 的倍數累加起來的程式碼如圖 3-23 所示：

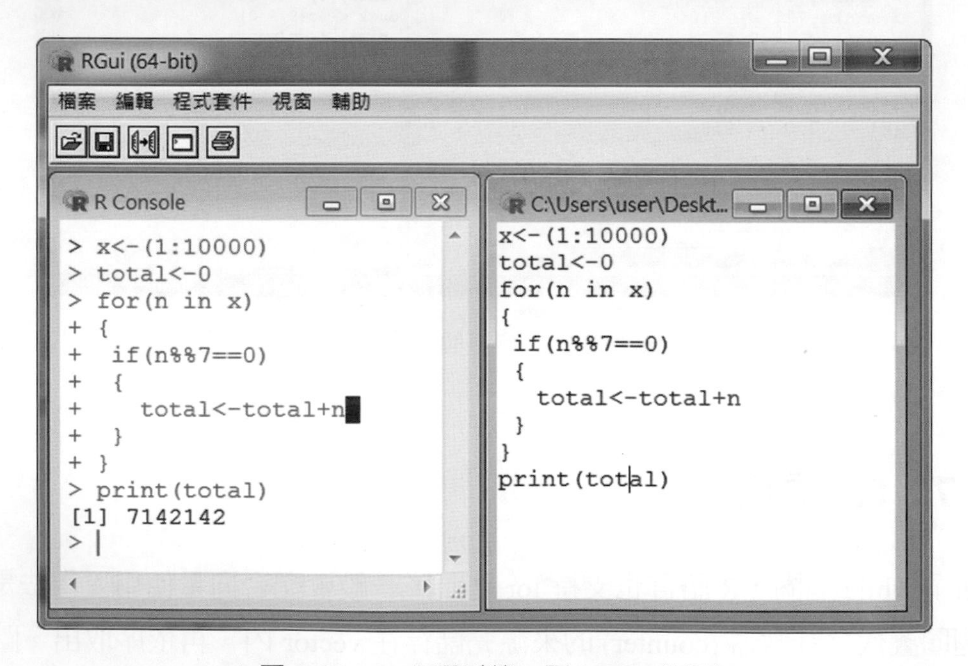

▲圖 3-23　for 迴圈計算 1 至 10000 的累加

3-8　功能呼叫 (function call)

任何程式語言執行環境都會提供事先已建立好的功能單元 (function) 供使用，R 也不例外，當然也提供了許許多多內建功能單元讓編程者使用。當功能單元被執行時，我們就稱爲功能呼叫。例如我們已經使用過的 print(x) 會將 x 的內容顯示在畫面上。小括號所包含的 x 爲輸入到 print(…) 內處理的資料，一般叫作引數 (argument)。

功能的英文是 funtion，也翻譯成函數或函式。R 有許多內建函數可供呼叫，例如 numeric(5) 是建立有 5 個數值型態元素的向量。函數分 2 大類，第一類呼叫執行後會回傳執行結果，第二類則呼叫執行後沒有回傳值。取平方根 sqrt(…) 與取出長度 length(...)，這種就是有回傳值的函數，sqrt(16) 會回傳 16 的平方根，也就是 4，length(monkey) 則會回傳向量 monkey 所擁有的元素個數。沒有回傳值的函數，只會執行內建的動作，例如 print(…) 就只會將帶入到函數內的引數顯示在視窗上。

沒有回傳值的函數的另一個例子是 sprintf(…)。它與 print(…) 功能類似，也會在控制台顯示內容。sprintf(…) 會使用到多個引數以及內容替代的概念，圖 3-24 爲 sprintf(…) 的應用例子。

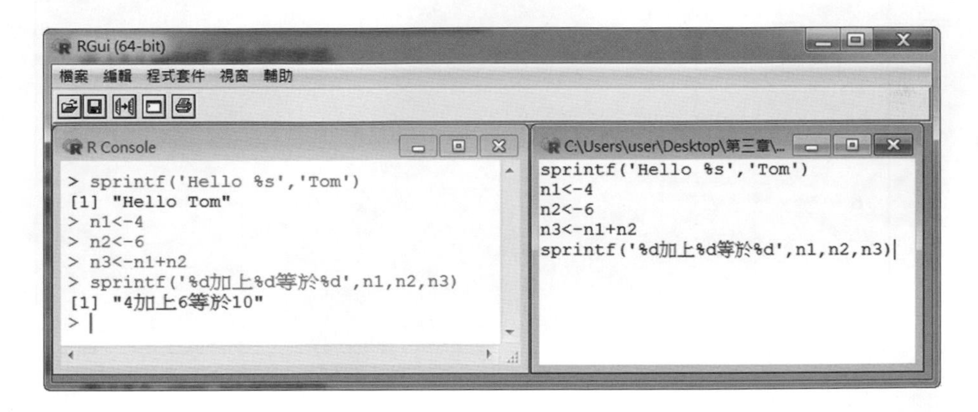

▲圖 3-24　sprintf(…) 函式的使用

上述例子中的 sprintf(…) 之引數內容，%s 表示要替代成字串，%d 表示要替代成整數。所以在呼叫時，也要給定替代的內容。觀察一下執行結果即知。

內建函數中，plot(…) 可提供繪圖功能。練習圖 3-25 的程式碼：

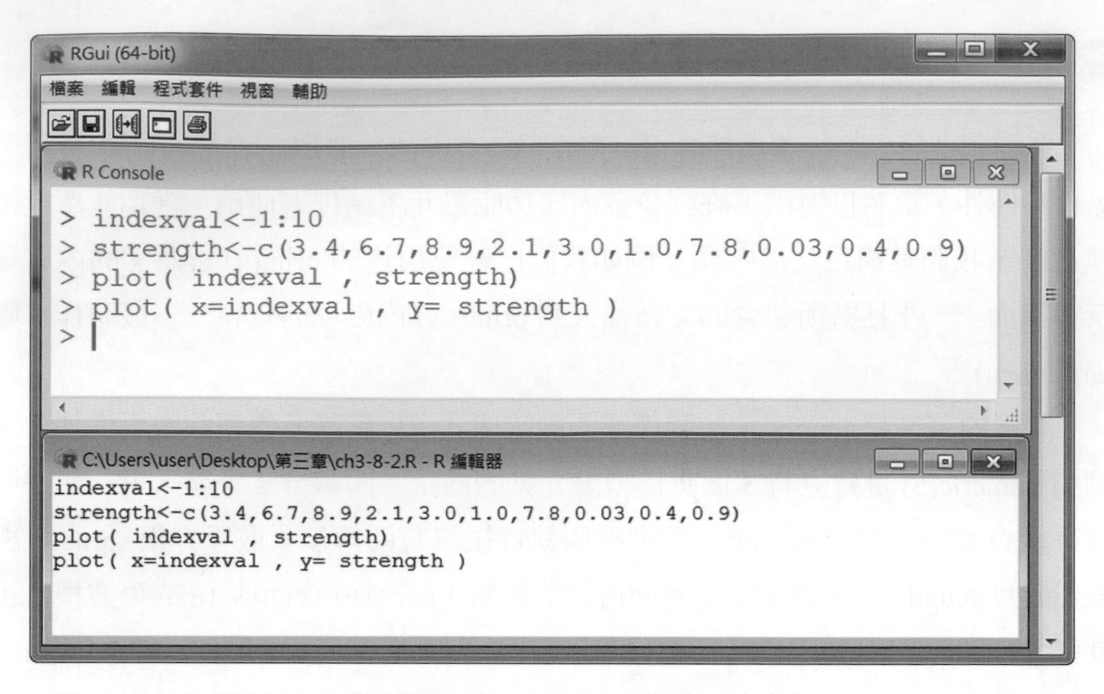

▲圖 3-25　plot(…) 函式的使用

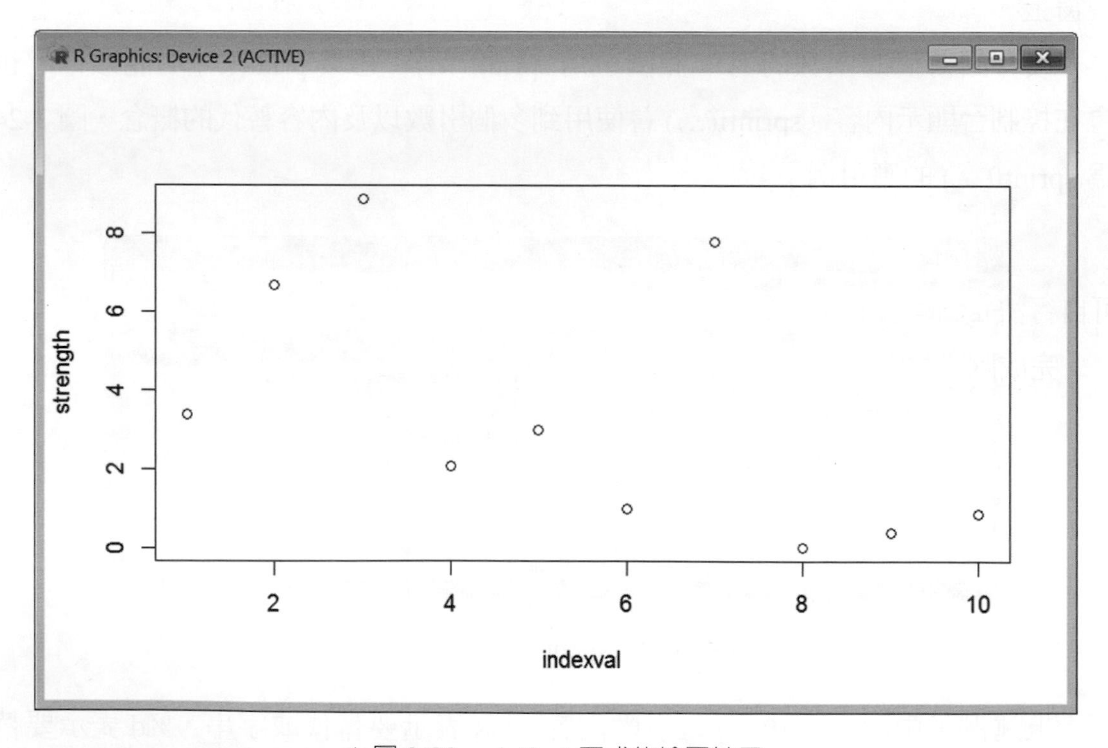

▲圖 3-26　plot(…) 函式的繪圖結果

從上述程式碼執行的結果，可由圖 3-26 發現，plot(…) 函數的 2 個引數，第一個是做爲水平軸的值，而第二個引數則是垂直軸的值。水平軸的值取自 indexval 向量，垂直軸的值取自 strength 向量，各有 10 個點，相當於是將 (1,3.4)、(2,6.7)、(3,8.9)、(4,2.1)、(5,3.0)、(6,1.0)、(7,7.8)、(8,0.03)、(9,0.4)、(10,0.9) 等 10 個座標點標在座標系統上。plot(…) 函數的另一個呼叫方式：plot (x = indexval , y = strength) 也會繪出相同的結果。小括號內的 x 表示水平軸，y 表示垂直軸。R 語言中，凡是在函數的小括號內的等於符號的左邊就是引數名稱，右邊則是要帶入的引數內容。所以 x = indexval 的 x 是引數名稱，表示水平軸，indexval 是引數值，也就是執行時會用到的資料。

大多數函數可以省略寫出引數名稱，但在比較複雜的函數，因爲引數的數目多，最好就加上引數名稱，以免產生錯誤動作因爲引數名稱不同，函數的行爲也會有所差異。

除了內建函式之外，我們也可以自建函數。自建函式的語法如下：

```
函式名稱 <-function (…)
{
  // 函式主體敘述編寫在這裏
}
```

自建函式使用 function (…) 關鍵字，然後指派給一個函式名稱。函式名稱則可自行決定。自建函式的主體敘述或指令則編寫在大括號的區塊內。

完成圖 3-27 的練習

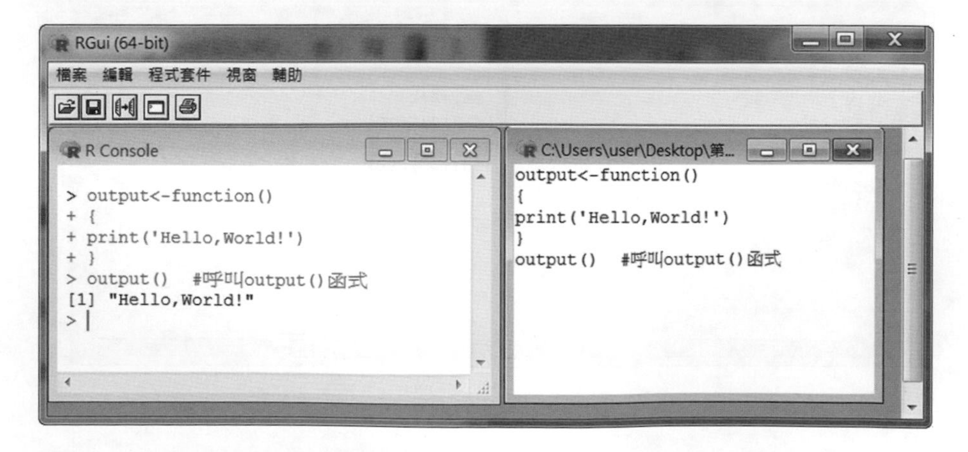

▲圖 3-27 自建函式的語法

上述程式碼定義一個函式，名稱是 output，函式主體敘述只有一行，也就是呼叫 print("Hello,World!")，自訂函式定義好之後就可以被呼叫。呼叫 output() 就會顯示字串，"Hello,World!"。如果現在想要傳任意字串給 output(...) 函式就必須在定義時就給定引數名稱，修改程式敘述，如圖 3-28 所示。

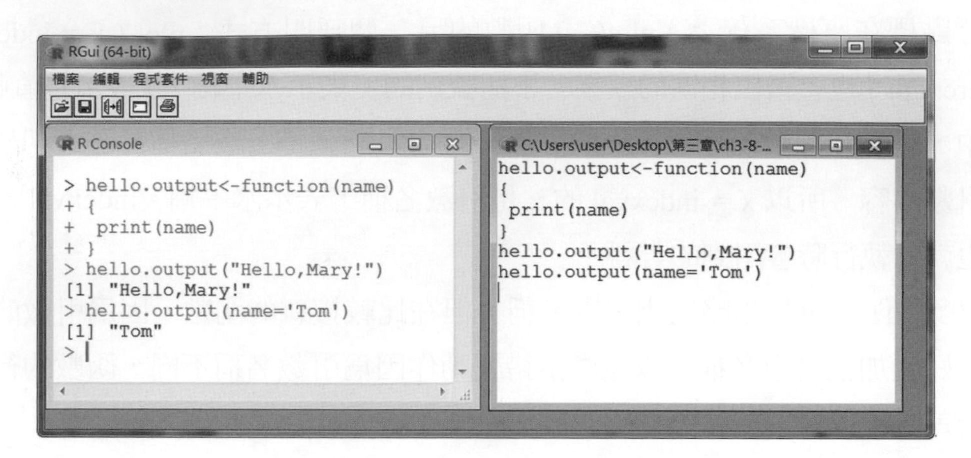

▲圖 3-28　帶參數值到函式內

上述的程式碼中，函式名稱 hello.output 是 2 個英文單字以半型句點連接起來，這種命名方式在 R 是很常見的，不僅使用在變數命名，也使用在函式命名。前述程式碼呼叫 hello.output(...)2 次，一次以引數名稱 = 引入資料值的方式 (name = 'Tom')，一次則直接給引入資料值。前述兩個練習的自定訂函式都是沒有回傳運算的結果的，若是函式呼叫後需要回傳結果，可以參考圖 3-29 的練習範例。

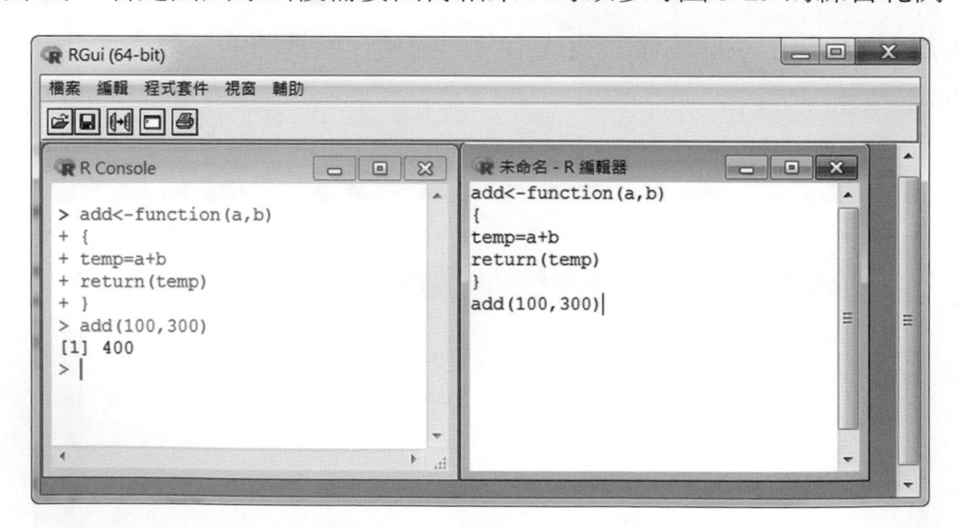

▲圖 3-29　有回傳值的自訂函式

在圖 3-28 的範例中，我們先宣告了一個 add(…) 功能函式，此函式需要引入 2 個參數值 a 與 b，加起來後再回傳 (return)。呼叫時以 add(100,300) 引入 100 及 300 到函式內，執行後，結果也回傳至呼叫處。回傳指令是 return 後加回傳結果，請參考圖 3-29 的指令。另外，請注意 return(temp) 的小括號是必須的，也就是回傳內容要以小括號 () 包括起來，例如 (temp)。

R 軟體提供許多內建函式，接下來介紹三大類的內建函式，分別是判斷型態函式、敘述統計函式，以及數學運算函式。

表 3-1 是判定資料型態函式的名稱及基本功能說明。

▼表 3-1　判定資料型態函式

函式名稱	功能說明
class(a)	回傳 a 的資料型態
is.numeric(a)	若 a 是數值，回傳 TRUE，否則回傳 FALSE
is.character(a)	若 a 是字串，回傳 TRUE，否則回傳 FALSE
is.integer(a)	若 a 是整數，回傳 TRUE，否則回傳 FALSE
is.vector(a)	若 a 是向量，回傳 TRUE，否則回傳 FALSE

請完成表 3-1 的練習，如圖 3-30 所示：

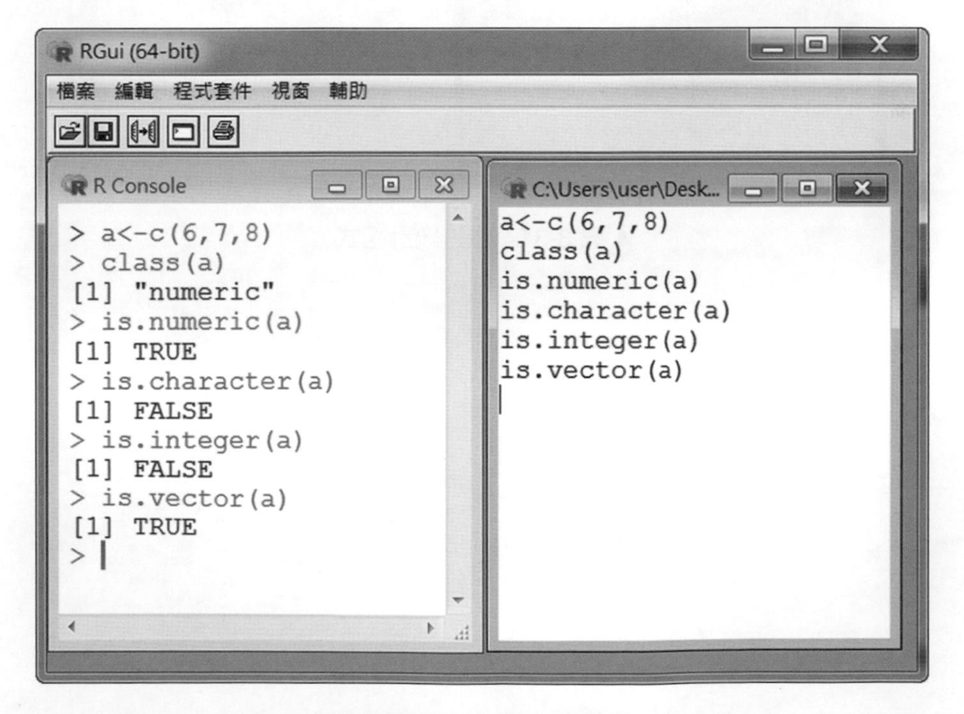

▲圖 3-30　判定資料型態函式

如第一章所敘，敘述統計是在進行資料分析時，瀏覽及了解資料狀況的一種方式。表 3-2 是敘述統計函式的名稱及基本功能說明：

▼表 3-2　敘述統計函式

函式名稱	功能說明
mean(b)	回傳向量 b 的平均值
sd(b)	回傳向量 b 的標準差
median(b)	回傳向量 b 的中位數
max(b)	回傳向量 b 的最大值
min(b)	回傳向量 b 的最小值
sum(b)	回傳向量 b 的元素總和

表 3-2 的練習，如圖 3-31 所示：

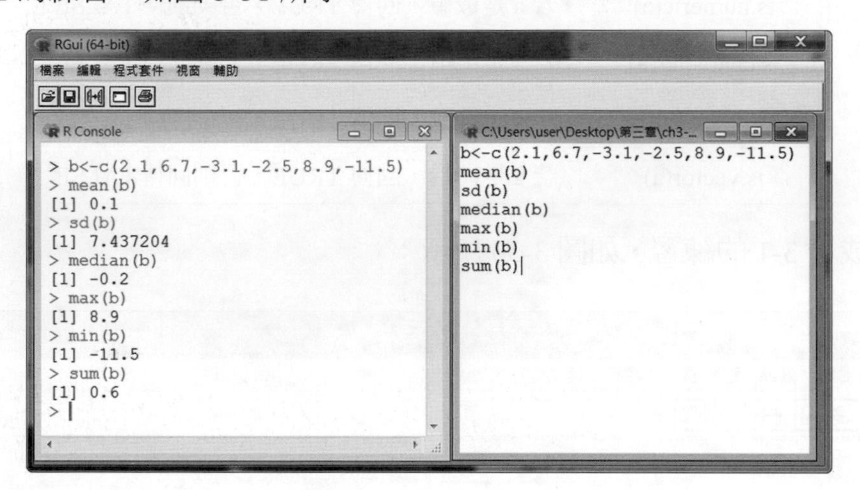

▲圖 3-31　敘述統計函式

表 3-3 是一些基本數學函式的名稱及功能說明。

▼表 3-3　基本數學函式

函式名稱	功能說明
log10(x)	取 x 的對數值
sin(x)	計算 x 的正弦值
sqrt(x)	計算 x 的平方根
abs(x)	計算 x 的絕對值

表 3-3 的練習，如圖 3-32 所示：

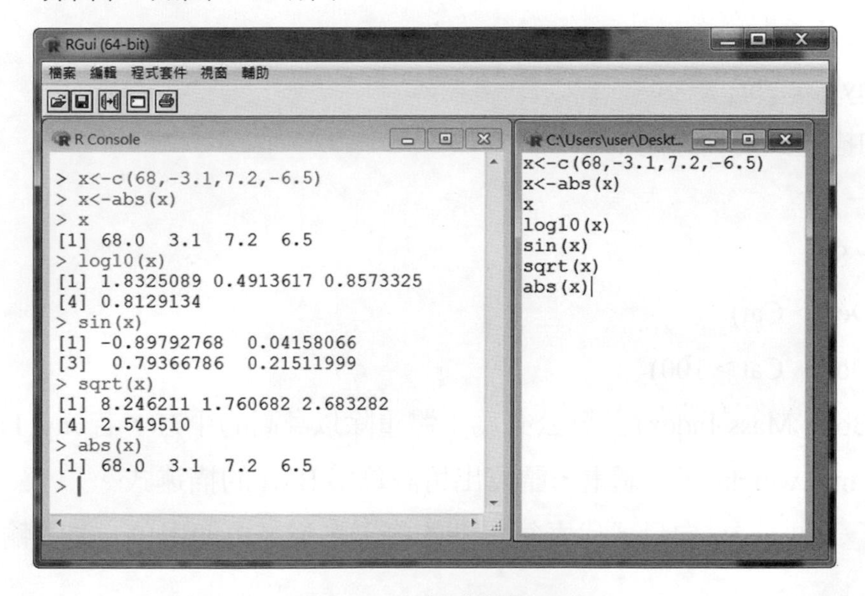

▲圖 3-32　基本數學函式

習題

1. 下列的描述式有何作用？

```
my_name < − " 王小明 "
my_name
```

2. 下列的描述式有何作用？

```
my_height < − 172 # 替換爲自己的身高
my_weight < − 70 # 替換爲自己的體重
```

3. 下列的描述式有何作用？

```
print(my_height)
print(my_weight)
```

4. 下列的描述式有何作用？

```
Dog < − 17
Cat < − 89
print( Dog > Cat)
print( Dog + Cat > 100)
```

5. BMI (Body Mass Index) 計算公式爲：體重除以身高的平方，若 my_height 表示身高，my_weight 表示體重，請寫出可計算出 BMI 的描述式。
6. 建立了一個 week 向量，代表每星期的每天名稱，再使用 for 迴圈輸出每天名稱。
7. 同第 5 題，請使用 while 迴圈輸出每天名稱。
8. 自訂一個函數 my_factorial()，只要輸入整數 n，就會計算出階乘 (n!) 的值後回傳。
9. 請使用 if 跟 else 做行程決策。早上起床看天氣，如果天氣爲晴天，就在戶外跑步，如果不是晴天，就上健身房運動。
10. 請使用 if 跟 else 做行程決策。早上起床看天氣，如果天氣爲晴天，就在戶外跑步，如果天氣爲陰天，就去騎單車。如果天氣既不是晴天也不是陰天，那就去健身房運動。

4 R 語言進階編程語法

4-1 data.frame 資料結構

data.frame(資料框) 是 R 特有的資料結構。資料框類似 Excel 軟體的試算表，都有橫向的列 (row) 及直向的行 (column)。直向行代表一個同一種型態變項，而橫向列則是代表一組各變項的觀測值或度量值的集合。同一行資料必須具有相同的資料型別。事實上，同一行資料的集合就是一個向量 (vector)。如何建立 data.frame，最簡單的方式是透過多個向量的集合以及 dataframe(…) 函式，如圖 4-1 的程式碼所示：

```
> a<-1:5
> b<- -2:2
> q<- c("Apple","Orange","Grape","banana","tomato")
> myDF<- data.frame(a,b,q)
> myDF
  a  b      q
1 1 -2  Apple
2 2 -1 Orange
3 3  0  Grape
4 4  1 banana
5 5  2 tomato
>
```

▲圖 4-1　使用 data.frame(…) 函式建立 dataframe

上述的程式建立了一個名為 myDF 的 data.frame，然後再將其內容顯示出來。myDF 由向量 a,b,c 所組成，所以每行的名稱預設為 “a”, “ b”, “c”。

Excel 試算表的每一行可視爲欄位，也可以命名，dataframe 也是如此，每一行是可以分別命名的。語法如下：

```
myDF<-data.frame(First = a,Second = b,Fruit = q)
```

如果想知道 dataframe myDF 到底有幾列，也就是有幾筆資料記錄，可以使用語法：nrow(myDF)，而 ncol(myDF) 則可以知道 myDF 有幾行，也就是有幾個欄位。完成圖 4-2 的練習。

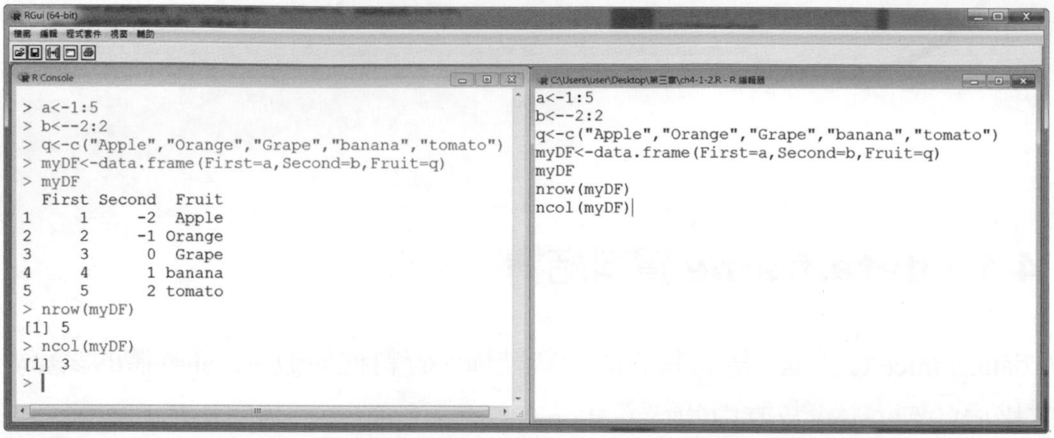

```
> a<-1:5
> b<--2:2
> q<-c("Apple","Orange","Grape","banana","tomato")
> myDF<-data.frame(First=a,Second=b,Fruit=q)
> myDF
  First Second  Fruit
1     1     -2  Apple
2     2     -1 Orange
3     3      0  Grape
4     4      1 banana
5     5      2 tomato
> nrow(myDF)
[1] 5
> ncol(myDF)
[1] 3
>
```

```
a<-1:5
b<--2:2
q<-c("Apple","Orange","Grape","banana","tomato")
myDF<-data.frame(First=a,Second=b,Fruit=q)
myDF
nrow(myDF)
ncol(myDF)
```

▲圖 4-2　觀察 dataframe 的指令

如果要取出資料框的某列某行的儲存內容，可以使用二維座標的定位方式。以上例來說，myDF 是 5×3 的二維資料點，由左而右、由上而下，先列再行的二維平面。myDF[1,1] 是第一列第一行的，內容也就是 1、myDF[1,2] 則是 −2。

前面曾提到 dataframe 的每一行資料集合就相當於向量，那要如何取出某一行資料集的向量？

一個作法是使用行名稱的方式取出，例如 myDF$First 就是取出 First 欄位的所有資料，使用行編號也可取出向量，例如 myDF[,1] 就是取出第一行的所有資料。myDF[,1] 括號內的逗號，若左邊爲空就是取出所有列，所以 myDF[,1] 是將位在第 1 行的所有列取出，因此就構成一個向量。同樣的 myDF[,3] 則是取出第 3 行的向量內容，取出後可以使用另一個變數儲存此向量，例如 z2 < − myDF[,3]。

請完成圖 4-3 的練習。

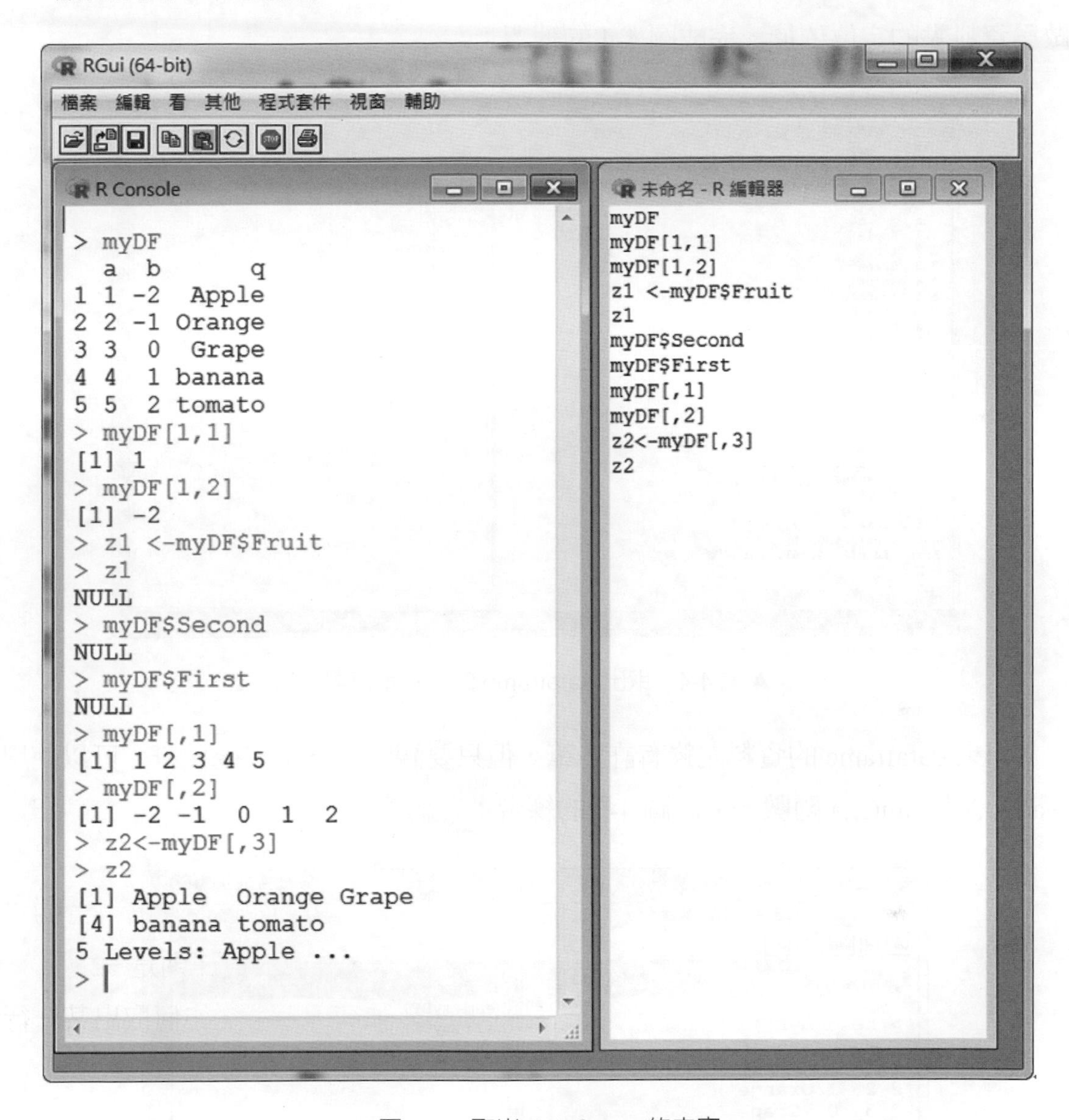

▲圖 4-3　取出 dataframe 的內容

當想取出不特定行或不特定列的資料時，索引編號可以先儲存在向量內，再做爲資料點的定位依據。完成圖 4-4 的練習：

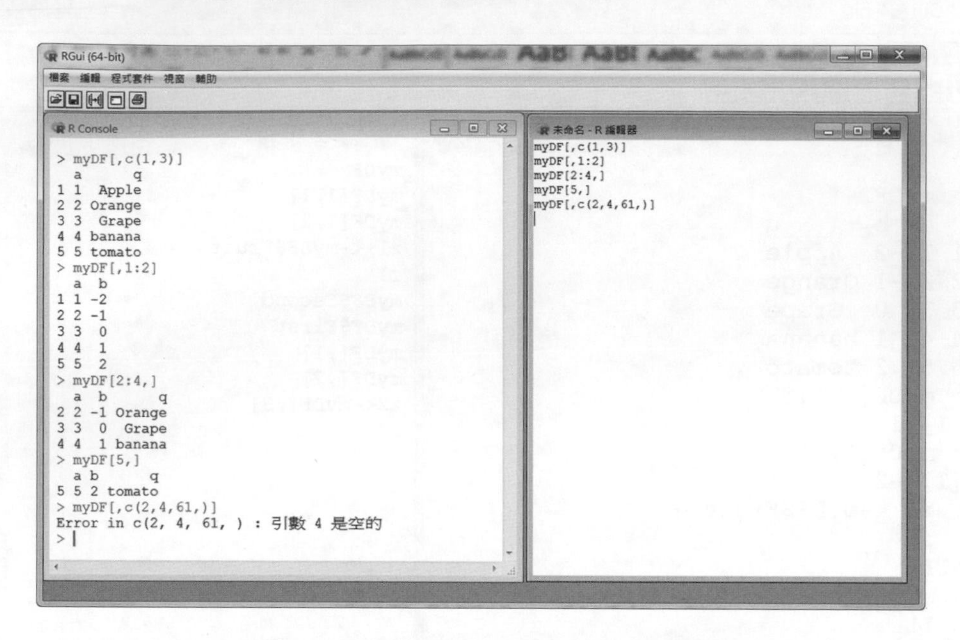

▲圖 4-4　取出 dataframe 的不特定行與列

如果 dataframe 的資料記錄有許多筆，但只要觀察前幾筆或後幾筆。可以使用 head(…) 及 tail(…) 函數。完成圖 4-5 的練習：

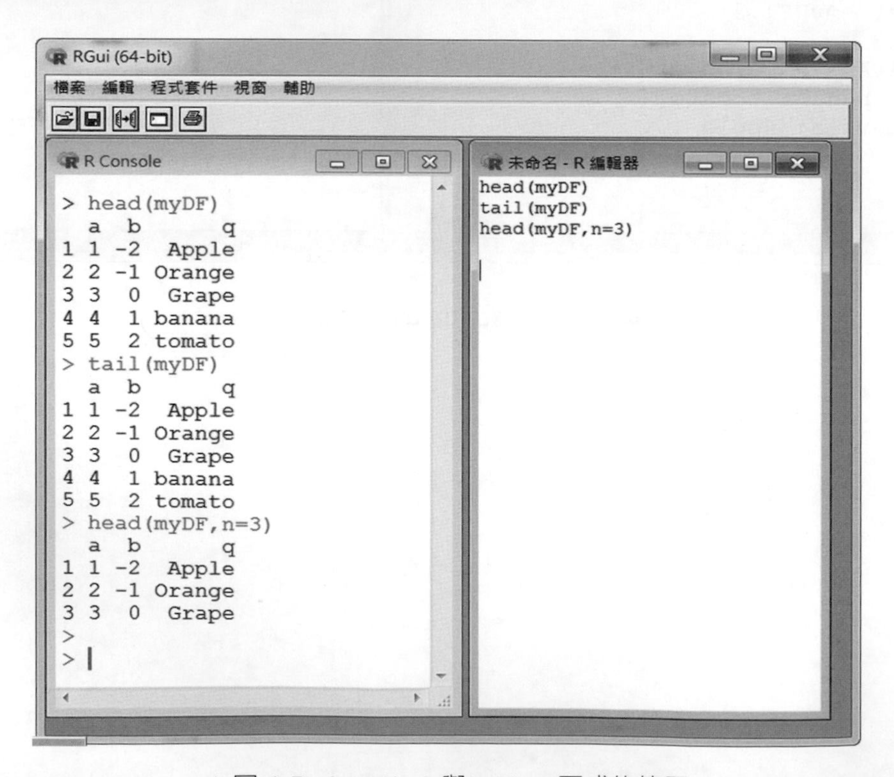

▲圖 4-5　head(…) 與 tail(…) 函式的使用

可以使用 names(...) 函數得到資料框架的各行名稱，儲存到一個字串向量。若只是得到某特定直行的名稱，可以給定該直行的索引編號。完成圖 4-6 的練習：

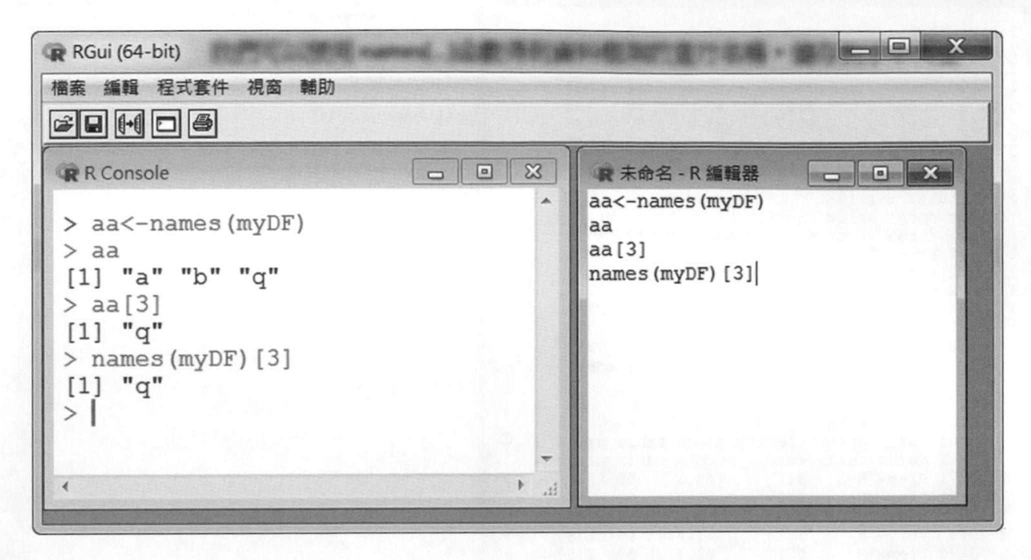

▲圖 4-6　取出 dataframe 的各行名稱

names(myDF) 是字串向量。接在後面的 [ ] 內的數字就是某一行的索引編號。

4-2　第三方套件的使用

套件 (package) 是預先寫好的函式或資料的集合，函式的集合是函式庫 (function library)，資料的集合叫資料集 (dataset) 庫。目前由第三方開發者所完成的 R 套件 (R package) 應已超過萬套以上。第三方套件不是內建，所以必須先安裝再載入。安裝套件的語法是 install.packages(" 套件名稱 ")，載入的語法是 require(套件名稱) 或 library(套件名稱)。

ggplot2 套件提供了許多繪圖相關的函式及一些資料集，執行 install.packages("ggplot2") 與 require(ggplot2) 就可以安裝與載入 ggplot2 套件。載入後，ggplot2 中有一個 diamonds 資料集，使用 data(diamonds) 後就可以直接使用。diamonds 的資料記錄筆數超過 50000 筆，使用 head(...) 函式可以只顯示前面幾筆，再使用 tail(...) 函式顯示後面幾筆。完成圖 4-7 的練習：

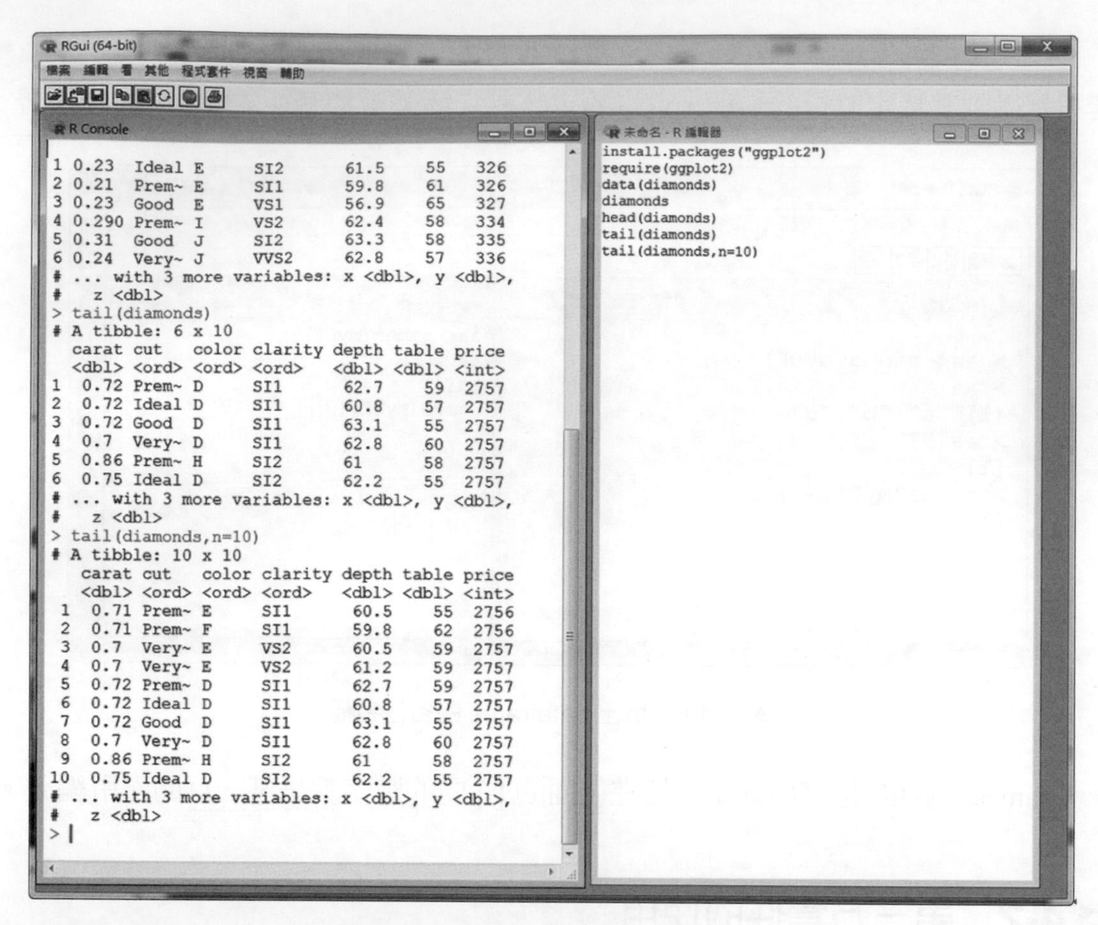

▲圖 4-7　ggplot2 套件的安裝與載入

套件大都儲存在網際網路上某一些伺服器上，儲存 ggplot2 套件的伺服器非常多，因此前述程式碼執行到套件安裝指令 install.package(…) 後，系統會出現一個視窗供使用者選擇一個下載網站，如圖 4-8 所示。

觀察圖 4-7 的執行結果。diamonds 是 data.frame，有許多行 (欄)，每一行均有一個名稱，例如：carat,color,clarity,price… 等等。

▲圖 4-8　套件的下載網站列表

ggplot2 套件最強大的功能是可以繪製很複雜的圖，其中 ggplot(...) 函式會額外顯示一個繪圖窗格，但是窗格上的內容是空的。aes(...) 則可給定水平軸 (x) 與垂直軸 (y) 的行與列資料來源，geom_point(...) 則可以在座標上標出對應的資料點。請依序完成圖 4-9、圖 4-10 及圖 4-11 的練習：

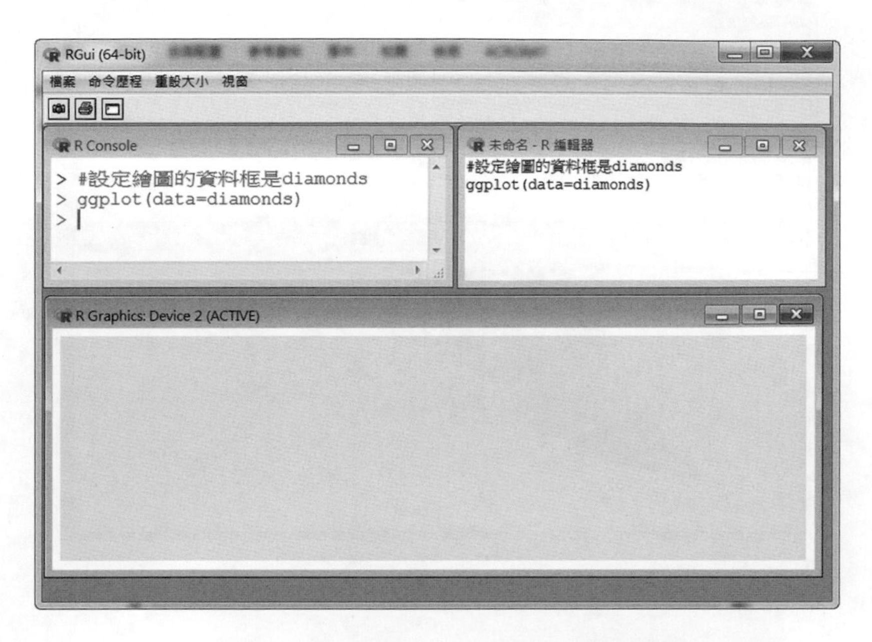

▲圖 4-9　ggplot(...) 函是顯示繪圖窗格

若只執行 ggplot(data = diamonds) 雖然有指定資料集，但是只會出現一個空白的繪圖窗格。再加上 aes(x = carat,y = price) 則會多畫出水平與垂直軸線。如圖 4-10 所示。

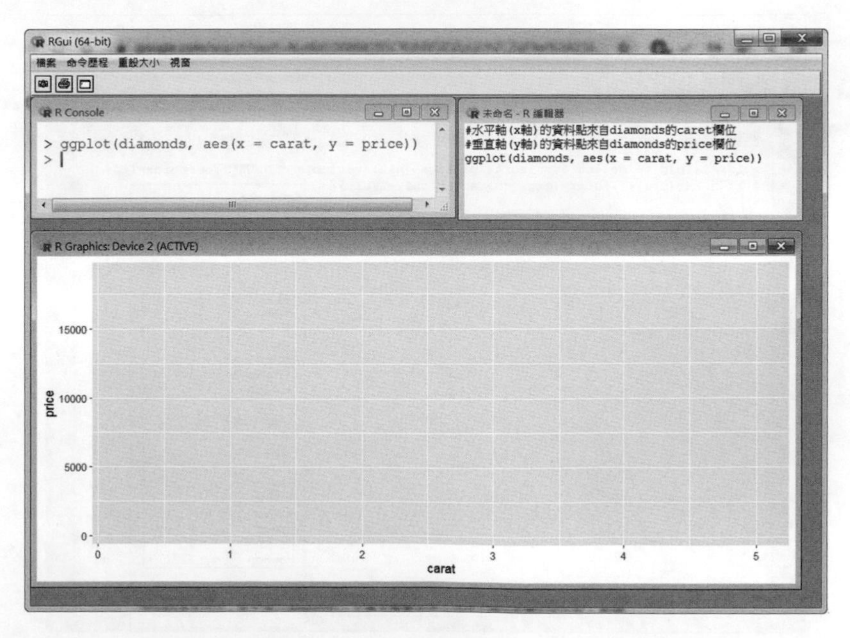

▲圖 4-10　加上 ase(x = carat,y = price) 的執行結果

圖 4-11 是加上 geom_point() 的執行結果，此圖明顯是以 (carat,price) 爲座標點，在圖上標出。carat 標在水平軸，price 標在垂直軸。

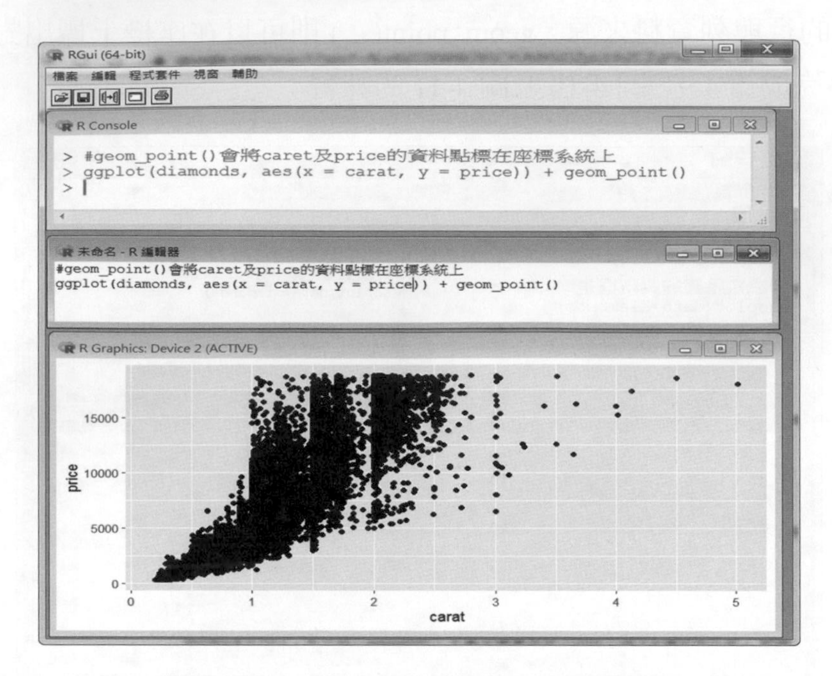

▲圖 4-11　加上 geom_point() 的執行結果

在 RGui 操作介面功能表有一個「程式套件」功能選單之「載入程式套件」可載入 (相當於 require 命令) 已安裝好的套件。如圖 4-12 所示，選按之後可以選擇一個套件載入。你可以任選一個套件試試看。

▲圖 4-12　選案「程式套件 / 載入程式套件」的執行結果

4-3　矩陣與陣列

矩陣 (matrix) 是很重要的資料結構，它與 data.frame 一樣，都是由列 (row) 與行 (column) 所構成的二維結構。唯一的不同是 matrix 的每一個元素都必須是一種資料型別，最常用的資料型別是數值 (numoric)。使用 matrix(…) 函式可以建立矩陣，dim(…) 可以知道矩陣的維度。完成圖 4-13 的練習：

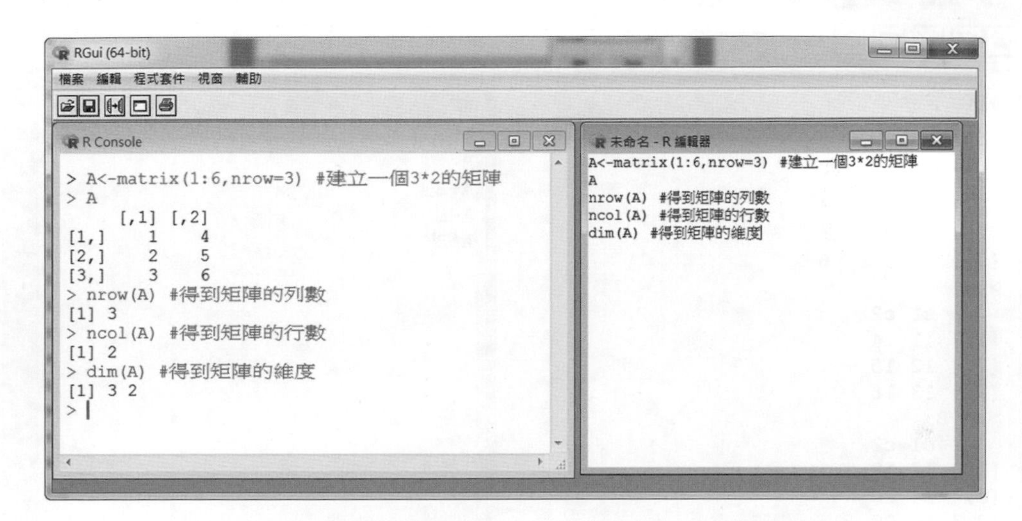

▲圖 4-13　矩陣宣告

as.matrix(...) 函式也可以將 dataframe 轉換成矩陣，完成圖 4-14 的練習：

▲圖 4-14　as.matrix(…) 函式的使用

數值型態的矩陣可以進行矩陣運算。舉例來說，若 A 與 B 爲矩陣，R 軟體提供相加 (A+B)，相減 (A−B)，相乘 (A*B)，是否相等 (A == B)。A 與 B 必須是相同維度的矩陣，例如都是 3*2 維度的矩陣，矩陣的加 (+)、減 (−)、乘 (*) 運算則是對同位置的元素做運算。完成圖 4-15 的練習：

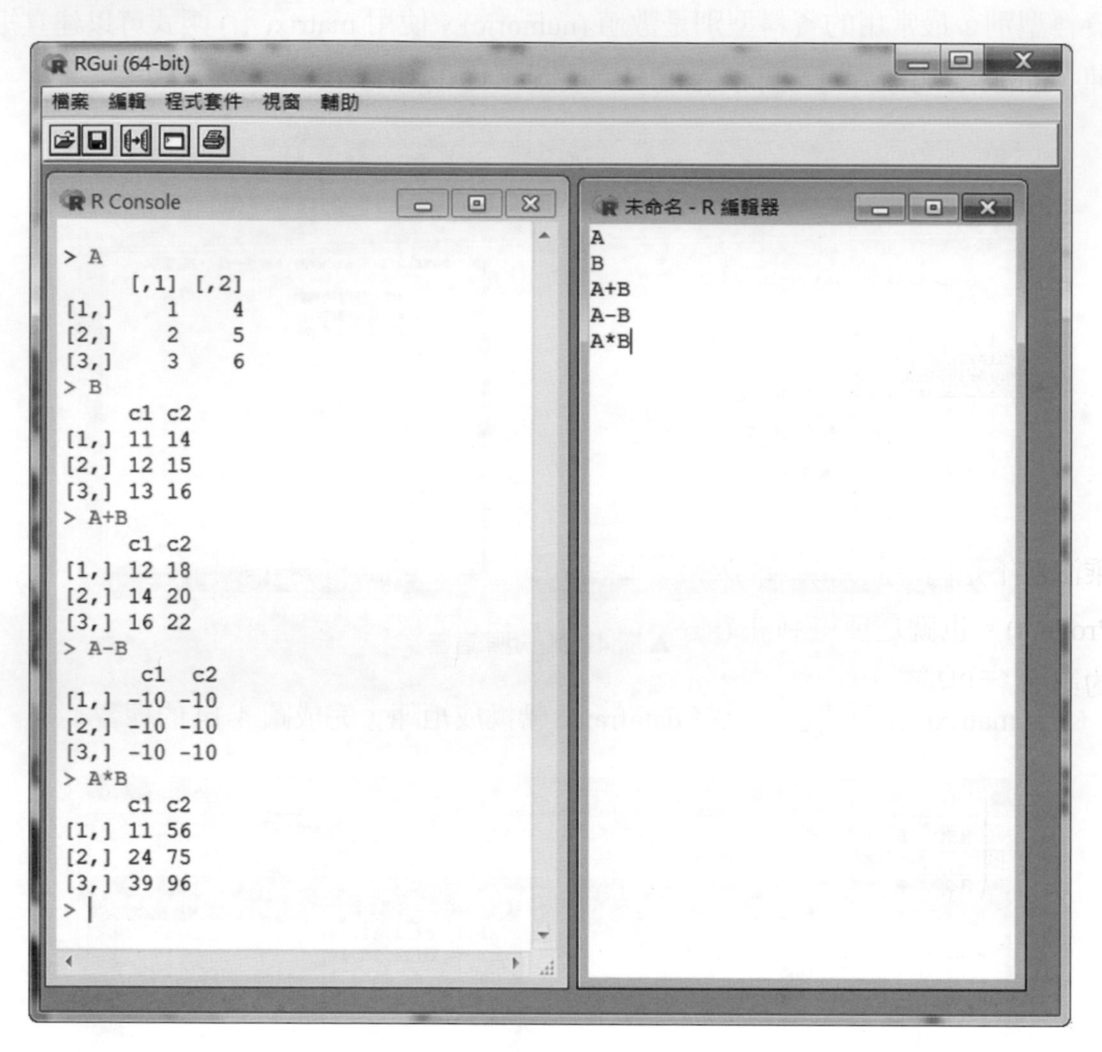

▲圖 4-15　矩陣運算

圖 4-16 的練習可以找出矩陣某特定位置的元素值。

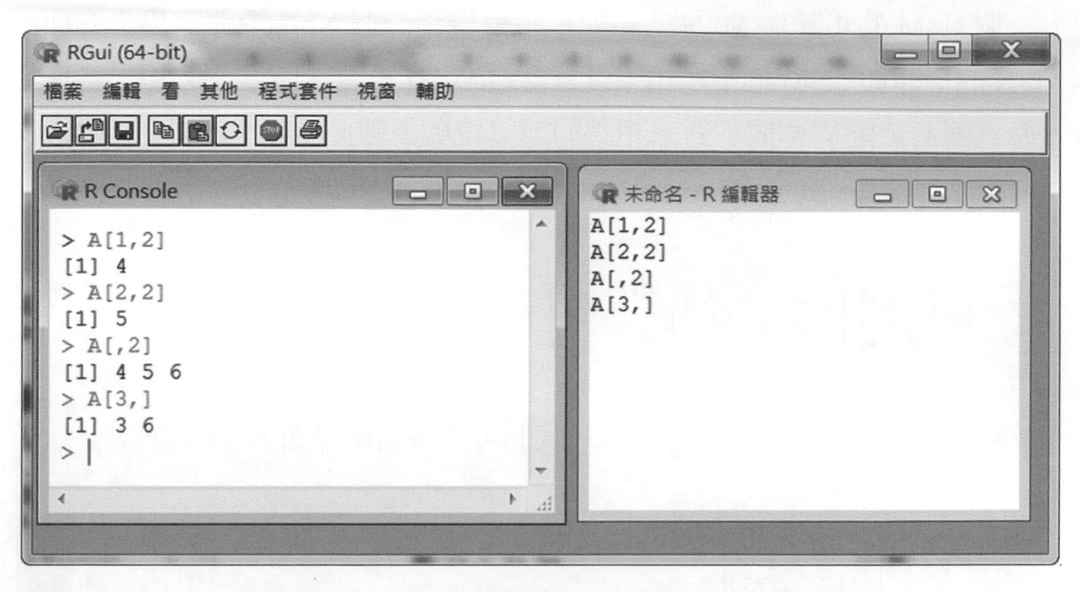

▲圖 4-16　以索引編號方式取出矩陣元素的值

R 的 A*B 矩陣相乘並不是線性代數所定義的矩陣乘法運算。實際上，矩陣的乘法並不是同位置元素兩兩相乘，而是相對位置之列與行的元素的積之和 (sum of Product)。也就是要得到在 (n,m) 位置的元素，可以將 A 矩陣的第 n 列與 B 矩陣的第 m 行以積之和方式。以下爲兩個矩陣的相乘的計算方式：

$$\begin{pmatrix} a_{11} & a_{12} \\ a_{21} & a_{22} \\ a_{31} & a_{32} \end{pmatrix}\begin{pmatrix} b_{11} & b_{12} & b_{13} \\ b_{21} & b_{22} & b_{23} \end{pmatrix}=\begin{pmatrix} c_{11} & c_{12} & c_{13} \\ c_{21} & c_{22} & c_{23} \\ c_{31} & c_{32} & c_{33} \end{pmatrix}$$

$c_{11} = a_{11} \times b_{11} + a_{12} \times b_{21}$

$c_{12} = a_{11} \times b_{12} + a_{12} \times b_{22}$

$c_{13} = a_{11} \times b_{13} + a_{12} \times b_{23}$

$c_{21} = a_{21} \times b_{11} + a_{22} \times b_{21}$

$c_{22} = a_{21} \times b_{12} + a_{22} \times b_{22}$

$c_{23} = a_{21} \times b_{13} + a_{22} \times b_{23}$

$c_{31} = a_{31} \times b_{11} + a_{32} \times b_{21}$

$c_{32} = a_{31} \times b_{12} + a_{32} \times b_{22}$

$c_{33} = a_{31} \times b_{13} + a_{32} \times b_{23}$

上式所表達的是，一個 3×2 的矩陣與一個 2×3 的矩陣相乘會得到一個 3×3 矩陣。一個 N×M 的矩陣與 M×N 的矩陣相乘會得到一個 N×N 矩陣。另一方面，一個 M×N 的矩陣與 N×M 的矩陣相乘可以得到 M×M 矩陣。因爲 R 軟體已經使用符號 * 做爲兩個矩陣同位置一對一相乘的運算符號，因此就以 %*% 這個複合符號做爲眞正的矩陣相乘的符號。底下是 2 個 2×2 矩陣的相乘，

$$F=\begin{pmatrix}1 & 2\\ 3 & 4\end{pmatrix} \qquad G=\begin{pmatrix}-1 & -2\\ -3 & -4\end{pmatrix},$$

按照前面的矩陣相乘的計算公式，我們可以得到結果如下：

$$F\times G=\begin{pmatrix}-7 & -10\\ -15 & -22\end{pmatrix}$$

圖 4-17 是這兩個 2×2 的矩陣，相乘之後的結果 H。

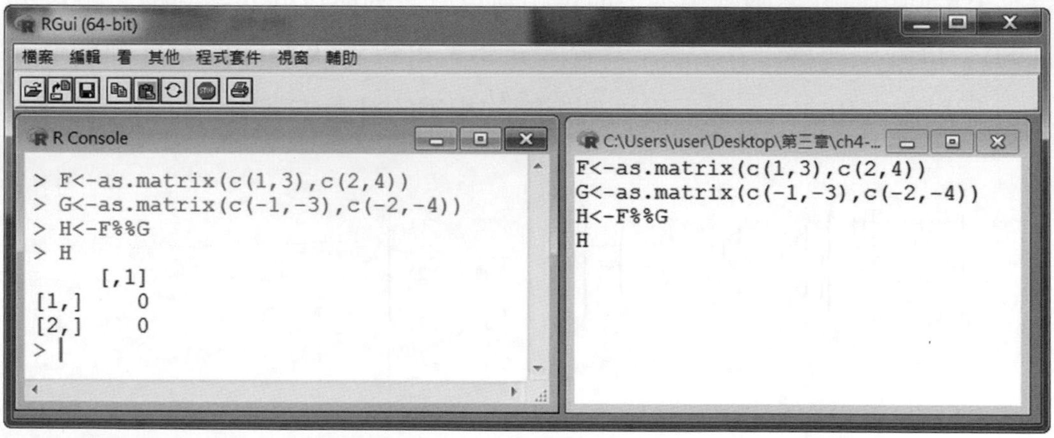

RGui (64-bit)

檔案 編輯 看 其他 程式套件 視窗 輔助

R Console

```
> F<-as.matrix(c(1,3),c(2,4))
> G<-as.matrix(c(-1,-3),c(-2,-4))
> H<-F%%G
> H
     [,1]
[1,]    0
[2,]    0
> |
```

C:\Users\user\Desktop\第三章\ch4-...

```
F<-as.matrix(c(1,3),c(2,4))
G<-as.matrix(c(-1,-3),c(-2,-4))
H<-F%%G
H
```

▲圖 4-17

在矩陣運算中，還有一種轉置 (transpose) 的運算，一個矩陣經過轉置後，行會變列，列會變行，也就是 N×M 的矩陣經過轉置之後就變成 M×N 的矩陣 t (…) 函式可以進行矩陣轉置。完成圖 4-18 的練習：

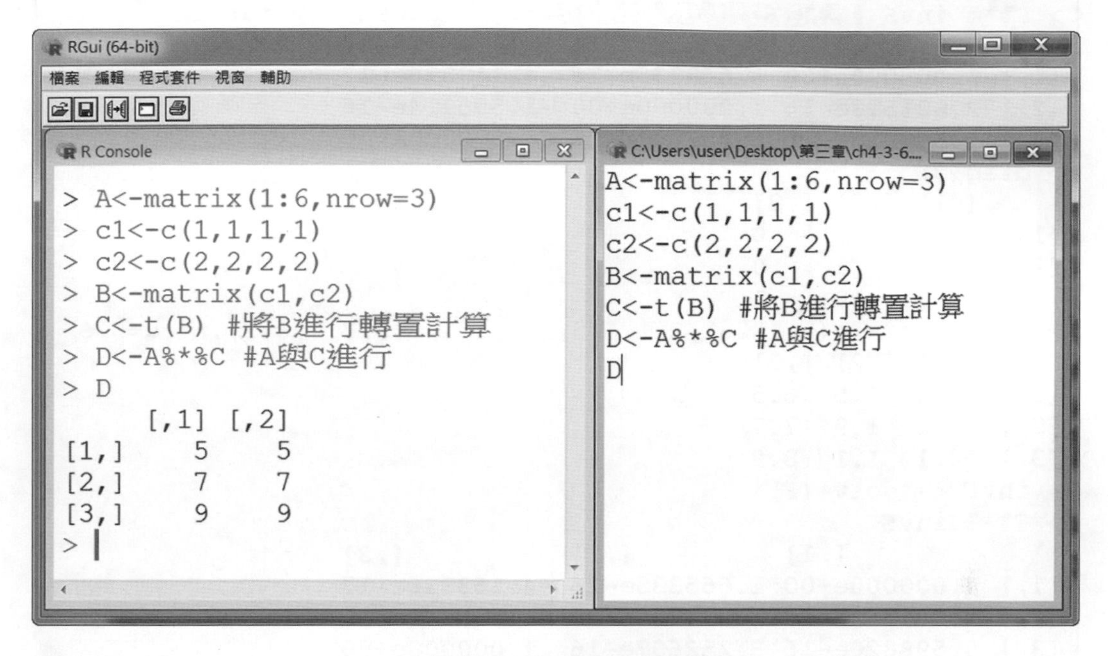

▲圖 4-18　轉置矩陣運算

有一種特殊的矩陣叫單位矩陣 (identity matrix)，它的列數與行數是相等的，而且只在對角線上的元素有 1.0 的值。R 軟體的 diag(N) 函式可以得到 N×N 的單位矩陣。一般來說，列與行的數目相等的矩陣可以算出反矩陣，R 軟體的 solve(…) 函式可以算出反矩陣，完成下列文字方塊與圖 4-19 的練習：

```
diag(3)    # 建立一個 3*3 的單位矩陣
# 建立一個 3×3 的 F 矩陣，使用 matrix(…) 函數
(F<-matrix(c(1.1,2.1,3.1,1.5,1.9,1.1,6.5,7.7,8.9),nrow = 3,ncol = 3))
invF <- solve(F) # 算出下的反矩陣
F%*% invF # 驗證矩陣與反矩陣相乘是否為 identity matrix
```

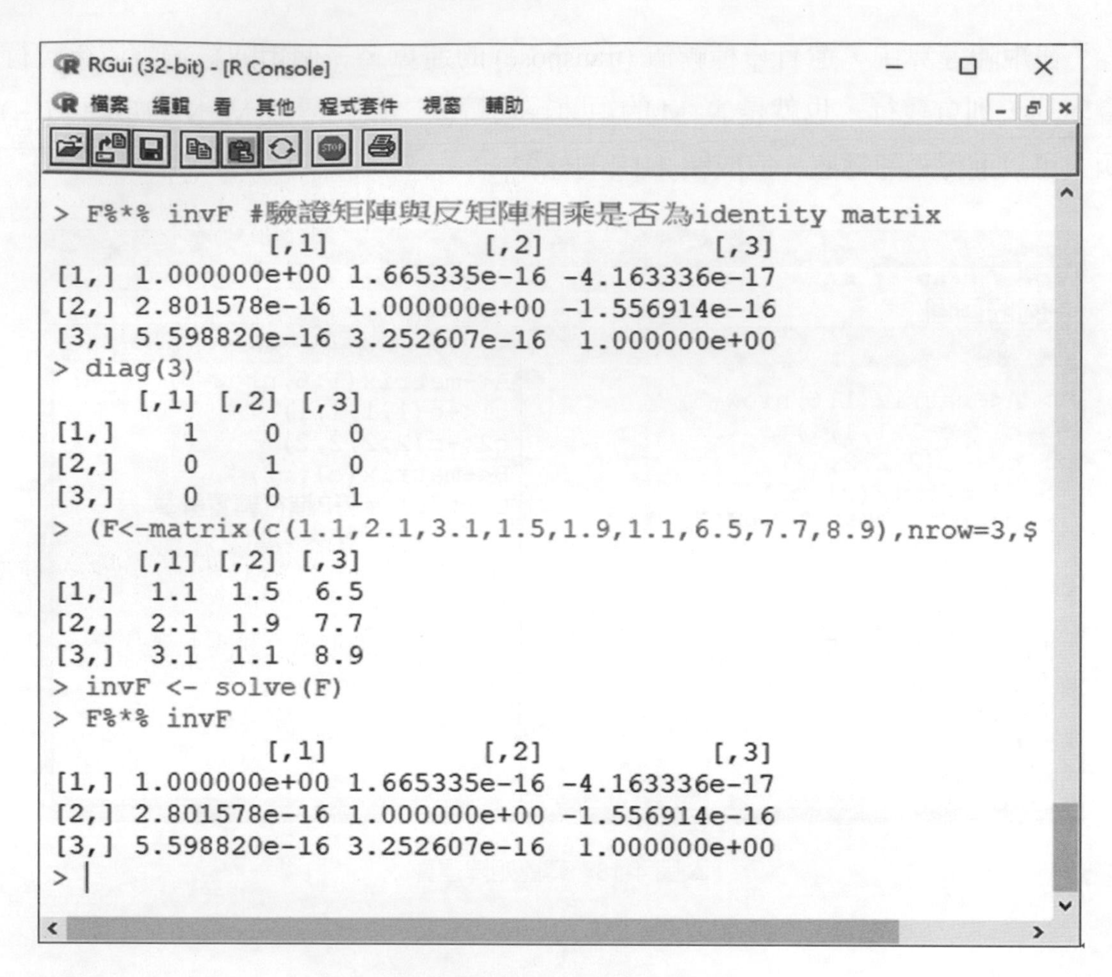

RGui (32-bit) - [R Console]
檔案 編輯 看 其他 程式套件 視窗 輔助
> F%*% invF #驗證矩陣與反矩陣相乘是否為identity matrix
[,1] [,2] [,3]
[1,] 1.000000e+00 1.665335e-16 -4.163336e-17
[2,] 2.801578e-16 1.000000e+00 -1.556914e-16
[3,] 5.598820e-16 3.252607e-16 1.000000e+00
> diag(3)
[,1] [,2] [,3]
[1,] 1 0 0
[2,] 0 1 0
[3,] 0 0 1
> (F<-matrix(c(1.1,2.1,3.1,1.5,1.9,1.1,6.5,7.7,8.9),nrow=3,$
[,1] [,2] [,3]
[1,] 1.1 1.5 6.5
[2,] 2.1 1.9 7.7
[3,] 3.1 1.1 8.9
> invF <- solve(F)
> F%*% invF
[,1] [,2] [,3]
[1,] 1.000000e+00 1.665335e-16 -4.163336e-17
[2,] 2.801578e-16 1.000000e+00 -1.556914e-16
[3,] 5.598820e-16 3.252607e-16 1.000000e+00
>

▲圖 4-19　矩陣與反矩陣的運算

從執行結果可以看到，F 矩陣與其反矩陣 invF 相乘會得到一個非常接近單位矩陣的矩陣，而非眞正的單位矩陣，這是因爲數學上反矩陣的運算只能找出近似解。解反矩陣會用到除法運算，除法運算在分母爲 0 時，除法就無法成立，所以並不是所有行數與列數相等的矩陣就會有反矩陣。矩陣必須是非奇異矩陣 (non-singular matrix) 才能計算反矩陣。R 軟體有一個第三方套件 matrixcalc 有一個函式 is.singular.matrix(…) 可以判斷一個矩陣是 singular 或 non-singular。若是 non-singular 矩陣會回傳 FALSE，若是 singular 矩陣則會回傳 TRUE。完成文字方塊與圖 4-19 的練習。在此練習中矩陣 G 只是接近 singular，但 R 仍將它視爲 singular。

```
install.packages("matrixcalc")
library(matrixcalc)
(F<-matrix(c(1.1,2.1,3.1,1.5,1.9,1.1,6.5,7.7,8.9),nrow = 3,ncol =
3))
is.singular.matrix(F)
(G <- matrix(1:9, nrow = 3,ncol = 3))
is.singular.matrix(G)
```

```
R Console
> install.packages("matrixcalc")
Warning: package 'matrixcalc' is in use and will not be installed
> library(matrixcalc)
> (F<-matrix(c(1.1,2.1,3.1,1.5,1.9,1.1,6.5,7.7,8.9),nrow=3,ncol=3))
     [,1] [,2] [,3]
[1,]  1.1  1.5  6.5
[2,]  2.1  1.9  7.7
[3,]  3.1  1.1  8.9
> is.singular.matrix(F)
[1] FALSE
> (G <- matrix(1:9, nrow=3,ncol=3))
     [,1] [,2] [,3]
[1,]    1    4    7
[2,]    2    5    8
[3,]    3    6    9
> is.singular.matrix(G)
[1] TRUE
> |
```

▲圖 4-20　(配合圖 4-19 singular 或 non-singular 矩陣的判斷)

若將一個變數以小括號包含起來，也是對其印出的意思，在圖 4-20 的練習就使用了這個技巧。

矩陣的一個用途是解多元一次方程式，第一章在討論線性代數時，我們有一個代解的方程式，重述如下：

$$r=\begin{pmatrix}a\\b\\c\\d\end{pmatrix}=A^{-1}g$$

$$A=\begin{pmatrix}2 & 3 & 5 & 1\\ 4 & -2 & -3 & -1\\ -3 & 4 & -5 & 1\\ 5 & 2 & -2 & 1\end{pmatrix}\quad g=\begin{pmatrix}7\\ 9\\ 6\\ 11\end{pmatrix}$$

解上述方程式的 R 程式如下：

```
myDF <- data.frame(c(2,4,-3,5),c(3,-2,4,2),c(5,-3,-5,-2),c(1,-1,1,1))
A <- as.matrix(myDF)
is.singular.matrix(A)
g <- c(7,9,6,11)
invA <- solve(A)
r <- invA %*% g
r
```

```
> myDF <- data.frame(c(2,4,-3,5),c(3,-2,4,2),c(5,-3,-5,-2),c(1,-1,1,1))
> A <- as.matrix(myDF)
> is.singular.matrix(A)
[1] FALSE
> g <- c(7,9,6,11)
> invA <- solve(A)
> r <- invA%*%g
> r
                       [,1]
c.2..4...3..5.    1.9938650
c.3...2..4..2.    4.8588957
c.5...3...5...2. -0.4110429
c.1...1..1..1.   -9.5092025
>
```

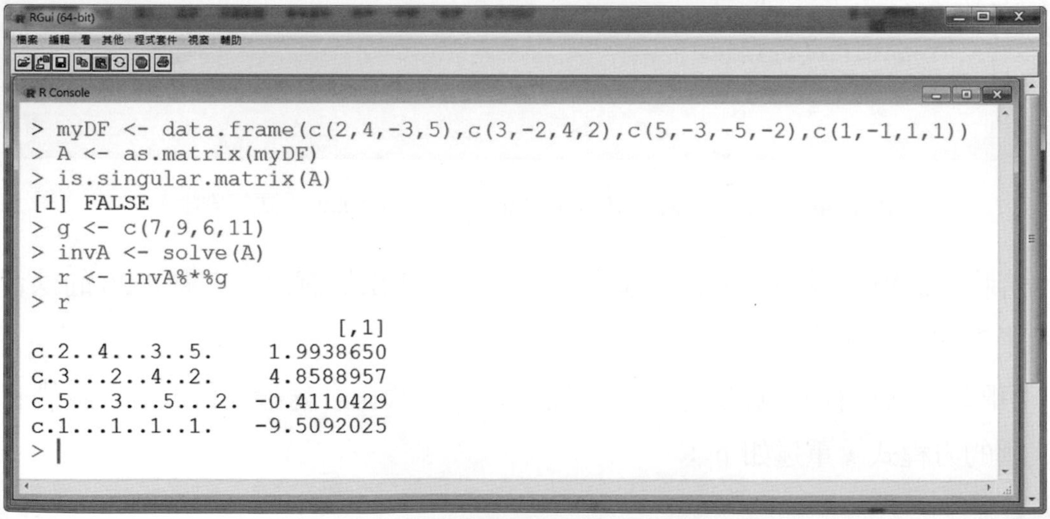

▲圖 4-21　使用反矩陣求出多元一次方程式的解

當 A 為 non-singular 時，就可以求出 r 向量的值，如圖 4-21 的結果。

R 語言還有另一種稱為 Array(陣列)的資料結構。Array(陣列)可以視為一個多維度的資料結構。陣列的所有元素必須都是相同的資料型態。一維的陣列相當於 vector，二維的陣列就相當於 matrix。array(...) 函式可以建立多維度陣列，查詢陣列元素的方式與 vector 與 matrix 相同，也是使用中括號。完成圖 4-22 的練習：

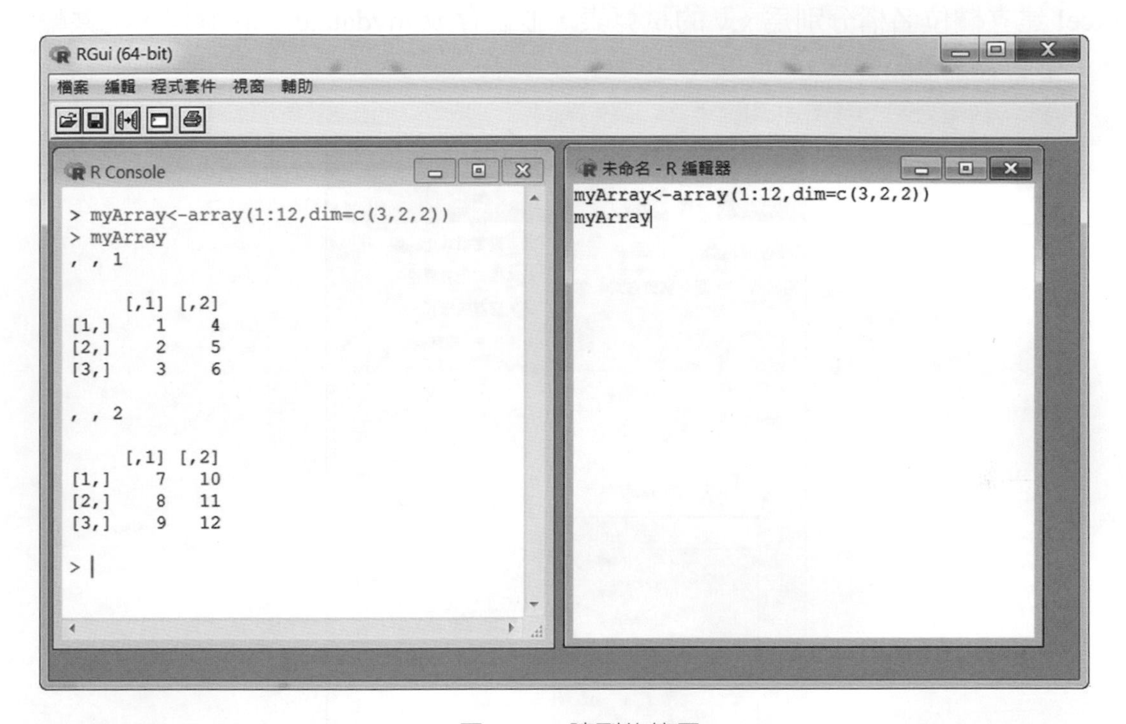

▲圖 4-22　陣列的使用

上述的程式中，array(1:12,dim = c(3,2,2)) 會建立 3*2 的 matrix，總共 2 個，分別是 myArray[,,1] 及 myArray[,,2]。向量 1:12 這 12 個元素如何排列？原則是依照 c(3,2,2) 的數字順序，先填行再填列，依此原則，可以得到：

$$myArray[\ ,\ ,1] = \begin{pmatrix} 1 & 4 \\ 2 & 5 \\ 3 & 6 \end{pmatrix} \text{；} myArray[\ ,\ ,2] = \begin{pmatrix} 7 & 10 \\ 8 & 11 \\ 9 & 12 \end{pmatrix}$$

4-4 讀取外部資料

R 所處理的資料除了內建的資料來源之外，也可以從外部讀入資料。R 常與 Excel 配合運用，Excel 軟體的試算表可以匯出 csv 的格式，因此 R 最常讀入的資料格式即為 csv 檔。csv 的格式欄位之間以逗號隔開，如圖 4-23 與圖 4-24 是使用 Excel 建立欄位名稱分別為 x,y 的試算表，並儲存成 mydata.csv 的過程，總共輸入了 5 筆資料記錄。

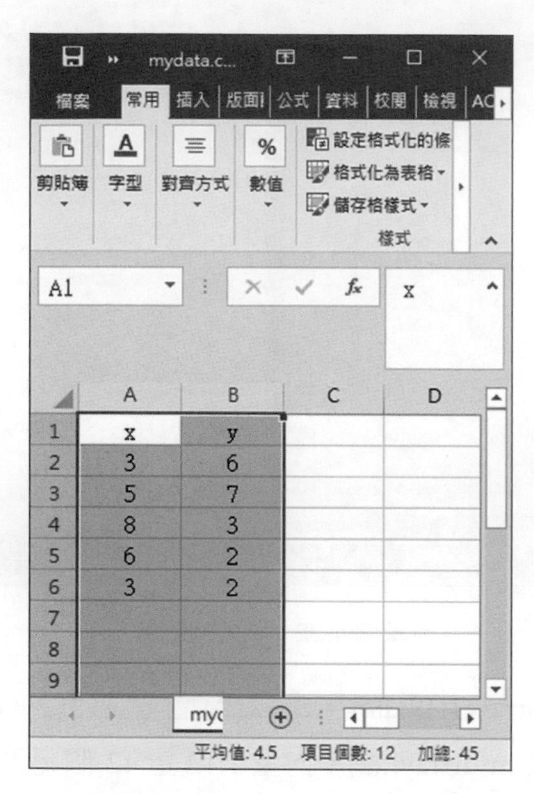

	A	B	C	D
1	x	y		
2	3	6		
3	5	7		
4	8	3		
5	6	2		
6	3	2		
7				
8				
9				

▲圖 4-23　使用 Excel 建立試算表

▲圖 4-24　Excel 存成 mydata.csv

將檔案儲存在 D:/TEST 的資料夾下，所以若要讀入檔案，就要將路徑設爲 D:/TEST/mydata.csv。R 有提供 read.csv(…) 與 read.table(…) 的函式，可以讀入 csv 檔的內容。

這 2 個函數的使用方法非常類似，以讀入 mydata.csv 爲例，語法如下：

```
read.table("D:/TEST/mydata.csv",sep = ",",header = TRUE)
```

第一個引數就是 csv 檔的儲存路徑，第二個引數 sep 表示 csv 檔的欄位就是以，做爲分界，第三個引數 header 表示在讀入 csv 檔時也要一併讀入試算表的標頭，也就是欄位名稱與列的名稱。

csv 的內容就相當於是資料框 (dataframe)，因此讀入後，應該使用 dataframe 變數去儲存，然後再進行操作，完成以下的練習並查看其執行結果，如圖 4-25 所示。

```
mydata<-read.table("D:/TEST/mydata.csv",sep = ",",header = TRUE)
mydata
mydata$x
mydata$y
y1<-mydata$x+mydata$y
y1
```

```
R Console
> mydata <- read.table("D:/TEST/mydata.csv", sep=",", header=TRUE)
> mydata
  x y
1 3 6
2 5 7
3 8 3
4 6 2
5 3 2
> mydata$x
[1] 3 5 8 6 3
> mydata$y
[1] 6 7 3 2 2
> y1 <- mydata$x + mydata$y
> y1
[1]  9 12 11  8  5
> |
```

▲圖 4-25　讀入 csv 檔

觀察 mydata 的內容，很明顯可以看到其結果就像 Excel 的試算表。

JSON(Java Script Object Notation) 是目前很流行的輕量級的資料交換格式，不論是系統之間或使用者之間都很常使用 JSON 格式做為資料交換格式，另外，也有許多政府公開資料提供 JSON 格式檔案讓使用者下載。JSON 格式的核心概念是鍵值對 (key-value pair)，例如 {"age"= 16} 就是一個最簡單的 key-value pair，age 是鍵的名稱，16 是 age 鍵的值。{"age"=16} 所表達的意義，很顯然就是 age 的值為 16。

鍵 (key) 就相當於資料框的欄位名稱，如果有多個鍵值對就要使用逗號隔開，例如 {"age"=16,"ID"="1002"}。JSON 的格式中，大括號內所包含的內容就相當於是一筆資料記錄。如果有多筆資料記錄，就將多個 {} 以逗號隔開包含在中括號內，例如 [{"age"=16,"ID"="1002"},{"age"=86,"ID"="1003"},{"age"=99,"ID"="1004"}] 就相當於如下的資料框內容：

age	ID
16	1002
86	1003
99	1004

R 軟體的第三方套件 jsonlite，專門用來處理 JSON 格式的資料，jsonlite 有一個 fromJSON(…) 函式可以將 JSON 轉成 dataframe。完成以下的練習：

```
install.packages("jsonlite")
library(jsonlite)
json<-'[{"age = 16," ID" = " 1002" } , {"age" = 86," ID" =
" 1003" } , {"age" = 99," ID" = " 1004" }]'
myDF<-fromJSON(json)
myDF
```

```
R Console
> install.packages("jsonlite")
Warning: package 'jsonlite' is in use and will not be installed
> library(jsonlite)
> json<-'[{"age=16,"ID"="1002"} , {"age"=86,"ID"="1003"} , {"age"=99,"ID"="1004"}]'
> myDF<-fromJSON(json)
> myDF
  c.2..4...3..5. c.3...2..4..2. c.5...3...5...2.
1              2              3                5
2              4             -2               -3
3             -3              4               -5
4              5              2               -2
  c.1...1..1..1.
1              1
2             -1
3              1
4              1
> |
```

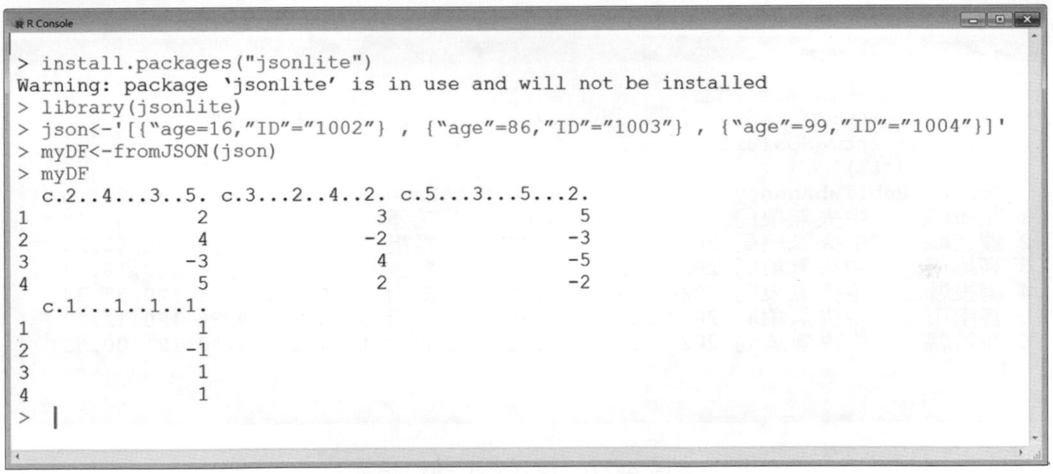

▲圖 4-26　JSON 格式資料的處理

上述的程式有 2 個地方要特別說明。針對字串，幾乎所有的程式語言都接受以雙引號或單引號包含字串內容，因此 "age" 是字串，'age' 也是字串。在某些情況，會有需要將字串資料指派到變數內，例如 dog <– "happy"。若指派運算子右邊是 JSON 格式的字串則會面臨到一個難題，也就是 JSON 格式本身會使用到雙引號 " " 將字串包含起來了。為了避免困擾，要將 JSON 格式資料再使用單引號將整個 JSON 格式資料包含起來，例如前段程式的作法，

```
json<- '[{ "age" =16," ID" =" 1002" },{ "age" =86," ID" =" 1003" },
{ "age" =16," ID" =" 1002" }] '。
```

上述的程式碼，我們以 myDF 查看其內容，你可以改成 print(myDF)，也可以將變數 myDF 的內容顯示在控制台上，第 3 種作法是將指令整個以小括號包含起來，例如 (myDF<- fromJSON(json))。以上三種作法都可嘗試。

網路上有許多公開資料 (open data) 都提供 JSON 格式的檔案下載網址，只要以網址字串做爲 fromJSON(…) 函式的引數，R 軟體即會完成下載的動作。台灣政府資料開放平台有一個紫外線即時監測資料，圖 4-27 的程式碼即可下載此資料集，請完成以下的練習：

```
# 紫外線即時監測資料網址
url <- "http://opendata.epa.gov.tw/ws/Data/UV/?format = json"
mydata <- fromJSON(url)
head(mydata)
```

```
> #紫外線即時監測資料網址
> url <- "http://opendata.epa.gov.tw/ws/Data/UV/?format=json"
> mydata<- fromJSON(url)
> head(mydata)
  County PublishAgency      PublishTime SiteName  UVI WGS84Lat  WGS84Lon
1 花蓮縣     中央氣象局 2020-05-12 15:00     花蓮 1.01 23,58,30 121,36,48
2 連江縣     中央氣象局 2020-05-12 15:00     馬祖 5.29 26,10,09 119,55,24
3 高雄市     中央氣象局 2020-05-12 15:00     高雄 5.41 22,33,58 120,18,57
4 南投縣     中央氣象局 2020-05-12 15:00     玉山 1.16 23,29,15 120,57,34
5 臺南市     中央氣象局 2020-05-12 15:00     臺南 3.28 22,59,36 120,12,17
6 新竹縣     中央氣象局 2020-05-12 15:00     新竹 1.44 24,49,40 121,00,51
>
```

▲圖 4-27　程式碼的執行結果

下載後當然就可針對這些資料做進一步處理。

4-5　ggplot(...) 函式的使用

我們先複習 plot( ) 函數的使用，plot( ) 使用規範如下：

plot(x, y, type, main, xlab, ylab)

各引數的意義如下表：

x, y	設定 x 軸或 y 軸的數值向量資料
type	type = "p" 表示繪出點 type = "l" 表示繪出線 type = "b" 表示繪點與線 type = "h" 表示繪製直方圖
main xlab ylab	設定標題 設定 x 軸標籤名稱 設定 y 軸標籤名稱

完成圖 4-28 的練習：

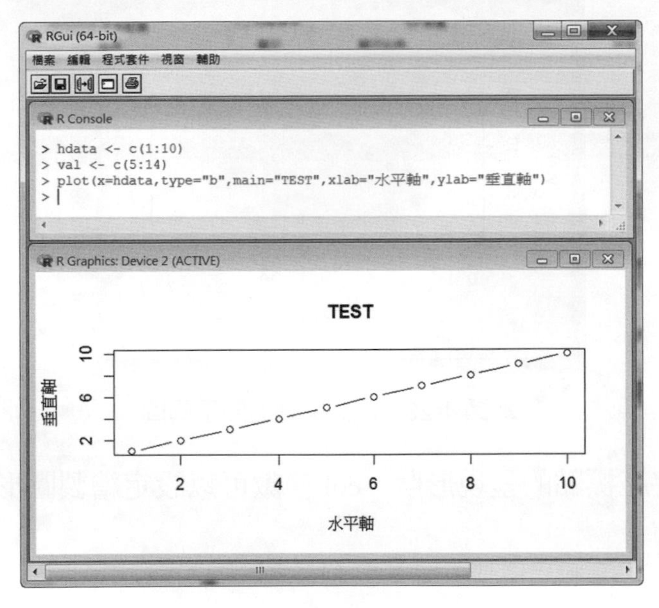

▲圖 4-28　plot(...) 的使用

你可以看到繪出的 2D 圖有標示了水平軸與垂直軸的刻度。因為 type=“b”，資料座標點之間以直線連起來。你可以變化 type 參數值為“p”及“l”，然後觀察圖的變化。

除了前面的幾個引數，plot(...) 還有其他引數在繪圖時也很有用。xlim 及 ylim 可以分別設定 x 軸與 y 軸的顯示區間，如果要設定 x 軸的顯示區間為 0 到 15，將 xlim 的引數值設為向量 c(0,15) 即可。完成圖 4-29 的練習：

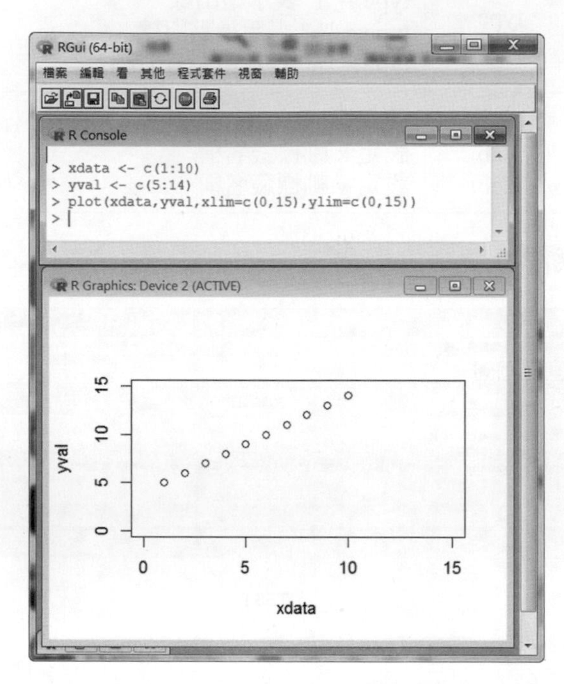

▲圖 4-29　設定 x 軸的顯示區間

pch 可以設定座標點的呈現形狀，col 參數可以設定繪製圖形的顏色。完成圖 4-30 的練習：

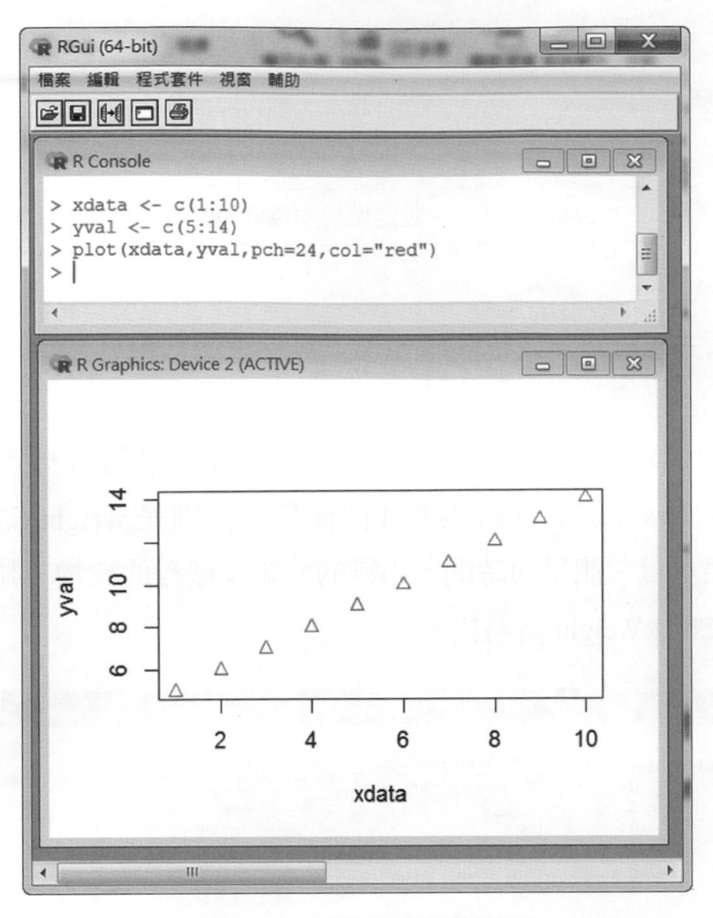

▲圖 4-30　座標點的呈現形狀

ggplot2 套件的繪圖語法雖然有點難學，但是在繪製複雜圖上的應用非常強大。它的基本概念是先以 ggplot( ) 函數建立一個基本繪圖物件，然後再以 "+" 符號來增加圖層，就好像在繪圖前，先拿出白紙，再一一繪製內容。增加圖層的函式有 geom_point( ), geom_line(), geom_polygon(), geom_histogram( )，分別可以用來產生點、線、多邊形、直方圖。如果在各個圖層要設定各種外觀，可以使用 aes( ) 函式。aes 是外觀 (aesthetic) 的意思。每一個圖層都可以有不一樣的外觀設定，或甚至使用不同的資料，皆可透過 aes( ) 來完成。總結 ggplot2 套件的繪圖概念，ggplot( ) 相當於是先產生一張畫布並設定資料來源 dataframe；建立了繪圖畫布後，其他繪圖函式則是以圖層的方式分別疊加上去。ggplot( ) 的函式的使用規範如下：

```
ggplot( data , x , y , color )
```

data	設定資料框資料來源
x	設定 x 軸的向量
y	設定 y 軸的向量
color	設定做爲顏色分類的向量

ggplot( ) 函式也可以只設定 data 引數，其他引數則再於 geom( ) 及 aes( ) 函式中設定。

接下來，我們以 ggplot2 套件的 ChickWeight 資料集爲例，示範 ggplot2 繪圖套件的使用。ChickWeight 資料集有 4 個欄位，分別是 weight、Time、Chick 及 Diet，分別代表重量、測重的時間、小雞的分組及餵養的食物分類。完成圖 4-31 的練習，觀察 ChickWeight 資料集。

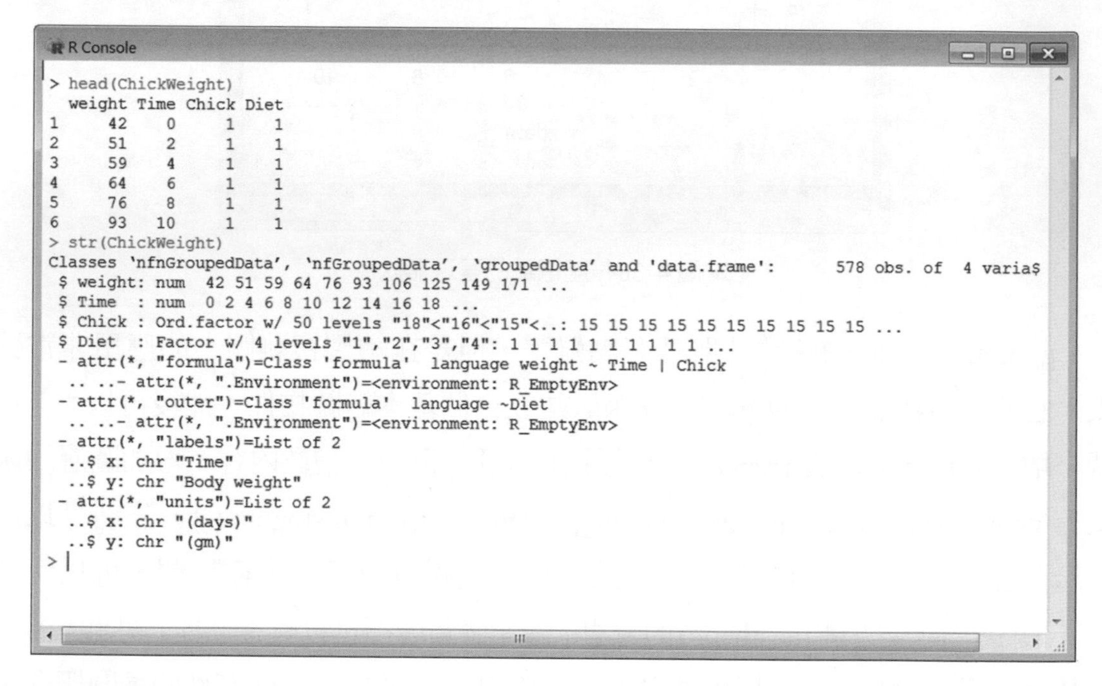

R Console
> head(ChickWeight)
weight Time Chick Diet
1 42 0 1 1
2 51 2 1 1
3 59 4 1 1
4 64 6 1 1
5 76 8 1 1
6 93 10 1 1
> str(ChickWeight)
Classes 'nfnGroupedData', 'nfGroupedData', 'groupedData' and 'data.frame': 578 obs. of 4 varia$
$ weight: num 42 51 59 64 76 93 106 125 149 171 ...
$ Time : num 0 2 4 6 8 10 12 14 16 18 ...
$ Chick : Ord.factor w/ 50 levels "18"<"16"<"15"<..: 15 15 15 15 15 15 15 15 15 15 ...
$ Diet : Factor w/ 4 levels "1","2","3","4": 1 1 1 1 1 1 1 1 1 1 ...
- attr(*, "formula")=Class 'formula' language weight ~ Time | Chick
.. ..- attr(*, ".Environment")=<environment: R_EmptyEnv>
- attr(*, "outer")=Class 'formula' language ~Diet
.. ..- attr(*, ".Environment")=<environment: R_EmptyEnv>
- attr(*, "labels")=List of 2
..$ x: chr "Time"
..$ y: chr "Body weight"
- attr(*, "units")=List of 2
..$ x: chr "(days)"
..$ y: chr "(gm)"
>

▲圖 4-31　ChickWeight 資料集的觀察

str( ) 函式可以查看一個資料集的基本資訊，從 str( ) 函式的結果，我們也可以知道以下的資訊，Chick 是順序因子 (Order Factor) 有 50 種不同的值，Diet 也是因子欄位，有 4 種不同的分類。現在要以 Time 爲 x 軸，weight 爲 y 軸，繪出各資料點，並按照 Diet 的值分出不同顏色點，完成圖 4-32 的練習。

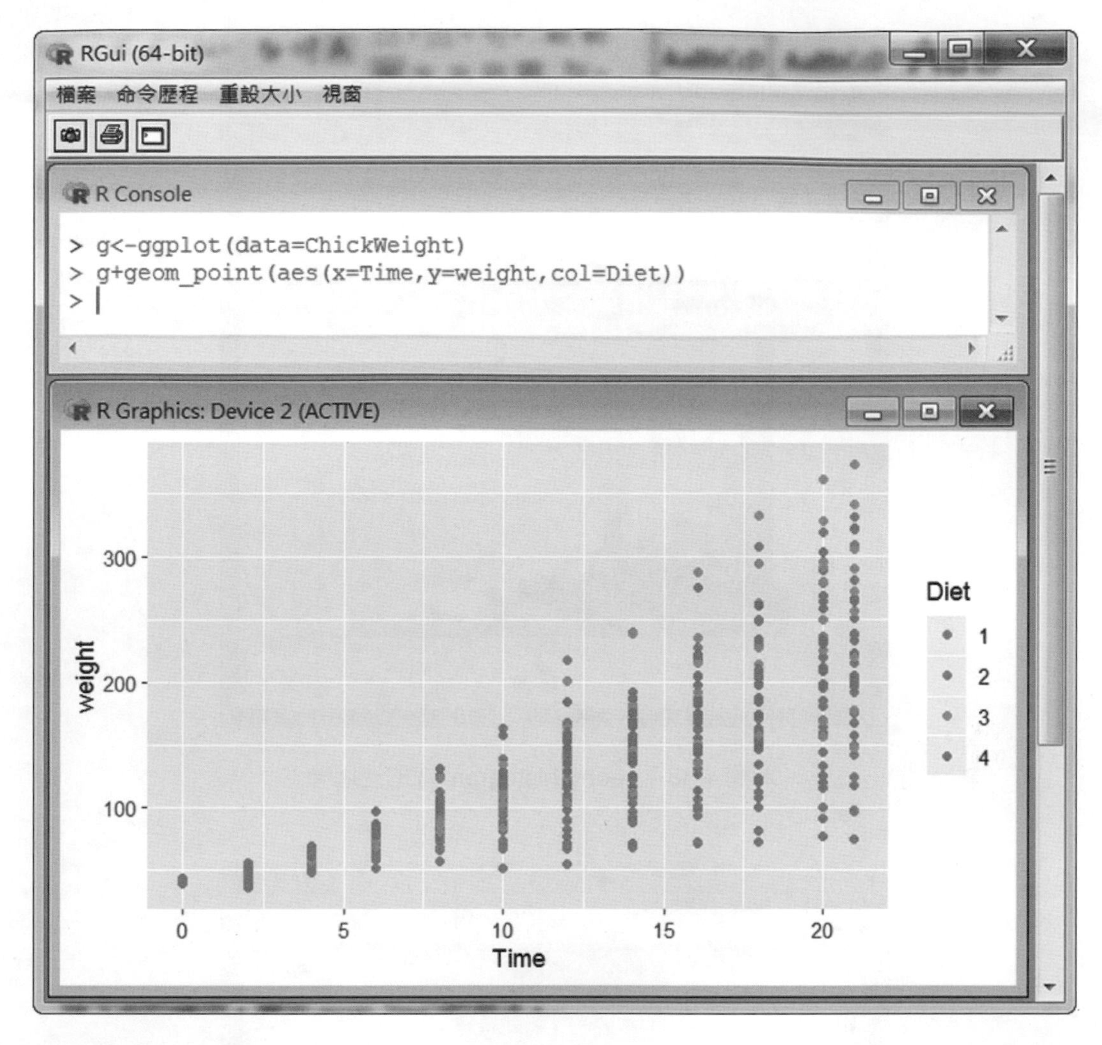

▲圖 4-32　geom_point(...) 的使用練習

若要繪製 Time 與 weight 的雷達圖，可以再加上 coord_polar() 函數即可，如以下的語法，並自行練習。

```
g<-ggplot(data = ChickWeight, aes(x = Time,y = weight,col = Diet))
g+geom_point()+geom_polar()
```

geom_histogram() 與 geom_density() 的功能類似，前者稱爲直方圖，是呈現某欄位的值落在離散群內的個數，而後者稱爲密度圖，是呈現值落在定義域中任一點的機率，直方圖比較像是離散性的測量。圖 4-33 與圖 4-34 的練習分別展示 geom_histogram() 與 geom_density() 在 weight 欄位的使用。

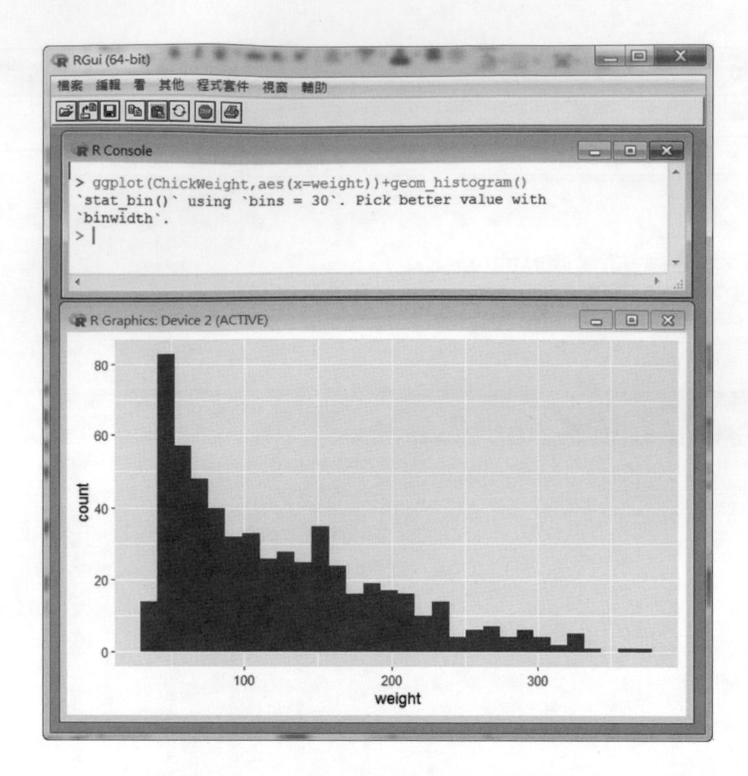

▲圖 4-33　geom_histogram( ) 的使用

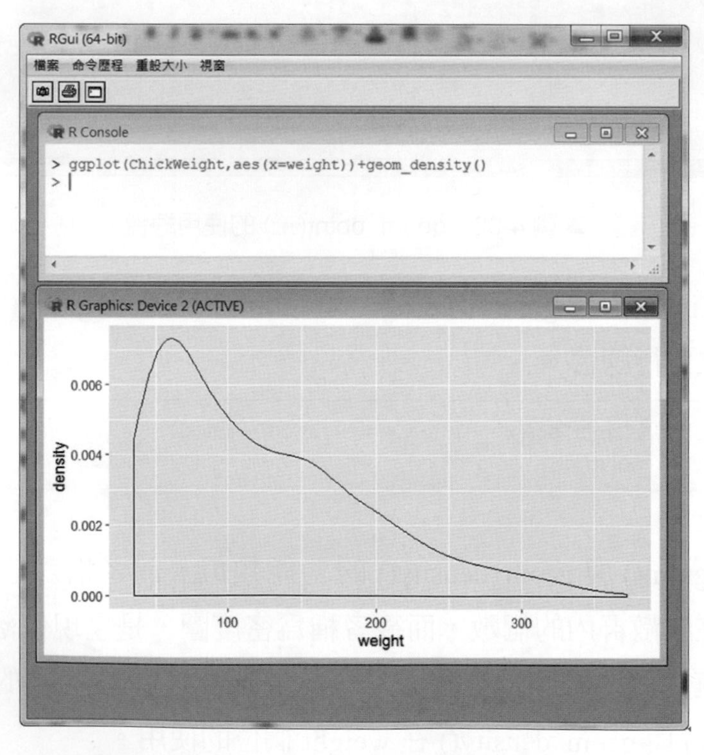

▲圖 4-34　geom_density( ) 的使用

ggplot(...) 與 geom_line(...) 的搭配應用，可參考以下的程式碼及執行結果，如圖 4-35 所示。

```
x1<-c(1:5)
y1<-c(6:10)
testDF<-data.frame(x1,y1)
g<-ggplot(testDF)
g+geom_line(aes(x = x1,y = y1))
```

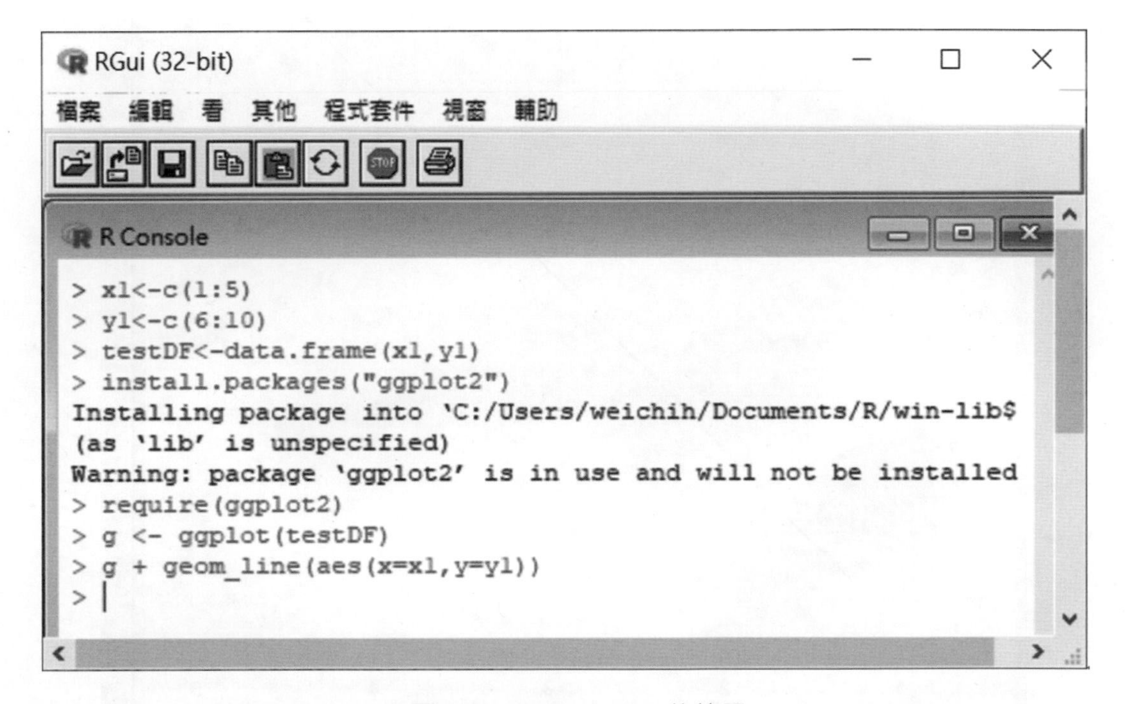

▲圖 4-35　geom_line() 的使用

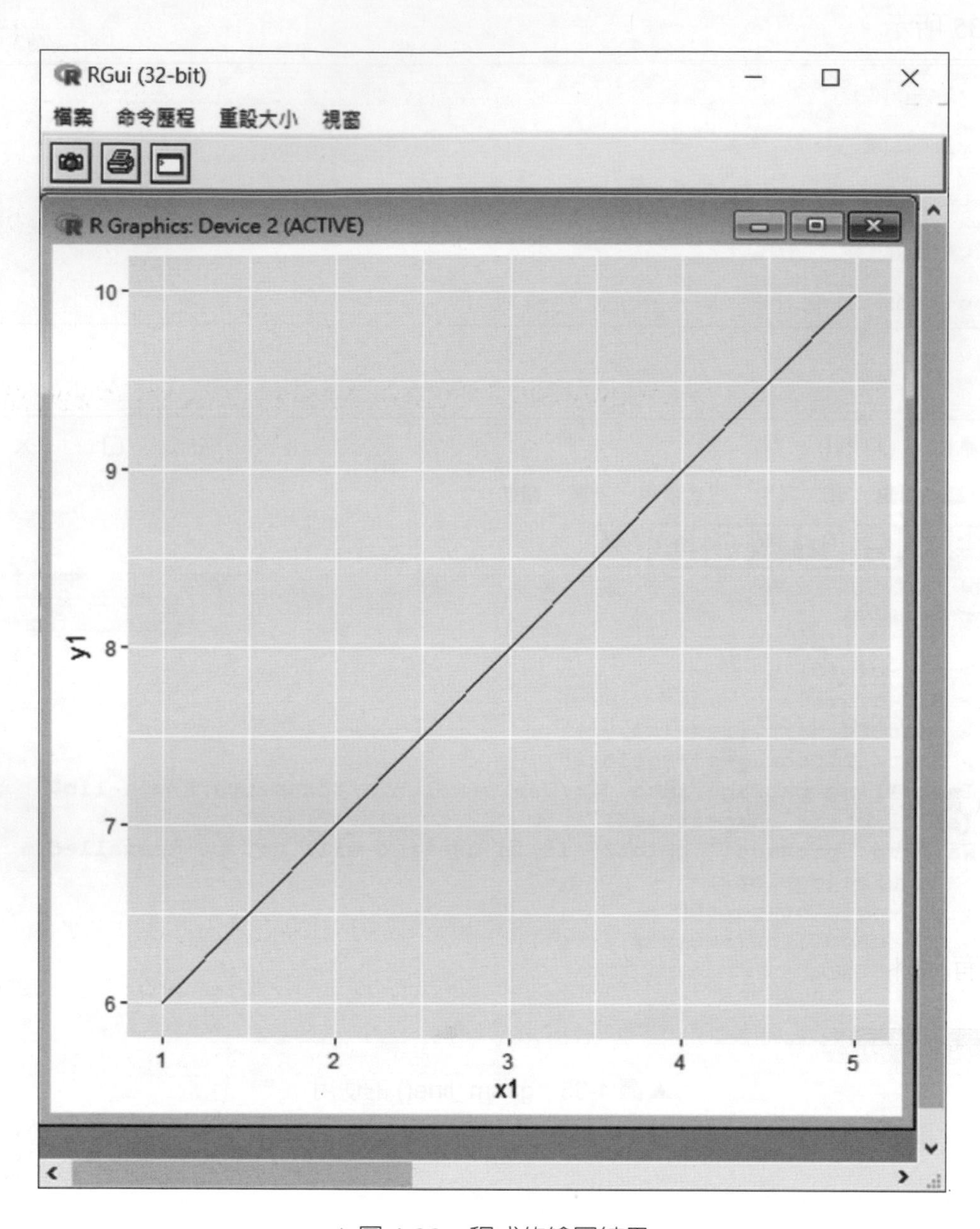

▲圖 4-36　程式的繪圖結果

ggplot() 還有許多功能，如果想進一步了解，可以到 google 網站做搜尋，以「R ggplot()」即可以找到許多可參考的內容。

4-6　一些有用的函式

R 軟體還提供非常多有用的函式，下表是一些常用函式的說明。

函式名稱	功能說明
rm(a)	將 a 物件從 R 執行環境移除
ls( )	列出目前 R 執行環境的所有物件
rm(list = ls( )	一次將執行環境所有物件都移除
View(myDF)	開啓 dataframe 的查看視窗
edit(資料框)	與「編輯 / 資料編輯器」功能相同
par(mfrow = (3,1))	將繪圖視窗切割爲 3×1
data()	列出 R 有哪些內建的資料集
any(b)	只要 b 向量有任何一個元素的值爲 TRUE 就回傳 TRUE
which(b = = 2)	回傳 b 向量中等於 2 的元素之索引編號，若有多個則回傳向量
attach(資料套件)	使得 dataframe 的欄位名稱不需透過 $ 即可存取。原本 Duncan$prestige 的用法，attach(Duncan) 之後即可直接使用 prestige
with(資料框 , 函式)	建立函式中的變數名稱與資料框的欄位名稱的關連關係 with(Duncan,mean(prestige)) 相當於 mean(Duncan$prestige)

上表中的 View(…) 可以開啓資料框的查看視窗，完成圖 4-37 的練習，即可看到有另外一個查看視窗顯示了 myDF 的內容，以試算表形式呈現。

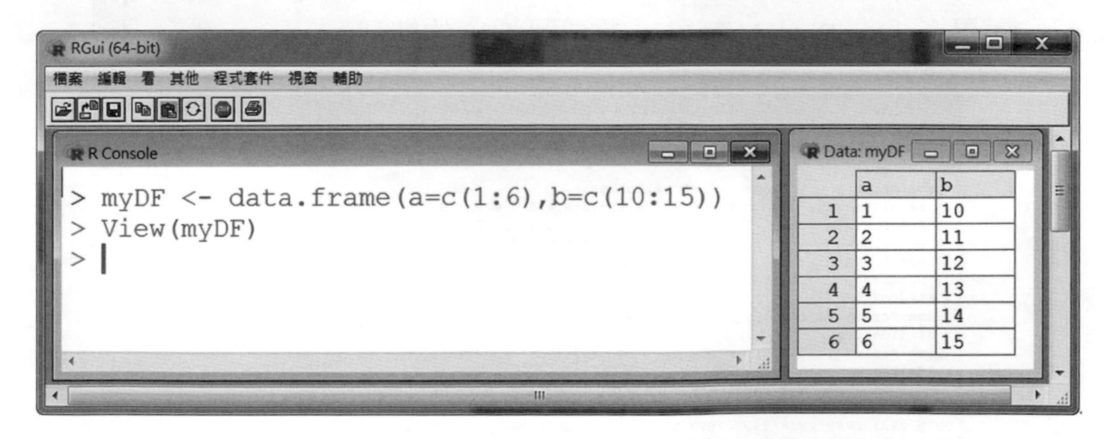

▲圖 4-37　View(…) 的使用

R 軟體也提供可開啓類似 Excel 試算表的編輯介面。完成圖 4-38 的練習。此練習中，edit(data.frame()) 可以開啓空白的資料框編輯器，輸入資料後，資料框被儲存在 xnew 變數內，之後再使用 edit(xnew) 即可再進行編輯。

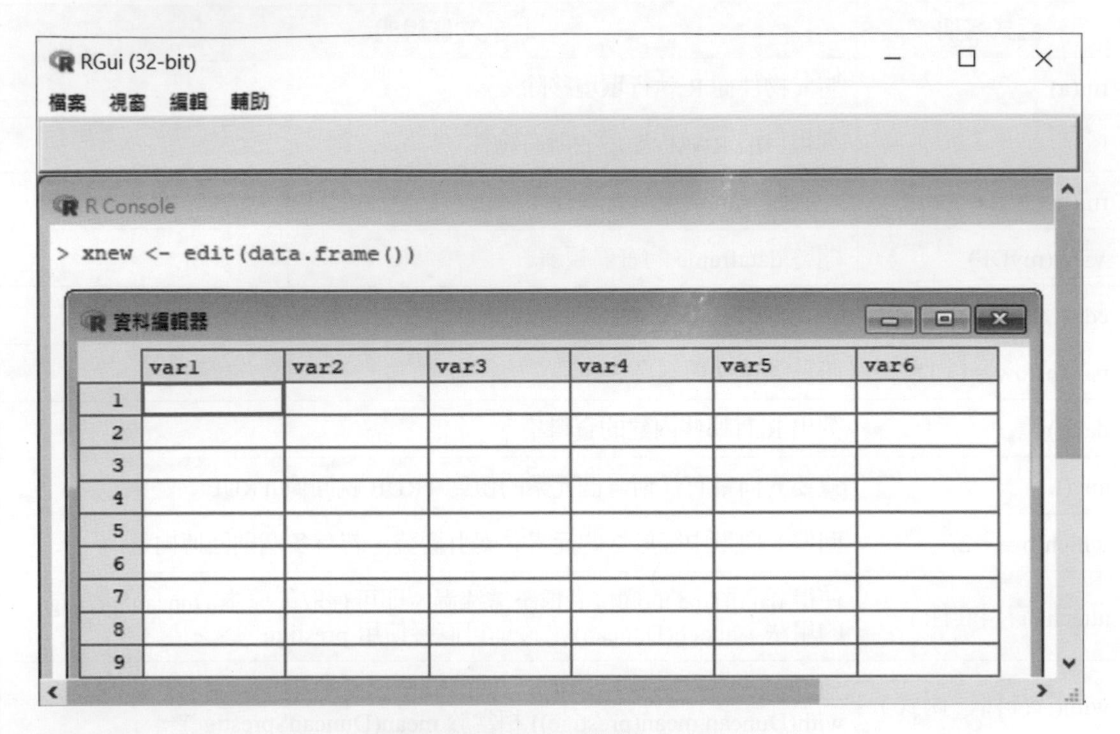

▲圖 4-38　edit(...) 函式的使用

data() 函式可以列出 R 內建的資料集，也就是不需要安裝套件就可以使用的資料集。這對在練習機器學習演算法的應用時，很有幫助，因爲不需要再另外找 Data Set，畢竟「No Data, No AI」。完成圖 4-39 的練習：

```
R Console
> data()
> data(iris)
> str(iris)
'data.frame':   150 obs. of  5 variables:
 $ Sepal.Length: num  5.1 4.9 4.7 4.6 5 5.4 4.6 5 4.4 4.9 ...
 $ Sepal.Width : num  3.5 3 3.2 3.1 3.6 3.9 3.4 3.4 2.9 3.1 ...
 $ Petal.Length: num  1.4 1.4 1.3 1.5 1.4 1.7 1.4 1.5 1.4 1.5 ...
 $ Petal.Width : num  0.2 0.2 0.2 0.2 0.2 0.4 0.3 0.2 0.2 0.1 ...
 $ Species     : Factor w/ 3 levels "setosa","versicolor",..: 1 1 1 1 1 1 1 1 1 1 ...
> str(co2)
 Time-Series [1:468] from 1959 to 1998: 315 316 316 318 318 ...
> str(ldeaths)
 Time-Series [1:72] from 1974 to 1980: 3035 2552 2704 2554 2014 ...
> ldeaths
      Jan  Feb  Mar  Apr  May  Jun  Jul  Aug  Sep  Oct  Nov  Dec
1974 3035 2552 2704 2554 2014 1655 1721 1524 1596 2074 2199 2512
1975 2933 2889 2938 2497 1870 1726 1607 1545 1396 1787 2076 2837
1976 2787 3891 3179 2011 1636 1580 1489 1300 1356 1653 2013 2823
1977 3102 2294 2385 2444 1748 1554 1498 1361 1346 1564 1640 2293
1978 2815 3137 2679 1969 1870 1633 1529 1366 1357 1570 1535 2491
1979 3084 2605 2573 2143 1693 1504 1461 1354 1333 1492 1781 1915
> |
```

▲圖 4-39　data() 函式的使用

執行 data() 之後，在畫面上會出現另一個視窗，詳細列出所有內建的資料集，使用捲動軸就可以瀏覽資料集的名稱與簡單介紹，如圖 4-40 所示。在圖 4-39 的程式碼中，data(iris) 是表示程式會使用到 iris 這個內建的資料集，也就是在程式內可以直接使用 iris 的變數名稱。data(iris) 並非必要寫出，也可以直接將 iris 當做是 R 執行環境中的變數。如果想知道資料集有那些欄位，可以使用 str(…) 函式，例如上述程式碼中的 str(data)、str(co2)、str(ldeaths)。時間序列 (Time Series) 數據是以時間爲單位，隔一段時間取一個樣本值，所以 str(…) 的結果就會顯示出 Time-Series 數據總共有幾筆，以及起訖時間，例如 str(co2) 就顯示 “Time-Series [1:468] from 1959 to 1998” 。但 str(iris) 的結果則顯示 iris 是資料框，因此有欄位名稱，num 表示欄位值都是數值。程式執行結果中，iris 的 Species 欄位的資料型態是因子 (Factor)，有 3 種可能的值，分別是 setosa、versicolor、virginica。所謂 Factor 可以看成是分類名稱之列舉。

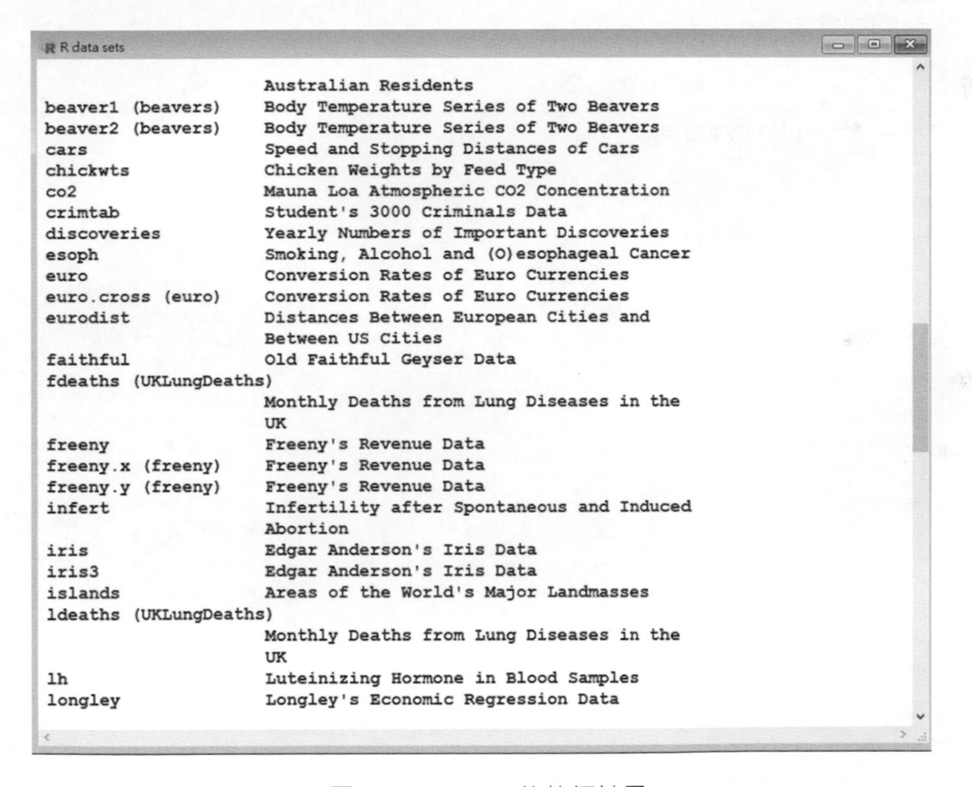

▲圖 4-40　data() 的執行結果

變數 (Variable) 可以想成是一個儲存資料的盒子 (Box)，變數儲存了內容之後，如果不清掉，就會一直留在執行環境中。ls() 函式可以列出 R 執行環境的所有變數與物件，rm(…) 則可以將它們移除；rm(list=ls()) 則是先找出執行環境的所有變數，然後儲存在 list 物件中，再呼叫 rm(…) 將所有變數與物件移除。

完成以下的練習：

```
rm(list = ls())

data(iris)
myData <- iris
mySepal <- myData$Sepal.Length
class(mySepal)
mySpecies <- myData$Species
class(mySpecies)

mySum <- sum(mySepal)
mySum
myMean <- mean(mySepal)
myMean
ls()

rm(myMean)
myMean

rm(list = ls())
myData
ls()
```

在程式碼一開始，我們就將所有變數都移除，在開始一個新程式時，這樣做的好處是不用擔心變數名稱複用 (reuse) 時，因有之前的內容造成執行的錯誤。程式碼中的 class(mySpecies) 的結果會是 Factor，因為 myData$Species 的資料型態是 Facor。class(…) 函式可以判斷一個變數的資料型態 (Data Type) 為何。myMean 是 mySepal 向量的平均值，ls() 執行之後可以看到 myMean 已存在於執行環境之中。但 rm(myMean) 之後就”找不到物件”了。rm(list = ls()) 之後，所有變數與物件都被清空，所以 ls() 的結果是空集合 character(0)。

上述程式碼的執行結果如圖 4-41 所示。

R Console

```
> rm(list = ls())
>
> data(iris)
> myData <- iris
> mySepal <- myData$Sepal.Length
> class(mySepal)
[1] "numeric"
> mySpecies <- myData$Species
> class(mySpecies)
[1] "factor"
>
> mySum <- sum(mySepal)
> mySum
[1] 876.5
> myMean <- mean(mySepal)
> myMean
[1] 5.843333
> ls()
[1] "iris"      "myData"     "myMean"     "mySepal"    "mySpecies" "mySum"
>
> rm(myMean)
> myMean
錯誤: 找不到物件 'myMean'
>
> rm(list = ls())
> myData
錯誤: 找不到物件 'myData'
> ls()
character(0)
> |
```

▲圖 4-41　執行環境中的變數之移除

all()、any(…) 與 which(…) 在判斷與尋找向量中的元素是否滿足某種特定條件時非常有用，完成圖 4-42 的練習：

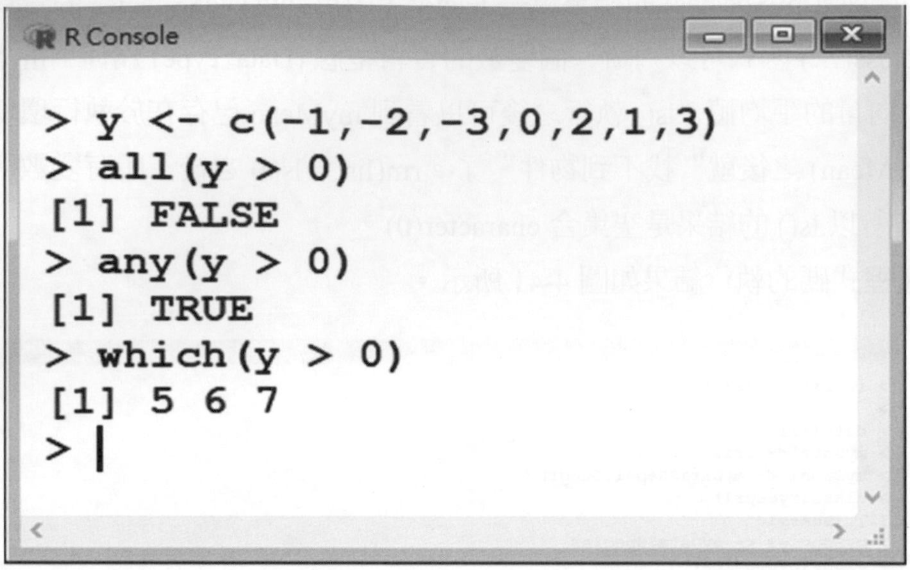

```
R Console
> y <- c(-1,-2,-3,0,2,1,3)
> all(y > 0)
[1] FALSE
> any(y > 0)
[1] TRUE
> which(y > 0)
[1] 5 6 7
> |
```

▲圖 4-42　all() , any(…) , which(…) 的使用。

圖 4-42 的程式碼中，all (y > 0) 用來判斷 y 向量的所有元素都大於 0，若是，結果爲 TRUE；若有任何一個元素不大於 0，結果爲 FALSE。any (y > 0) 則是判斷是否至少有一個元素大於 0，若是，結果爲 TRUE，否則爲 FALSE。which(y > 0) 是判斷 y 向量有那些元素的值大於 0，並將值大於 0 的那些元素的索引值回傳，如圖 4-42 的例子，which(y > 0) 回傳 {5,6,7}。

習題

1. 什麼是 dataframe 資料結構？
2. 想知道 dataframe myDF 到底有幾列，也就是有幾筆資料記錄，可以使用哪個語法？
3. dataframe 的每一行資料集合就相當於向量，要如何取出行資料集的向量？
4. 如果 dataframe 的資料記錄有許多筆，但只要觀察前幾筆或後幾筆。可以使用哪個函數？
5. 如果要讀入 csv 檔的內容可以使用哪個函數？
6. 要建立一個長度為 10 的類別向量，各元素內容為 (" 白 "," 白 "," 白 "," 白 "," 紅 "," 紅 "," 紅 "," 黃 "," 黃 "," 黑 ")，請問描述式為何？
7. 要建立一個長度為 20 的向量，各元素的內容為隨機值，請寫出描述式。
8. 要建立一個 3×3 矩陣，只有從左上到右下對角線的那些元素有 1.0，其他元素都是 0.0，請寫出描述式。
9. 有一個矩陣叫做 my_mat，它是一個 3×3 的矩陣，my_mat <- matrix(1:9, nrow = 3)，要將 2 取出，請寫出描述式。
10. 把 1 到 1000 依序儲存在 10×10×10 的陣列 my_arr 之中，要用索引值方式將 113 這個數字取出，請寫出描述式。

5 R 資料分析的基本觀念

5-1 隨機取樣

玩過樂透彩的人都會認知到一個基本概念，就是每個號碼都是隨機出現的。這裡的隨機其實背後有很大的學問，其中最重要的一個概念是每一個號碼隨機出現的機率爲何。若每一個號碼出現的機率都一樣就稱爲均勻分佈 (uniform distribution)。使用 R 軟體以相同機率隨機產生從 1 到 n 範圍內的整數共 m 個的指令是 sample(n,m)。預設的情況下，sample(...) 所產生的 m 個整數都不同。若要允許產生相同的整數，必須加上 replace=TRUE 的參數設定，也就是 sample(n,m,replace=TRUE)。replace=TRUE 可以理解成 " 可重覆 "。

完成圖 5-1 的練習。

```
R Console
> sample(10,5) #產生5個不相同的整數
[1] 7 3 1 4 9
> sample(10,5,replace=TRUE) #允許產生相同的整數
[1] 3 2 9 5 3
>
```

▲圖 5-1　sample(...) 的使用

sample(…) 函數的第一個參數實際上可以想成是向量，sample(10,5) 就是從向量 1:10 中隨機取出 5 個。舉一反三，sample(x,5) 就是從向量 x 中隨機取出 5 個，若 x<−1:10，那麼就等同於執行 sample(10,5)。

sample(…) 所使用的向量可由編程者自訂，這樣有很大的彈性。舉例來說，若有一個樂透彩有 9 個號碼 {88,99,66,77,55,44,33,22,11} 可以簽注，每次會開 2 個不同號碼，那程式碼就可以如圖 5-2 所示

```
R Console
> x<-c(88,99,66,77,55,44,33,22,11)
> sample(x,2)
[1] 88 11
> 
```

▲圖 5-2　sample(…) 的使用

前述概念稱為隨機取樣，隨機取樣在 R 程式主要是應用在模擬 (simulation) 上。隨機取樣的應用除了從離散集合 (數字放在向量中) 中隨機取值之外，有時也需要從一個連續區間取值，例如從 0.0 到 1.0 隨機取出 2 個浮點數 (也就是有小數點的數)。R 軟體提供隨機變數產生器 (random number generator) 來應付這個需求，例如 runif(5) 就可以產生 5 個介於 0 與 1 的均勻分佈隨機變數。runif(5) 相當於 runif(5,0,1)，也就是將 0 與 1 也設定為參數，同理可推，runif(3,8,40) 是產生 3 個介於 8 到 40 的均勻分佈隨機變數。

完成以下的練習。

```
x<-runif(5) # 產生 5 個介於 0 到 1 的隨機浮點數
x<-runif(5,0,1) # 同上
x<-runif(3,8,40) # 產生 3 個介於 8 到 40 的隨機浮點數
```

```
> x<-runif(5) #產生5個介於0到1的隨機浮點數
> print(x)
[1] 0.488110722 0.348275651 0.167324807
[4] 0.941256359 0.004538239
> x<-runif(5,0,1) #同上
> print(x)
[1] 0.323714044 0.761462723 0.591013686
[4] 0.291630994 0.009425818
> x<-runif(3,8,40) #產生3個介於8到40的隨機浮點數
> print(x)
[1] 39.04745 31.98538 14.75038
>
```

▲圖 5-3　runif(5) 的使用

隨機變數產生器在產生隨機變數值時，都會需要給定一個亂數種子 (random seed)，相同的亂數種子可以產生相同的隨機變數值，若未設定種子值，則每次產生的隨機值都會不一樣。set.seed(...) 函數可以用來設定亂數種子，例如 set.seed(100) 就是設定亂數種子為 100。完成圖 5-4 的練習。

```
> set.seed(100)
> runif(5)
[1] 0.30776611 0.25767250 0.55232243 0.05638315
[5] 0.46854928
> runif(5)
[1] 0.4837707 0.8124026 0.3703205 0.5465586
[5] 0.1702621
> set.seed(100)
> runif(5)
[1] 0.30776611 0.25767250 0.55232243 0.05638315
[5] 0.46854928
>
```

▲圖 5-4　set.seed(...) 函式的使用

隨機產生的數值除了可以是均質機率分佈之外，也可以是常態分佈。rnorm(5) 可以隨機產生 5 個標準常態分佈的隨機變數值，rnorm(5) 相當於 rnorm(5,0,1)，這裡的 0 為常態分佈的平均值，而 1 為標準差。同理可推，norm(5,4,8) 會產生 5 個平均值為 4，標準差為 8 的常態分佈隨機變數值。完成圖 5-5 的練習：

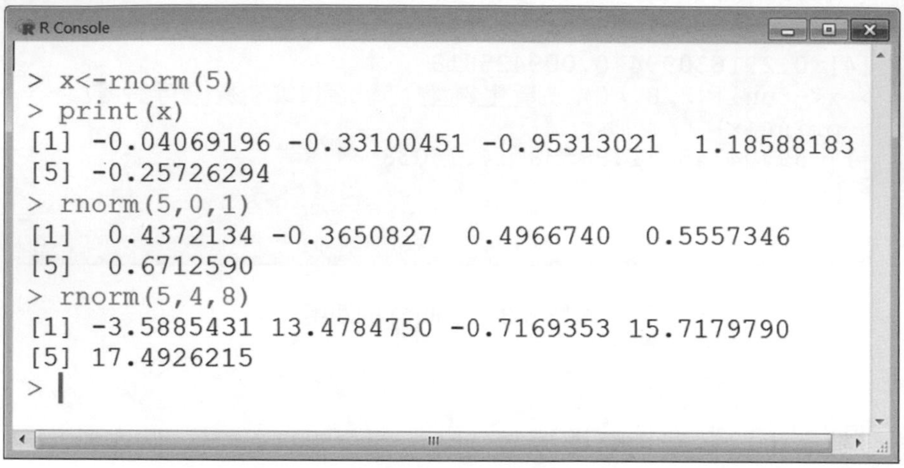

```
> x<-rnorm(5)
> print(x)
[1] -0.04069196 -0.33100451 -0.95313021  1.18588183
[5] -0.25726294
> rnorm(5,0,1)
[1]  0.4372134 -0.3650827  0.4966740  0.5557346
[5]  0.6712590
> rnorm(5,4,8)
[1] -3.5885431 13.4784750 -0.7169353 15.7179790
[5] 17.4926215
> 
```

▲圖 5-5　rnorm(...) 函式的使用

set.seed (...) 所引入做為亂數種子的參數必須是一個正整數，至於該正整數的數值是多少並不是重點。重點是在產生隨機數之前，若設定的正整數是相同的，呼叫相同的隨機數產生器就會產生相同的亂數值。設定亂數種子值能確保程式每次執行的結果都會相同，這在程式的開發與驗證上非常重要。完成圖 5-6 的練習：

```
set.seed(200)
rnorm(n=100,mean=20,sd=10)
rnorm(10,20,10)
set.seed(200)
rnorm(n=10,mean=20,sd=10)
```

```
R Console
> set.seed(200)
> rnorm(n=100,mean=20,sd=10)
  [1] 20.8475635 22.2646034 24.3255650 25.5806524
  [5] 20.5975527 18.8535913  9.7942165 17.0294870
  [9] 21.6815003 34.1987233 19.0047493 11.8170303
 [13] 15.3069776 25.7504497  1.2825487 13.6816890
 [17] 19.5756180 34.4210693 10.7910658 19.8439140
 [21] 22.1946647 25.0059818 36.6934898  9.9645756
 [25] 23.9418221  5.0292739 32.3925632 20.3762220
 [29]  9.6038308 21.5366751  9.5236173 27.0078127
 [33] 27.5781170 12.2193738  6.8678805 16.2872839
 [37] 19.1530651 17.4132110 22.1785731 23.6988996
 [41] 29.0343283 23.9681354 18.5491534 18.9790413
 [45] 16.7196293 19.3576578  1.3520661 22.7742683
 [49] 14.9608995 18.6980330 24.8631379  7.8957801
 [53] 11.3008337 23.4882215 20.0492528 33.0846649
 [57] 10.5255877 19.8661569 31.9938020 19.0715440
 [61] 23.1392734 15.1344765 50.8797758 20.3225173
 [65]  7.6380739 20.2876239 24.6789516 21.6650344
 [69] 23.1000649 13.2597192 20.4672544 20.9220628
 [73] 28.3836256 38.2226866 20.5935110 28.8207400
 [77] 32.9142545 20.0658280 33.6843305 35.3059846
 [81] 18.0964389  1.1092473 12.0769251  6.4190276
 [85]  9.7836574 33.7430859 10.6752394 19.7963053
 [89]  0.9164518 28.2597416 16.6674678 29.3835675
 [93] 23.5305642  6.4823101 13.9320902 27.6144881
 [97] 43.0617307 22.0585140 20.9910420 22.6348054
> rnorm(10,20,10)
 [1] 23.794050 22.221630 29.111754  8.062062
 [5] 13.300926  8.210247 -2.305641 19.017635
 [9] 27.759671 19.185681
> set.seed(200)
> rnorm(n=10,mean=20,sd=10)
 [1] 20.847563 22.264603 24.325565 25.580652
 [5] 20.597553 18.853591  9.794217 17.029487
 [9] 21.681500 34.198723
> 
```

▲圖 5-6　rnorm(...) 函式的使用

爲了確定 rnorm(...) 所產生的隨機值的確是常態分配，一個驗證方式就是產生足夠的點，然後繪出各值出現次數之統計圖，也就是直方圖。hist(...) 函數可以繪出此一統計圖。完成圖 5-7 的練習：

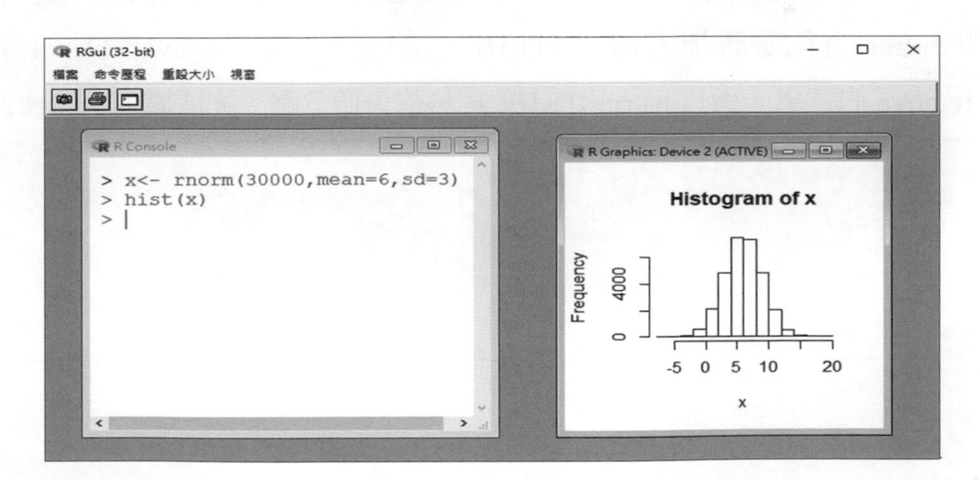

▲圖 5-7　hist(...) 函式的練習

從繪出的圖很明顯可以看到，在 x=6 附近所統計出來的數值出現最多次，因爲在呼叫 rnorm(…) 函式時，平均值係設爲 6，也就是 mean=6。

5-2 摘要統計 (summary statistics)

摘要統計 (summary statistics) 包含了多種基本敘述統計量，包括：

(1) 基本資訊：樣本數、總和

(2) 集中量數：平均數、中位數、眾數

(3) 離勢量數：變異數、標準差、最小值、最大值、四分位距 (第一四分位數、第三四分位數等) 等等。

給定一個數列，也就是向量，可以使用 mean(…) 函數算出平均值，完成圖 5-8 的練習：

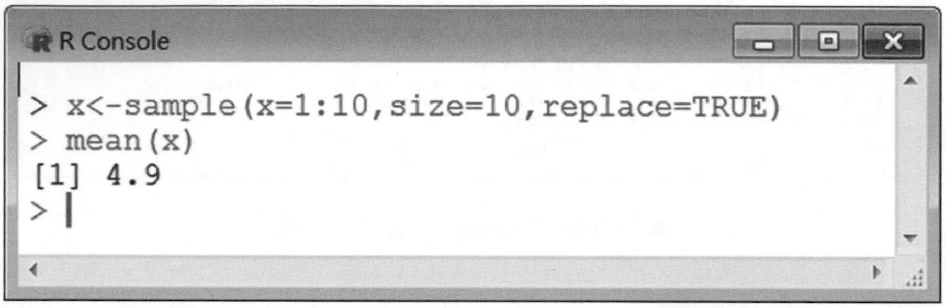

```
R Console
> x<-sample(x=1:10,size=10,replace=TRUE)
> mean(x)
[1] 4.9
>
```

▲圖 5-8　mean(…) 的使用

有時候數值資料有遺失值的情況，這時不應將其加入平均值計算，這時可以在呼叫 mean(…) 函數時加入 na.rm=TRUE，這裡的 na 是 non-available 的意思，rm 是 remove 的意思，所以 na.rm=TRUE 是將遺失值忽略，完成圖 5-9 的練習：

```
y<-sample(1:10,size=10,replace=TRUE)
y[5]  <-NA
y[10] <-NA
mean(y,na.rm=TRUE)
```

```
> x<-sample(x=1:10,size=10,replace=TRUE)
> mean(x)
[1] 4.9
> y<-sample(1:10,size=10,replace=TRUE)
> y[5]<-NA
> y[10]<-NA
> mean(y,na.rm=TRUE)
[1] 6.75
>
```

▲圖 5-9　NA 保留字的使用

上述的練習中，指派敘述 <- 的右邊的 NA 是 R 的保留字，表示缺值。而 mean(y,na.rm=TRUE) 其實只會取 8 個有值的數值作平均數計算，因為有 rm=TRUE 的設定。

weighted.mean(…) 函數可以計算加權平均數，此函數需有 2 個 vector，一個是數值向量，一個是權重向量。它也可以設定引數 na.rm，若不給定，預設值為 TRUE，在計算平均值之前會將 NA 移除掉；當 na.rm=FLASE，若 vector 內有 NA 值，則此函數不會進行計算，而是直接回傳 NA。完成圖 5-10 的練習：

```
> g<-c(65,87,90,79)
> wei<-c(1/2,1/4 ,1/8 , 1/8)
> weighted.mean(g,wei)
[1] 75.375
> weighted.mean(x=g,w=wei)
[1] 75.375
>
```

▲圖 5-10　weighted.mean(…) 函數的使用

我們曾討論常態分配的平均值與標準差，給定一組數列 $\{ x_1 , x_2 , ..., x_n \}$，這裡 n 是資料記錄的筆數。平均值意義很清楚，以 $\bar{x}$ 代表平均值，標準差可由變異數 (variance) 開根號取得，計算變異數的公式則為：

$$\text{var} = \frac{\sum_{i=1}^{n}(x_i - \bar{x})^2}{n-1}$$

$$\bar{x} = (\sum_{i=1}^{n} x_i) / n$$

在 R 中，sd (...) 函數可以計算出標準差，var (...) 函數可以計算出變異數。我們可以使用上述 2 個式子算出變異數，然後驗證兩者是否相同。完成圖 5-11 的練習：

```
x<-rnorm(50,10,2)
var(x)
mean_x<-mean(x)
sumOfSqu<-sum((x-mean_x)^2)
len_x<-length(x)-1          # 資料記錄筆數
var_x<-sumOfSqu/len_x       # 以公式計算變異數
sqrt(var(x))                # 標準差是變異數的開根號
sd(x)                       # 呼叫 sd(...) 功能，驗證標準差是否相同
```

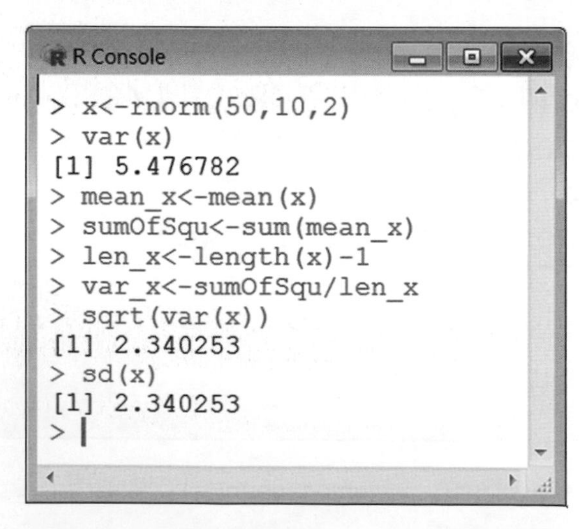

▲圖 5-11　sd(...) 函數與 var(...) 函數的使用

常用的摘要統計量函數中，min(…) 可以計算最小值，max(…) 可以計算最大值，median(…) 可以計算中位數。quantile(…) 函數則可以計算百分比位，例如 quantile(data,0.25) 可以求出向量 data 第 25 百分位數，也就是第 1 個四分位數。

quantile(data,probs=c(0.25,0.75) 則可以一次計算出第 25 個及第 75 個百分位數 (percentile)，也就是第 1 個及第 3 個四分位數。另外，summary(…) 函數可以一次計算最小值、第 1 個四分位數 (1st Qu.)、中位數、平均數、第 3 個四分位數及最大值。完成圖 5-12 的練習：

```
R Console
> x<-1:1000
> y<-sample(x,size=20)
> min(y)
[1] 2
> quantile(y,0.25)
  25%
217.5
> median(y)
[1] 395.5
> mean(y)
[1] 444.15
> quantile(y,0.75)
  75%
651.5
> mean(y)
[1] 444.15
> summary(y)
   Min. 1st Qu.  Median    Mean 3rd Qu.    Max.
    2.0   217.5   395.5   444.1   651.5   990.0
> quantile(y,probs=c(0.25,0.75))
  25%   75%
217.5 651.5
> 
```

▲圖 5-12　summary(…) 函式的使用

5-3 相關係數與共變異數

當資料集 (data set) 有多個欄位，也就是有多個變項時，我們通常需要檢測它們的關係。檢測兩個欄位的關係，最常使用的 2 個方法是相關係數 (correlation) 和共變異數 (covariance)。

給定兩個有 N 筆資料的數列 x 與 y，相關係數的定義為：

$$r_{xy} = \frac{\sum_{i=1}^{N}(x_i - \bar{x})(y_i - \bar{y})}{(n-1)S_x S_y}$$

$\bar{x}$ 與 $\bar{y}$ 分別為 x 與 y 的平均數，S_x 及 S_y 則為標準差。r_{xy} 則為相關係數。如前所述，R 軟體的 cor(...) 函數可以計算出兩組數列的相關係數。完成圖 5-13 的練習：

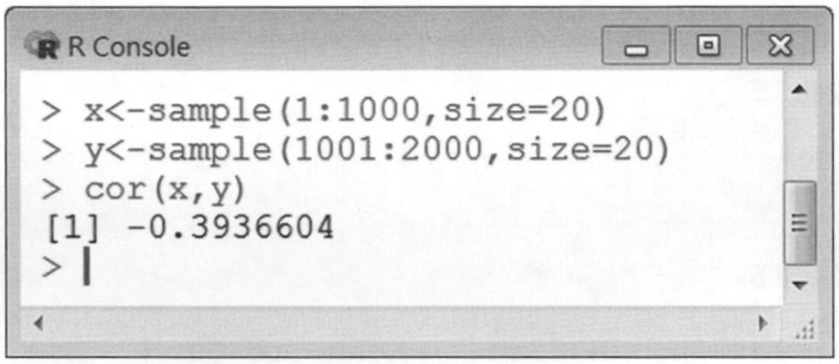

```
R Console
> x<-sample(1:1000,size=20)
> y<-sample(1001:2000,size=20)
> cor(x,y)
[1] -0.3936604
> 
```

▲圖 5-13　cor(...) 函數的使用

上述程式執行的結果，x 與 y 的相關係數靠近 0.0，原因是 x 與 y 我們是使用 sample(...) 以獨立的方式產生 20 筆資料，也就是 x 與 y 的相關性很低。相關係數的值會介於 −1 到 1 之間，愈接近 1 就會愈接近正向相關；反之，愈接近 −1 就會愈負向相關，0 則不相關。

由於標準差可由 sd(...) 函式算出，所以我們也可以應用相關係數的公式，在不使用 cor(...) 函數的情況下計算出相關係數數值，完成圖 5-14 的練習：

```
R Console
> x<-rnorm(20)
> y<-rnorm(20,3,8)
> xsubm<-x-mean(x)
> ysubm<-y-mean(y)
> N<-length(x)-1
> xsd<-sd(x)
> ysd<-sd(y)
> rnum<-sum(xsubm*ysubm)
> rdet<-N*xsd*ysd
> rxy<-rnum/rdet
> cor(x,y)
[1] 0.1137556
>
```

▲圖 5-14　相關係數公式的應用

上述的程式碼段落，我們將計算相關係數的公式一步一步拆解，會發現到，所得到的結果 r_{xy} 與直接呼叫 cor(…) 是相同的。

另外，要理解兩組數值資料相關性的方法除了計算相關係數之外，還可以繪製散佈圖。使用 plot(x,y) 即可繪出散佈圖，如圖 5-15 所示。

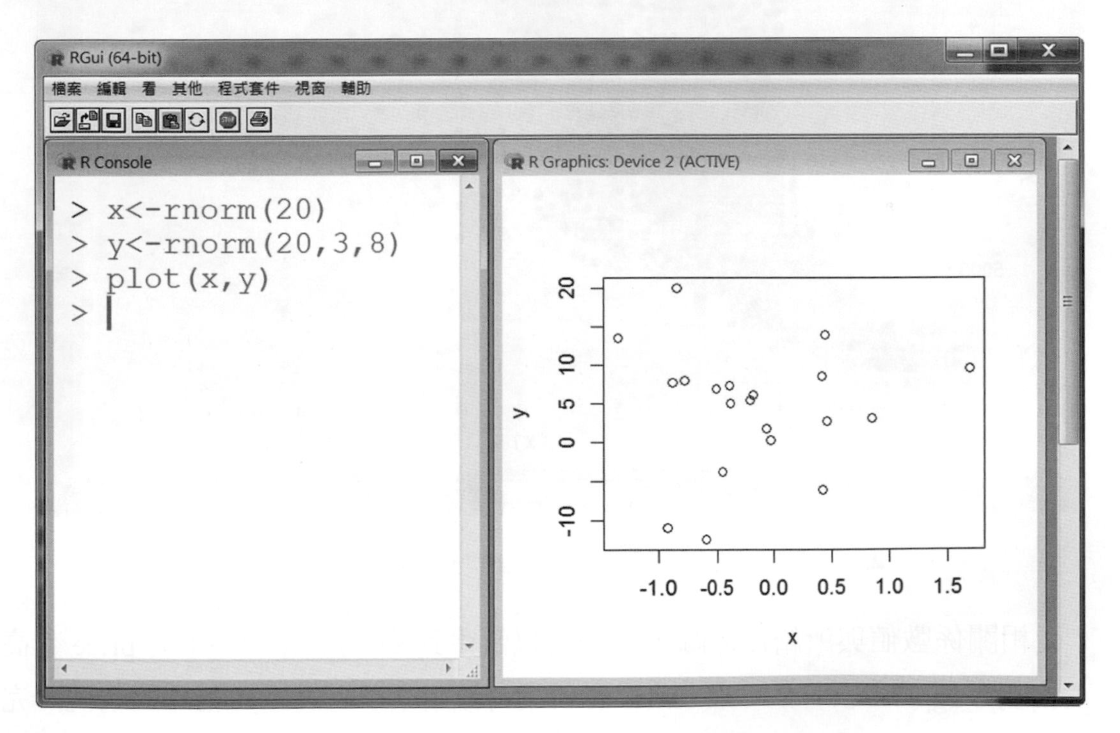

▲圖 5-15　plot(x,y) 繪製散佈圖

由於 x 與 y 都是隨機產生的數列，所以所繪出的散佈圖，確實看不出相關性。爲了示範 2 個欄位之間高度相關的情況，我們應用 ggplot2 套件的 diamons 資料集，carat 欄位紀錄的是鑽石的重量 (單位克拉)，price 欄位紀錄的是價格。一個合理的情況是，克拉數愈高，價格愈高。完成圖 5-16 的練習：

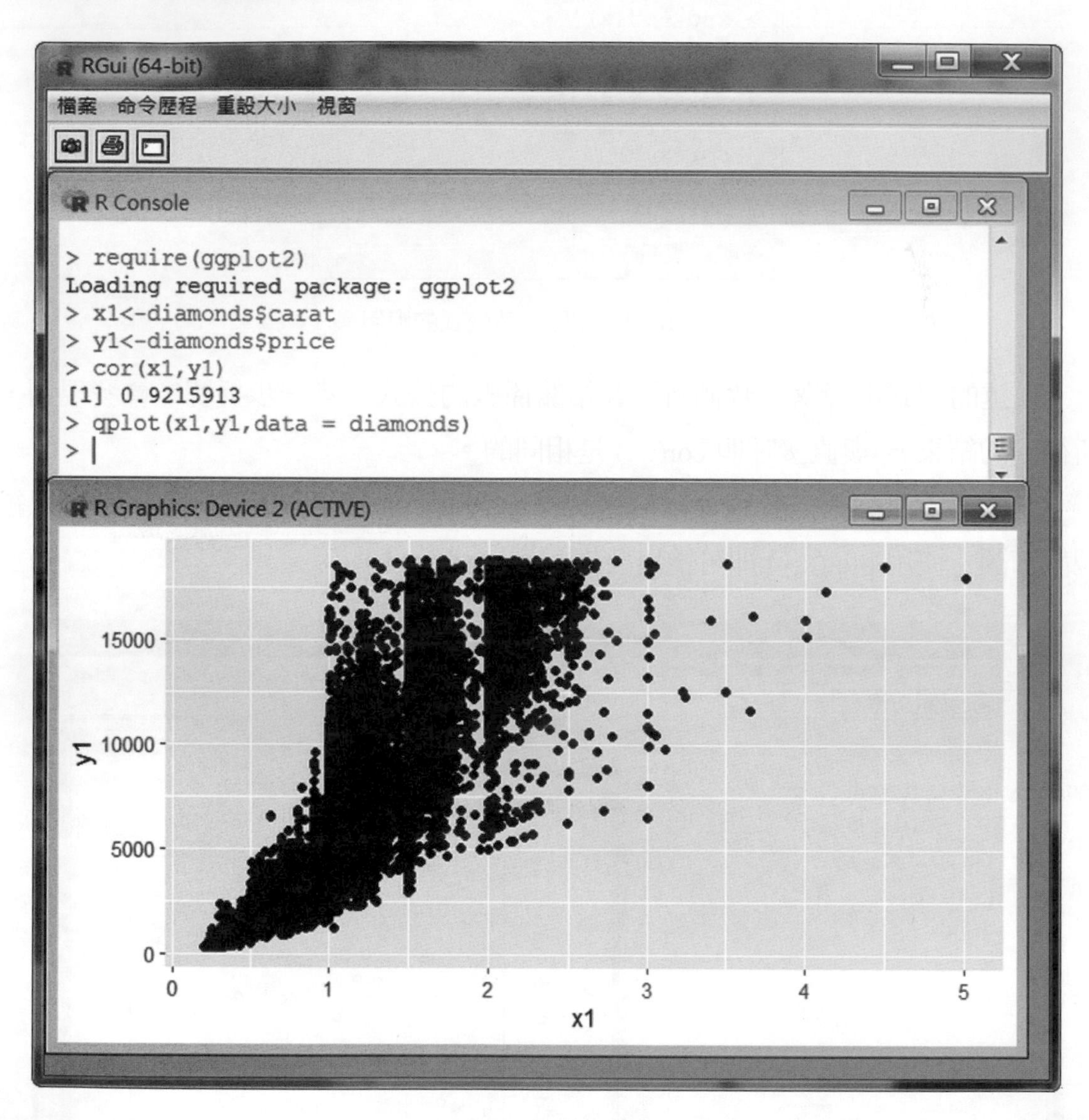

▲圖 5-16 diamons 資料集 carat 與 price 欄位的相關性

從相關係數值與所繪出的圖，我們可以觀察到 x1 的 carat 與 y1 的 price 有高度正相關。ggplot2 套件的 economics 資料集可以用來示範高度負相關的情況，完成圖 5-17 的練習，先觀察 economics 資料集。

```
install.package(“ggplot2”)   # 若之前下載過，其實此行敘述可省略
require(ggplot2)             # 若安裝過，此行可省略
names(economics)
head(economics)
```

```
R Console
> names(economics)
[1] "date"     "pce"      "pop"      "psavert"  "uempmed"
[6] "unemploy"
> head(economics)
# A tibble: 6 x 6
  date          pce    pop psavert uempmed unemploy
  <date>      <dbl>  <dbl>   <dbl>   <dbl>    <dbl>
1 1967-07-01   507. 198712    12.6     4.5     2944
2 1967-08-01   510. 198911    12.6     4.7     2945
3 1967-09-01   516. 199113    11.9     4.6     2958
4 1967-10-01   512. 199311    12.9     4.9     3143
5 1967-11-01   517. 199498    12.8     4.7     3066
6 1967-12-01   525. 199657    11.8     4.8     3018
> |
```

▲圖 5-17　economics 資料集的欄位名稱

上述程式敘述的 names(...) 函數可以顯示 economics 資料集的欄位名稱。economics 資料集裡，pce 表示個人消費支出 (personal consumption expenditures)，psavert 表示個人儲蓄率 (personal savings rate)。一般來說個人儲蓄率愈低，個人消費支出就愈高；反之亦然。完成圖 5-18 的練習：

```
install.package(“ggplot2”)
require(ggplot2)
v<-cor(economics$pce,economics$psavert)
plot(economics$pce,economics$psavert)
```

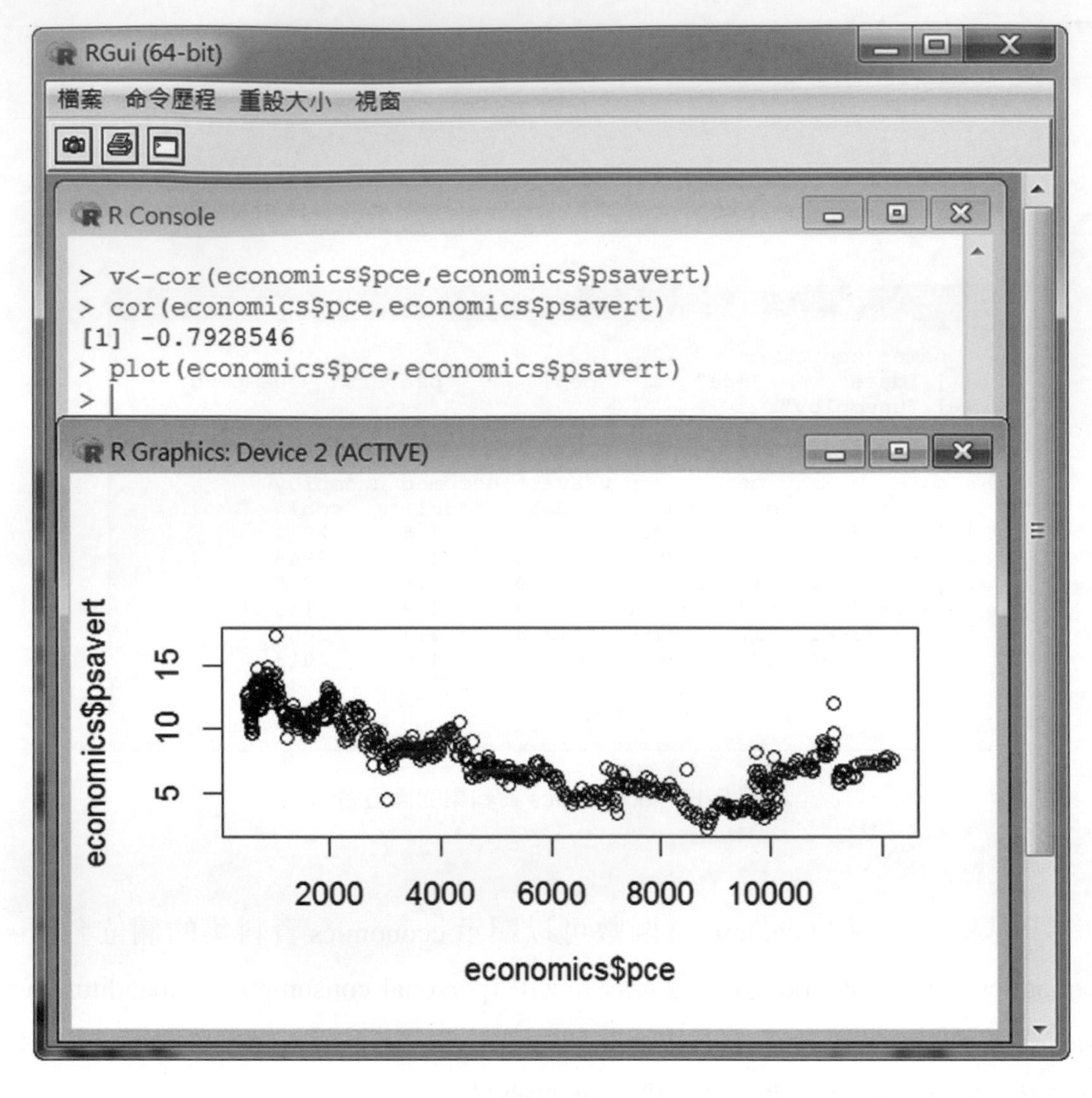

▲圖 5-18

上述程式執行的結果，相關係數值 r 是 −0.79，接近 −1.0，所以具有高度負相關。這裡有一個觀念很重要，就是兩個欄位即使具有高度相關性，但也不保證就蘊含因果關係。

除了相關係數統計量，共變異數也可以呈現兩個欄位的關係。共變異數也可稱爲協方差。x 與 y 皆爲具有 N 筆資料紀錄的數列，數列的第 i 個元素，分別爲 x_i 及 y_i，則 x 與 y 的共變異數如下列公式的計算：

$$\operatorname{cov}(x,y)=\frac{1}{N-1}\sum_{i=1}^{N}(x_i-\bar{x})(y_i-\bar{y})$$

$\bar{x}$ 與 $\bar{y}$ 分別爲 x 及 y 的平均值。當共變異數 cov(x,y)=0 時，我們可判斷 x 與 y 不相關，而是彼此獨立，cov(x,y) 的絕對值愈大，就可以判斷 x 與 y 越相關。如果正值，表示 x 與 y 的變化趨勢一致，負值則表示變化趨勢相反。

以 economics 資料集爲例，示範 R 軟體的共變異數 cov(…) 函式的呼叫方式。完成圖 5-19 的練習：

```
install.package( "ggplot2" )
require(ggplot2)
x<- economics$pce
y<- economics$psavert
cov(x,y)
```

```
R Console
> install.package("ggplot2")
> require(ggplot2)
> x<- economics$pce
> y<- economics$psavert
> cov(x,y)
[1] -8359.069
> |
```

▲圖 5-19　cov(…) 函式

上述的程式所求得之共變異數是一個負很大的值，表示 x 與 y 是負相關，也就是 x 愈大，y 就愈小。

5-4　資料分群演算法

資料分群 (clustering) 是將資料集分成若干群的概念。資料集一般會以資料集 (dataframe) 的形式出現，那些被歸在同一群的資料框的所有資料紀錄 (也就是列) 之間的相似度非常高，而與群外的資料紀錄之相似度則非常低。

爲了說明資料分群如何進行，我們以 5 個資料點的資料集爲例。所給定 5 個資料點爲 (−3,2),(1,3),(4,4),(−5,−2),(2,−3)，每個資料點爲 2 個維度，x 與 y，這 5 個點可繪製於二維平面上，如圖 5-20 所示：

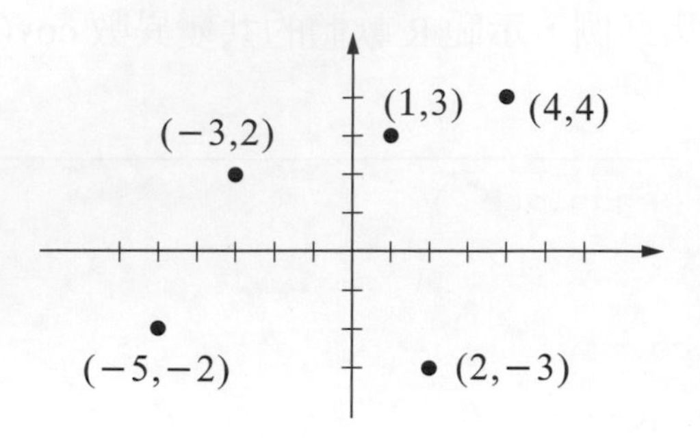

▲圖 5-20　5 個資料點的座標分布

如果現在要分成 2 群，一個作法就是將比較接近的點歸在一群，那比較接近的點如何判定，這可以使用幾何距離做爲判斷依據。幾何距離的計算方式，舉 2 個座標點爲例，(x_1 , y_1) 與 (x_2 , y_2) 的幾何距離的計算方式如下。

$$d=\sqrt{(x_2-x_1)^2+(y_2-y_1)^2}$$

若 (x_1 , y_1) = (−3,4),(x_2 , y_2) = (2,4)，則 $d=\sqrt{(2-(-3))^2+(4-4)^2}=\sqrt{25}=5$

使用 R 計算這 2 點的距離，程式碼如圖 5-21 所示：

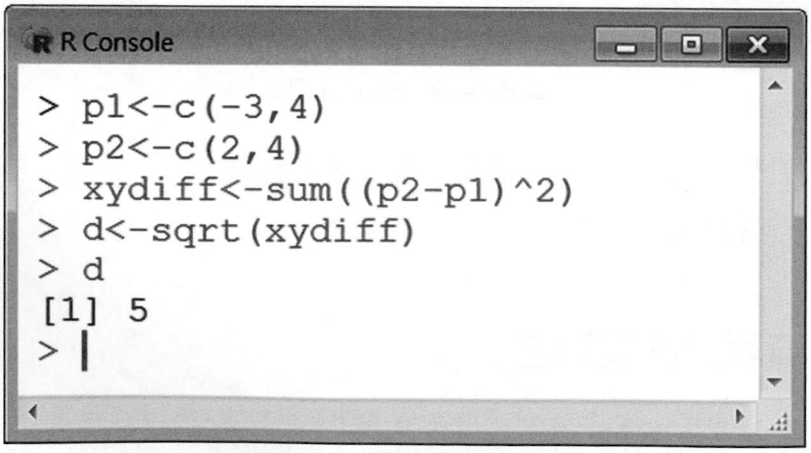

R Console

```
> p1<-c(-3,4)
> p2<-c(2,4)
> xydiff<-sum((p2-p1)^2)
> d<-sqrt(xydiff)
> d
[1] 5
> |
```

▲圖 5-21　2 點距離的計算

由於計算 2 點間的距離是經常會使用到的計算，因此將此種計算寫成函式，然後要計算時再進行呼叫。完成圖 5-21 及圖 5-22 的練習：

```
getDist<-function(a,b)
{
  sumOfdiff<-sum((b-a)^2)
    dist<-sqrt(sumOfdiff)
    return(dist)
}
p1<-c(-3,4)
p2<-c(2,4)
distance<-getDist(p1,p2)
distance
```

```
R Console
> getDist<-function(a,b)
+ {
+   sumOfdiff<-sum((b-a)^2)
+     dist<-sqrt(sumOfdiff)
+     return(dist)
+ }
> p1<-c(-3,4)
> p2<-c(2,4)
> distance<-getDist(p1,p2)
> distance
[1] 5
>
```

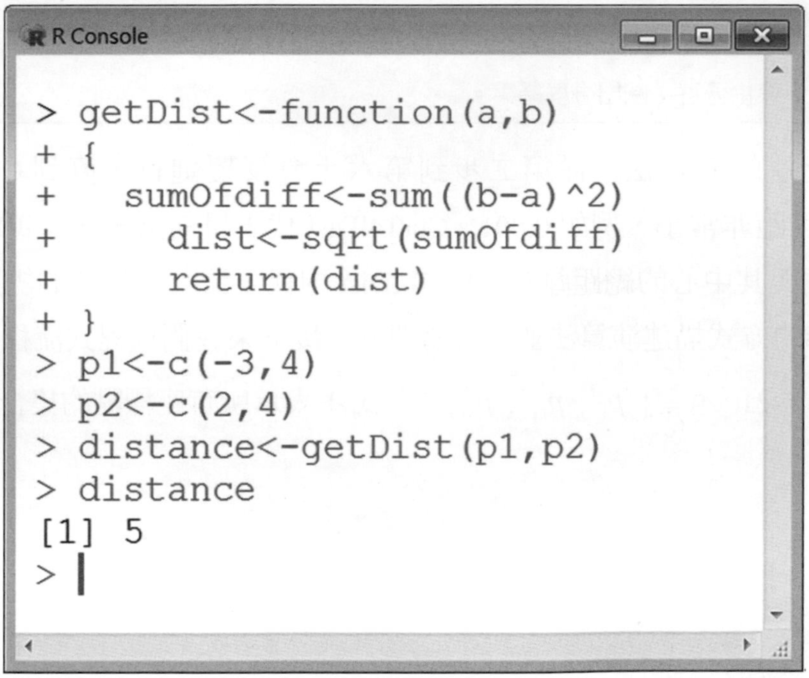

▲圖 5-22　計算 2 點距離的函式

了解如何計算2點的距離之後，接下來我們介紹一種演算法可以將一個資料集分2群。因爲只要分好的群的資料紀錄夠多就可再往下分群，所以能分2群就能分3群、4群…等。舉例來說，如果要分3群，可以就2群中數目比較多的再分2群，若要分4群，則2群再各分2群。一個最簡單的分群演算法，以二維座標點爲例描述於下。

第一步：在所有座標點附近任挑2點 c1 與 c2，並令 CurTolDist=0。

第二步：每一個座標點都計算出與 c1 和 c2 的距離並紀錄下來。

第三步：比較每一個座標點與 c1 及 c2 的距離，依最接近原則分2群，也就是靠近 c1 就歸一群，靠近 c2 歸另一群。令 PreTolDist <- CurTolDist。

第四步：將分好的2群之座標點與其中心點 c1 與 c2 的距離全部累加起來，儲存到 CurTolDist 變數內。

第五步：將已分的2群的新群中心算出，並更新 c1 與 c2。

第六步：若 CurTolDist 與 PreTolDist 差距仍大，則回到第二步執行，否則執行第七步。

第七步：停止分群，輸出分群結果。

觀察上述的演算法，從第二步到第六步會反覆進行，直到 CurTolDist 與 PreTolDist 差距非常小，例如0.001。CurTolDist 代表目前這一次反覆的分群後之所有資料點與其中心的總距離和，PreTolDist 則代表前一次反覆的總距離和。演算法以文字的方式描述演算法並不容易理解，接下來我們以程式流程圖的方式重新描述於圖5-21。S = { p_1 , p_{1_2} , p_3 , … , p_n } 表示所有座標點的集合。

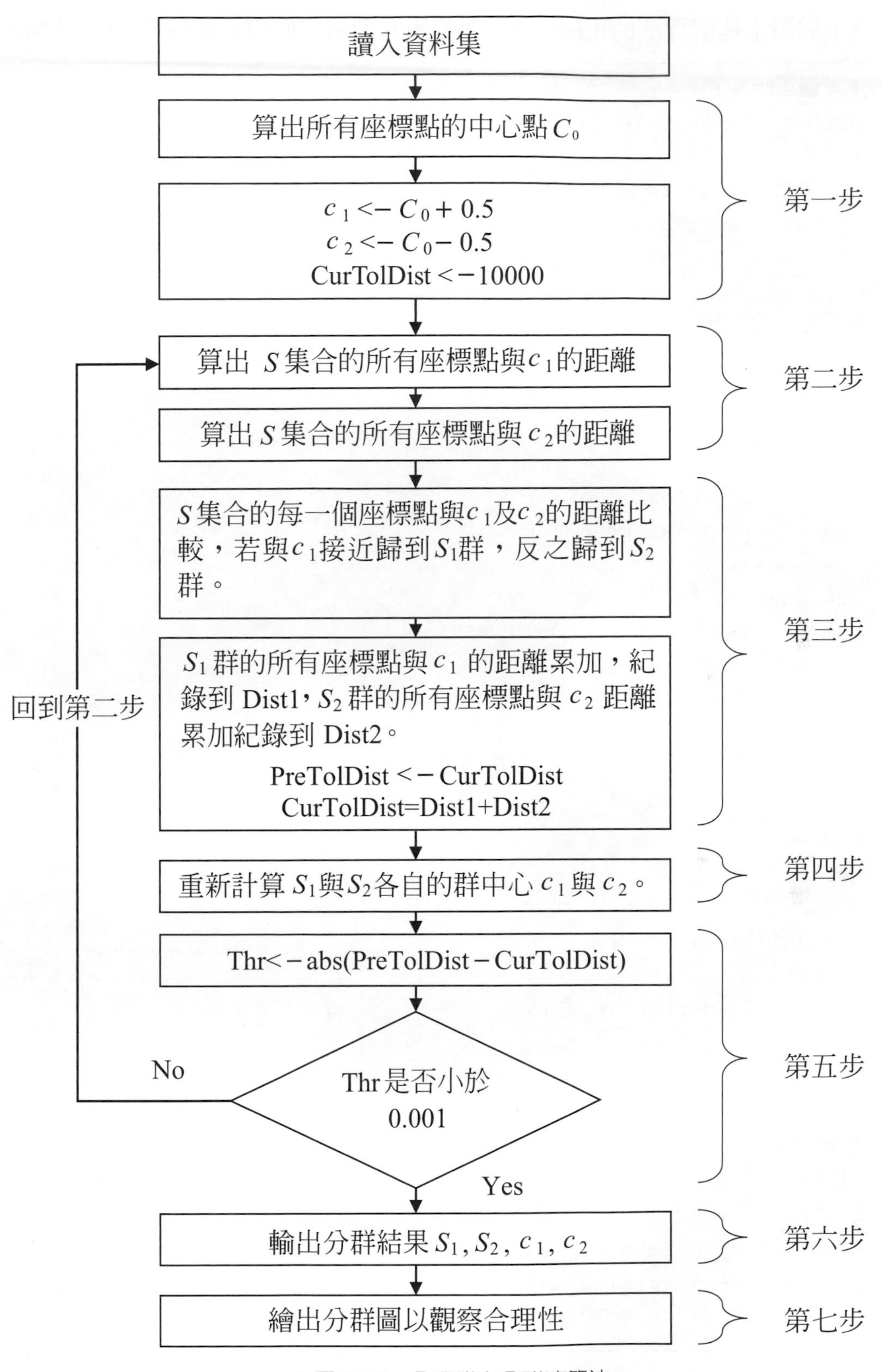

讀入資料集
算出所有座標點的中心點 C_0
c_1 <- C_0 + 0.5
c_2 <- C_0 − 0.5
CurTolDist <−10000
第一步
算出 S 集合的所有座標點與 c_1 的距離
算出 S 集合的所有座標點與 c_2 的距離
第二步
S 集合的每一個座標點與 c_1 及 c_2 的距離比較，若與 c_1 接近歸到 S_1 群，反之歸到 S_2 群。
S_1 群的所有座標點與 c_1 的距離累加，紀錄到 Dist1，S_2 群的所有座標點與 c_2 距離累加紀錄到 Dist2。
PreTolDist <− CurTolDist
CurTolDist=Dist1+Dist2
第三步
回到第二步
重新計算 S_1 與 S_2 各自的群中心 c_1 與 c_2。
第四步
Thr<−abs(PreTolDist−CurTolDist)
No
Thr 是否小於 0.001
Yes
第五步
輸出分群結果 S_1, S_2, c_1, c_2
第六步
繪出分群圖以觀察合理性
第七步

▲圖 5-23 分兩群之分群演算法

爲了驗證上述演算法的正確性，我們使用R撰寫一個程式做驗證，程式碼如下：

```
# 準備工作，定義一個計算兩點距離的函式
getDist <- function(a,b)
{
 sumOfDiff <- sum((b-a)^2)
 return (sqrt(sumOfDiff))
}

# 給定 5 個座標點
x<-c(-3,1,4,-5,2)
y<-c(2,3,4,-2,-3)
myData  <- data.frame(x,y)

# 第一步：計算出 2 個中心點
center=c(mean(x),mean(y))
c1=center+0.5
c2=center-0.5
Num <- nrow(myData)
CurTolDist <-  10000

while(TRUE)
{

# 第二步
for (i in 1:Num)
{
 p=c(x[i],y[i])
 print(p)
 diss1[i]<-getDist(p,c1)
 diss2[i]<-getDist(p,c2)
}

# 第三步
c1_ind <- which(diss1<diss2)
c2_ind <- which(diss1 >= diss2)
cluster1 <- myData[c1_ind,]
cluster2 <- myData[c2_ind,]
PreTolDist <- CurTolDist
```

```
# 第四步
dist1 <- sum(diss1[c1_ind])
dist2 <- sum(diss2[c2_ind])
CurTolDist <- dist1+dist2

# 第五步
c1=c(mean(cluster1$x),mean(cluster1$y))
c2=c(mean(cluster2$x),mean(cluster2$y))

# 第六步
Thr <- abs(PreTolDist - CurTolDist)
if (Thr < 0.001)
{
  break
 }
}

# 第七步：輸出分群結果
cluster1
cluster2
c1_ind
c2_ind

# 第八步：繪出分群圖
cluster1$type <- 1
cluster2$type <- 2
final <- rbind(cluster1,cluster2)
install.packages("ggplot2")
require(ggplot2)
ggplot(final,aes(x=x,y=y)) + geom_point(aes(color=type,size=3))
```

最後執行的結果如圖 5-24 所示：

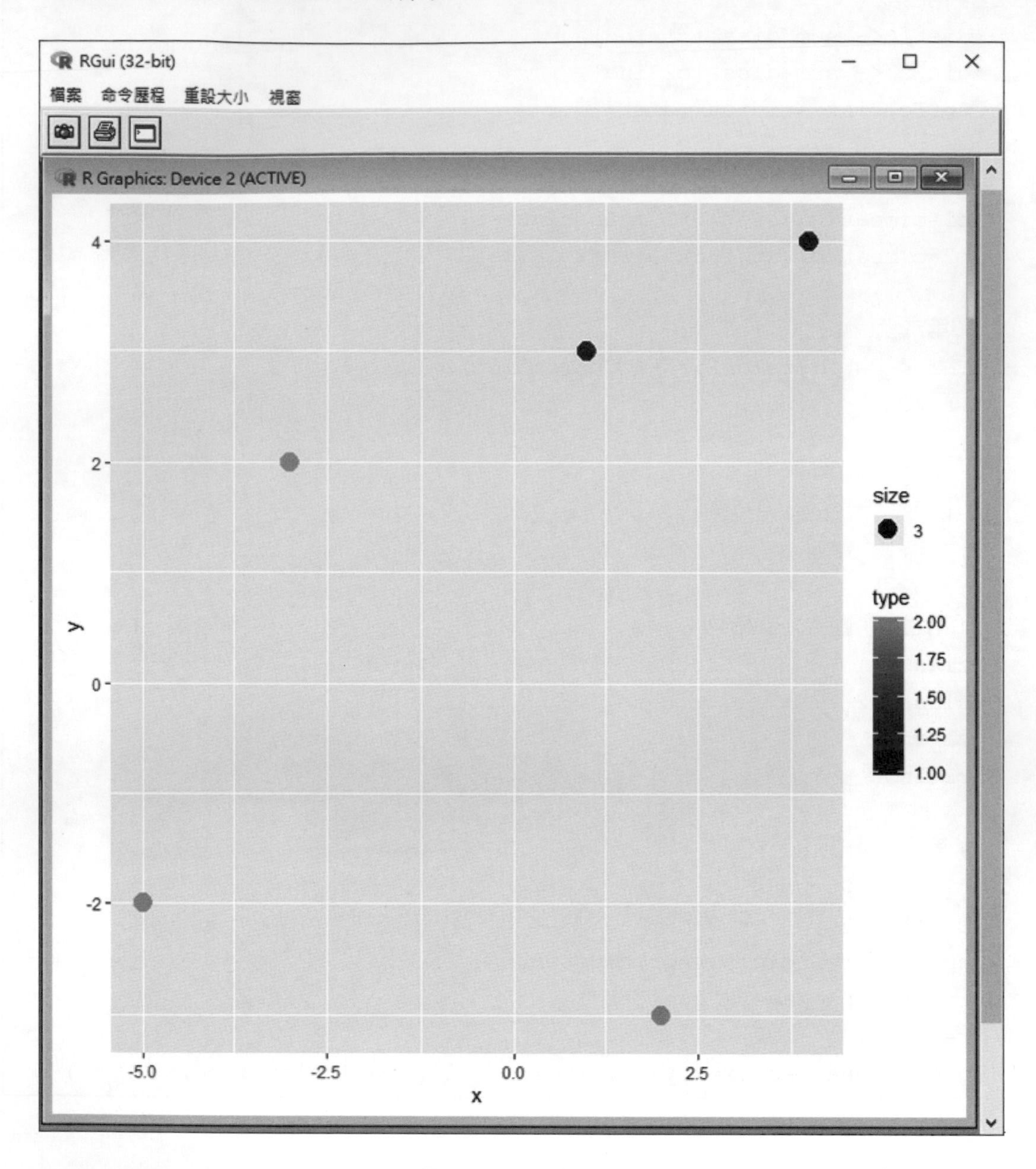

▲圖 5-24 分群的結果

接下來一步一步說明上述的 8 個步驟。程式碼的開頭的 getDist(...) 函式是用來計算 2 座標點間的幾何距離。在給定 5 個座標點後，第一步是先算出所有點的中心點，然後再加 0.5 與減 0.5 分裂出 2 個新中心點。代表總距離的變數 CurTolDist 的初始值設定爲 10000，表示總距離和非常大。

第二步到第六步是在一個 while(TURE) 迴圈內，也就是 while 迴圈的區塊內的程式會一直反覆執行，除非第六步的 Thr <- abs(PreTolDist - CurTolDist) 小於 0.001 時才跳出 while 迴圈。

第二步是算出每個座標點與 2 個中心點的距離，分別儲存於 diss1 與 diss2 的向量內。第三步則使用 which(…) 函式完成分群，並把前一個疊代 (iteration) 的分群總距離和存到 PreTolDist。第四步則算出目前的分群的總距離和並存到 CurTolDist。第五步則算出已分好之兩群的新中心點 c1 及 c2。第六步算出 PreTolDist 與 CurTolDist 的差值 Thr。如果 Thr 仍大於或等於 0.001 則回到第二步，再執行第三、四、五、六步，當 Thr 小於 0.001 則跳出 while 迴圈後執行第七步，第七步則是輸出分群結果。第八步則是繪出分群後的分布圖，相同群的資料點之顏色是一樣的。如圖 5-24 所示。

如果分群演算法需要使用語法一步一步完成編程，就像前面的程式碼一樣。這種編程需要有一定的資訊工程專業。這對一般只想關注在資料分析而不想太專注編程能力的使用者應該不適用。事實上，R 軟體有提供分群套件，只需大約 6 行指令即可完成分群演算法。

5-5　R 軟體的 K-means 分群函式的應用

我們在前一節所描述的是一種最出名的分群演算法，叫 K-means。R 有一個 kmean(…) 函數可以針對數值資料 (numeric data) 進行分群。kmeans(…) 函數的第一個引數是要分群的資料，第二個引數是分群數目。我們以在前一節所討論的二維座標點做為例子，示範 kmeans(…) 的使用。如圖 5-25 所示：

```
mydata<-data.frame(x,y)
mydata
mycluster<-kmeans(x=mydata,centers=2)
mycluster
```

```
R Console
> x<-c(-3,1,4,-5,2)
> y<-c(2,3,4,-2,-3)
> mydata<-data.frame(x,y)
> mydata
   x  y
1 -3  2
2  1  3
3  4  4
4 -5 -2
5  2 -3
> mycluster<-kmeans(x=mydata,centers=2)
> mycluster
K-means clustering with 2 clusters of sizes 3, 2

Cluster means:
          x        y
1  2.333333 1.333333
2 -4.000000 0.000000

Clustering vector:
[1] 2 1 1 2 1

Within cluster sum of squares by cluster:
[1] 33.33333 10.00000
 (between_SS / total_SS =  53.7 %)

Available components:

[1] "cluster"      "centers"      "totss"        "withinss"
[5] "tot.withinss" "betweenss"    "size"         "iter"
[9] "ifault"
> |
```

▲圖 5-25　kmeans(...) 函式的使用

從上述程式的執行結果 mycluster 可以看出，2 群的中心點分別是 (2.33 ,1.33) 與 (−4.0 ,0.0)，第一群的座標點是 (1 ,3),(4 ,4),(2 ,−3)，第二群的座標點是 (−3 ,2),(−5 ,−2) 這可以從結果的 Clustering vector 的 5 個座標點所對應的編號 {2,1,1,2,1} 知道各座標點的歸屬群。

為了以視覺方式呈現分群的結果，我們可以使用 useful 套件的 plot.kmeans(...) 函數來繪圖，如圖 5-26 所示，plot.kmeans(···) 函式的第一個引數是分群的結 mycluster，第二個引數是原本未分群的資料集 mydata。

```
install.packages("useful")
require(useful)
plot.kmeans(mycluster,data=mydata)
```

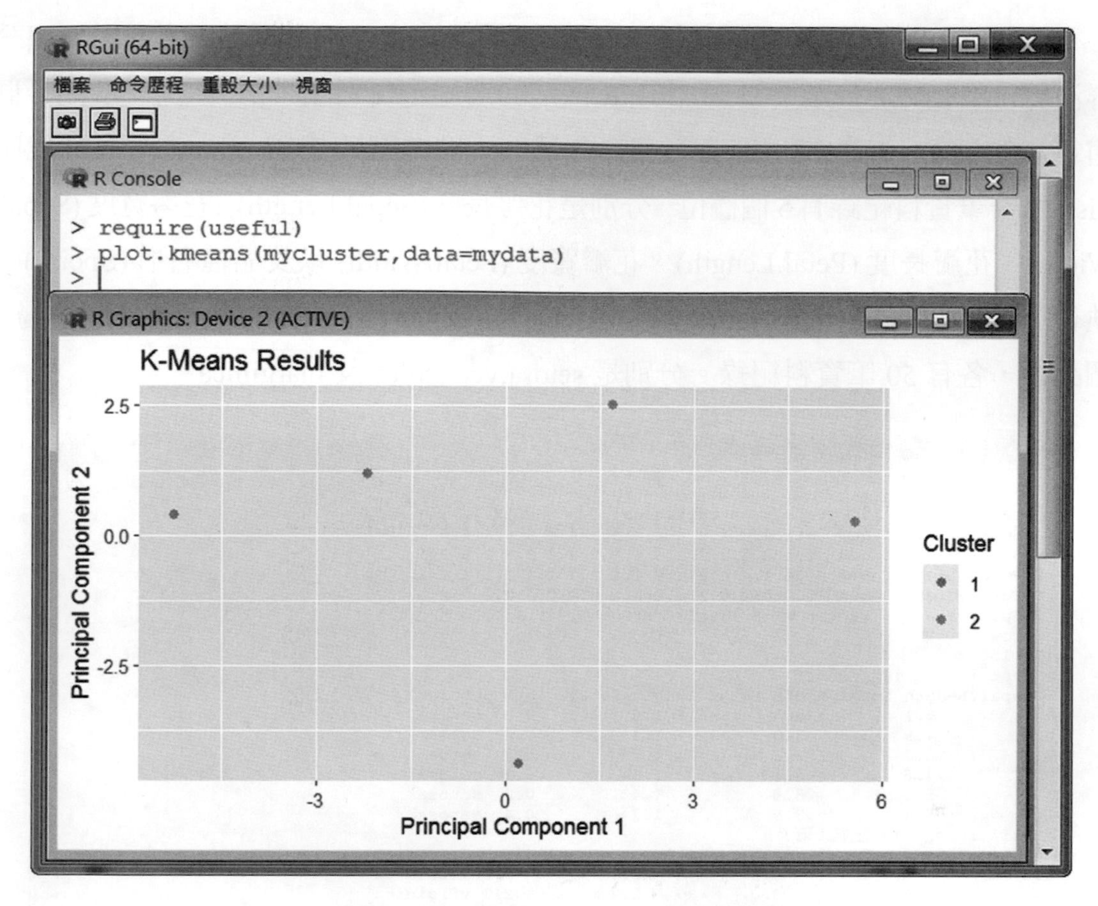

▲圖 5-26　plot.kmeans(...) 函數的使用

實際上在進行資料分析時，資料集通常是以 csv 檔的格式儲存於檔案系統。我們將前面 5 個座標點輸入到 Excel 的試算表，試算表欄位名稱就取名 x 與 y 表示是水平與垂直座標，檔名為 mydata.csv，儲存路徑為 D:/temp/mydata.csv，則前面的程式只要修改前半部即可執行。

```
myData<-read.table(“D:/temp/mydata.csv”)
x<-mydata$x
y<-mydata$y
```

前面所示範的例子，資料點太少，而且是單純的二維座標點，實在看不出分群演算法有何用途。接下來我們以 R 內建的鳶尾花資料集，iris 為例，示範分群演算法的用途。R 的鳶尾花資料集是內建的，資料型態是 data.frame，名稱就叫 iris，每一筆資料紀錄有 5 個欄位，分別是花萼長度 (Sepal.Length)、花萼寬度 (Sepal. Width)、花瓣長度 (Petal.Length)、花瓣寬度 (Petal.Width) 以及品種名稱 (Spcies)。執行下圖的程式碼，觀察 iris 資料集，可知 iris 資料集有 150 筆資料紀錄分屬 3 個品種，各有 50 筆資料紀錄。分別是 setosa,versicolor 及 marginica。

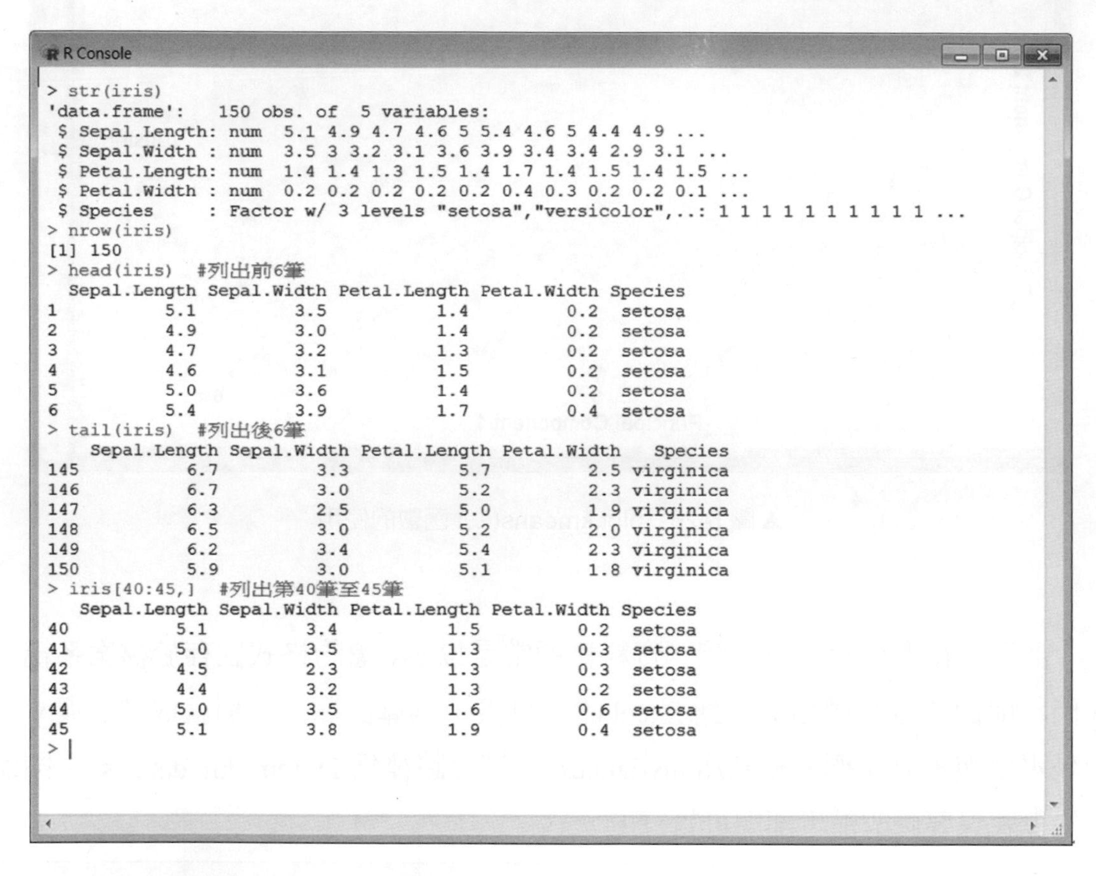

```
R Console
> str(iris)
'data.frame':	150 obs. of  5 variables:
 $ Sepal.Length: num  5.1 4.9 4.7 4.6 5 5.4 4.6 5 4.4 4.9 ...
 $ Sepal.Width : num  3.5 3 3.2 3.1 3.6 3.9 3.4 3.4 2.9 3.1 ...
 $ Petal.Length: num  1.4 1.4 1.3 1.5 1.4 1.7 1.4 1.5 1.4 1.5 ...
 $ Petal.Width : num  0.2 0.2 0.2 0.2 0.2 0.4 0.3 0.2 0.2 0.1 ...
 $ Species     : Factor w/ 3 levels "setosa","versicolor",..: 1 1 1 1 1 1 1 1 1 1 ...
> nrow(iris)
[1] 150
> head(iris)  #列出前6筆
  Sepal.Length Sepal.Width Petal.Length Petal.Width Species
1          5.1         3.5          1.4         0.2  setosa
2          4.9         3.0          1.4         0.2  setosa
3          4.7         3.2          1.3         0.2  setosa
4          4.6         3.1          1.5         0.2  setosa
5          5.0         3.6          1.4         0.2  setosa
6          5.4         3.9          1.7         0.4  setosa
> tail(iris)  #列出後6筆
    Sepal.Length Sepal.Width Petal.Length Petal.Width   Species
145          6.7         3.3          5.7         2.5 virginica
146          6.7         3.0          5.2         2.3 virginica
147          6.3         2.5          5.0         1.9 virginica
148          6.5         3.0          5.2         2.0 virginica
149          6.2         3.4          5.4         2.3 virginica
150          5.9         3.0          5.1         1.8 virginica
> iris[40:45,]  #列出第40筆至45筆
   Sepal.Length Sepal.Width Petal.Length Petal.Width Species
40          5.1         3.4          1.5         0.2  setosa
41          5.0         3.5          1.3         0.3  setosa
42          4.5         2.3          1.3         0.3  setosa
43          4.4         3.2          1.3         0.2  setosa
44          5.0         3.5          1.6         0.6  setosa
45          5.1         3.8          1.9         0.4  setosa
> |
```

▲圖 5-27　iris 資料集的觀察

分群演算法是盲目分群，給定資料集 iris，依據前 4 個欄位 (也就是有四個維度)，即可分群。iris 的第 5 個欄位是品種 (species) 是由植物學領域專家辨識鳶尾花後所標記的，前 4 個欄位則是實際量測值。為了示範盲目分 3 群的效能，我們移除 Species 欄位，儲存到 mydata 資料框之後再呼叫 kmeans(…) 函式並將之分 3 群。程式碼如下：

```
hisdata<- iris[,-5]  # 移除第 5 個欄位
head(hisdata)
irisdiv<-kmeans(hisdata,centers=3)
irisdiv$cluster
install.packages("useful")
require(useful)
plot.kmeans(irisdiv,data=hisdata)
```

執行結果如圖 5-28 及圖 5-29 所示。

▲圖 5-28　iris kmeans 的分群結果

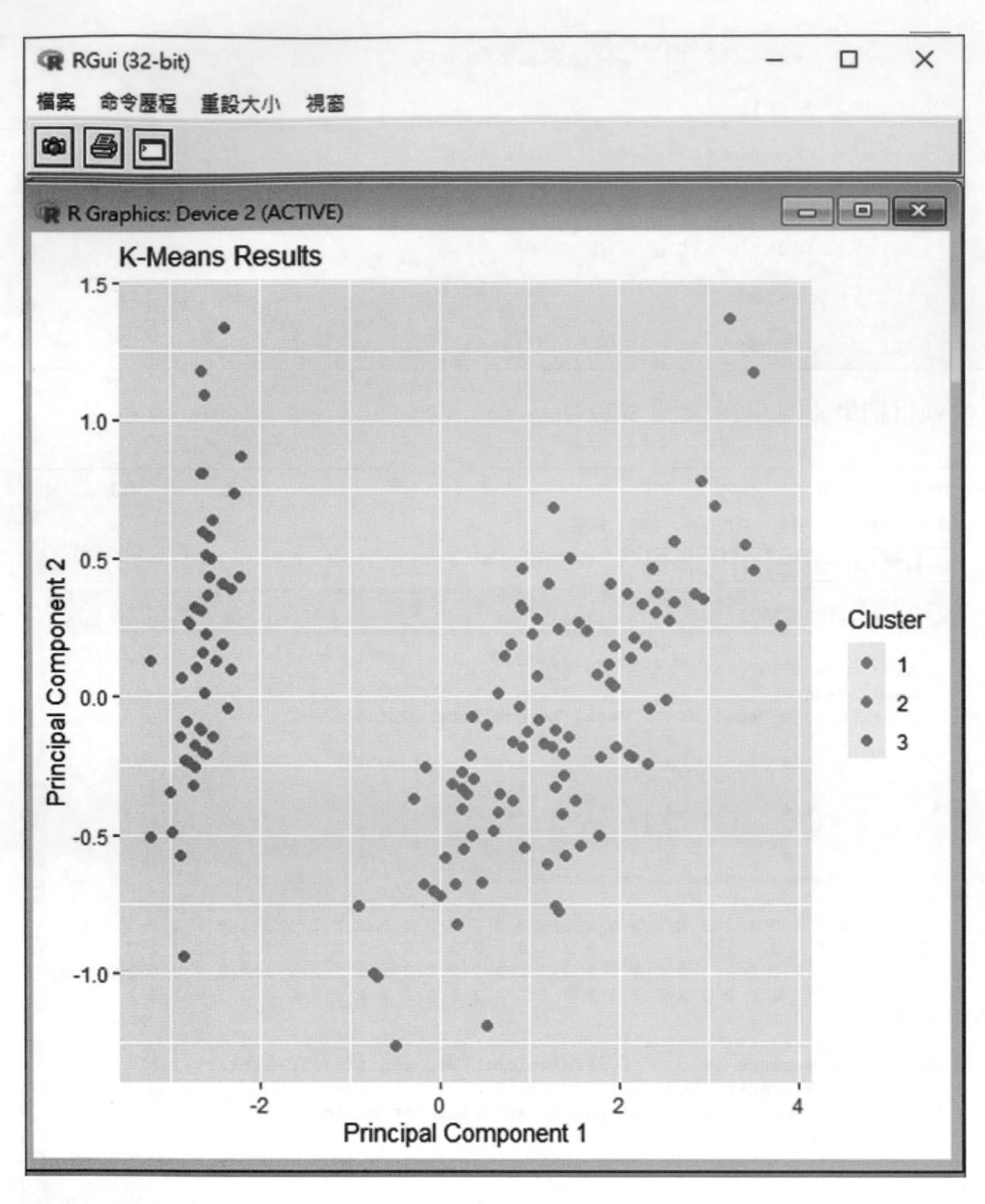

▲圖 5-29 iris 分群視覺化呈現

plot.kmeans(…) 函數可將多個維度的資料集以降維的方式顯示在二維上，如圖 5-29 所示。

從結果來看，呼叫 kmeans(…) 函數的確分成 3 群。分群效果如何，可以跟植物學家實際標記的 Species 欄位比較。R 軟體的 table(…) 函式可以完成這個比較。執行圖 5-30 的指令即可得到。圖 5-30 中的 irisdiv$cluster 是分群後的結果向量。

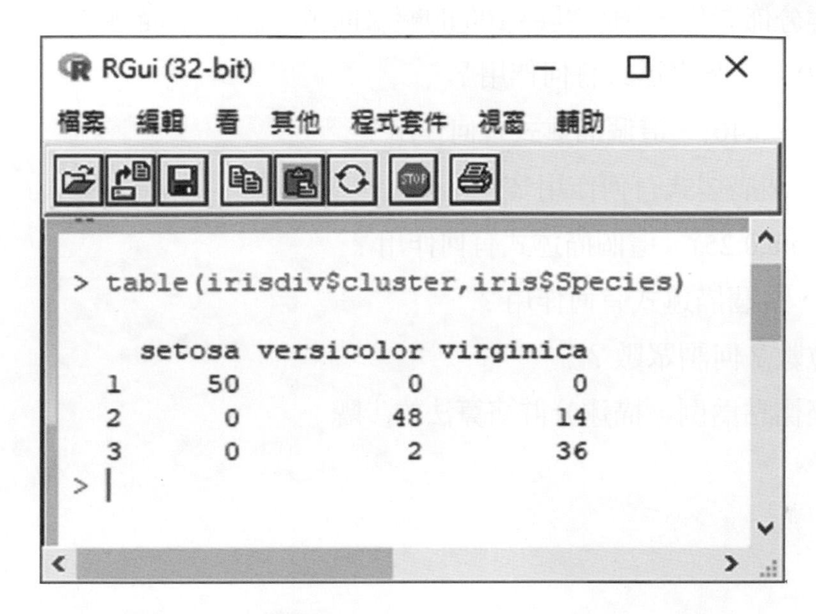

▲圖 5-30　iris 分群效能比較

table(…) 函數的第一個引數是 kmeans(…) 函數分群結果的向量，第二個引數是 iris 的第 5 個欄位所構成的向量。table(…) 執行結果的解讀如下，原本 Species 標記爲 setosa 的資料紀錄有 50 筆，總共有 50 筆被歸在第 1 群；versicolor 有 50 筆，其中有 48 筆被歸在第 2 群，有 2 筆被歸在第 3 群；virginica 的 50 筆，其中 14 筆被歸在第 2 群，36 筆被歸類在第 3 群。很明顯的，在沒有告知 kmeans(…) 任何分群知識下，kmeans 僅僅依照 150 筆有花萼長度及寬度、花瓣長度及寬度的知識即可完成分群，而且效果還頗令人滿意。

這樣的機器學習方式叫作非監督式學習 (unsupervised learning)。分群演算法是非監督式學習的典型代表。資料集中不需要給定相當於應變項的標記欄位，只需給定自變項欄位，即可進行機器學習，得到描述該資料集的模型，這樣的模型建立方式叫做非監督式學習。

習題

1. 產生 10 個介於 10 到 100 的隨機浮點數，然後儲存在一個向量內，請寫出描述式。
2. 要計算 (6,5),(−4,−2) 兩點的距離，請寫出描述式。
3. 使用常態分佈產生一個長度爲 100 的結果向量，請寫出描述式。
4. set.seed(2)，這個描述式有何作用？
5. x <− runif(3,8,40)，這個描述式有何作用？
6. var(x)，這個描述式有何作用？
7. quantile(data,0.25)，這個描述式有何作用？
8. plot(x,y)，這個描述式有何作用？
9. 何謂中位數？何謂眾數？
10. 以二維座標點爲例，描述分群演算法的步驟。

6 線性迴歸模型

6-1 線性迴歸模型概論

迴歸模型 (regression model) 可描述應變數 (或依變數) 與自變數之間的關係，只要給定各變數的係數與補償量，就可得到應變數的預測值。迴歸模型分線性與非線性，線性的意思是係數都是一次項，非線性則是指應變數與自變數及係數之間的關係有可能是二次項以上、開方根或取 log 等非線性函數的關係，本書只針對線性回歸模型做討論。

底下是有 3 個係數與 1 個補償量的線性迴歸模型之數學式：

$$y = f\left(x_1, x_2, x_3\right) = ax_1 + bx_2 + cx_3 + d$$

上式的 y 爲應變數，是資料集的某一個欄位，x_1, x_2, x_3 則爲自變數，也是對應到資料集的欄位。上式有 4 個未知數 $\{a,b,c,d\}$，至少需要 4 個方程式，才可以直接解出這些未知數。給定一個資料集有 6 筆資料紀錄，如下表：

x_1	x_2	x_2	y
2	3	5	7
4	−2	−3	9
3	4	−5	6
5	2	−2	11
−3	6	8	8
−5	7	2	3

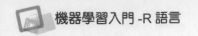

依照 $y = ax_1 + bx_2 + cx_3 + d$ 的線性迴歸模型，我們期待下列 6 個等式成立：

$$\begin{cases} 7 = 2a + 3b + 5c + d \\ 9 = 4a - 2b - 3c + d \\ 6 = 3a + 4b - 5c + d \\ 11 = 5a + 2b - 2c + d \\ 8 = -3a + 6b + 8c + d \\ 3 = -5a + 7b + 2c + d \end{cases}$$

要解出 4 個未知數，只要使用前 4 個方程式即可得到唯一解，但是現在有 6 筆資料紀錄，就無法得到唯一解，僅能得到近似解，也就是不可能同時成立上述 6 個等式。$\{a,b,c,d\}$ 只有近似解，表示前面的 6 個方程式必須改寫，也就是等式不成立，必須引入誤差項，改爲如下：

$$\begin{cases} 7 = 2a + 3b + 5c + d + \varepsilon_1 \\ 9 = 4a - 2b - 3c + d + \varepsilon_2 \\ 6 = 3a + 4b - 5c + d + \varepsilon_3 \\ 11 = 5a + 2\mathrm{b} - 2\mathrm{c} + \mathrm{d} + \varepsilon_4 \\ 8 = -3a + 6\mathrm{b} + 8\mathrm{c} + \mathrm{d} + \varepsilon_5 \\ 3 = -5\mathrm{a} + 7\mathrm{b} + 2\mathrm{c} + \mathrm{d} + \varepsilon_6 \end{cases}$$

將上述方程式表示成向量與矩陣如下：

$$\underline{z} = A\underline{s} + \underline{e}$$

這裡的 $\underline{z}$, A , $\underline{s}$, $\underline{e}$ 分別是：

$$\underline{z} = \begin{pmatrix} 7 \\ 9 \\ 6 \\ 11 \\ 8 \\ 3 \end{pmatrix} \qquad A = \begin{pmatrix} 2 & 3 & 5 & 1 \\ 4 & -2 & -3 & 1 \\ 3 & 4 & -5 & 1 \\ 5 & 2 & -2 & 1 \\ -3 & 6 & 8 & 1 \\ -5 & 7 & 2 & 1 \end{pmatrix} \qquad \underline{s} = \begin{pmatrix} a \\ b \\ c \\ d \end{pmatrix}$$

$$而\ \underset{\sim}{e} = \begin{pmatrix} \varepsilon_1 \\ \varepsilon_2 \\ \varepsilon_3 \\ \varepsilon_4 \\ \varepsilon_5 \\ \varepsilon_6 \end{pmatrix}$$

上述問題的解法，已有許多研究者提出，在 $\underset{\sim}{e}$ 是常態分配的情況下，可以寫成近似式如下：

$$A\underset{\sim}{s} \sim \underset{\sim}{z} \ \ldots\ldots\ldots\ldots\ ①$$

第①式 6-1 兩邊都乘上 A 的轉置矩陣 A^T，得到

$$A^T A\underset{\sim}{s} \sim A^T \underset{\sim}{z}$$

求出 $A^T A$ 的反矩陣 $(A^T A)^{-1}$，然後兩邊都乘上這個反矩陣，得到

$$(A^T A)^{-1}(A^T A)\underset{\sim}{s} \sim (A^T A)^{-1} A^T \underset{\sim}{z}$$

因為 $(A^T A)^{-1}(A^T A)$ 是單位矩陣，上式可以寫成

$$\underset{\sim}{s} \sim (A^T A)^{-1} A^T \underset{\sim}{z}$$

下述 R 程式碼可求得 $\underset{\sim}{s}$，執行的結果如圖 6-1 所示。

```
z<-c(7,9,6,11,8,3)
c1<-c(2,4,3,5,-3,-5)
c2<-c(3,-2,4,2,6,7)
c3<-c(5,-3,-5,-2,8,2)
c4<-c(1,1,1,1,1,1)
newdata<-data.frame(c1,c2,c3,c4)
A<-data.matrix(newdata)
tran<-t(A)%*%A
invT<-solve(tran)
ainv<-t(A)%*%z
s<-invT%*%ainv
s
```

```
R Console
> z<-c(7,9,6,11,8,3)
> c1<-c(2,4,3,5,-3,-5)
> c2<-c(3,-2,4,2,6,7)
> c3<-c(5,-3,-5,-2,8,2)
> c4<-c(1,1,1,1,1,1)
> newdata<-data.frame(c1,c2,c3,c4)
> A<-data.matrix(newdata)
> tran<-t(A)%*%A
> invT<-solve(tran)
> ainv<-t(A)%*%z
> s<-invT%*%ainv
> s
         [,1]
c1  0.6194348
c2 -0.1591743
c3  0.2913619
c4  7.0016778
>
```

▲圖 6-1　反矩陣求解

上一段程式碼得到的 s 向量就是 $\{a, b, c, d\}$，其解答為 {0.62,-0.16,0.29,7.0}，代入線性模型，可以得到下列的線性迴歸模型：

$$y = ax_1 + bx_2 + cx_3 + d$$

也就是 $y = 0.62x_1 - 0.16x_2 + 0.29x_3 + 7.0$

這時只要輸入 $\{x_1, x_2, x_3\}$，代入上述即可得到一個 y 的估測值。例如，給定 $\{x_1, x_2, x_3\}=\{6, 9, -3\}$，我們可得到 $y = 0.62 \times 6 - 0.16 \times 9 + 0.29 \times (-3) + 7.0 = 8.41$。這裡的 {6, 9 ,−3} 就是自變數，而 8.41 就是回歸模型的估測值，也就是應變數。

6-2　R 的線性迴歸模型套件

前述是線性模型以線性代數的求解過程。如果每個步驟都要以 R 指令完成，對非資工背景的使用者應該有難度。R 軟體針對線性模型當然也有提供套件的解決方案。lm(…) 函式等於是將上述複雜的步驟一次完成。lm(…) 函式的使用格式如下：

```
lm(formula,data)
```

formula 的涵義是公式，延伸意義是方程式，data 顧名思義就是要處理的資料集，其資料型別是資料框。若 x_1, x_2, x_3 爲資料框欄位的名稱。簡單的 formula 語法及意義如下表所述：

語法	意義
$y \sim x_1$	$y = ax_1 + b + \varepsilon$
$y \sim x_1 + x_2$	$y = ax_1 + bx_2 + c + \varepsilon$
$y \sim x_1 + x_2 + x_3$	$y = ax_1 + bx_2 + cx_3 + d + \varepsilon$

上表中 ε 是誤差量，$\{a,b,c,d\}$ 就是給定 data 資料集後要求解的未知數。以前述的待解問題爲例，我們示範 lm(...) 函式的使用方法，程式碼執行的結果如圖 6-2 所示。

```
x1<-c(2,4,3,5,-3,-5)
x2<-c(3,-2,4,2,6,7)
x3<-c(5,-3,-5,-2,8,2)
y<-c(7,9,6,11,8,3)
myData<-data.frame(x1,x2,x3,y)
# 得到的模型存在 myModel
myModel<-lm(formula=y~x1+x2+x3,data=myData)
myData
myModel
```

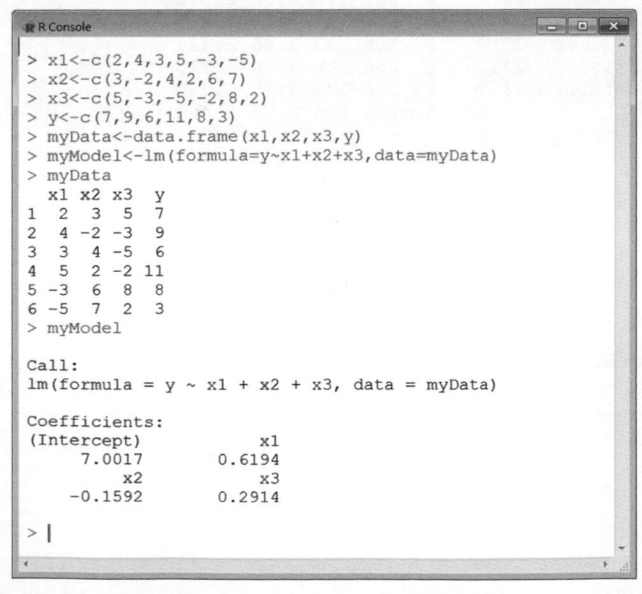

▲圖 6-2　lm(...) 函式的使用方法

formula 中的 x_1, x_2, x_3, y 是 myData 資料框的欄位名稱，再對照上表的 formula 語法的意義說明，lm(…) 函式就是依據 myData 資料框的資料紀錄解出線性模型，$y = ax_1 + bx_2 + cx_3 + d + \varepsilon$ 的未知數 $\{a,b,c,d\}$。使用 lm(…) 所得到的答案為 $\{0.62, -0.16, 0.29, 7.0\}$，這與我們前一節自己寫的程式使用反矩陣求解的答案是一樣的。

上述的說明是基於假設的 6 筆資料紀錄，這並不是實際會遇到的資料集。接下來，我們以實際資料集來示範線性迴歸的應用。R 有一個內建的資料集，mtcars。它收集了從 1973 年到 1974 年期間總共 32 輛汽車的資料。mtcars 有 11 個欄位。請完成圖 6-3 的練習：

```
str(mtcars)
head(mtcars[,1:6])
head(mtcars[,c(1,6)])
```

```
R Console
> str(mtcars)
'data.frame':	32 obs. of  11 variables:
 $ mpg : num  21 21 22.8 21.4 18.7 18.1 14.3 24.4 22.8 19.2 ...
 $ cyl : num  6 6 4 6 8 6 8 4 4 6 ...
 $ disp: num  160 160 108 258 360 ...
 $ hp  : num  110 110 93 110 175 105 245 62 95 123 ...
 $ drat: num  3.9 3.9 3.85 3.08 3.15 2.76 3.21 3.69 3.92 3.92 ...
 $ wt  : num  2.62 2.88 2.32 3.21 3.44 ...
 $ qsec: num  16.5 17 18.6 19.4 17 ...
 $ vs  : num  0 0 1 1 0 1 0 1 1 1 ...
 $ am  : num  1 1 1 0 0 0 0 0 0 0 ...
 $ gear: num  4 4 4 3 3 3 3 4 4 4 ...
 $ carb: num  4 4 1 1 2 1 4 2 2 4 ...
> head(mtcars[,1:6])
                   mpg cyl disp  hp drat    wt
Mazda RX4         21.0   6  160 110 3.90 2.620
Mazda RX4 Wag     21.0   6  160 110 3.90 2.875
Datsun 710        22.8   4  108  93 3.85 2.320
Hornet 4 Drive    21.4   6  258 110 3.08 3.215
Hornet Sportabout 18.7   8  360 175 3.15 3.440
Valiant           18.1   6  225 105 2.76 3.460
> head(mtcars[,c(1,6)])
                   mpg    wt
Mazda RX4         21.0 2.620
Mazda RX4 Wag     21.0 2.875
Datsun 710        22.8 2.320
Hornet 4 Drive    21.4 3.215
Hornet Sportabout 18.7 3.440
Valiant           18.1 3.460
> |
```

▲圖 6-3　mtcars 資料集的觀察

我們從圖 6-3 的執行結果可以看到 mtcars 資料集有 11 個欄位，總共 32 筆資料紀錄。其中，第 1 個欄位 mpg 代表每加侖汽油跑的公里數，Miles/gallon；第 6 個欄位 wt 是車子的重量 (以 1000 磅爲單位)。執行以下的程式可繪出散佈圖以觀察 mpg 和 wt 的關係：

```
head(mtcars[,C(1,6)])
plot(mtcars$wt,mtcars$mpg,col=2)   #col=2 是繪出紅色點
```

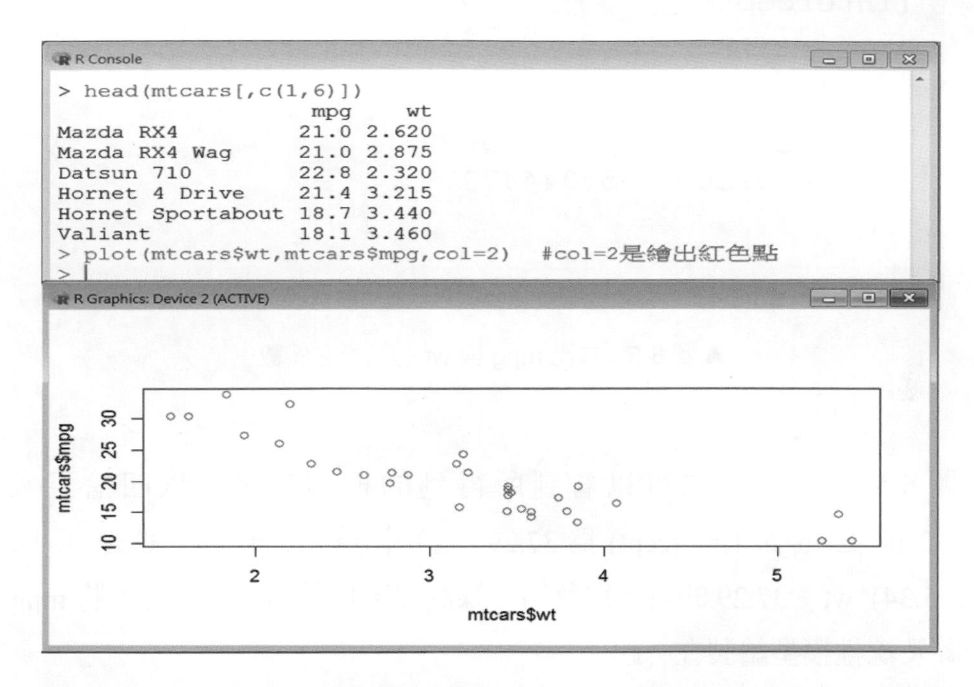

▲圖 6-4　繪製 mtcars 散佈圖

從顯示的資料與繪出的散佈圖，大致可以觀察到 mpg 與 wt 有負向線性關係 (斜率爲負)，也就是重量愈輕可以跑愈遠。接下來我們使用 lm(...) 函式找出 mpg 與 wt 的關係之係數，也就是找出 $mpg = \beta_1 \times wt + \beta_0 + \varepsilon$ 的斜率 β_1 及截距 β_0。執行以下的程式內容：

```
myModel<-lm(mpg~wt,data=mtcars)
myModel
coef(myModel)
```

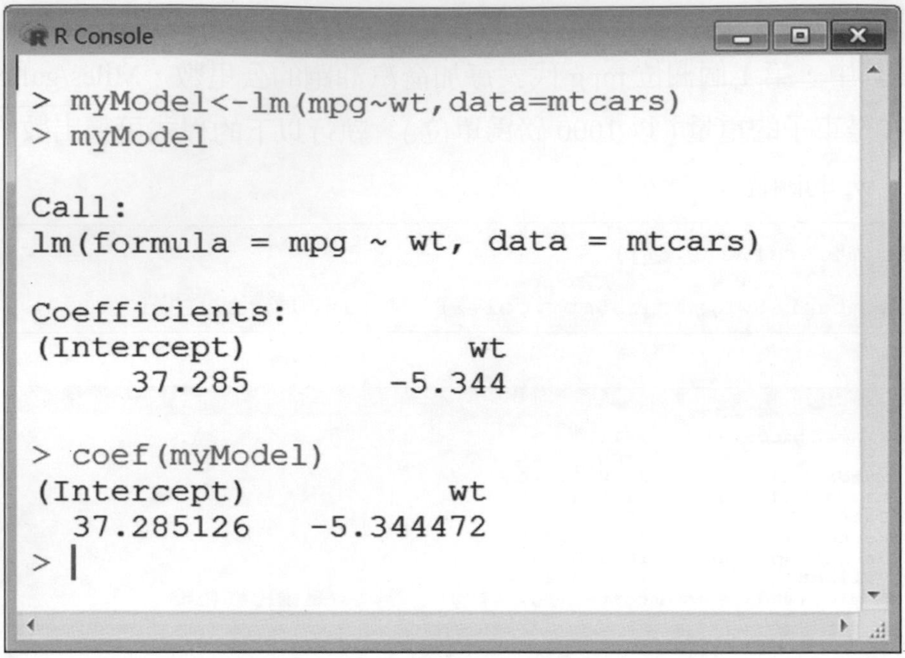

```
R Console
> myModel<-lm(mpg~wt,data=mtcars)
> myModel

Call:
lm(formula = mpg ~ wt, data = mtcars)

Coefficients:
(Intercept)           wt
     37.285       -5.344

> coef(myModel)
(Intercept)          wt
  37.285126   -5.344472
>
```

▲圖 6-5　找出 mpg 與 wt 的關係之係數

從圖 6-5 的執行結果可以看到所得到的模型係數，以四捨五入取到小數第 2 位之截距 (Intercept) 爲 37.29，斜率爲 −5.34，也就是可以得到 mpg = (−5.34)*wt + 37.29 的斜率爲負的一條直線。以下的程式內容可將 mpg 與 wt 的散佈圖及線性模型繪製在一起。

```
plot(mtcars$wt,mtcars$mpg)
abline(a=37.29,b=-5.34,col=4)
```

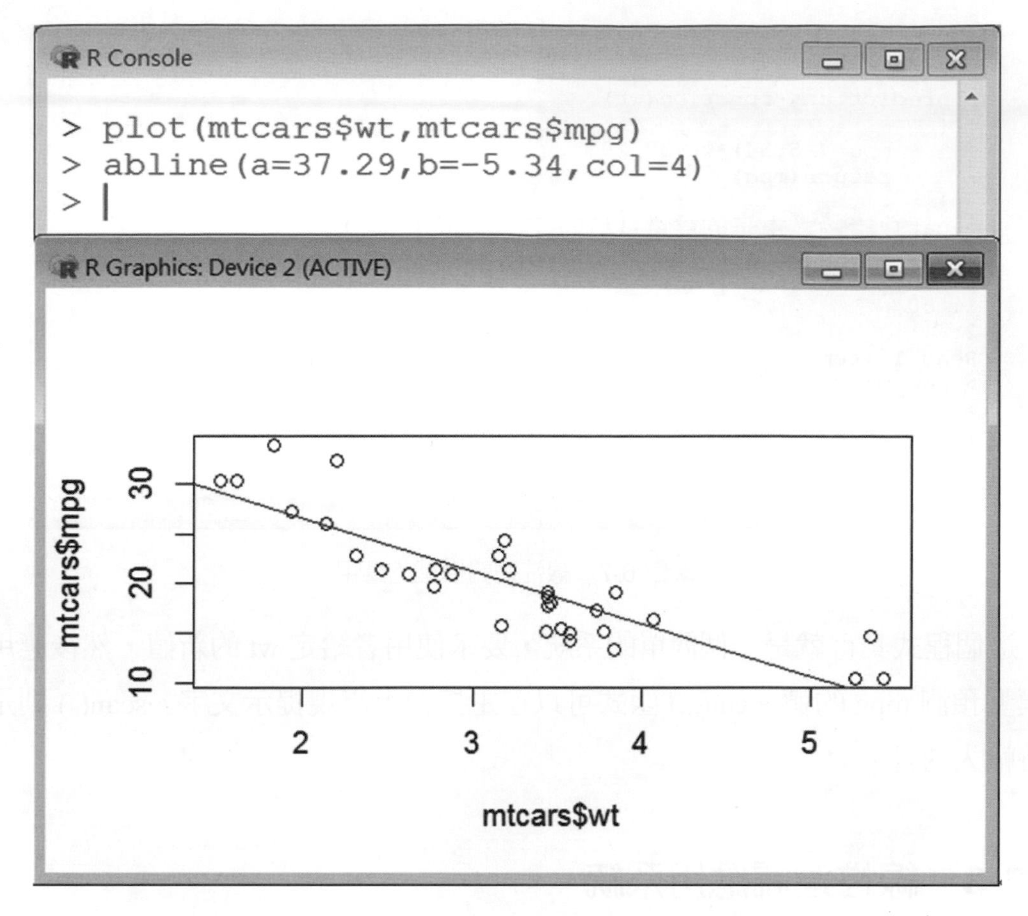

▲圖 6-6　mpg 與 wt 的散佈圖及線性模型

abline(…) 函式可以將直線疊加在其它已完成繪製的圖形上，abline(…) 的 a 參數代表截距，b 代表斜率。

既然已經從資料集經過線性迴歸機器學習得到 mpg 與 wt 的線性模型後，接下來就是應用，也就是給定 wt 的新值就可以預測 mpg 值。完成以下的練習：

```
prediction<-function(wt)
{
  mpg=(-5.34)*wt+37.29
  return(mpg)
}
cat(" 請輸入車子的重量 [ 以 1000 磅為單位 ]:\n")
new_wt<-scan()  # 輸入值後連按 2 次 Enter 即可跳出 scan()
new_mpg<-prediction(new_wt)
print(new_mpg)
```

```
R Console
> prediction<-function(wt)
+ {
+     mpg=(-5.34)*wt+37.29
+     return(mpg)
+ }
> cat("請輸入車子的重量[以1000磅為單位]:\n")
請輸入車子的重量[以1000磅為單位]:
> new_wt<-scan() #輸入值後連按2次Enter即可跳出scan()
1: 50
2:
Read 1 item
> new_mpg<-prediction(new_wt)
> print(new_mpg)
[1] -229.71
>
```

▲圖 6-7　線性迴歸模型的應用

這個程式其實就是一個簡單的系統，要求使用者給定 wt 的新值，然後應用線性模型預測 mpg 的值。cat(...) 函式可以在主控台上出現提示文字。scan( ) 則是會等待輸入內容。

6-3　線性迴歸應用系統

前面所描述的過程就是本書在第一章所強調的 AI 應用 3 部曲，第一步先收集到資料集，第二步基於資料集經機器學習得到模型，第三步是使用模型建置一個應用系統，輸入自變數值，就得到預測值或新詮釋。接下來我們再舉一個與房地產有關的應用範例以展示 AI 應用 3 部曲。

假設有一個公寓價格資料集，有 3 個欄位，分別是每平方呎的價格 (ValuePerSqFt)，公寓面積 (SqFt) 與該尺寸公寓的數目 (Units)。我們假設 ValuePerSqFt 可以由 SqFt 及 Units 估計得到，也就是有以下的關係：

$$\text{ValuePerSqFt} = \beta_0 + \beta_1 * \text{SqFt} + \beta_2 * \text{Units} + \varepsilon \quad \text{................ ②}$$

接下來，我們分三部曲完成一個 AI 應用系統。

第一步：要有資料集

紐約市開放資料 (NYC Open Data) 網站上有一個紀錄曼哈頓 (Manhattan) 公寓評價的資料集，該資料集總共有 70 個欄位，其中第 16、18、25 個欄位分別記錄了某尺寸公寓的單位數 (Units)，公寓的面積 (SqFt)，以及每單位面積的價錢 (ValuePerSqFt)。曼哈頓公寓評價的 JSON 格式的資料集可以到以下的網址下載：https://data.cityofnewyork.us/resource/dvzp-h4k9.json。R 有一個 jsonlite 套件，可以處理 JSON 格式。執行以下的程式內容，完成資料集的下載：

```
install.packages("jsonlite") #安裝 JSON 處理套件
library(jsonlite)
install.packages("curl") #安裝 HTTP 套件
require(curl)
url<- "https://data.cityofnewyork.us/resource/dvzp-h4k9.json"
myData <- fromJSON(url)
ncol(myData)
trainData <- myData[,c(16,18,25)]
names(trainData) <- c("Units","SqFt","ValuePerSqFt")
head(trainData)
```

因為資料集是以 HTTP 協定從網站下載，因此在上述的程式中還需要安裝 curl 套件。安裝了 jsonlite 與 curl 套件後，使用 fromJSON(url) 即可進行資料集的下載。在這個示範例中，我們只會用到第 16、18、25 欄位，因此就另外將這 3 個欄位儲存在 trainData 資料集。另外，為了識別方便，我們也分別以 Units、SqFt、ValuePerSqFt 來表示這三個欄位，如前所述，其意義分別是某尺寸公寓的單位數 (Units)，公寓的面積 (SqFt)，以及每單位面積的價錢 (ValuePerSqFt)。執行的結果如圖 6-8 所示，資料集已經下載回來，而且將會用到的欄位內容儲存成 trainData 資料框。

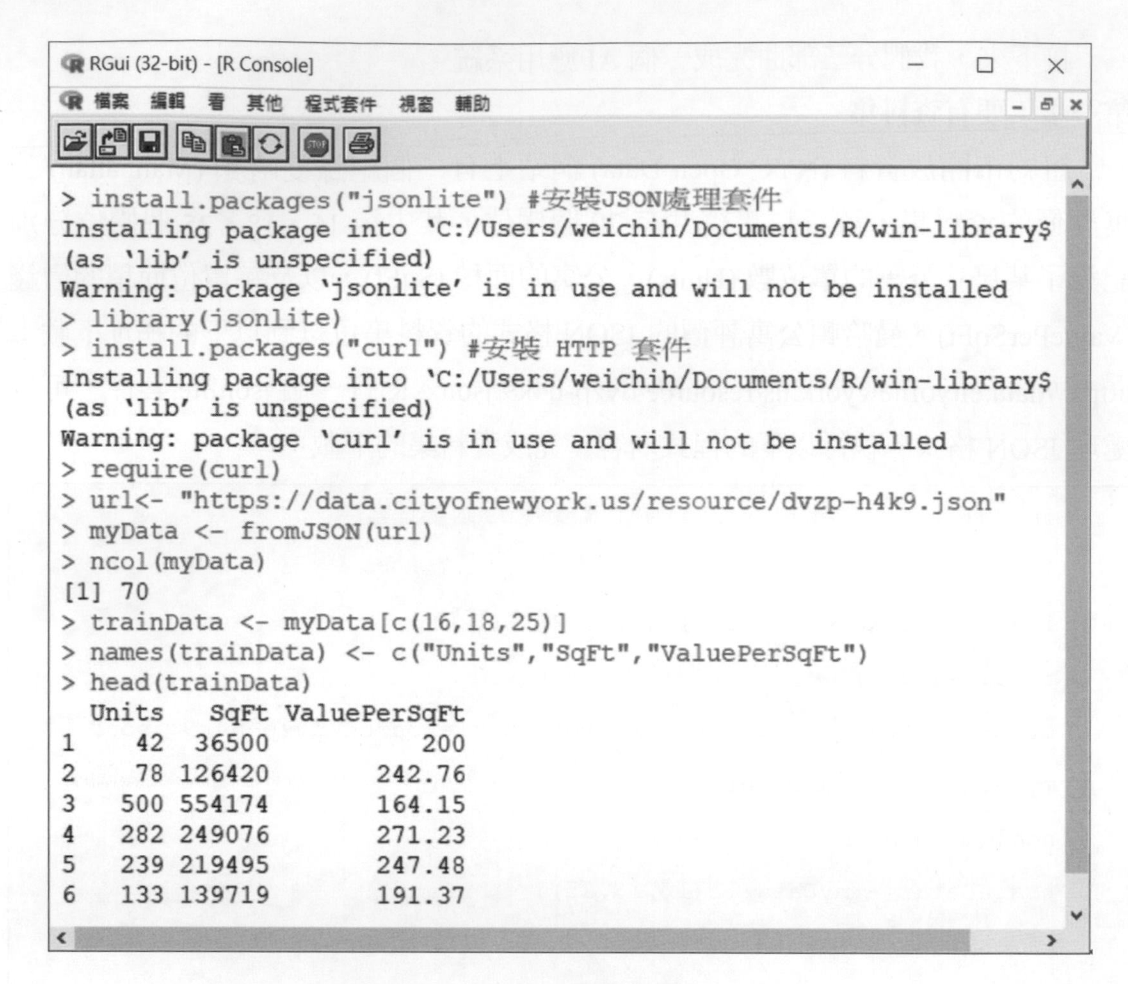

```
RGui (32-bit) - [R Console]
檔案 編輯 看 其他 程式套件 視窗 輔助
> install.packages("jsonlite") #安裝JSON處理套件
Installing package into 'C:/Users/weichih/Documents/R/win-library$
(as 'lib' is unspecified)
Warning: package 'jsonlite' is in use and will not be installed
> library(jsonlite)
> install.packages("curl") #安裝 HTTP 套件
Installing package into 'C:/Users/weichih/Documents/R/win-library$
(as 'lib' is unspecified)
Warning: package 'curl' is in use and will not be installed
> require(curl)
> url<- "https://data.cityofnewyork.us/resource/dvzp-h4k9.json"
> myData <- fromJSON(url)
> ncol(myData)
[1] 70
> trainData <- myData[c(16,18,25)]
> names(trainData) <- c("Units","SqFt","ValuePerSqFt")
> head(trainData)
  Units    SqFt ValuePerSqFt
1    42   36500          200
2    78  126420       242.76
3   500  554174       164.15
4   282  249076       271.23
5   239  219495       247.48
6   133  139719       191.37
```

▲圖 6-8　曼哈頓公寓評價資料集的下載

第二步：線性迴歸模型機器學習

假設某尺寸公寓的單位數 (Units) 與公寓的面積 (SqFt) 可以線性決定每單位面積的價格 (ValuePerSqFt)。也就是 ValuePerSqFt 是應變數，與自變數 Units 與 SqFt 呈線性回歸關係同第②式。我們已經討論過的 lm(…) 函式可在給定資料集 trainData 後進行機器學習得到線性關係的係數。但因爲下載回來的資料集的每個欄位的資料預設的資料型態是字串，也就是雖然每個元素看起來都是數值，例如：42，但是實際上是字元 (character) 的組合，也就是字串 “42”，所以必須先轉換成數值態的資料。R 軟體的 as.numeric(…) 函式可以將字串轉成數值。另外，我們從上述程式的執行結果來看，SqFt 的數值顯然大於其他兩個欄位，因此在代入到 lm(…) 函式前，可以先除以 1000，讓 3 個變數值有大致相當的動態範圍 (Dynamic Range)。線性迴歸機器學習的程式碼與執行結果如圖 6-9 所示：

```
class(trainData$Units)
Units <- as.numeric(trainData$Units)
SqFt <- as.numeric(trainData$SqFt)
SqFt <- SqFt/1000
ValuePerSqFt <- as.numeric(trainData$ValuePerSqFt)
trainData3 <- data.frame(Units,SqFt,ValuePerSqFt)
nrow(trainData3)
myModel <- lm(ValuePerSqFt~Units+SqFt, data=trainData3)
coefficients(myModel)
```

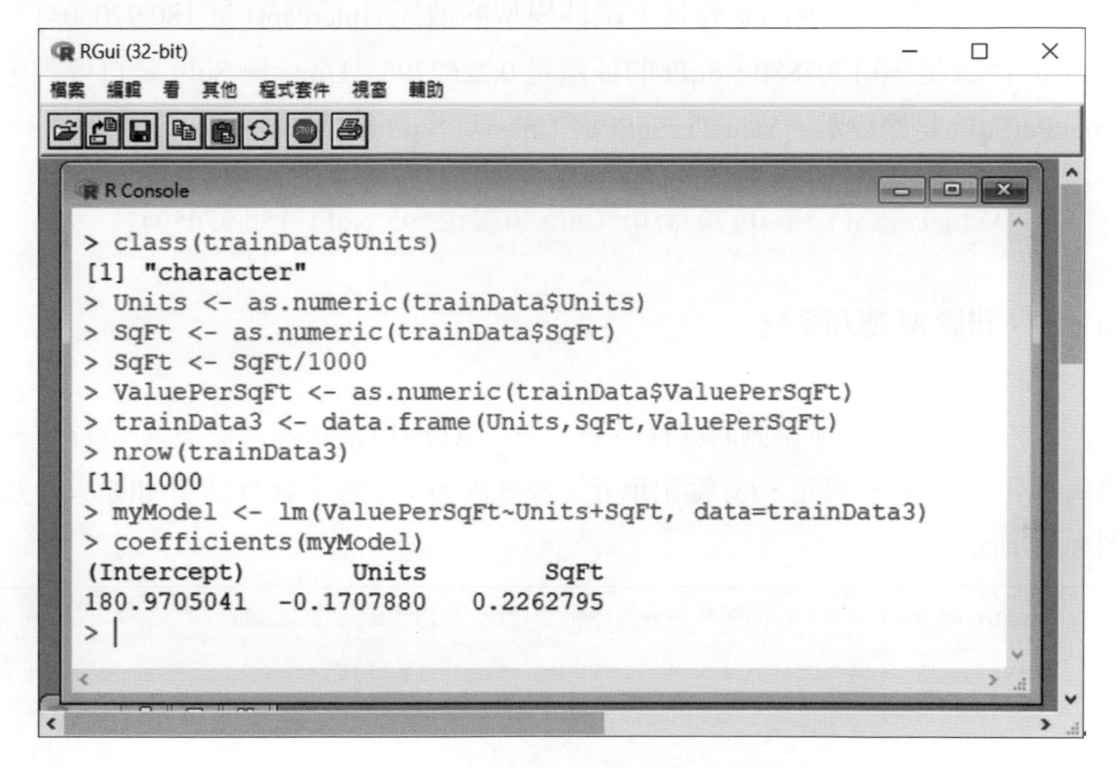

▲圖 6-9　ValuePerSqFt 與 Units 與 SqFt 的線性迴歸模型

檢視上圖的執行結果，trainData 的 Units 欄位的資料型態原本是字串 (character)，所以經過 as.numeric(...) 函式轉換成數值型態。即使 trainData 的資料紀錄多達 1000 筆，如果以線性代數反矩陣的解法，矩陣維度會多達 1000，但是使用 lm(…) 函式仍然可以找出線性模型的係數。在上述程式中，我們將 lm(…) 函式所得到的模型儲存到 myModel。藉由 coefficients(…) 函式可以得到線性模型的係數如下：

```
(Intercept)         Units        SqFt
180.9705041    −0.1707880   0.2262795
```

上述的係數所呈現的意義是，線性模型的截距 (Intercept) 是 180.9705041，Units 的係數是 −0.1707880，SqFt 的係數是 0.2262795。Units 與 SqFt 是自變數，ValuePerSqFt 是應變數。ValuePerSqFt 與 Units 及 SqFt 線性關係如下：

ValuePerSqFt = (–0.1707880)*Units+0.2262795*SqFt+180.9705041

第三步：建置 AI 應用系統

基於前一個步驟所得到的線性模型，一個 AI 應用系統通常需包含：(1) 資料輸入單元，(2) 處理單元，(3) 輸出單元。程式碼如下所述，執行結果如圖 6-10 及圖 6-11 所示。

```
print(" 請分別輸入公寓的數量與面積到 Units 與 SqFt 欄位 :\n")
datain <- edit(data.frame(Units=numeric(),SqFt=numeric())
datain
Units <- datain[,1]
Units
SqFt <- datain[,2]
SqFt
ValuePerSqFt <- (-0.1707880)*Units + 0.2262795*SqFt + 180.9705041
ValuePerSqFt
str <- paste(" 數量：",Units," 面積 :",SqFt)
cat(str," 時，公寓每單位面積的價錢預估為 :",ValuePerSqFt,"\n")
```

上述程式碼說明如下。data.frame(Units=numeric(),SqFt=numeric(()) 會建立一個有 2 個欄位名稱分別爲 Units 及 SqFt 的空白資料框。edit(data.frame(Units=numeric(),SqFt=numeric())) 命令執行之後會出現資料框編輯器，這相當於 AI 應用系統的輸入單元，我們分別輸入 300 與 500 到 Units 與 SqFt 欄位，如圖 6-10 所示。

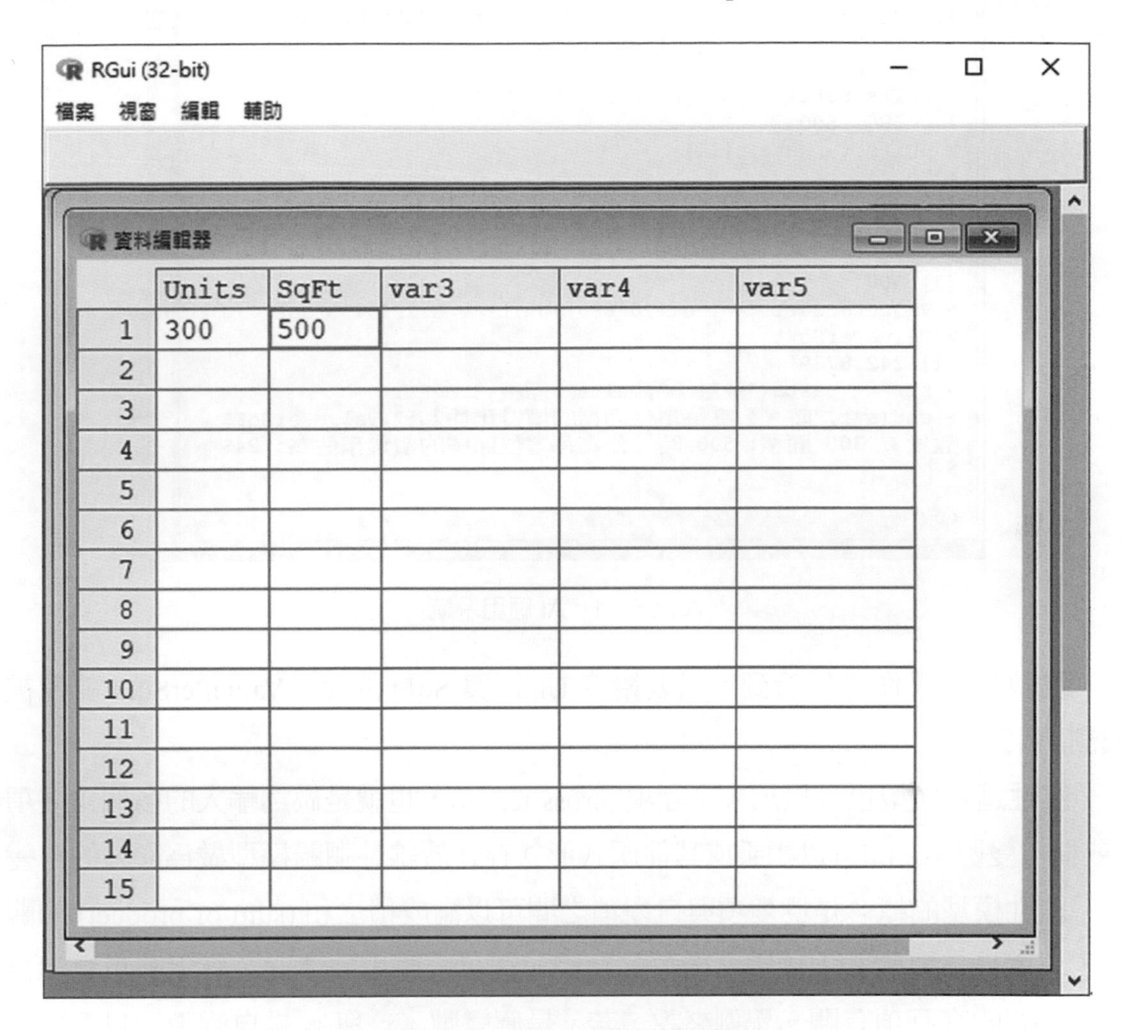

▲圖 6-10　edit(...) 資料框編輯器

關閉資料編輯器之後，資料框就儲存到資料框 datain。上述程式碼在主控制臺的執行過程如圖 6-11 所示。

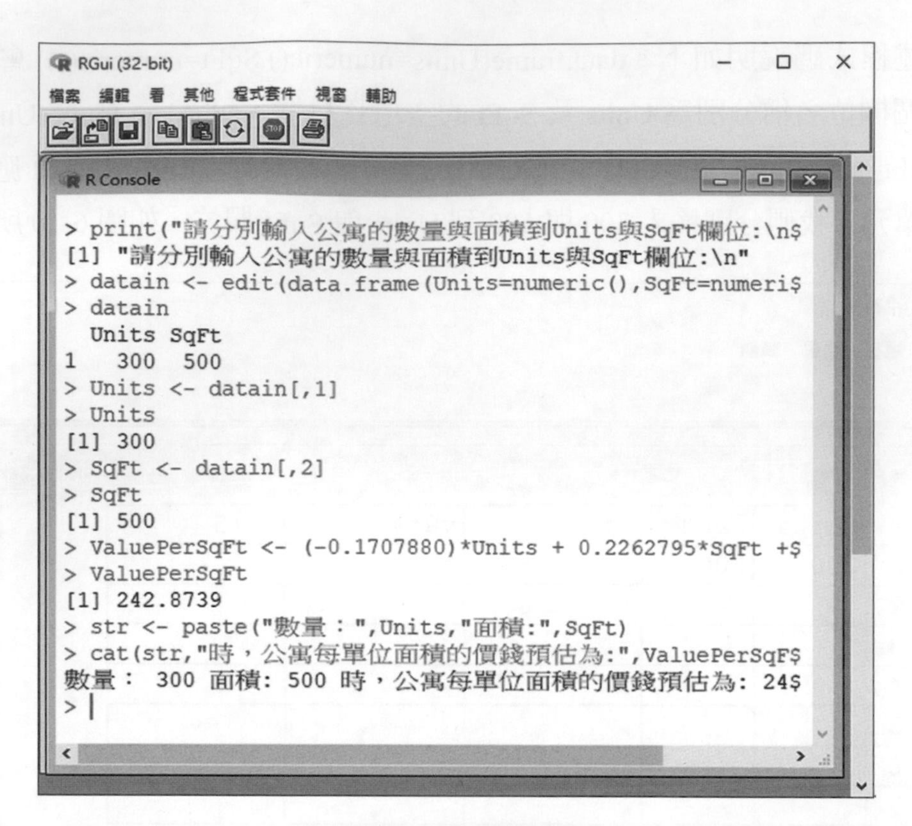

▲圖 6-11　AI 應用系統

從執行結果你可以看到，只要給定 Units 與 SqFt 的值，ValuePerSqFt 就能被預測出來。

線性迴歸模型也可以加入交互項 (cross terms)，也就是做爲輸入的多個自變項 (或稱自變數) 之間可以相乘或其他函式形式存在於線性迴歸模型做爲額外的自變項。線性模型的概念是應變項與自變項之間可以寫成積之和 (sum of product) 的關係，也就是自變數乘上係數之後再加起來。在有些應用的情況，應變數也會與自變數之間的交互項有關。舉例來說，若 y 是應變數，x_1 與 x_2 是自變數，以下是加入交互項 x_1 與 x_2 作爲第三個自變項的線性關係：

$$\mathrm{y} = \mathrm{a}x_1 + \mathrm{b}x_2 + cx_1x_2 + d \text{ .... ③}$$

遇到這個情況，$\{a,b,c,d\}$ 求解的方式與之前是一樣的，唯一的變化是將 $x_1\,x_2$ 視爲第 3 個自變數，接下來的作法就都一樣了。依據同一個範例 (紐約市公寓單價資料集)，我們多衍生一個 x_3 欄位，其值是 x_1x_2。

接續之前的 trainData3，新的程式碼如下：

```
install.packages("jsonlite") # 安裝 JSON 處理套件
library(jsonlite)
install.packages("curl") # 安裝 HTTP 套件
require(curl)
url<- "https://data.cityofnewyork.us/resource/dvzp-h4k9.json"
myData <- fromJSON(url)
trainData <- myData[,c(16,18,25)]
Units <- as.numeric(trainData[,1])
SqFt <- as.numeric(trainData[,2])
SqFt <- SqFt/1000
ValuePerSqFt <- as.numeric(trainData[,3])
trainData3 <- data.frame(Units,SqFt,ValuePerSqFt)
x3<-(trainData3$Units)*(trainData3$SqFt)
trainData4<-cbind(x3,trainData3)
newModel <- lm(ValuePerSqFt~Units+SqFt+x3,data=trainData4)
coefficients(newModel)
```

上述的程式碼的 cbind(x3, trainData3) 是將交互項 x_1, x_2 加入到資料框 trainData3。coefficients(newModel) 可列出所學習到的線性迴歸模型的係數。

重新學習後的新模型之係數如圖 6-12 所示。

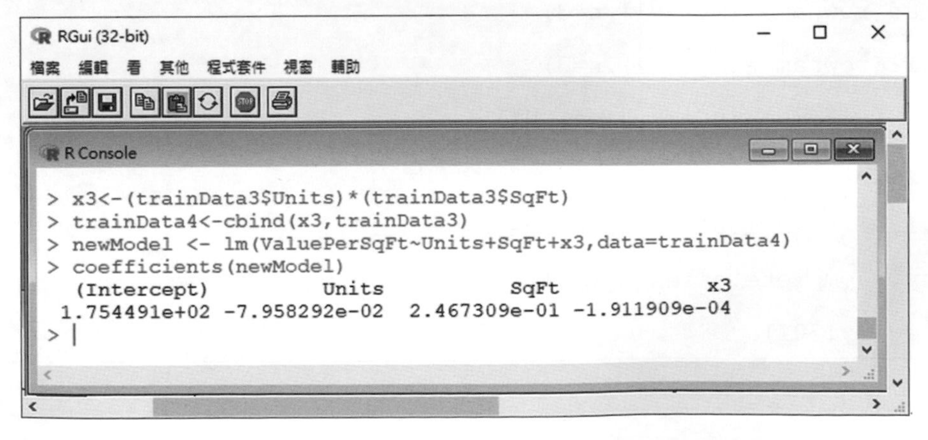

▲圖 6-12　將交互項 x1,x2 加入到資料框的新迴歸模型

依照前面 3 部曲的第 3 步驟，線性迴歸應用系統同樣可以被建構起來。只是在給定自變數 Units 與 SqFt 後，在計算應變數 ValuePerSqFt 的值之前，必須先算出交互項 Units×SqFt，然後再代入線性迴歸模型。

6-4 線性預測模型

線性預測模型 (linear prediction model) 主要使用來分析時間序列資料 (time series data)，例如針對金融和計量經濟資料的分析。通常時間序列資料有一個特性，就是目前的觀測值與較早之前的觀測值是相關的，也就是時間序列資料的先後次序很重要，不能弄亂。

時間序列資料的最簡單例子是股票大盤的每天收盤價。R 軟體有一個套件 quantmod，此套件提供了金融數據的蒐集與處理功能。quantmod 套件有一個函式 getSymbols(…) 可以下載台灣股票市場某一支股票的交易量與收盤價等數據，只要給定股票編號並將參數 auto.assign 設為 FALSE 即可。完成以下的程式碼下載台塑股票的資料集：

```
install.packages("quantmod")
library("quantmod")
tw1301 <- getSymbols("1301.TW",auto.assign=FALSE)
my1301 <- data.frame(tw1301)
str(my1301)
head(rownames(my1301),n=3)
tail(rownames(my1301),n=3)
ch <- !complete.cases(my1301)
any(ch)
my1301 <- my1301[complete.cases(my1301),]
any(!complete.cases(my1301))
View(my1301)
```

台塑公司的股票編號是 1301，getSymbols("1301.TW",auto.assign=FALSE) 可以取得台塑股票的數據。但其原始資料型態並非 data.frame，爲了方便在 R 軟體裡處理，取回後，需要先轉成 data.frame, my1301<–data.frame(tw1301) 這個指令就是將台塑股票的資料集儲存成 my1301 資料框。

上述程式碼在主控制臺的執行過程與結果如圖 6-13 所示。

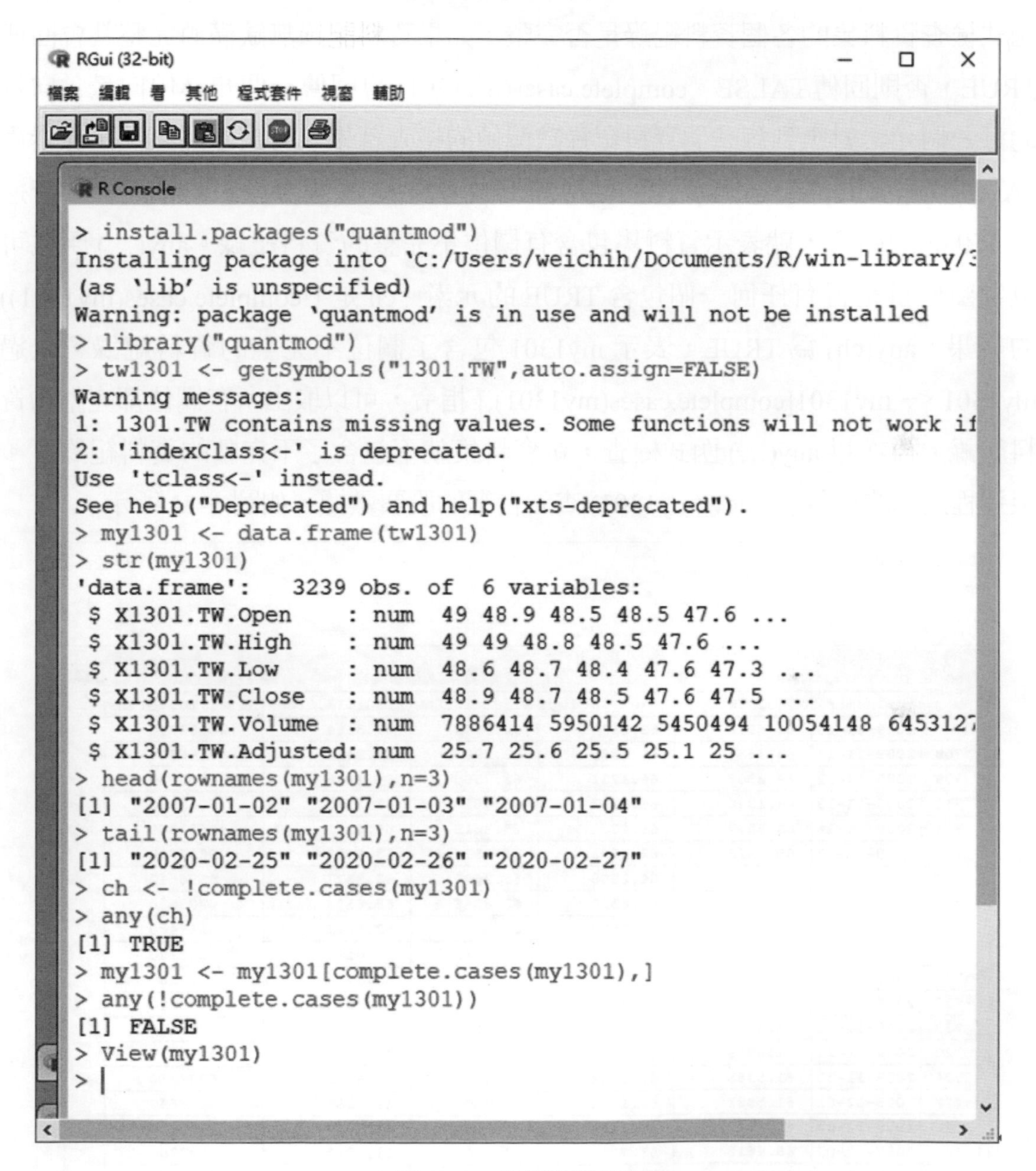

▲圖 6-13　台塑股票的數據

從 str(my1301) 指令的執行結果可以知道資料集的資料紀錄的第 1、4、5 欄位分別是股票的開盤價 (open)、收盤價 (close) 與交易量 (volume)。rownames(my1301) 可以取得 my1301 的資料紀錄 (也就是列) 的名稱。在上述的程式中，我們印出前 3 個與後 3 個列名稱，可以發現列名稱是以日期呈現。因爲下載回來的資料集的某些資料紀錄的欄位會有空值，可以使用 complete.cases(…) 函式檢查資料集的各個資料紀錄是否完整，如果資料記錄無缺滿值完整就會回傳 TRUE，否則回傳 FALSE。complete.cases(my1301) 會回傳一個布林值向量，向量的每一個元素對應到每一個資料紀錄缺漏值的檢查結果。有缺漏則該向量元素爲 FALSE。將 complete.cases(…) 的回傳向量做邏輯 NOT 運算後，向量元素中若還有 TRUE 的內容，就表示資料集包含有欄位不完整的資料紀錄。any(…) 函式可以判斷向量是否有任何一個包含 TRUE 的元素。ch 是 (!complete.cases(my1301)) 的結果，any(ch) 爲 TRUE，表示 my1301 包含了欄位不完整的資料紀錄。透過 my1301 <- my1301[complete.cases(my1301),] 指令，可以取出所有欄位都完整的資料紀錄。再次以 any(…) 函式檢查，新資料集就不包含了不完整的資料紀錄了。上述程式碼的最後以 View(my1301) 查看台塑的股票數據，如圖 6-14 所示。

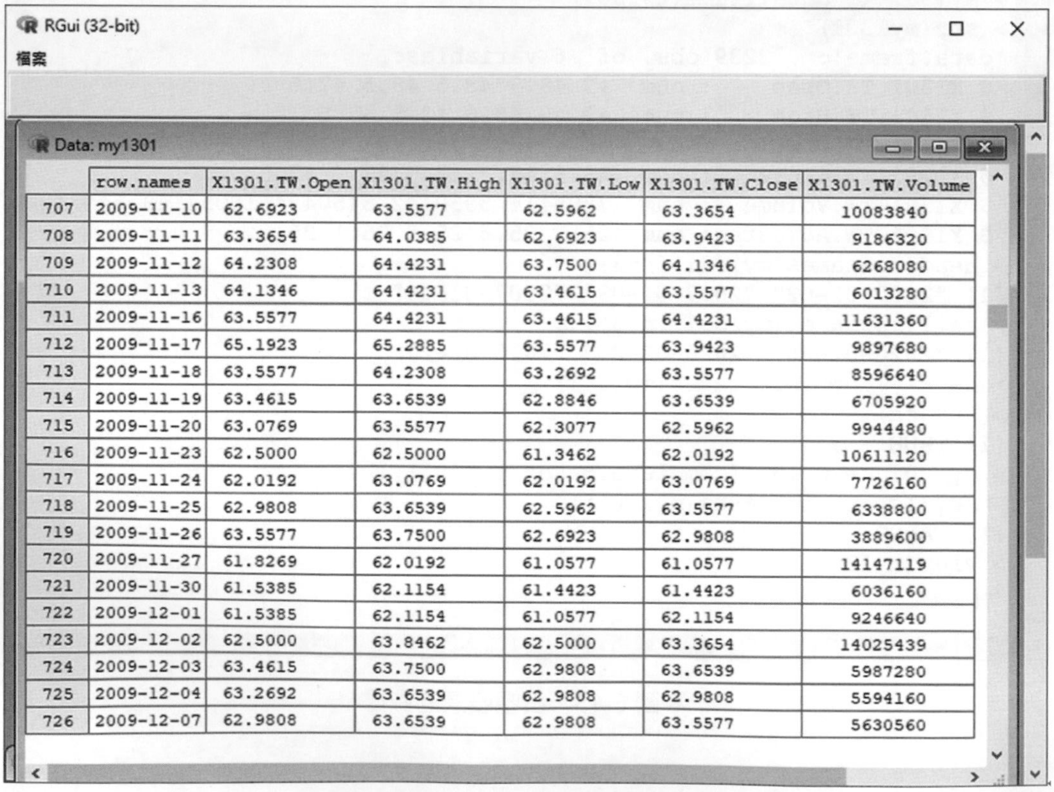

RGui (32-bit)
檔案
Data: my1301

	row.names	X1301.TW.Open	X1301.TW.High	X1301.TW.Low	X1301.TW.Close	X1301.TW.Volume
707	2009-11-10	62.6923	63.5577	62.5962	63.3654	10083840
708	2009-11-11	63.3654	64.0385	62.6923	63.9423	9186320
709	2009-11-12	64.2308	64.4231	63.7500	64.1346	6268080
710	2009-11-13	64.1346	64.4231	63.4615	63.5577	6013280
711	2009-11-16	63.5577	64.4231	63.4615	64.4231	11631360
712	2009-11-17	65.1923	65.2885	63.5577	63.9423	9897680
713	2009-11-18	63.5577	64.2308	63.2692	63.5577	8596640
714	2009-11-19	63.4615	63.6539	62.8846	63.6539	6705920
715	2009-11-20	63.0769	63.5577	62.3077	62.5962	9944480
716	2009-11-23	62.5000	62.5000	61.3462	62.0192	10611120
717	2009-11-24	62.0192	63.0769	62.0192	63.0769	7726160
718	2009-11-25	62.9808	63.6539	62.5962	63.5577	6338800
719	2009-11-26	63.5577	63.7500	62.6923	62.9808	3889600
720	2009-11-27	61.8269	62.0192	61.0577	61.0577	14147119
721	2009-11-30	61.5385	62.1154	61.4423	61.4423	6036160
722	2009-12-01	61.5385	62.1154	61.0577	62.1154	9246640
723	2009-12-02	62.5000	63.8462	62.5000	63.3654	14025439
724	2009-12-03	63.4615	63.7500	62.9808	63.6539	5987280
725	2009-12-04	63.2692	63.6539	62.9808	62.9808	5594160
726	2009-12-07	62.9808	63.6539	62.9808	63.5577	5630560

▲圖 6-14　以 View(my1301) 查看台塑的股票數據

時間序列數據具有時間取樣的特性，以前述台塑股票數據爲例，取樣的週期是每日。我們將時間序列數據表示成 $\{x(1), x(2), \ldots, x(N)\}$，或是 $\{x(n), n=1, \ldots, N\}$，N 表示資料紀錄總筆數，$x(n)$ 可以解讀成第 n 次取樣的資料紀錄，也就是第 n 筆資料紀錄。以前述之台塑股票爲例，每一筆資料紀錄都有 5 個欄位。爲了示範線性預測的最簡單例子，我們只取用台塑股票資料集的第 4 欄位之每日收盤價 (Close)，並只取用第 900 至第 949 總共 50 筆的資料紀錄做爲時間序列資料集。基於前面的程式碼加上以下的命令，可以繪出收盤價每日變化圖，如圖 6-15 所示。

```
ts<-my1301[900:949,4]
head(ts)
tail(ts)
plot(ts)
```

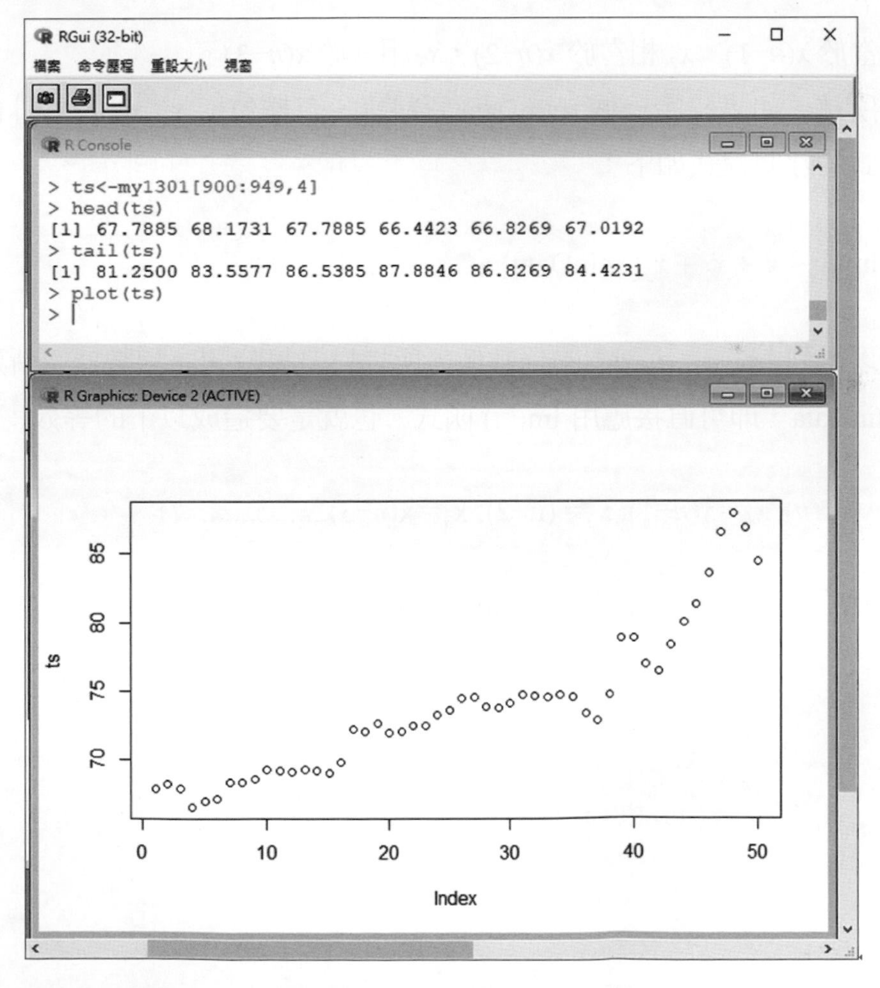

▲圖 6-15　收盤價每日變化圖

以此例的結果來說，時間序列數據 $\{x(n),n=1,\cdots,N\}$ 之 N=50, $x(1)$=67.7885, $x(2)$=68.1731, $x(49)$=86.8269, $x(50)$=84.4231。線性預測的最大特性是第 n 個取樣值 $x(n)$ 可以由前 p 個取樣值預測而得。p 稱為秩數 (order)，以 p=3 為例，線性預測數學式為：

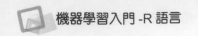

$$x(n) = a_0 + a_1x(n-1) + a_2x(n-2) + a_3x(n-3) + e(n) \text{ .... ④}$$

上述數學式所表示的意義是，第 n 個時間點的取樣值 $x(n)$ 可以由第 $n-1$、第 $n-2$ 及第 $n-3$ 的取樣值 $x(n-1)$，$x(n-2)$，$x(n-3)$ 估計得到，而 $e(n)$ 是預測誤差。上述的數學式可對比於我們在前面討論迴歸分析時的數學式：

$$y = a_0 + a_1x_1 + a_2x_2 + a_3x_3 + e \text{ .... ⑤}$$

x_1 相當於 $x(n-1)$，x_2 相當於 $x(n-2)$，x_3 相當於 $x(n-3)$。

如前所述，如果給定一個 trainData 資料集，有欄位 y, x_1, x_2, x_3，則 R 軟體的 lm(…) 函式的呼叫程式如下：

$$\text{lm}(y \sim x_1 + x_2 + x_3, \text{trainData}) \text{ .... ⑥}$$

就可以得到 $\{a_0, a_1, a_2, a_3\}$ 的係數值。所以只要將時間序列數據重新建構成資料集，trainData，即可直接應用 lm(...) 函式。也就是要造成以下的等效：

$$y = x(n);\ x_1 = x(n-1);\ x_2 = (n-2);\ x_3 = x(n-3) \text{................ ⑦}$$

接續前面的程式碼，再加上以下的程式內容：

```
# 接續前一個練習
head(ts)
p <- 3                #p 是 order
N <- length(ts)
y <- numeric(N-p)   # 宣告 y 為 N-p 的數值向量
x1 <- numeric(N-p)
x2 <- numeric(N-p)
x3 <- numeric(N-p)
for(n in (p+1):N)
{
 i <- n-3
 y[i] <- ts[n]
 x1[i] <- ts[n-1]
 x2[i] <- ts[n-2]
 x3[i] <- ts[n-3]
}
trainData <- data.frame(y,x1,x2,x3)
View(trainData)
lpc <- lm(y~x1+x2+x3,data=trainData)
coefficients(lpc)
```

我們是假設 p=3 的情況，也就是第 4 個取樣值可以由前 3 個取樣值線性預測得到，基於此，for 迴圈的計數器 n 從 (p+1) 變化到 N，也就是 for(n in (p+1):N)。p=3，第一個可被完整預測的是 ts[4]，它可由 ts[3]、ts[2]、ts[1] 預測得到。ts[4] 的預測值就是上述程式中向量 y 的第一個元素 y[1]，x1、x2、x3 向量的第一個元素則分別是 ts[3]、ts[2]、ts[1]，也就是 x1[1] 是 ts[3]，x2[1] 是 ts[2]，x3[1] 是 ts[1]。當 n 變爲 5 時，i=2，y[2] 是 ts[5]，x1[2] 是 ts[4]，x2[2] 是 ts[3]，x3[2] 是 ts[2]。其餘，依此類推。上述程式，我們令 n 從 (p+1) 到 length(ts)，然後使用一個 for 迴圈完成資料集 (trainData) 重組的工作，之後再呼叫 lm(…) 函式完成線性回歸係數的計算。上述程式碼於主控制臺的執行過程及結果如圖 6-16 所示，而 trainData 資料集的內容可以從 View(trainData) 的結果顯示出來，如圖 6-17 所示，這邊只列出第 27 至第 47 筆。

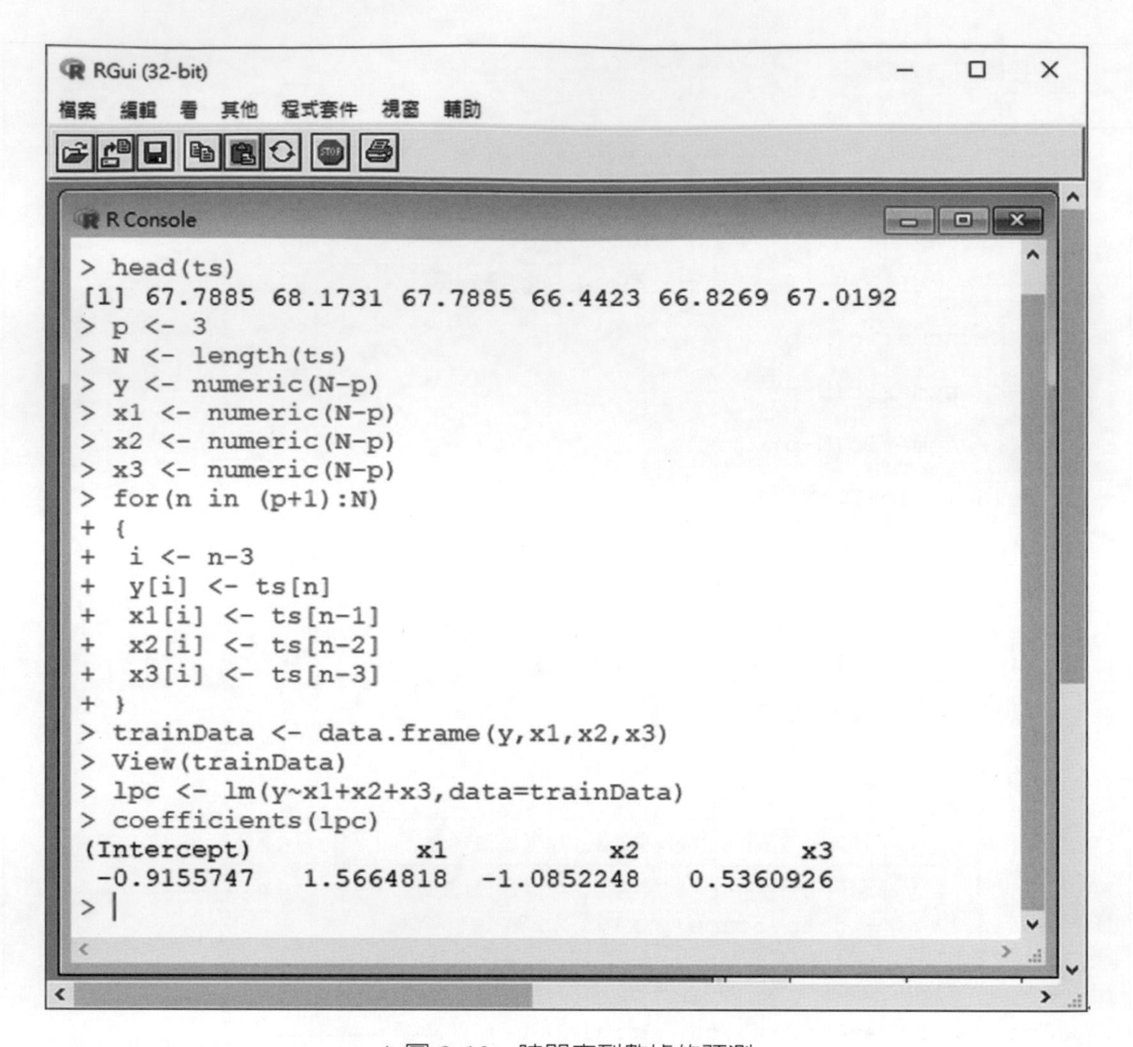

▲圖 6-16　時間序列數據的預測

RGui (32-bit) - [Data: trainData]

檔案

	y	x1	x2	x3
27	74.0385	73.7500	73.8462	74.5192
28	74.7115	74.0385	73.7500	73.8462
29	74.6154	74.7115	74.0385	73.7500
30	74.5192	74.6154	74.7115	74.0385
31	74.7115	74.5192	74.6154	74.7115
32	74.5192	74.7115	74.5192	74.6154
33	73.2692	74.5192	74.7115	74.5192
34	72.7885	73.2692	74.5192	74.7115
35	74.7115	72.7885	73.2692	74.5192
36	78.8462	74.7115	72.7885	73.2692
37	78.8462	78.8462	74.7115	72.7885
38	76.9231	78.8462	78.8462	74.7115
39	76.4423	76.9231	78.8462	78.8462
40	78.3654	76.4423	76.9231	78.8462
41	80.0000	78.3654	76.4423	76.9231
42	81.2500	80.0000	78.3654	76.4423
43	83.5577	81.2500	80.0000	78.3654
44	86.5385	83.5577	81.2500	80.0000
45	87.8846	86.5385	83.5577	81.2500
46	86.8269	87.8846	86.5385	83.5577
47	84.4231	86.8269	87.8846	86.5385

▲圖 6-17　View(trainData) 的結果

從圖 6-17 資料集 trainData 的內容可以觀察到，原本向量 y 的元素會被依序移位到接下來的資料記錄之 x1、x2、x3 向量的對應位置。這是為了在呼叫 lm(…) 函式時，能符合此函數對訓練資料框的格式要求，也就是 y 是 x1、x2、x3 的線性組合，y~x1+x2+x3。依據圖 6-16 coefficients(…) 函式所得到的線性預測模型的係數，我們可以寫出預測數學式如下：

$$y = -0.9155747 + 1.5664818*x1 + (-1.0852248)*x2 + 0.5360926*x3$$

以圖 6-17 的第 46 筆爲例，將 x1[46]、x2[46] 與 x3[46] 代入這一個公式的三個變項 x1,x2,x3 就可以得到 y[46] 的估計值，est_y46。也就是我們有：est_y46 = – 0.9155747 + 1.5664818*x1[46] + (–1.0852248)*x2[46] + 0.5360926*x3[46]；x1[46] 是 87.8864，x2[46] 是 86.5385，x3[46] 是 83.55770

經過計算後，est_y46 所得到的結果是 87.63499。但是參考 View(...) 的結果，也就是 y[46]，其值是 86.8269。y[46] 與 est_y[46] 的值是不一樣的，有 0.0809 的誤差。這是很正常的，本來就會有誤差，這就是在前面討論線性預測式時，爲什麼有加入誤差項的原因。線性預測的應用，既然稱爲預測，當然就是要從已知的取樣值去得到下一個時間點的預測值，有預測就會有誤差。觀察上述 View(trainData) 的結果，y 向量的最後一個元素是 y[47]，也就是沒有 y[48]，必須要使用線性預測才能得到 y[48] 的預測值 est_y48。當要預測 est_y48 時，圖 6-17y[47] 需位移到 x1[48]，x1[47] 就會位移到 x2[48]，x2[47] 就會位移到 x3[48]，相當於觀測時間向後移一個單位。完成以下的程式內容，即可得到 y[48] 的預測值。

```
x1[48] <- y[47]
x2[48] <- x1[47]
x3[48] <- x2[47]
est_y48 <- -0.9155747 + 1.5664818*x1[48] + (-1.0852248)*x2[48] +
0.5360926*x3[48]
est_y48
```

上述程式碼的執行結果如圖 6-18 所示。

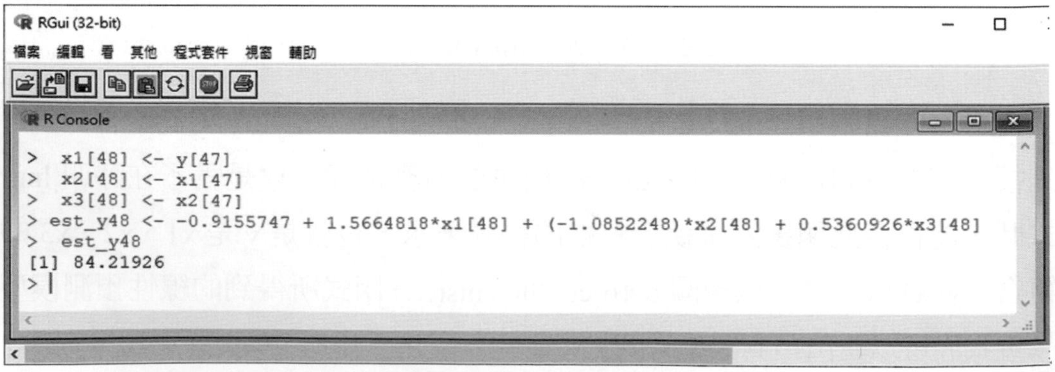

```
RGui (32-bit)
檔案 編輯 看 其他 程式套件 視窗 輔助
R Console
>  x1[48] <- y[47]
>  x2[48] <- x1[47]
>  x3[48] <- x2[47]
> est_y48 <- -0.9155747 + 1.5664818*x1[48] + (-1.0852248)*x2[48] + 0.5360926*x3[48]
>  est_y48
[1] 84.21926
> |
```

▲圖 6-18　y[48] 的預測值

從執行的結果知道，y[48] 的預測結果是 84.21926。真正的 y[48] 是未知的，我們只能從線性預測方程式預測得知，實際應用時，只有當 y[48] 眞的發生了才知道預測有多少誤差。回到一開始的訓練資料集，也就是台塑股票的收盤價。設想一個情況，如果我們要預測明天的台塑股票的收盤價 (記爲 y)，那我們必須查得今天的收盤價 (記爲 x1)，昨天的收盤價 (記爲 x2)，以及前天的收盤價 (記爲 x3)，然後代入預測數學式：

$$y = -0.9155747 + 1.5664818*x1 + (-1.0852248)*x2 + 0.5360926*x3$$

即可得到預測值。上述程式碼的 est_y48, x1[48], x2[48], x3[48] 即表示這樣的情況 est_y48 是明天的股價，x1[48]、x2[48] 與 x3[48] 分別是今天、昨天與前天的收獲價。

只要是時間序列資料集，即可應用 R 的線性迴歸函式，得到線性預測模型。但是不一定所有類型的時間序列資料集都可以適用線性預測模型。以股票資料集爲例，即使隔天的收盤價利用線性預測模型可以得到預估值，但應該沒有人敢百分百依預估值就做出大買或大賣的決策。

6-5　羅吉斯迴歸

線性迴歸所要估測或預測的應變數是數値形式的，例如給定 PH 値、氧化還原電位値，想預測水中的溶氧量；應變數溶氧量就是一個可度量的數値。然而，實務上常有一種需要預測非數値的情況，例如預測某件事會不會發生？客人會不會再次購買？這時就需要另一種迴歸模型。有一種稱爲羅吉斯迴歸 (Logistic Regression) 的模型就適合這樣的用途。羅吉斯迴歸的自變數與應變數並不需要有常態分配的假設。因此它是一個常見和強大的模型，尤其普遍應用在醫學與行銷市場領域上。

嚴格來說，羅吉斯迴歸預測的是事件發生的機率有多少？機率値介於 0.0 到 1.0 之間。以 0.5 爲界，大於 0.5 當做 1.0，也就是會發生，小於 0.5 當做 0.0，也就是不會發生。比較學術一點的說法是，羅吉斯迴歸適用於預測二元類別之目標應應變數的發生機率；但大都會將機率値以 0.5 爲界分爲發生與不發生，所以也可以將羅吉斯迴歸模型看成是在解分類的問題。二元分類的問題，是當得到觀測值向量後，要判斷是兩種類別中的哪一類。如果有 A 與 B 兩類，A 當做事件發生，則 B 就是事件未發生。

在進一步討論羅吉斯迴歸模型之前，我們先討論一個很重要的函數，叫做 Sigmoid 函數，也叫做羅吉斯函數 (Logistic function)。它是一個非線性函數，無論輸入的值為何，Sigmoid 函數的結果一定界於 0 至 1 之間。Sigmoid 函數如第⑧式：

$$S(u) = \frac{1}{1+e^{-u}} \quad \text{.................} ⑧$$

以 R 語言的 plot(...) 函式，我們可以完成繪圖，如圖 6-19 所示。

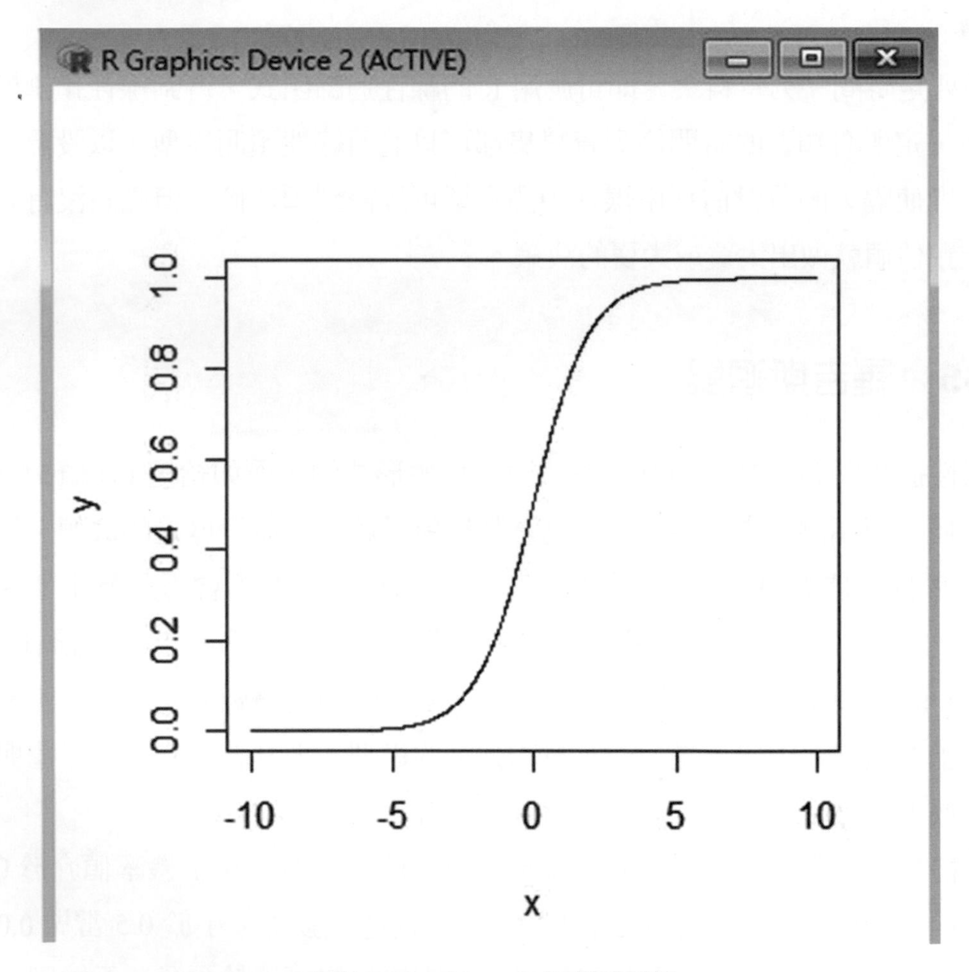

▲圖 6-19　Sigmoid 函數的圖形

繪出圖 6-19 的 R 程式碼如下：

```
sigmoid <- function(u)
{
  val <- 1.0/(1.0 + exp(-u))
  return (val)
}

x <- seq(-10,10,0.01)
y <- sigmoid(x)
plot(x,y, type="l")
```

勝算 (odds) 是羅吉斯迴歸一個很重要的概念。勝算基本上就是事件發生與未發生的比值 (the ratio of the probability of an event occurrence and not occurring)。舉例來說，如果有一事件發生機率爲 p，則不發生的機率爲 $1-p$，那麼勝算的公式如第⑨式：

$$\text{odds} = \frac{p}{1-p} \quad \text{...............} \quad ⑨$$

例如 $p = 0.8$，則 $1-p$ 是 0.2，勝算就等於 4。將 $y = 1$ 與 $y = 0$ 當做是二元類別目標應變數的兩種值，也就是 $y = 1$ 表示事件發生，$y = 0$ 表示事件未發生。給定觀測值向量，也就是給定自變數的一筆資料紀錄，$X^{\mathrm{T}} = (x_1, x_2, ..., x_n)$ ，羅吉斯迴歸假設目標類別應變數 ($y = 1$) 的發生機率可以表示如第⑩式：

$$P(y=1|X) = \tau(X) = S(g(X)) = \frac{1}{1+e^{-g(X)}} \quad \text{...............} \quad ⑩$$

上式中的 $g(X)$ 函式是 X 各元素與權重值 (weight) 相乘之後的線性組合，如第⑪式：

$$g(X) = w_0 + w_1 x_1 + w_2 x_2 + \cdots + w_n x_n \quad \text{...............} \quad ⑪$$

事件未發生的機率，$P(y=0|X)$ 等於 1.0 減去事件發生的機率，因此可以得到第⑫式：

$$P(y=0|X)=1-P(y=1|X)=S(g(X))=1-\frac{1}{1+e^{-g(X)}} \quad \text{...............} ⑫$$

進一步推導，

$$1-\frac{1}{1+e^{-g(X)}}=\frac{1+e^{-g(X)}-1}{1+e^{-g(X)}}=\frac{e^{-g(X)}}{1+e^{-g(X)}} \quad \text{...............} ⑬$$

因此可得到勝算的式子如第⑭式：

$$\text{odds}=\frac{P(y=1|X)}{P(y=0|X)}=\frac{1}{1+e^{-g(X)}}\cdot(\frac{1+e^{-g(X)}}{e^{-g(X)}})=\frac{1}{e^{-g(X)}}=e^{g(X)} \quad \text{...............} ⑭$$

雖然本書在推導羅吉斯迴歸模型的立論基礎時，並不是從勝算比的角度切入，但是勝算比的觀念對於解釋羅吉斯迴歸的預測結果與效能時是很重要的概念。記下這個概念對進一步理解羅吉斯迴歸模型會很有幫助。

在推導羅吉斯迴歸模型的數學式之前，我們先以簡單的資料集，使用 R 語言的 glm(...) 完成羅吉斯迴歸模型的訓練，然後再檢視分類的效能。給定的資料集有兩個欄位，分別是 x1 與 x2，總共有 4 個資料點，分別是 (2.5,1.5)，(−1.7, 2.7)，(−1.8,−0.9)，(1.6,−1.3)，前兩點歸為一類，對應到 y = 1；後兩點歸為另一類。如果將 x1 想成二為平面的水平軸，x2 為垂直軸，很明顯，前兩點是在水平軸上方，後兩點是在水平軸下方。R 程式碼如下：

```
# 給定資料集呼叫 glm(...) 完成 logistic regression model 的訓練
x1 <- c(2.5,-1.7,-1.8, 1.6)
x2 <- c(1.5, 2.7,-0.9,-1.3)
y  <- c(1,1,0,0)
trnData <- data.frame(x1,x2,y)
myMdl  <- glm(y~x1+x2,family = binomial(logit),trnData)
weight <- coef(myMdl)
weight

# 就原本資料集使用訓練完成的 logistic regression model 做測試
sigmoid <- function(u)
{
  val <- 1.0/(1.0 + exp(-u))
  return (val)
}
result <- weight[1]+ weight[2]*x1 + weight[3]*x2
prob <-  sigmoid(result)
prob
round(prob)

# 就原本資料集使用訓練完成的 logistic regression model 做測試
x3 <- c(1.5,-1.5,-2.8, 1.1)
x4 <- c(2.1, 2.2,-1.9,-0.2)
result2 <- weight[1] + weight[2]*x3 + weight[3]*x4
prob2 <- sigmoid(result2)
```

結果如圖 6-20 所示，

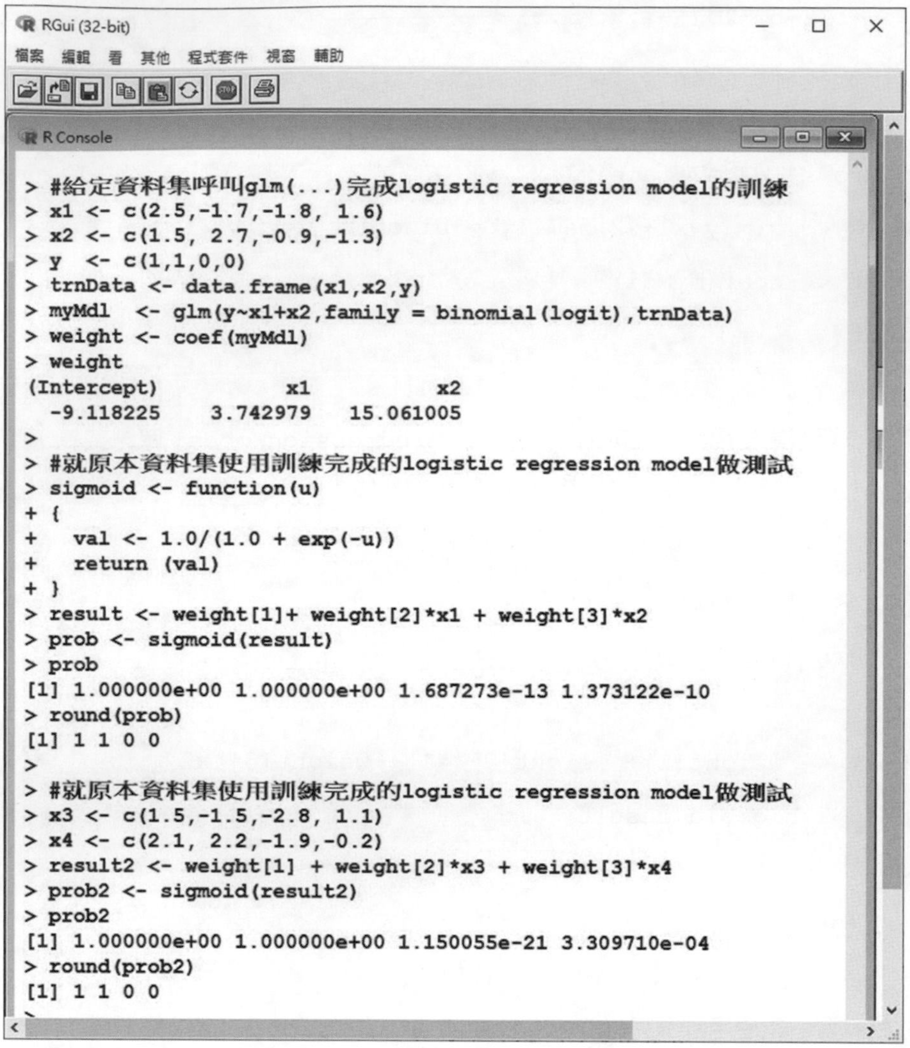

```
RGui (32-bit)
檔案 編輯 看 其他 程式套件 視窗 輔助
R Console
> #給定資料集呼叫glm(...)完成logistic regression model的訓練
> x1 <- c(2.5,-1.7,-1.8, 1.6)
> x2 <- c(1.5, 2.7,-0.9,-1.3)
> y  <- c(1,1,0,0)
> trnData <- data.frame(x1,x2,y)
> myMdl  <- glm(y~x1+x2,family = binomial(logit),trnData)
> weight <- coef(myMdl)
> weight
(Intercept)          x1          x2
  -9.118225    3.742979   15.061005
>
> #就原本資料集使用訓練完成的logistic regression model做測試
> sigmoid <- function(u)
+ {
+   val <- 1.0/(1.0 + exp(-u))
+   return (val)
+ }
> result <- weight[1]+ weight[2]*x1 + weight[3]*x2
> prob <- sigmoid(result)
> prob
[1] 1.000000e+00 1.000000e+00 1.687273e-13 1.373122e-10
> round(prob)
[1] 1 1 0 0
>
> #就原本資料集使用訓練完成的logistic regression model做測試
> x3 <- c(1.5,-1.5,-2.8, 1.1)
> x4 <- c(2.1, 2.2,-1.9,-0.2)
> result2 <- weight[1] + weight[2]*x3 + weight[3]*x4
> prob2 <- sigmoid(result2)
> prob2
[1] 1.000000e+00 1.000000e+00 1.150055e-21 3.309710e-04
> round(prob2)
[1] 1 1 0 0
```

▲圖 6-20　R 的 glm(…) 函式的使用

上述程式碼中，glm(...) 不只使用在羅吉斯迴歸，還可以使用在其他模型，所以在呼叫 glm(...) 函式時，需設定參數 family = binomial(logit)，表示是要進行羅吉斯迴歸模型的機器學習。訓練完成後，模型的權重值，由 weight <− coef(myMd1) 就可以得到。$\{w_0, w_1, w_2\}$ 分別是儲存在 weight[1]、weight[2] 及 weight[3] 中，內容是 − 9.118225，3.742979，15.061005。爲了測試羅吉斯迴歸模型的分類效能，我們以訓練資料集的 4 個資料點做爲測試資料集。運算過程是資料點分別與權重相乘再線性組合，再經由 Sigmoid 函數得到介於 0 與 1 之間的值，再經過四捨五入得到 1 或 0。也就是程式碼中的

result <- weight[1]+ weight[2]*x1 + weight[3]*x2

prob <- sigmoid(result)

從圖 6-20 的結果來看，可以成功分類。程式碼中也另外再將 (x1,x2) 設爲 (1.5,2.1)、(−1.5,2.1)、(−2.8,−1.9)，及 (1.1,− 0.2) 並做爲測試資料點。很明顯這幾個測試資料點就落在訓練資料集的 4 個點附近。測試結果也顯示可以正確的被分類。

接下來，我們推導羅吉斯迴歸模型的數學式。假設針對某事件觀測了 m 次，也就是目標類別應變數有 m 個，記爲 $\{y_1, y_2,\ldots, y_m\}$，每個 y_i 不是 1 就是 0，分別代表事件發生與未發生，每個 y_i 都會對應一個自變數集合 $X_i = \{x_{i1}, x_{i2}, \ldots, x_{in}\}$ 。這裡有一個很重要的概念，就是事件發生或不發生都會有觀測值。如之前所提到的，想成兩個類別的分類問題，比較好理解。也就是給定 X_i，判定是 A 類或「非 A」類。

令 $p_i = P(y_i = 1|X_i)$ 表示在給定 X_i 的情況下，事件發生的機率，也就是被歸類爲 A 類的機率。那麼給定 X_i 的情況下，事件未發生的機率，$P(y_i = 0|X_i) = 1 - p_i$ 。如此一來觀測值向量的獲得機率 (the probability of getting an observation) 的表示如第⑮式：

$$P(y_i) = p_i^{y_i}(1-p_i)^{1-y_i} \ldots\ldots\ldots\ldots\ldots ⑮$$

也就是 $y_i = 1$ 時，$P(y_i) = p_i$ ；$y_i = 0$ 時，$P(y_i) = (1 - p_i)$ 。

若每個觀測自變數 X_i 都是彼此獨立 (each observation sample is independent of each other) 的，也就是它們彼此之間不具統計相關性，那麼觀測到 $\{X_1, X_2, \ldots, X_m\}$ 的可能性函數 (likelihood function) 如第⑯式：

$$L(W) = \sum_{i=1}^{m} (\tau(X_i))^{y_i}(1-\tau(X_i))^{1-y_i} \ldots\ldots\ldots\ldots\ldots ⑯$$

第⑯式的 W 是 $\{w_0, w_1, w_2, \ldots, w_n\}$，而 $X_i = \{x_{i1}, x_{i2}, \ldots, x_{in}\}$

$$\tau(X_i) = \frac{1}{1+e^{-g(X_i)}} \ldots\ldots\ldots\ldots\ldots ⑰$$

$$g(X_i) = w_0 + \sum_{k=1}^{n} w_i x_{ik} \ldots\ldots\ldots\ldots\ldots ⑱$$

$L(W)$ 的意義是 W 不一樣，$L(W)$ 就不同。在所有可能的 W 中，有一組 $\{w_0,w_1, w_2,...,w_n\}$ 可以使 $L(W)$ 最大，稱爲最大可能性 (Maximum Likelihood)。可使 $L(W)$ 最大的 W，也可使 $L(W)$ 的自然對數值最大。$L(W)$ 取自然對數如第⑲式：

$$\ln(L(W)) = \sum_{i=1}^{m}(y_i \ln[\tau(X_i)] + (1-y_i)\ln[1-\tau(X_i)]) \text{ .... ⑲}$$

$W=\{w_0,w_1, w_2,... , w_n\}$，也就是有 n+1 個未知數，至少要有 n+1 個方程式，才有可能解出所要的 W。以 w_k 對 $\ln(L(W))$ 偏微分並令其結果等於 0，即可得到 n+1 個方程式，如第⑳式：

$$\frac{\partial \ln\left(L(W)\right)}{\partial w_k} = 0 \quad k = 1\ldots n \text{ .... ⑳}$$

$\partial \ln\left(L(W)\right)$ 對每一個 w_k 的偏微分推導如第㉑式。

$$\frac{\partial \ln\left(L(W)\right)}{\partial w_k} = \sum_{i=1}^{m}\frac{\partial}{\partial w_k}(y_i \ln\left[\tau(X_i)\right] + (1-y_i)\ln[1-\tau(X_i)] \text{ .... ㉑}$$

在公式 6-21 中，只有 $\tau(X_i)$ 是 w_k 的函數，而從對數函數的微分可得第㉒式，

$$\frac{\partial \ln\left(\tau(X_i)\right)}{\partial w_k} = \frac{1}{\tau(X_i)} \cdot \frac{\partial \tau(X_i)}{\partial w_k} \text{ .... ㉒}$$

因此可以得到，

$$\frac{\partial}{\partial w_k}\left(y_i \ln\left[\tau(X_i)\right] + (1-y_i)\ln\left[1-\tau(X_i)\right]\right) \text{ .... ㉓}$$

$$= \frac{y_i}{\tau(X_i)} \cdot \frac{\partial \tau(X_i)}{\partial w_k} + \frac{1-y_i}{1-\tau(X_i)} \cdot (-1) \cdot \frac{\partial \tau(X_i)}{\partial w_k}$$

$$= \left[\frac{y_i}{\tau(X_i)} - \frac{1-y_i}{1-\tau(X_i)}\right] \cdot \frac{\partial \tau(X_i)}{\partial w_k}$$

$$= \left[y_i - \tau(X_i)\right] \cdot \frac{1}{\tau(X_i)(1-\tau(X_i))} \cdot \frac{\partial \tau(X_i)}{\partial w_k}$$

從微分公式之除法定律，可以得到以下的推導，

$$\frac{\partial\tau(X_i)}{\partial w_k}=\frac{\partial}{\partial w_k}\left(\frac{1}{1+e^{-g(X_i)}}\right)$$

$$=\frac{-1}{\left(1+e^{-g(X_i)}\right)^2}\cdot\frac{\partial\left(1+e^{-g(X_i)}\right)}{\partial w_k}$$

$$=\frac{-1}{(1+e^{-g(X_i)})^2}\cdot\frac{\partial}{\partial w_k}(e^{-g(X_i)})$$

$$=\frac{e^{-g(X_i)}}{(1+e^{-g(X_i)})^2}\cdot\frac{\partial g(X_i)}{\partial w_k}$$

$$=\tau(X_i)(1-\tau(X_i))\cdot\frac{\partial g(X_i)}{\partial w_k}\ \dots\dots\dots\dots\dots\ ㉔$$

而已知

$$g(X_i)=w_0+\sum_{k=1}^{n}w_kx_{ik}$$

所以可得到$\frac{\partial g(X_i)}{\partial w_k}=x_{ik}$，代入到第㉓式可得：

$$\frac{\partial\tau(X_i)}{\partial w_k}=\tau(X_i)(1-\tau(X_i))\cdot x_{ik}$$

代入第㉓式的$\frac{\partial}{\partial w_k}\left(y_i\ln\left[\tau(X_i)\right]+(1-y_i)\ln\left[1-\tau(X_i)\right]\right)$的推導式，

$$\frac{\partial}{\partial w_k}\left(y_i\ln\left[\tau(X_i)\right]+(1-y_i)\ln\left[1-\tau(X_i)\right]\right)$$

$$=\sum_{i=1}^{m}x_{ik}\left[y_i-\tau(X_i)\right]$$

代入第㉑及㉒式的$\frac{\partial\ln(\mathrm{L}(\mathrm{W}))}{\partial w_k}$推導式，最後即可得到$n$+1 個方程式，如第㉕式，

$$\frac{\partial\ln(\mathrm{L}(\mathrm{W}))}{\partial w_k}=\sum_{i=1}^{m}x_{ik}\left[y_i-\tau(X_i)\right]=0\ ,\ \mathrm{k}=1,\dots\mathrm{n}\ \dots\dots\dots\dots\dots\ ㉕$$

$\tau(X_i)$ 是非線性函式，所以這些 $(n+1)$ 個方程式是極其複雜的，想要求得到通解幾乎是不可能的，只能求得近似解。一般是使用牛頓法 (Newton's method , Newton-Raphson method) 求解。通常的作法是將牛頓法編寫爲程式演算法，經過多次的疊代 (iteration) 運算，收斂後得到近似解。

許多機器學習演算法的平台及函式庫都已提供羅吉斯迴歸模型的機器學習演算法，即使你對前述的推導不甚理解，也不理解牛頓法，這些都不影響應用現成的機器學習演算法。本節一開始，我們曾提到，R 語言的 glm(...) 函式即可完成羅吉斯迴歸模型的訓練。那時舉的例子非常簡單，接下來，我們就以鳶尾花資料集爲例，展示羅吉斯迴歸模型的應用方式與效能。因爲只討論二元目標類別的分類，所以只取鳶尾花後 100 筆做爲訓練資料集。這 100 筆中，前 50 筆的鳶尾花類別是 versicolor，每一筆資料紀錄的應變數 $y_i = 1$；後 50 筆爲 virginica，應變數 $y_i = 0$。

鳶尾花使用羅吉斯迴歸模型做分類的程式碼如下：

```
data(iris)
mydata <- subset(iris,Species!="setosa")

for (i in c(1:100)) {
  if (mydata$Species[i] == "virginica") {
   y[i] <- 1
  } else {
   y[i] <- 0
  }
}

trnData <- data.frame(mydata[,1:4],y)
str(trnData)
lgsMdle <- glm(y~.,data=trnData,family = binomial(logit))
check<-predict(lgsMdle, trnData, type="response")
round(check)
```

結果如圖 6-21 所示：

```
R Console
> data(iris)
> mydata <- subset(iris,Species!="setosa")
>
> for (i in c(1:100)) {
+   if (mydata$Species[i] == "virginica") {
+    y[i] <- 1
+   } else {
+    y[i] <- 0
+   }
+ }
>
> trnData <- data.frame(mydata[,1:4],y)
> str(trnData)
'data.frame':   100 obs. of  5 variables:
 $ Sepal.Length: num  7 6.4 6.9 5.5 6.5 5.7 6.3 4.9 6.6 5.2 ...
 $ Sepal.Width : num  3.2 3.2 3.1 2.3 2.8 2.8 3.3 2.4 2.9 2.7 ...
 $ Petal.Length: num  4.7 4.5 4.9 4 4.6 4.5 4.7 3.3 4.6 3.9 ...
 $ Petal.Width : num  1.4 1.5 1.5 1.3 1.5 1.3 1.6 1 1.3 1.4 ...
 $ y           : num  0 0 0 0 0 0 0 0 0 0 ...
> lgsMdle <- glm(y~.,data=trnData,family = binomial(logit))
> check<-predict(lgsMdle, trnData, type="response")
> round(check)
 51  52  53  54  55  56  57  58  59  60  61  62  63  64  65  66  67  68
  0   0   0   0   0   0   0   0   0   0   0   0   0   0   0   0   0   0
 69  70  71  72  73  74  75  76  77  78  79  80  81  82  83  84  85  86
  0   0   0   0   0   0   0   0   0   0   0   0   0   0   0   1   0   0
 87  88  89  90  91  92  93  94  95  96  97  98  99 100 101 102 103 104
  0   0   0   0   0   0   0   0   0   0   0   0   0   0   1   1   1   1
105 106 107 108 109 110 111 112 113 114 115 116 117 118 119 120 121 122
  1   1   1   1   1   1   1   1   1   1   1   1   1   1   1   1   1   1
123 124 125 126 127 128 129 130 131 132 133 134 135 136 137 138 139 140
  1   1   1   1   1   1   1   1   1   1   1   0   1   1   1   1   1   1
141 142 143 144 145 146 147 148 149 150
  1   1   1   1   1   1   1   1   1   1
>
```

▲圖 6-21　使用羅吉斯迴歸模型分類鳶尾花

上述程式碼中，subset(...) 函式的作用是從 iris 資料集中取出部份資料記錄作爲子集合，Species ! = “setosa” 是設定選擇條件為「iris 的 Spercies 欄位不等於 setosa」才選用。for 迴圈則是爲了將 Species 欄位值爲 “virginica” 的那些資料記錄的 *y* 欄位設爲 1，而 versicolor 的 *y* 欄位則設爲 0，trnData 資料集是由 iris 的前 4 個欄位在加上 *y* 欄位所組成。從 str(trnData) 可以看出比訓練資料集有 5 個欄位。

爲了檢視羅吉斯迴歸模型的分類效能，當呼叫 glm(...) 訓練完成後，我們呼叫 predict(...)，並以訓練資料集 trnData 做爲測試資料集。上述程式碼中，check 向量相當於是 y 的預測值。從執行結果來看，check 向量的前 50 個元素，只有一個的值爲 1，其餘均爲 0，表示只有一個錯誤。羅吉斯迴歸模型就這個例子來說，準確率高達 99%。另外，在呼叫 predict(...) 時，參數 type 被設爲 response，表示此函式的輸出結果有經過 Sigmoid 的作用，值會落在 0.0 至 1.0 之間，相當於是機率。以 0.5 做爲基準，機率大於 0.5 就歸類爲 virginica 中，其他機率值則歸類爲 versicolor，所以上述程式碼中 predict(...) 的結果 check 必須再經果四捨五入運算以得到 0 或 1。

習題

1. lm(...) 線性迴歸函數最重要的兩個參數爲何？
2. 請問 R 內建的鳶尾花 (iris) 資料集，有幾筆觀測值 (資料紀錄) ？
3. 要知道 R 內建的鳶尾花 (iris) 資料集有幾個變數，請寫出描述式。
4. dim(iris)，這個描述式有何作用？
5. $y \sim x_1+x_2$ 常出現在 R 的一些機器學習函式的參數 formula 內，其意義爲何？
6. coefficients(myModel)，這個描述式有何作用？
7. abline(a=37.29,b= −5.34,col=4)，這個描述式有何作用？
8. datain <− edit(data.frame(Units=numeric(),SqFt=numeric())，這個描述式有何作用？
9. 線性預測模型 (Linear Prediction Model) 的主要目的爲何？
10. any(!complete.cases(my1301))，這個描述式有何作用？
11. 羅吉斯迴歸與線性迴歸最大的差別爲何？

7 線性分類器

7-1 線性迴歸分類器

顧名思義，分類器是輸入一個多維度自變數之後，可以得到分類的結果。例如：針對產品的品管，給定產品的度量值就可以分出良品與不良品。又例如，給定一個人的身高與體重，分類器可以判定胖與瘦。線性分類器是將每個輸入的自變數乘上權重之後再加起來，然後依照積之和的值判斷分類歸屬。我們使用二維自變項 $X=(x_1,x_2)$ 爲例說明線性分類器的運作原理。積之和的公式如下：

$$s = w_1x_1 + w_2x_2$$

歸屬於那一分類則依 s 的值決定，舉例來說，若要分成 2 類，當 s 的值接近 0 時分爲一類，當 s 接近 1 時分爲另一類。但問題是，如何求得 w_1 與 w_2 ？回顧前一章所討論的線性迴歸分析，若將上述式子的 $\{s, x_1, x_2\}$ 視爲資料集的一筆資料紀錄，那麼線性分類器的 $\{w_1, w_2\}$ 的求取方式，其實就是線性迴歸分析的機器學習問題，當然可以應用 lm(...) 函式，而公式 (formula) 可以寫成 $s \sim w_1x_1 + w_2x_2 + c$ 。以 x_1 代表身高，x_2 代表體重，$s = 0$ 代表瘦，$s = 1$ 代表胖。這裡的 s 是應變項，在分類的應用上也叫做標記欄位。假設我們有以下的資料集：

x1(身高)	x2(體重)	s
181	89	1
149	76	1
162	82	1
171	61	0
186	75	0
182	70	0

我們可以寫一段 R 程式繪出{x1,x2}的二維圖，程式與執行結果如圖 7-1 所示下：

```
x1 <- c(181,149,162,171,186,182)
x2 <- c(89,76,82,61,75,70)
s <- c(1,1,1,0,0,0)   #1 代表胖，0 代表瘦。
# 繪成不同顏色的兩群，每群 3 個點
plot(x1, x2, col = rep(1:2, each = 3), pch = 21)
# 從 (148,61) 畫直線至 (190,88)，將 6 個資料點以一條線分成 2 部分
lines(c(148,190),c(61,88),col=3)
```

```
RGui (32-bit)
檔案 編輯 看 其他 程式套件 視窗 輔助
R Console
> x1 <- c(181,149,162,171,186,182)
> x2 <- c(89,76,82,61,75,70)
> s <- c(1,1,1,0,0,0)
> plot(x1, x2, col = rep(1:2, each = 3), pch = 21)
> lines(c(148,190),c(61,88),col=3)
> |
```

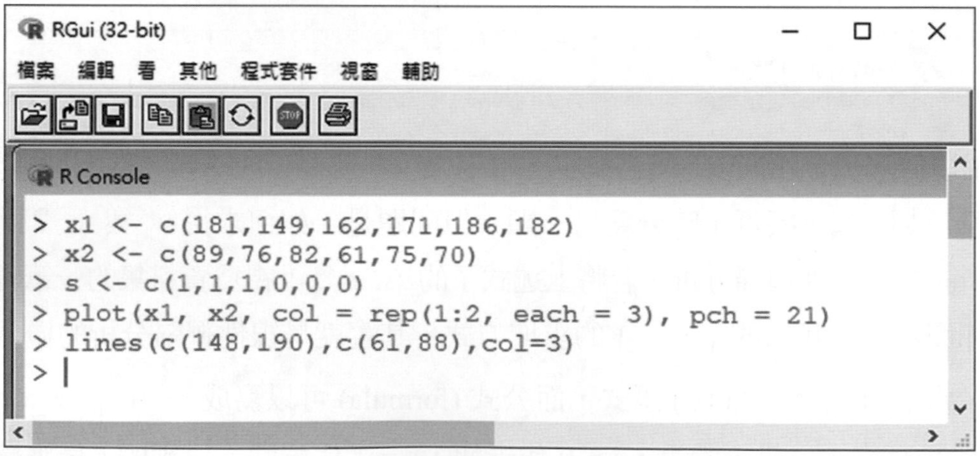

▲圖 7-1　繪出 {x1, x2} 二維圖的程式碼

上述程式中，plot(…) 函式的顏色參數的設定 col=rep(1:2,each=3)，rep(1:2) 是重複變化 1 與 2 的意思，each=3 是指每繪製 3 點之後就換顏色，這是因爲資料集的前 3 點與後 3 點分屬兩個歸類。col=1 是黑色，col=2 是紅色，pch=21 是將每一個點繪製成實心圓。繪圖結果如圖 7-2 所示：

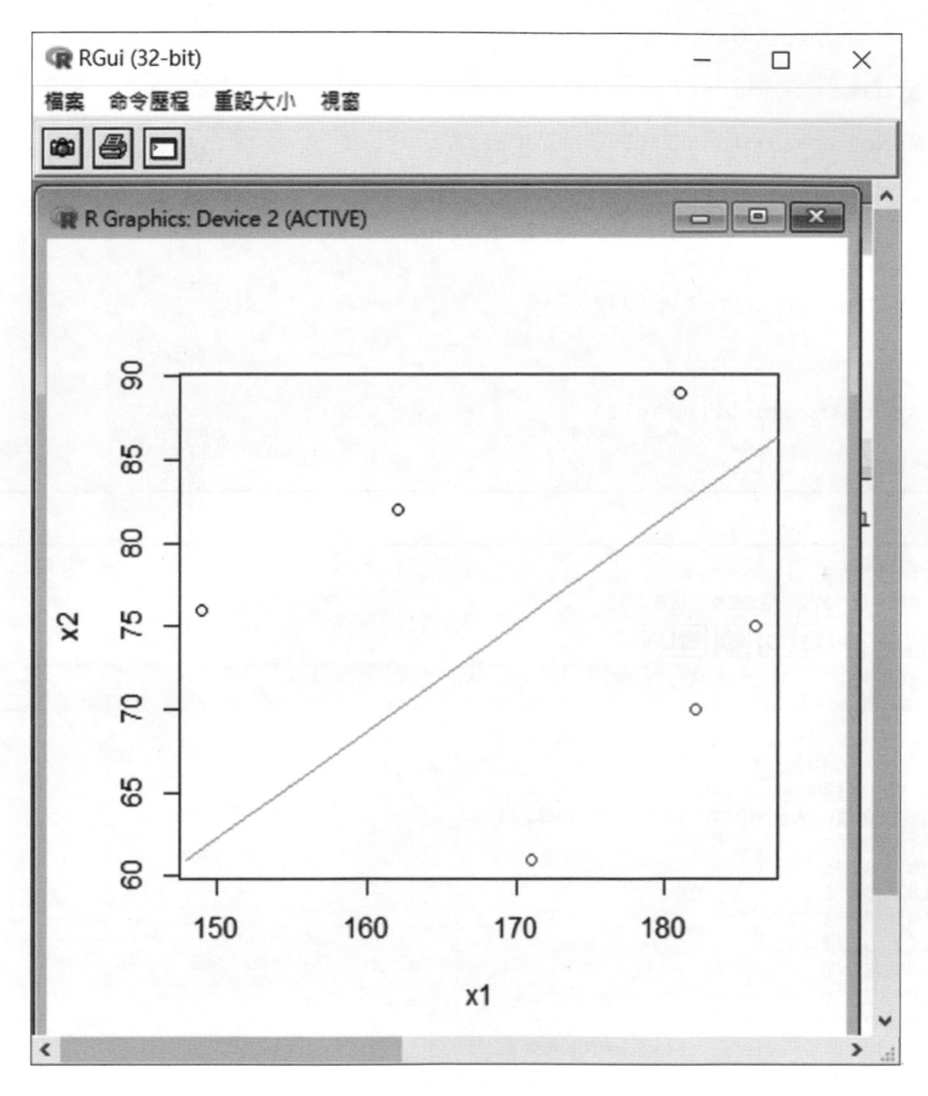

▲圖 7-2　繪出 {x1, x2} 二維圖

圖 7-2 中，紅色的點分成一類，黑色的分成另一類。爲了區別，在圖上我們也畫了一條直線，直線的右下方是一組(瘦)，直線的左上方是一組(胖)。也就是，如果有一個新的輸入點，例如 (x1,x2) = (159,82)，因爲落在圖的左上方，所以歸類爲胖。因爲使用一條線即可分成 2 組，所以是線性可分的情況。

接下來，我們寫一段 R 程式來完成上述 6 個資料點的線性迴歸機器學習，然後檢驗看看是否可以成功分類。程式碼如下：

```
x1 <- c(181,149,162,171,186,182)
x2 <- c(89,76,82,61,75,70)
s <- c(1,1,1,0,0,0)
testData <- data.frame(x1,x2,s)
lrModel <- lm(s~x1+x2,data=testData)
p <- coefficients(lrModel)
p
result <- p[2]*x1+p[3]*x2+p[1]
result
result <- round(result)
result
```

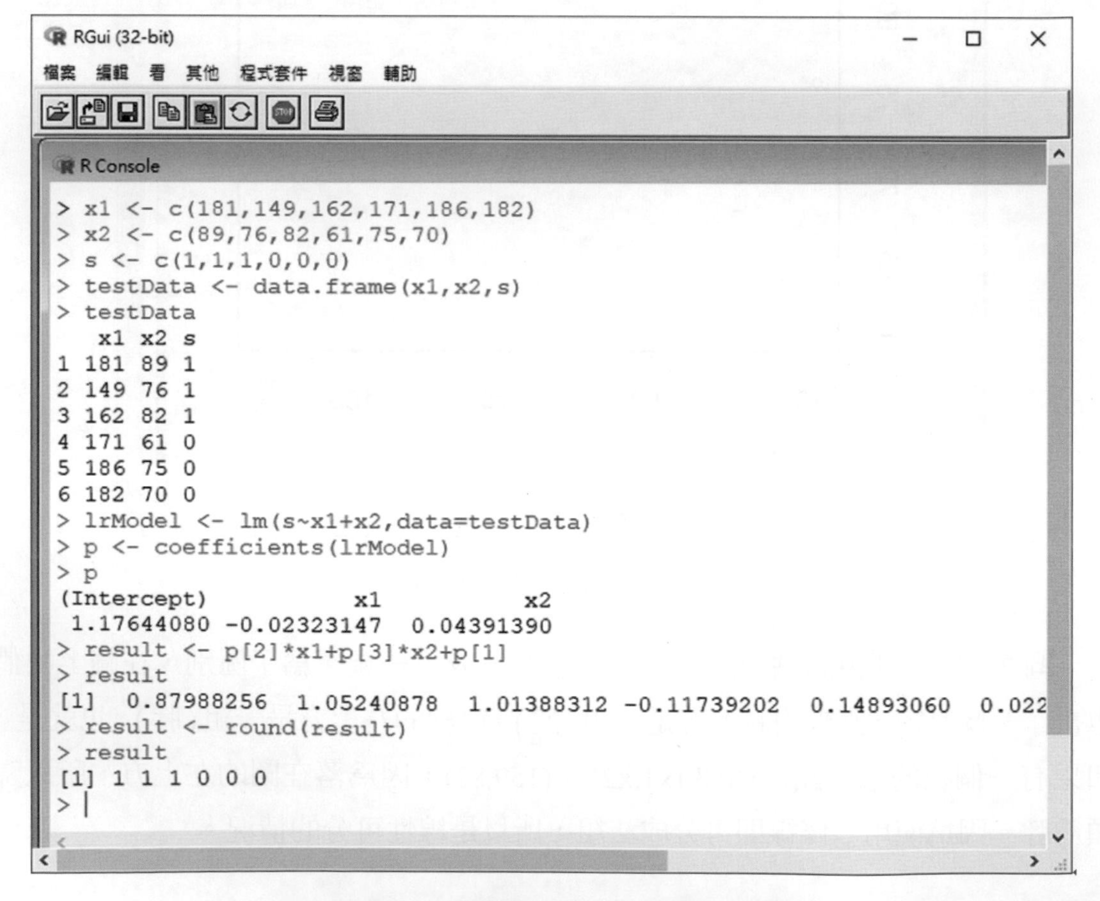

▲圖 7-3　六個資料點的線性迴歸機器學習

觀察圖 7-3 執行後的結果，也就是 p，截距 (Intercept) 與 x1 及 x2 的係數，分別是 c = 1.17644080、w1 = − 0.02323147、及 w2=0.04391390。在程式中也將計算式，s = w1*x1+s2*w2+c，套入 6 個資料點，將結果四捨五入後，前 3 個點的標記值 (level value) 爲 1，歸爲一類 (胖)，另外 3 個點的標記值爲 0，歸爲另一類 (瘦)，結果儲存在 result，發現都可以正確分類。如果現在給定一個新資料點 (x1,x2) = (159,82)，代入計算式，s = w1*159+w2*82+c，得到 s 值是 1.083578，接近 1，所以歸類爲標記值爲 1，也就是 " 胖 " 的那一組。

上述的分類之所以可行，主要是因爲我們給定的 6 個點是線性可分的 (linear separable)。當資料集是線性可分時，另外有一種常被使用的線性分類器叫線性區別分析 (linear discriminant analysis,LDA)。理論上，LDA 運用機率密度函數做爲分類的判斷準則，細節本書就不討論。一個簡單的理解方式是將 LDA 視爲與前述所討論的線性迴歸分析是類似的。R 語言有一個 MASS 套件，此套件提供 lda(…) 函式，可以直接呼叫後完成 LDA 分類。完成以下的程式內容：

```
install.packages("MASS")
library(MASS)
x1 <- c(181,149,162,171,186,182)
x2 <- c(89,76,82,61,75,70)
s <- c(1,1,1,0,0,0)
testData <- data.frame(x1,x2,s)
myModel <- lda(s~.,data=testData)
simLDA<- predict(myModel, testData[,1:2])
simLDA$class
```

上述的程式中，lda(…) 函式的第一個引數，s~. 其意義是使用 s 欄位做爲分類目標，也就是標記，而 s~. 的 . 代表其他所有欄位，在此就是 x1 及 x2。上述程式在主控制臺的執行步驟與結果如圖 7-4 所示：

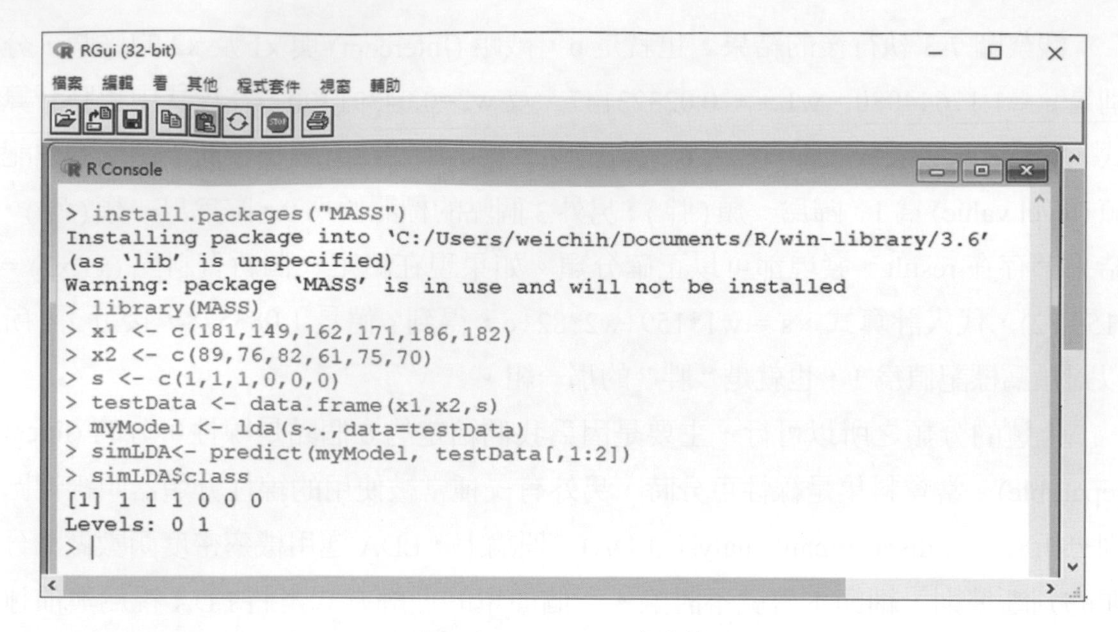

▲圖 7-4　lda(...) 函式的使用

從上述 lda(...) 函式所學習到的線性分類模型 myModel，以訓練資料集本身做爲分類對象，也就是 predict(myModel, testData[,1:2])，發現可以正確的進行分類。

7-2　支持向量機分類器

支持向量機 (support vector machine,SVM) 是很知名的機器學習演算法。SVM 在一開始是用來解決線性可分的問題。下圖以二維平面作爲例子，再次說明何謂線性可分。假設有 2 大類的資料點如圖 7-5 的分布：

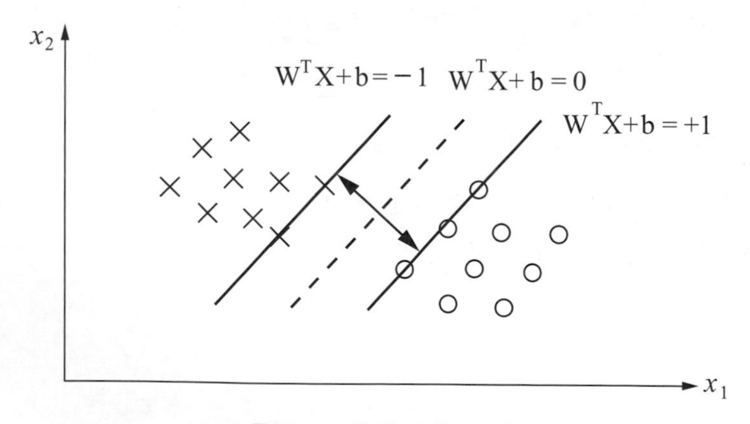

▲圖 7-5　線性可分的例子

X 表示資料點$\begin{bmatrix} x_1 \\ x_2 \end{bmatrix}$，W 表示權重值的資料點 (w_1,w_2)。將 (w_1,w_2) 視爲二維平面的一個向量，則 $W^T=[w_1,w_2]$。W^TX 是內積，$[w_1, w_2]\begin{bmatrix} x_1 \\ x_2 \end{bmatrix} = w_1x_1 + w_2x_2$，因此 $W^TX+b = 0$ 其實就是一個直線方程式，$w_1x_1 + w_2x_2 + b = 0$，將 x_1 想成二爲座標的水平軸，x_2 爲垂直軸，就可理解。在這一個直線方程式等號右邊分別給定 −1 與 +1，我們就可以得到下列 3 個平行的直線方程式，如圖 7-5 所示。

$$w_1x_1 + w_2x_2 + b = -1 \ (W^TX + b = -1)$$
$$w_1x_1 + w_2x_2 + b = 0 \ (W^TX + b = 0)$$
$$w_1x_1 + w_2x_2 + b = +1 \ (W^TX + b = +1)$$

SVM 就是要找到這一條超直線 $W^TX+b=0$，此超直線要能使得 2 大類的資料點盡可能遠離它，愈遠愈好。只要 W 與 b 的解能找到超值線就找到了。SVM 應用下列的方法找到超直線 (hyper line)。假設在 2 大類的資料點都有若干點會通過 $W^TX + b = +1$ 與 $W^TX + b = -1$ 這 2 條直線。這 2 條直線都與超直線平行，且與超直線的距離均爲 d，也就是這 2 條直線的距離爲 $2d$。使得 d 最大的 W 與 b，就是所要的解。

大家可能會想到，$w_1x_1 + w_2x_2 + b = c$，c 不一定必須爲 1 都可以與 $w_1x_1 + w_2x_2 + b = 0$ 這一條線平行。那爲什麼只考慮 $w_1x_1 + w_2x_2 + b = +1$ 及 $w_1x_1 + w_2x_2 + b = -1$，這是因爲等號兩邊同除以 c 就得到 1 及 −1，所以不需要多一個 c，細節推導於下。

SVM 的超直線可以視爲 2 個資料群的中間分界。想像一下，2 個資料群中間隔了一條河道，而超直線是此河道的中心線，也就是 $w_1'x_1 + w_2'x_2 + b' = 0$，而河道兩邊的直線分別是

$w_1'x_1 + w_2'x_2 + b' = +c$ 及 $w_1'x_1 + w_2'x_2 + b' = -c$，將等號兩邊都同除以 c，則可以得到下列的 3 條直線方程式：

$$\frac{w_1'}{c} \times x_1 + \frac{w_2'}{c} \times x_2 + \frac{b'}{c} = 0$$
$$\frac{w_1'}{c} \times x_1 + \frac{w_2'}{c} \times x_2 + \frac{b'}{c} = +1$$
$$\frac{w_1'}{c} \times x_1 + \frac{w_2'}{c} \times x_2 + \frac{b'}{c} = -1$$

令 $w_1 = \frac{w_1}{c}$，$w_2 = \frac{w_2}{c}$，$b = \frac{b'}{c}$，就可以得到

$$w_1x_1 + w_2x_2 + b = -1$$
$$w_1x_1 + w_2x_2 + b = 0$$
$$w_1x_1 + w_2x_2 + b = +1$$

舉例如下，如果有一個資料集可以被 $5x_1 + 3x_2 + 2 = 0$ 的超直線分成 2 類，其中一類的邊界線是 $5x_1 + 3x_2 + 2 = 4$，另一類的邊界線是 $5x_1 + 3x_2 + 2 = -4$。將 3 條直線方程式的等號隻左右邊都除以 4，我們可以得到以下 3 條平行的直線方程式：

$$\frac{5}{4}x_1 - \frac{3}{4}x_2 + \frac{2}{4} = -1$$
$$\frac{5}{4}x_1 - \frac{3}{4}x_2 + \frac{2}{4} = 0$$
$$\frac{5}{4}x_1 - \frac{3}{4}x_2 + \frac{2}{4} = +1$$

對照前述的表示式，$w = \begin{bmatrix} \frac{5}{4} \\ -\frac{3}{4} \end{bmatrix}$，$b = \frac{2}{4}$。

一旦得到直線方程式 $w_1x_1 + w_2x_2 + b = 0$ 的 $\{w_1, w_2, b\}$，若有新資料點，將它帶入 $w_1x_1 + w_2x_2 + b$，求得一個值，若比較接近 −1 分爲一類，若比較接近 +1 則分爲另一類。

但重點是如何得到 $\{w_1, w_2, b\}$ 的係數值？最佳的作法就是從訓練資料集中進行學習，找到 $\{w_1, w_2, b\}$ 使得二條邊界線的距離越大越好也就是使得 d 最大。訓練資料集的二個分類之資料點都是已知分類的，也就是其分類標記 (label) 是知道的。支持向量機演算法可以求得 $\{w_1, w_2, b\}$ 方法描述於後。所謂的支持向量是 2 個分類的邊界線所通過的那些點。換句話說，只要找到這些點 (也就是支持向量)，相當

於就找到邊界線，而找到邊界線就相當於找到超直線。SVM 學習演算法會從 2 個已分類好的資料點以一再嘗試的方式找到那些支持向量。圖 7-6 是 8 個資料點的 SVM 可能模型之一。△與○分別表示 2 個不同分類的資料點。

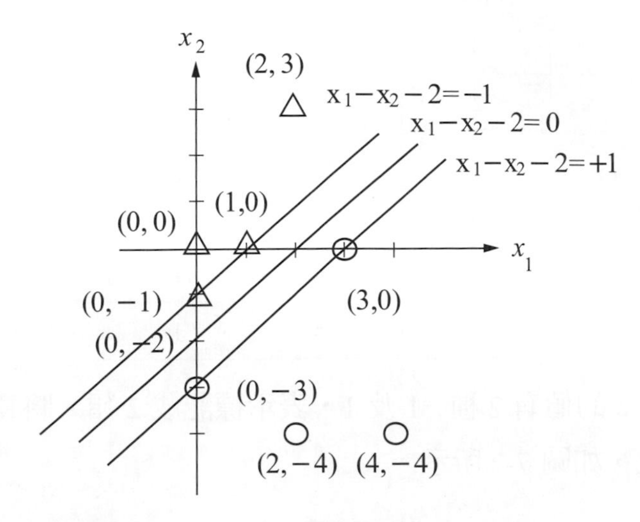

▲圖 7-6　8 個資料點的 SVM 可能模型之一

當 $\{w_1, w_2, b\} = \{1, -1, -2\}$ 時，3 條直線方程式分別爲：

$x_1 - x_2 - 2 = -1$.................. ①

$x_1 - x_2 - 2 = 0$.................... ②

$x_1 - x_2 - 2 = 1$.................... ③

3 條直線中，②是超直線。當資料點落在直線①的左上方時，例如 (2,3)，爲另一類。將 (2,3) 代入 $x_1 - x_2 - 2$ 可得到 −3，會小於 −1。當資料點落在直線③的右下方時，例如 (4, −4) 爲另一類。將 (4, −4) 代入 $x_1 - x_2 - 2$ 得到 6 會大於 1。所以很顯然，使得 $x_1 - x_2 - 2 \leqq -1$ 的 (x_1, x_2) 爲一類，$x_1 - x_2 - 2 \geq 1$ 則爲另一類。從圖 7-6 可看出 (1,0) 及 (0,−1) 在直線 $x_1 - x_2 - 2 = -1$ 上，而 (3,0) 及 (0,−3) 則在直線 $x_1 - x_2 - 2 = +1$ 上，這 4 點就是支持向量。

圖 7-6 只是展示超直線及其上下邊界線的一個可能情況，還有許多其他的可能性，而關鍵是要從訓練資料集中，以任意排列組合中得到最佳的超直線。許多機器學習套件只要給定訓練資料集，就能從資料集進行 SVM 模型學習，並得到最佳超直線。我們以圖 7-6 所給定之已分類的資料點爲例，先說明各種排列組合的情況，再使用 R 的 SVM 機器學習演算法進行學習。給定的資料集如下表所示：

x_1	x_2	s
1	0	−1
0	−1	−1
0	0	−1
2	3	−1
3	0	1
0	−3	1
2	−4	1
4	−4	1

資料集的欄位 s 的值有 2 種 −1 及 1，表示標記成 2 類。將資料集的 8 個點，再次畫在座標點上，如圖 7-7 所示。

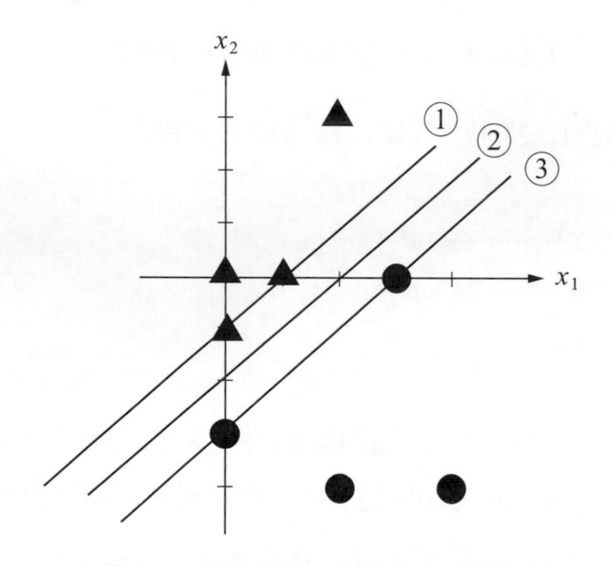

▲圖 7-7　資料集的 8 個點畫在座標點上

資料集的資料點有 2 類，每一類各有 4 個點，4 個點可以組成出 6 條直線。依照前面的 SVM 方法說明，我們如果能夠從這 2 個分類的所有直線中以排列組合的方式分別找一條線，然後檢驗是否爲平行的兩條直線。一個分類的每一條直線可以對應到另一分類的 6 條直線，所以總共有 36 種組合方式。若其中有成平行關係的直線組合，那麼這 2 條平行直線的中間平行線就是超直線。若有多條超直線，則選擇邊線距離最遠的那一個。圖 7-7 也給出其中一組超直線與對應的兩條

邊線。由於這兩條邊線直線上的資料點就是支持向量。在 $x_1 - x_2 - 2 = -1$ 的 2 個支持向量分別是 (1,0) 及 (0,−1)。在 $x_1 - x_2 - 2 = +1$ 的支持向量分別是 (3,0) 及 (0,−3)。

前述的排列組合，可以使用編程方式完成。但是要自己寫程式完成支持向量的尋找，只有資工專長者才比較有能力完成。爲了讓一般使用者也能應用支持向量機分類器。R 軟體有一個 e1071 的套件提供 SVM 機器學習演算法的函式 svm(…)。我們就以前述資料集爲例來練習 svm(…) 函式的使用。程式碼如下：

```
install.packages("e1071")
library(e1071)
x1 <-c(1,0,0,2,3,0,2,4)
x2 <-c(0,-1,0,3,0,-3,-4,-4)
s <-c(-1,-1,-1,-1,1,1,1,1)
trainData<-data.frame(x1,x2,s)
model <- svm(formula=s~. , data=trainData)
pred_result<-predict(model,data.frame(x1,x2))
pred_result
```

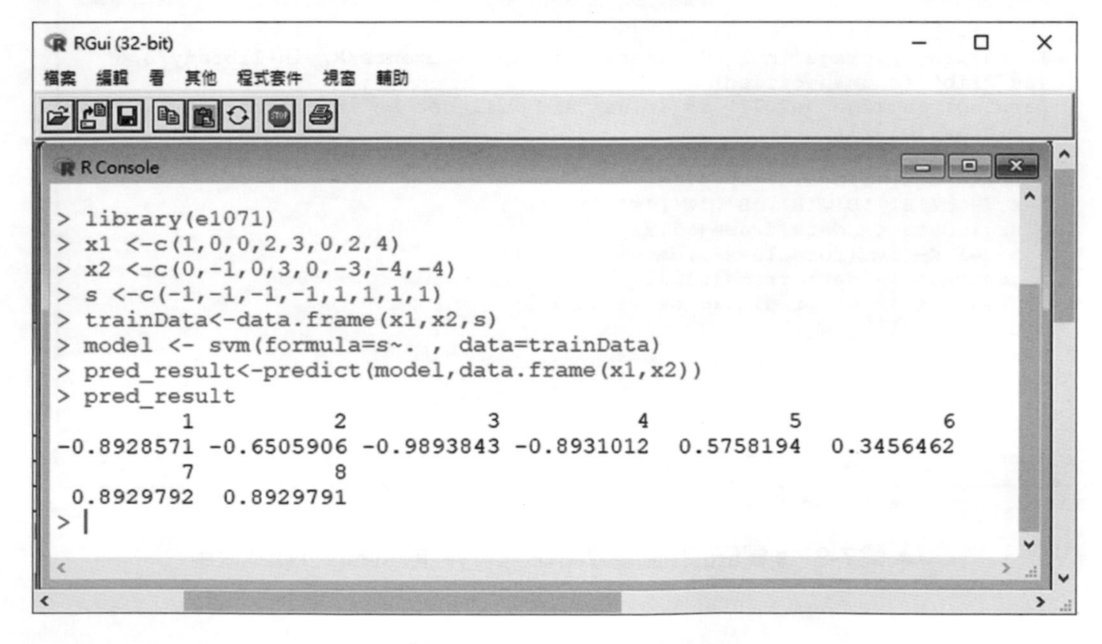

▲圖 7-8 svm(…) 函式的使用

從結果來看，pred_result 的前 4 筆與 −1 接近，歸爲一類；後 4 筆與 +1 接近，歸爲另一類。所以 svm (...) 函式可以找到支持向量來正確的完成分類。

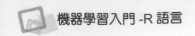

如果 s 欄位的標記值改爲 'B' 與 'W' 也可以得到相同的分類結果，程式碼與執行結果如下所示。

```
install.packages("e1071")
library(e1071)
x1 <- c(1,0,0,2,3,0,2,4)
x2 <- c(0,-1,0,3,0,-3,-4,-4)
s <- c('B','B','B','B','W','W','W','W')
trainData <- data.frame(x1,x2,s)
model <- svm(formula=s~.,data=trainData)
testData <- data.frame(x1,x2)
pred_result <- predict(model,testData)
pred_result
```

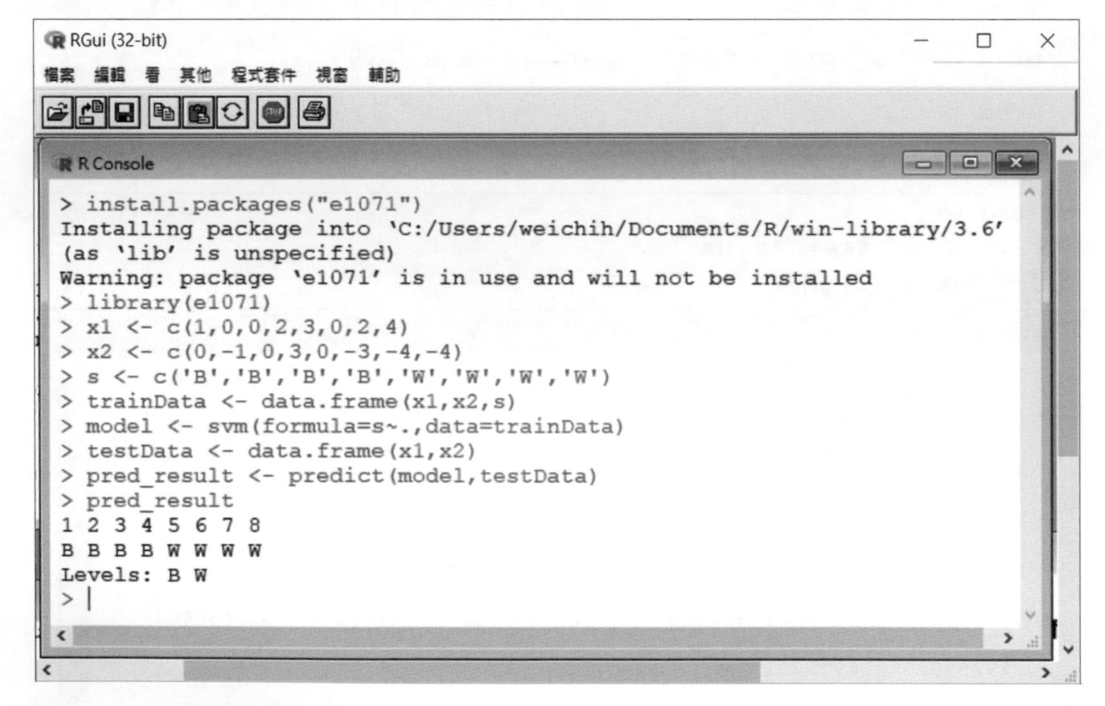

▲圖 7-9　s 欄位的標記值改為 'B' 與 'W' 的 svm(...) 函式使用

7-3　SVM 原理推導

在前一節提到，SVM 是從 2 類的資料點中，找出支持向量 (support vectors)，並以之構成 2 條平行直線，而這 2 條直線的中間直線就是超直線。如果有多組平行線可以選擇，選擇準則是 2 條邊直線離越遠越好。中間的那條直線也叫決策邊界 (decision boundary)。爲了說明 SVM 原理，我們重新列出決策邊界線及與邊界線平行的 2 條直線如下：

$$w_1x_1 + w_2x_2 + b = -1 \text{.................. ①}$$
$$w_1x_1 + w_2x_2 + b = 0 \text{.................... ②}$$
$$w_1x_1 + w_2x_2 + b = +1 \text{.................. ③}$$

另外，也重新繪出 3 條直線的示意圖，如圖 7-10 所示。

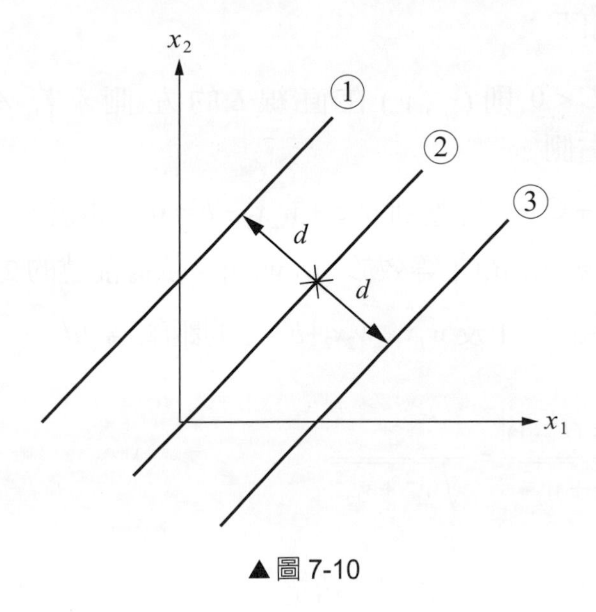

▲圖 7-10

依照兩條平行線的距離公式，直線①與②的距離，以及①與③的距離都是爲 $\frac{1}{\sqrt{w_1^2 + w_2^2}}$，也就是 $d = \frac{1}{\sqrt{w_1^2 + w_2^2}}$。$w_1$ 及 w_2 的求解，是使 d 越大越好，相當於使得決策邊界離兩邊最近資料點 (支持向量) 最遠。支持向量 (Support vectors) 就是在超直線或超平面 (hyperplane) 的那些資料點 (註：正確的說法是支持向量爲最接近超直線或超平面的那些資料點)。

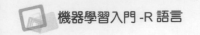

前述的平行線的距離計算從何而來，在此我們假設有兩條平行直線 $L_1: Ax+By+C_1=0$ 與 $L_2: Ax+By+C_2=0$，直線 L_1 與 L_2 的距離爲

$$\text{dist}(L_1, L_2) = \frac{|C_1 - C_2|}{\sqrt{A^2+B^2}}$$

從二維平面的幾何數學，任一點 (x_p, y_p) 到直線 $Ax+By+C=0$ 之距離公式爲 $Ax_0+By_0+\frac{C}{\sqrt{A^2+B^2}}$，將 (0,0) 也就是原點到 L_1 及 L_2 的距離算出，然後兩者相減即可要得到上述的 2 平行直線距離，$\text{dist}(L_1, L_2)$。代入此距離公式，圖 7-10 的①與②，以及①與③的距離 d 即可算出是 $\frac{1}{\sqrt{w_1{}^2+w_2{}^2}}$ 。

若有一條直線方程式，$Ax+By+C=0$，要判斷任意一點 (x_p, y_p) 是在直線的那一側，判斷規則如下：

若 $Ax_p+By_p+C<0$ 則 (x_p, y_p) 在直線 L 的左側，若 $Ax_p+By_p+C>0$ 則 (x_p, y_p) 在直線 L 的右側。

將直線 $Ax+By+C=0$ 對應到 $w_1x_1+w_2x_2+b=0$，也就是二維座標系統 (x,y) 等效於 (x_1,x_2)，而係數 $\{A,B,C\}$ 等效於 $\{w_1,w_2,b\}$。依據前述的 2 平行線距離算法，兩條直線 $w_1x_1+w_2x_2+b=-1$ 及 $w_1x_1+w_2x_2+b=1$ 的距離爲 $2d$。

$$2d = \frac{|b+1-(b-1)|}{\sqrt{w_1{}^2+w_2{}^2}} = \frac{2}{\sqrt{w_1{}^2+w_2{}^2}}$$

一旦 $\{w_1,w_2,b\}$ 知道，那麼要判斷給定的 (x_1,x_2) 比較靠近那一條超直線，只要代入直線方程式即可。給定一個資料集有三個欄位，名稱爲 $\{w_1,w_2,z\}$，共有 N 筆資料紀錄 $\{x_{1i}, x_{2i}, z_i\}$ 表示第 i 筆紀錄。z 欄位是標記，代表 2 個分類，標記值可以是 “B” 與 “W”，分別表示黑 (Black) 與白 (White)，也就是若有一類的標記使用 “B” 字元，則另一類則使用 “W” 字元。當然，我們也可以使用 −1 與 +1 作爲標記，也就是當 z 的值爲 −1 時是一類，當 z 是 +1 時是另一類。典型的資料集，示意如下表：

x_1	x_2	z
x_{11}	x_{21}	−1
x_{12}	x_{22}	+1
x_{13}	x_{23}	+1
x_{14}	x_{24}	+1
x_{15}	x_{25}	−1
⋮	⋮	⋮
x_{1n}	x_{2n}	1

當 z 的標記值爲 −1 分類的那些點是位在 $w_1x_1+w_2x_2+b=-1$ 左上部，另一方面，$z=+1$ 的標記值分類的那些點則位於 $w_1x_1+w_2x_2+b=2$ 右下部。

SVM 最重要的概念是要從 $z=-1$ 標記的那些資料點以排列組合的方式找出所有可能的直線，每一條直線都有其對應的 $\{w_1,w_2,b\}$。同樣的，$z=+1$ 的那些資料點也是以排列組合的方式找出所有可能的直線，也有其對應的直線係數。找出兩個分類的資料點所有的直線，接下來還要從對應 $z=-1$ 與 $z=+1$ 分類的直線中，一一對應找到對應的平行線。平行線可能有多種組合，選擇準則是離得越遠越好。所謂距離越大越好，也就是有最大的 $\frac{2}{\sqrt{w_1^2+w_2^2}}$。令 $W^T=[w_1,w_2]$，則 $\|W\|=\sqrt{w_1^2+w_2^2}$ 這裡 $\|W\|^2=W^TW$。越遠越好的概念，相當於找到一組 $\{w_1,w_2,b\}$ 使得 $\frac{2}{\|W\|}$ 最大，也就是 $\underset{\{w_1,w_2,b\}}{\arg\max}\frac{2}{\|W\|}$，這等效於 $\underset{\{w_1,w_2,b\}}{\arg\max}\frac{1}{\|W\|}$，也等效於 $\underset{\{w_1,w_2,b\}}{\arg\min}\|W\|$，當然也等效於 $\underset{\{w_1,w_2,b\}}{\arg\min}\frac{\|W\|^2}{2}$。$\underset{\{w_1,w_2,b\}}{\arg\min}\frac{\|W\|^2}{2}$ 的意思是，嘗試各種可能的 $\{w_1,w_2,b\}$，其中有一組可使得 $\frac{\|W\|^2}{2}$ 最小，就是所要的答案。

在進行直線的排列組合時，還須維持兩個分組的資料點的分組標記，也就是 $z=-1$ 的那些資料點仍然必須在 $w_1x_1+w_2x_2+b=-1$ 的左上部；$z=+1$ 的資料點仍然必須在 $w_1x_1+w_2x_2+b=+1$ 的下半部。令 $X_i^T=[x_{1i},x_{2i}]$，這段敘述若以數學式表示，相當於下列 2 式：

$$W^TX_i+b+1\le 0 \text{ for } X_i \text{ with } z_i=-1$$
$$W^TX_i+b-1\ge 0 \text{ for } X_i \text{ with } z_i=+1$$

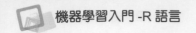

上列之數學式可移項後寫成

$$W^{T}X_i + b \le -1 \text{ for } X_i \text{ with } z_i = -1$$
$$W^{T}X_i + b \ge +1 \text{ for } X_i \text{ with } z_i = +1$$

當 $z_i = -1$ 時 $W^{T}X_i + b \le -1$，所以 $z_i(W^{T}X_i + b) \ge 1$；當 $z_i = +1$ 時 $W^{T}X_i + b \ge +1$，所以 $z_i\,(W^{T}X_i + b) \ge 1$。也就是 z_i 與 $(W^{T}X_i + b)$ 相乘必然大於或等於 1。因此上述數學式可以改寫為

$$z_i(W^{T}X_i + b) \ge 1 \text{ for } z_i = -1, +1$$

整合前述的論述，SVM 相當於解下列的數學問題：

$$\underset{\{w_1, w_2, b\}}{\arg\min} \frac{\|W\|^2}{2} \text{ such that } z_i(W^{T}X_i + b) \ge 1 \text{ for } i = 1, \ldots, n$$

上式中的 n 是訓練資料集的總筆數。若要使用電腦程式解決上述的數學問題，其實就是一個線性規劃 (linear programming) 的問題。可以想成是一種搜尋所有可能解，然後選擇一個最佳的解的作法。

在搜尋這些可能解時，若硬性規定 $z_i(W^{T}X_i + b) \ge 1$，則可能找不到最佳解。一個作法是放鬆限制條件，使 $z_i(W^{T}X_i + b) \ge 1 - \varepsilon_i \quad \varepsilon_i \ge 0$，上述限制條件的放鬆是針對每一個資料點，也就是每個資料點 X_i 的容忍值 ε_i 是不一樣的，從找到最佳解的觀點，當然是 ε_i 都越小越好。

$z_i(W^{T}X_i + b) \ge 1 - \varepsilon_i$ 的意義是，當超平面決定後，標記 $z_i = -1$ 及 $z_i = +1$ 的資料點，並不硬性要求一定要在邊界線 L_1 及 L_2 的左上部與右下部。以 $X_i^{T} = [x_{1i}, x_{2i}]$ 為例，假設 X_i 是歸屬於在 L_1 那一類，X_i 不一定要落在 L_1 的左上部而是可以稍容忍落在 L_1 的右下部，如圖 7-11 所示。

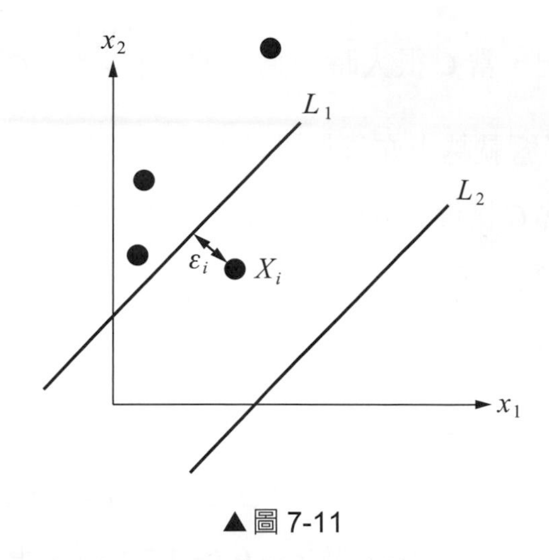

▲圖 7-11

即使 X_i 不在 L_1 的左上部，也就是不符合 $W^T X_i + b \geq -1$，但還是可以歸類到 $z = -1$ 的那一個分組。每一個 X_i 都容許有些誤差 ε_i 存在，也就是 $z_i(W^T X_i + b) \geq 1 - \varepsilon_i$ 的意義。這也代表支持向量並不一定要在邊界線 L_1 或 L_2 上，而是可稍爲偏移。

不同資料點的容許誤差量 ε_i 是不一樣的，在求解時每個 ε_i 是越小越好。如何以數學式描述 ε_i 越小越好？有一個作法就是讓總和最小，也就是讓 $\sum_{i=1}^{n}\varepsilon_i$ 最小。依前述的討論，令 $\varepsilon = [\varepsilon_1, \varepsilon_2, \cdots, \varepsilon_n]^T$，而已知 $W^T = [w_1, w_2]$，我們可以將待解的數學問題改寫成：

$$\underset{\{W,b,\varepsilon\}}{\operatorname{argmin}} \left(\frac{\|W\|^2}{2} + \sum_{i=1}^{n}\varepsilon_i\right) \text{ subject to } z_i(W^T X_i + b) \geq 1 - \varepsilon_i, \varepsilon_i \geq 0, i = 1, 2, \cdots n$$

爲了手動調節 $\sum_{i=1}^{n}\varepsilon_i$ 的影響，我們會將它乘上一個常數 C，C 是事先決定的，一般是取值爲 1.0。前述之待解問題變成下式：

$$\underset{\{W,b,\varepsilon\}}{\operatorname{argmin}} \left(\frac{\|W\|^2}{2} + C\sum_{i=1}^{n}\varepsilon_i\right) \text{ subject to } z_i(W^T X_i + b) \geq 1 - \varepsilon_i, \varepsilon_i \geq 0, i = 1, 2, \cdots n \quad ④$$

設想 C 極端的情況，當 C 很大時，爲了使得 $(\frac{\|\mathrm{W}\|^2}{2}+C\sum_{i=1}^{n}\varepsilon_i)$ 最小，ε_i 就需要越小越好，也就是 ε_i 影響就越小亦資料點即使會偏離邊界線，也幾乎要在邊界線附近才會符合要求。當 C 接近於 0 時，ε_i 則有比較大的範圍可以調整，表示 ε_i 的重要性越顯著。C 決定了 ε_i 在進行上述數學式最小化時的重要性。C 愈大，ε_i 重要性愈小；C 愈小，ε_i 重要性愈大。

要解前述的線性規劃問題，可以使用 Lagrange 乘積項方法，其後續的推導本書就不加以詳述。因爲有兩個限制式，作法是引入 Lagrange 參數 α_i 及 β_i，限制式就是第④式的 $z_i(\mathrm{W}^{\mathrm{T}}X_i+b)\geq 1-\varepsilon_i$ 及 $\varepsilon_i\geq 0, i=1,2,\cdots n$，上述的最小化問題可以改寫如下：

$$F(\mathrm{W},b,\alpha,\beta,\varepsilon)=\frac{1}{2}\mathrm{W}^{\mathrm{T}}\mathrm{W}+C\sum_{i=1}^{n}\varepsilon_i-\sum_{i=1}^{n}\alpha_i\left(z_i\left(\mathrm{W}^{\mathrm{T}}X_i+b\right)-1+\varepsilon_i\right)-\sum_{i=1}^{n}\beta_i\varepsilon_i$$

$$\mathrm{W}=\mathrm{W}^{\mathrm{T}}\mathrm{W} \qquad \alpha^{\mathrm{T}}=\left[\alpha_1,\alpha_2,\alpha_3,\ldots,\alpha_n\right]$$

$$\mathrm{W}^{\mathrm{T}}=\left[w_1,w_2\right] \qquad \beta^{\mathrm{T}}=\left[\beta_1,\beta_2,\beta_3,\ldots,\beta_n\right]$$

$$\varepsilon^{\mathrm{T}}=\left[\varepsilon_1,\varepsilon_2,\varepsilon_3,\ldots,\varepsilon_n\right] \qquad X_i^{\mathrm{T}}=\left[x_{1i},x_{2i}\right]$$

上述的問題其實就是最佳化的問題，要從眾多 $\{\mathrm{W},b,\alpha,\beta,\varepsilon\}$ 的組合中，找到最佳解。求解過程就是 $F(\mathrm{W},b,\alpha,\beta,\varepsilon)$ 對每個參數偏微分，並令所有偏微分項皆爲 0，之後求解。這一段推導有點複雜，就加以省略，只要了解是可以用此種方式求得解即可。

7-4 核函數

SVM 是 Corinna Cortes 和 Uapnik 於 1995 年所提出的二元分類器 (binary classifier)，它在解決小樣本、非線性分類問題上有優秀的表現。這似乎與之前說的 SVM 是一種線性分類器有所衝突。實際上，SVM 是藉由核函數將在低維度非線性可分的資料點藉由核函數映射到高維度成爲線性可分的資料點，如此一來就轉換成線性可分了。一個設想的非線性可分的資料集並繪出其分布，如下表與圖 7-12 所示：

x_1	x_2	z
4	1	−1
3	2	−1
1	−1	−1
3	−2	−1
2	−4	+1
1	−5	+1
2	4	+1
5	5	+1

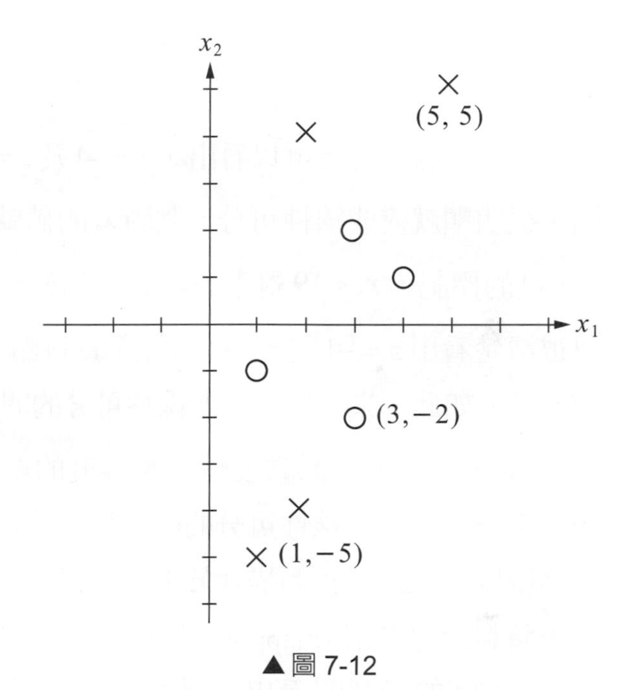

▲圖 7-12

從圖 7-12 上可看出，$z=-1$ 與 $z=+1$ 的資料點顯然不是線性可分，圖 7-12 分別以 X 跟 O 符號表示不同分組。SVM 是用來解決線性可分的問題，對於目前這一個非線性可分的問題並無法解決。爲了解決這個問題，可以引入第 3 個欄位 $x_3=x_1^2+x_2^2$，所以上述資料集就可以改寫爲：

x1	x2	x3	z
4	1	17	−1
3	2	13	−1
1	−1	2	−1
3	−2	13	−1
2	−4	20	+1
1	−5	26	+1
2	4	20	+1
5	5	50	+1

從第 2 個資料集可以看出，$z=-1$及$z=+1$的資料點(x_1,x_2,x_3)，若繪製成 3D 圖，很明顯就變成線性可分。判斷x_3的值就可以看出分類，也就是$x_3 \geq 19$對應到$z=+1$的標記，$x_3 < 19$對應$z=-1$。設想這個 3D 圖，若x_3爲垂直方向，從上表可以很清楚看出$z=-1$與$z=+1$的標記資料點，只要判斷x_3是大於或小於 19 即可完成分類。如此一來，原本是非線性可分的問題，現在就變成線上可分了。

SVM 方法中將低維度轉爲高維度的函數就叫做核函數 (kernel function)。核函數被運用於將非線性可分的問題轉換成線性可分的問題。核函數將低維度映射至高維度的細節，我們描述於下。資料集無法被線性分類器分類時，將資料集的每筆資料記錄映射 (mapping) 到較高維度，使其變成線性可分。此觀念可以從圖 7-13、7-14 的示意圖看出。圖 7-13 是二維平面圖，很明顯非線性可分；圖 7-14 爲三維立體圖，可找到一個平面做兩分類的線性分離。

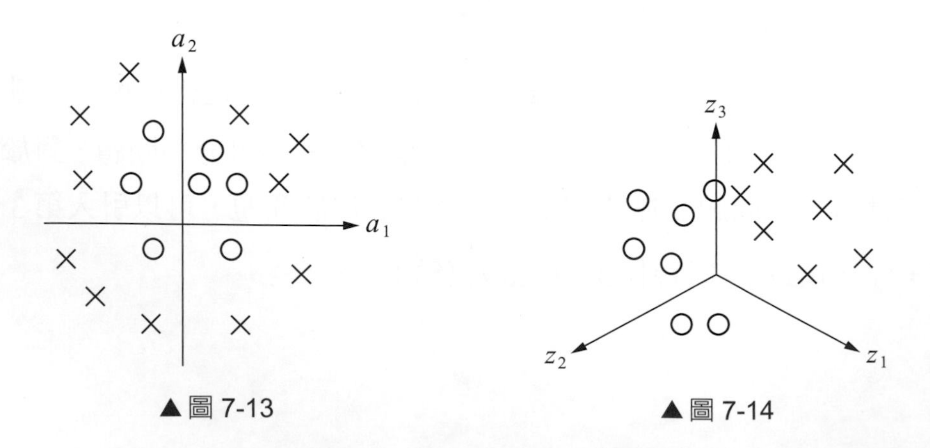

▲圖 7-13　　▲圖 7-14

圖 7-13 是非線性可分，圖 7-14 則是線性可分，這個更高維度的空間稱爲 Hilbert space(H)。如何從低維度映射到高維度，牽涉到映射函數與核函數的觀念。

若 a 是向量 $[a_1,a_2]^{\mathrm{T}}$，有映射向量爲 $\Phi(a)$，若 b 是向量 $[b_1,b_2]^{\mathrm{T}}$，有映射向量 $\Phi(b)$。核函數 $K(a, b)$ 是 a 與 b 向量經映射函數產生的新向量 $\Phi(a)$ 及 $\Phi(b)$ 的內積，$<\Phi(a),\Phi(b)>$。我們有核函數 $K(a,b)=<\Phi(a),\Phi(b)>$。

以下以 a 及 b 二個二維向量做例子，說明一種簡單的核函數，$K(a,b)=(a^{\mathrm{T}}b)^2$，然後找出一個映射函數可將二維資料點映射到三維空間。推導過程如下：

$$a=\begin{bmatrix}a_1\\a_2\end{bmatrix}\quad b=\begin{bmatrix}b_1\\b_2\end{bmatrix}，<a,b>=a^{\mathrm{T}}b$$

$$K(a,b)=(<a,b>)^2=\left(a^{\mathrm{T}}b\right)^2=\left(\left[a_1,a_2\right]\begin{bmatrix}b_1\\b_2\end{bmatrix}\right)^2=\left(a_1b_1+a_2b_2\right)^2=a_1^2b_1^2+a_2^2b_2^2+2a_1a_2b_1b_2$$

而 $a_1^2b_1^2+a_2^2b_2^2+2a_1a_2b_1b_2=\begin{bmatrix}a_1^2\\a_2^2\\\sqrt{2}a_1a_2\end{bmatrix}^{\mathrm{T}}\begin{bmatrix}b_1^2\\b_2^2\\\sqrt{2}b_1b_2\end{bmatrix}$

$$=\left[a_1^2a_2^2\sqrt{2}a_1a_2\right]\cdot\begin{bmatrix}b_1^2\\b_2^2\\\sqrt{2}b_1b_2\end{bmatrix}=<\Phi(a),\Phi(b)>$$

$$\Rightarrow\Phi(a)=\begin{bmatrix}a_1^2\\a_2^2\\\sqrt{2}a_1a_2\end{bmatrix}\quad\Phi(b)=\begin{bmatrix}b_1^2\\b_2^2\\\sqrt{2}b_1b_2\end{bmatrix}$$

也就是 $a=\begin{bmatrix}a_1\\a_2\end{bmatrix}$，經過 $\Phi(a)$ 映射到三維空間產生一個新向量，

$\Phi(a)=\begin{bmatrix}a_1^2\\a_2^2\\\sqrt{2}a_1a_2\end{bmatrix}$，而 $b=\begin{bmatrix}b_1\\b_2\end{bmatrix}$，則映射出 $\Phi(b)=\begin{bmatrix}b_1^2\\b_2^2\\\sqrt{2}b_1b_2\end{bmatrix}$

實際上，上述的核函數 $(a^{\mathrm{T}}b)^2$ 只是多項式核函數的一個特例。多項式核函數 (polynomial kernel) 的定義如下式：

$$K(a,b)=(\alpha<a,b>+e)^d$$

d 為正整數，也叫做自由度 (degree)，α 與 e 是另兩個可調的係數。當 $\alpha = 1$，$d = 2$ 及 $e = 0$ 時，就是我們前面所討論的 $K(a,b) = (a^{\mathrm{T}}b)^2$。

除了多項式核函數，另外一個常用的核函數叫做 RBF 核函數 (gaussian radial basis function kernel)，此核函數定義如下：

$$K(a,b) = e^{-r\|a-b\|^2}$$

γ 是一個非 0 的實數，叫 gamma 值 a 與 b 都是向量。模仿前面的推導過程，我們也可以得到映射函數 $\Phi(a)$，推導如下：

令 $a = \begin{bmatrix} a_1 \\ a_2 \end{bmatrix} \quad b = \begin{bmatrix} b_1 \\ b_2 \end{bmatrix}$

$$\|a-b\|^2 = [a-b]^{\mathrm{T}}[a-b] = [a_1 - b_1, a_2 - b_2]\begin{bmatrix} a_1 - b_1 \\ a_2 - b_2 \end{bmatrix}$$

$$= (a_1 - b_1)^2 + (a_2 - b_2)^2 = a_1^2 - 2a_1b_1 + b_1^2 + a_2^2 - 2a_2b_2 + b_2^2$$

$$e^{-\|a-b\|^2} = e^{-(a_1^2 - 2a_1b_1 + b_1^2)} \cdot e^{-(a_2^2 - 2a_2b_2 + b_2^2)} = \begin{bmatrix} e^{-a_1^2} e^{+2a_1b_1} e^{b_1^2} \end{bmatrix} \begin{bmatrix} e^{-a_2^2} \\ e^{+2a_2b_2} \\ e^{-b_2^2} \end{bmatrix} = <\Phi(a), \Phi(b)>$$

$$\Rightarrow \Phi(a) = \begin{bmatrix} e^{-a_1^2} e^{+2a_1b_1} e^{-b_1^2} \end{bmatrix}^{\mathrm{T}}$$

接下來，我們就以下列的資料及展示映射函數的作用。

x_1	x_2	y
1	1	A
1	−1	A
−1	1	A
−1	−1	A
2	2	B
2	−2	B
−2	2	B
−2	−2	B

此資料集很明顯的不是線性可分，而是內圈是類別 A，外圈是類別 B。

我們將資料集的 8 個資料點，繪製在圖上，外圈圓形實心的資料點是一類，內圈矩形實心是另一類，如圖 7-15 所示。

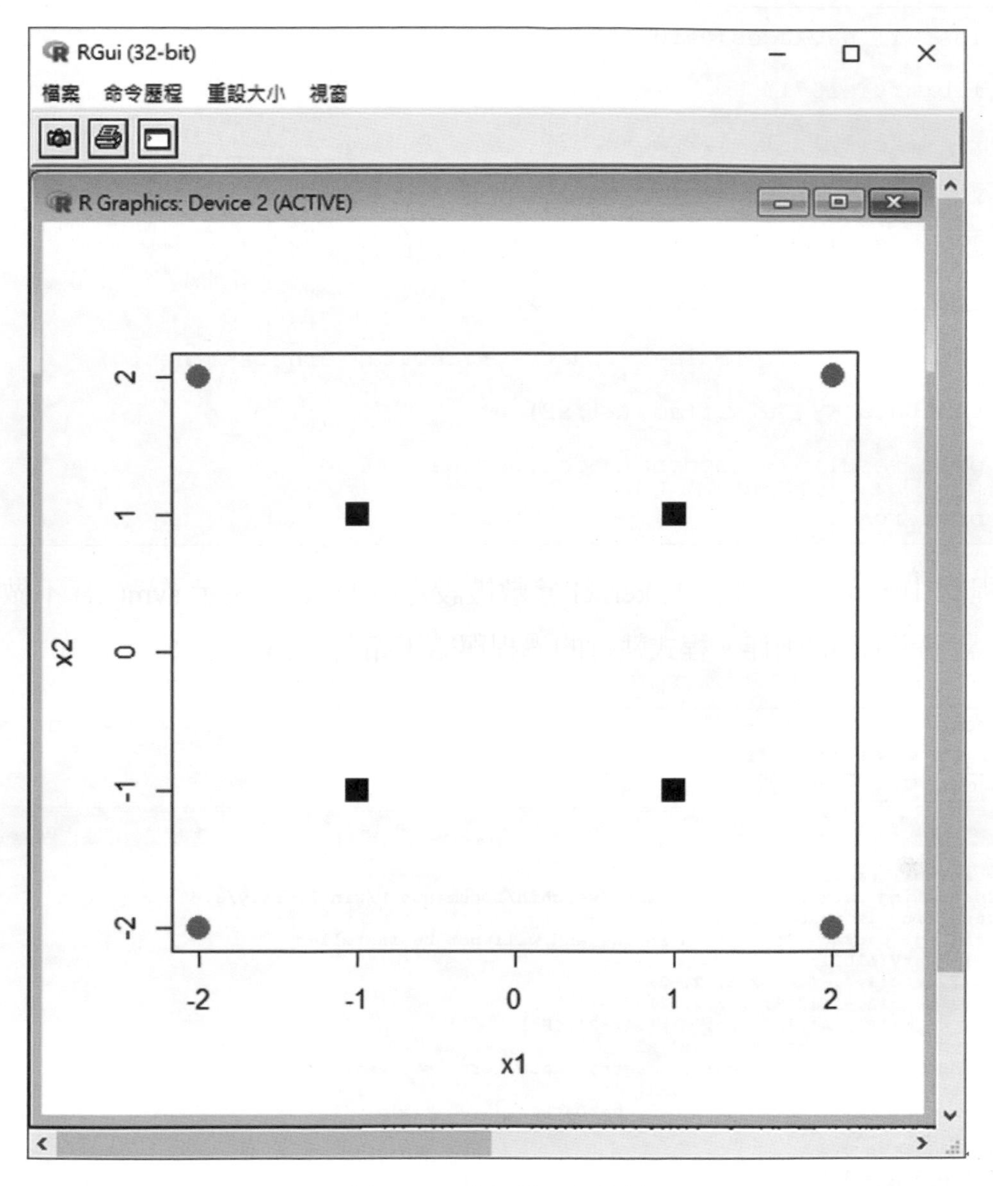

▲圖 7-15　非線性可分的例子

繪製圖 7-15 的程式碼如下：

```
x1 <- c(1,1,-1,-1,2,2,-2,-2)
x2 <- c(1,-1,1,-1,2,-2,2,-2)
plot(x1,x2,col=rep(1:2,each=4),pch=rep(15:16,each=4),cex=2)
```

上述程式碼的 plot(…) 函式中，cex = 2 是設定點的大小。接下來我們撰寫一段程式，使用 svm(…) 函式，但是不將二維資料點映射到三維資料點，可以預期，在此情況下，svm(…) 應該無法正確完成分類學習。程式碼如下：

```
install.packages("e1071")
library(e1071)
x1 <- c(1,1,-1,-1,2,2,-2,-2)
x2 <- c(1,-1,1,-1,2,-2,2,-2)
s <- c('A','A','A','A','B','B','B','B')
trainData <- data.frame(x1,x2,s)
model <- svm(formula=s~.,data=trainData,kernel="linear")
testData <- data.frame(x1,x2)
pred_result <- predict(model,testData)
pred_result
```

程式中，svm(…) 函式的 kernel 參數被設定成 linear，表示 svm(…) 不做將低維度轉到高維度的動作。程式執行的過程與結果如圖 7-16 所示：

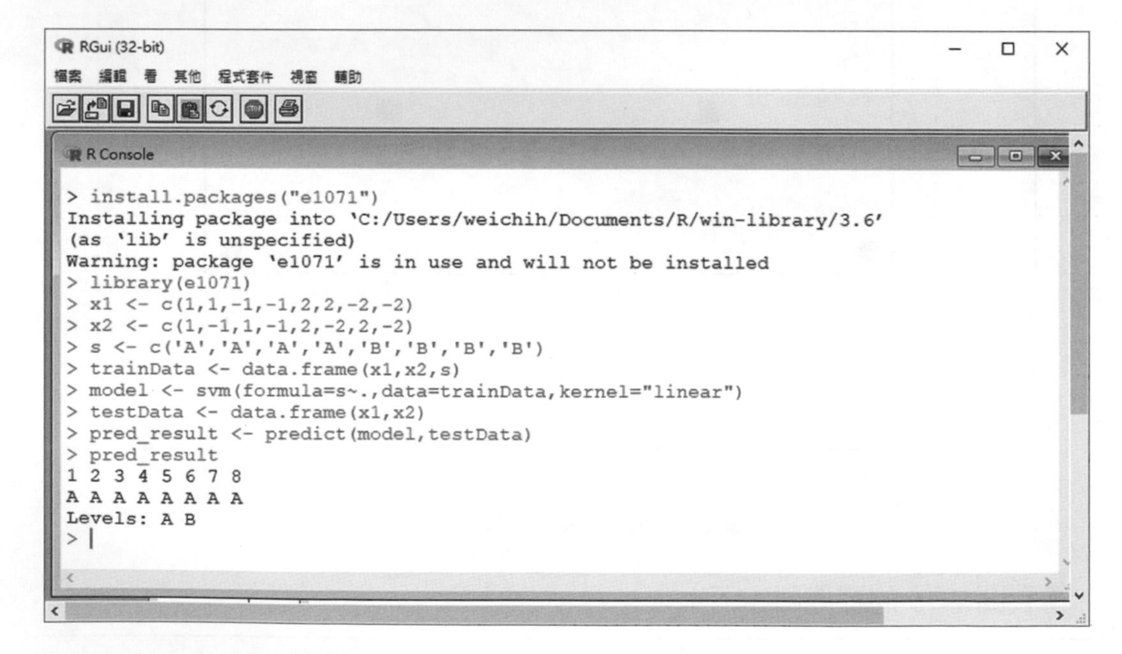
RGui (32-bit)
檔案 編輯 看 其他 程式套件 視窗 輔助
R Console
> install.packages("e1071")
Installing package into 'C:/Users/weichih/Documents/R/win-library/3.6'
(as 'lib' is unspecified)
Warning: package 'e1071' is in use and will not be installed
> library(e1071)
> x1 <- c(1,1,-1,-1,2,2,-2,-2)
> x2 <- c(1,-1,1,-1,2,-2,2,-2)
> s <- c('A','A','A','A','B','B','B','B')
> trainData <- data.frame(x1,x2,s)
> model <- svm(formula=s~.,data=trainData,kernel="linear")
> testData <- data.frame(x1,x2)
> pred_result <- predict(model,testData)
> pred_result
1 2 3 4 5 6 7 8
A A A A A A A A
Levels: A B
>

▲圖 7-16　svm(…) 函式無法正確分類的例子

上述的程式碼中，s <– c(‘A’, ‘A’, ‘A’, ‘A’, ‘B’, ‘B’, ‘B’, ‘B’)，在有些 R 的版本會有編譯錯誤，如果有這種情況，請修改爲 s <– c(–1, –1, –1, –1, 1, 1, 1, 1)。

查看上圖的執行結果 (pred_result)，可以發現到所有的資料點都被歸爲 A 類，也就是無法正確分類。接下來我們使用多項式核函數的映射函數，

$$a=\begin{bmatrix}a_1\\a_2\end{bmatrix}，\Phi(a)=\begin{bmatrix}a_1^2\\a_2^2\\\sqrt{2}a_1a_2\end{bmatrix}$$

將二維的資料點先映射成三維的資料點，然後再使用 svm(…) 進行分類。程式碼如下：

```
install.packages("e1071")
library(e1071)
x1 <- c(1,1,-1,-1,2,2,-2,-2)
x2 <- c(1,-1,1,-1,2,-2,2,-2)
s <- c('A','A','A','A','B','B','B','B')
newx1 <- x1^2
newx2 <- x2^2
x3 <- sqrt(2)*x1*x2
trainData <- data.frame(newx1,newx2,x3,s)
model <- svm(formula=s~.,data=trainData,kernel="linear")
testData <- data.frame(newx1,newx2,x3)
pred_result <- predict(model,testData)
pred_result
```

程式的執行過程與結果如圖 7-17 所示：

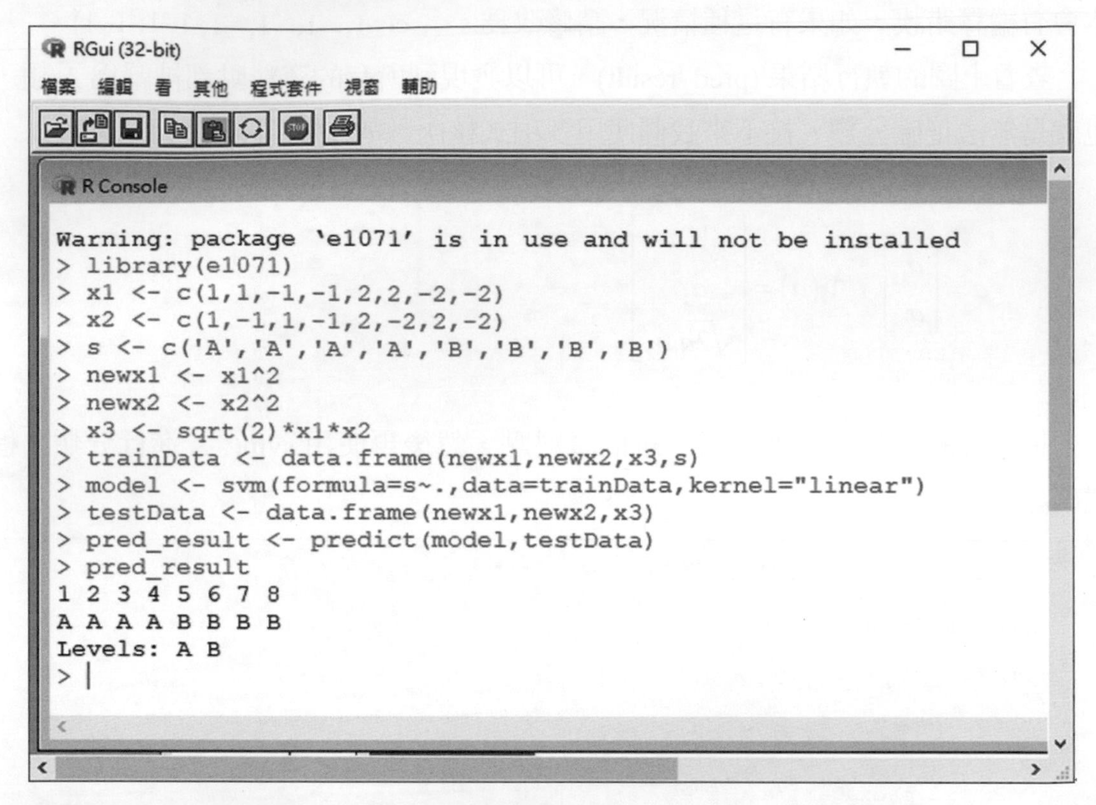
RGui (32-bit)
檔案 編輯 看 其他 程式套件 視窗 輔助
R Console
Warning: package 'e1071' is in use and will not be installed
> library(e1071)
> x1 <- c(1,1,-1,-1,2,2,-2,-2)
> x2 <- c(1,-1,1,-1,2,-2,2,-2)
> s <- c('A','A','A','A','B','B','B','B')
> newx1 <- x1^2
> newx2 <- x2^2
> x3 <- sqrt(2)*x1*x2
> trainData <- data.frame(newx1,newx2,x3,s)
> model <- svm(formula=s~.,data=trainData,kernel="linear")
> testData <- data.frame(newx1,newx2,x3)
> pred_result <- predict(model,testData)
> pred_result
1 2 3 4 5 6 7 8
A A A A B B B B
Levels: A B
>

▲圖 7-17　二維的資料點映射成三維再使用 svm(...) 進行分類

從執行結果可以發現，原本無法分類的，目前已可以正確分類。上述的程式碼，我們將 kernel 參數設定為 linear。實際上，在呼叫 svm(...) 函式時，kernel 參數的預設不是 linear，而是 radial，也就是 RBF 和函數。換句話說，呼叫 svm(...)時，我們根本不需要自己將資料集從低維度轉換到高維度，而是 svm(...) 內部會自行轉換，我們只需給定原始資料集即可。程式碼如下：

```
install.packages("e1071")
library(e1071)
x1 <- c(1,1,-1,-1,2,2,-2,-2)
x2 <- c(1,-1,1,-1,2,-2,2,-2)
s <- c('A','A','A','A','B','B','B','B')
trainData <- data.frame(newx1,newx2,x3,s)
model <- svm(formula=s~.,data=trainData)
testData <- data.frame(x1,x2)
pred_result <- predict(model,testData)
pred_result
```

執行過程與結果如圖 7-18 所示：

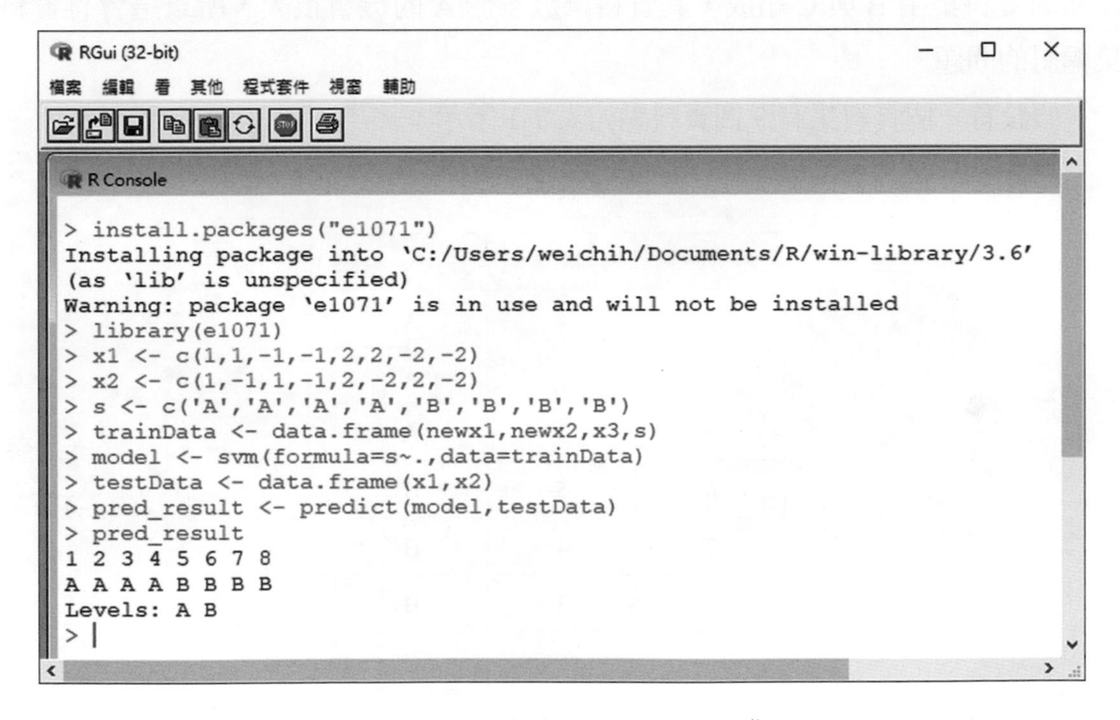
RGui (32-bit)
檔案 編輯 看 其他 程式套件 視窗 輔助
R Console
> install.packages("e1071")
Installing package into 'C:/Users/weichih/Documents/R/win-library/3.6'
(as 'lib' is unspecified)
Warning: package 'e1071' is in use and will not be installed
> library(e1071)
> x1 <- c(1,1,-1,-1,2,2,-2,-2)
> x2 <- c(1,-1,1,-1,2,-2,2,-2)
> s <- c('A','A','A','A','B','B','B','B')
> trainData <- data.frame(newx1,newx2,x3,s)
> model <- svm(formula=s~.,data=trainData)
> testData <- data.frame(x1,x2)
> pred_result <- predict(model,testData)
> pred_result
1 2 3 4 5 6 7 8
A A A A B B B B
Levels: A B
>

▲圖 7-18　直接呼叫 svm(...) 函式

查看執行結果，執行 svm(formula=s~.,data=trainData) 之後所得到的 model，的確可以正確完成分類。

7-5 SVM 的多元分類應用

SVM 是一種二元分類器，但是許多分類問題都是多元分類問題，SVM 可以使用下列的策略來解決多元分類的問題。一種策略是一對一 (one-against-one)，另一種策略是一對其他 (one-against-all)。

一對其他 (one-against-all) 策略每次都還是解二元分類的問題。舉例來說，若有 3 個分類，標記分別是 A、B、C，第一個分類先進行 A 與其他 (B 與 C) 的 SVM 分類，第二次分類則是進行 B 與其他 (A 與 C) 的 SVM 分類，第三次分類則是進行 C 與其他 (A 與 B) 的 SVM 分類。這種策略需要 N 個 SVM 分類器，如果資料集有 N 個類別時。另外，此種策略的缺點是每一個分類器的資料集的 2 個標記的資料筆數是不平衡的 (unbalanced data)。以 A 爲一類，B 與 C 爲另一類 (D 類)，D 類的資料集由 B 與 C 組成，其資料筆數多於 A 的機會很大，所以這會有資料集偏斜的問題。

假設有一個資料集有 9 個資料點如表 7-1 所示：

▼表 7-1

x_1	x_2	s
1	4	A
2	3	A
3	3	A
6	5	B
7	4	B
8	3	B
4	6	C
3	9	C
5	7	C

我們將上述的 9 個資料點以下列的程式碼繪製在一張圖上，很明顯是分成 3 類。

```
x1 <- c(1,2,3,6,7,8,4,3,5)
x2 <- c(4,3,3,5,4,3,6,9,7)
s <- c('A','A','A','B','B','B','C','C','C')
plot(x1,x2,col=rep(1:3,each=3), pch=rep(15:17,each=3),cex=2)
```

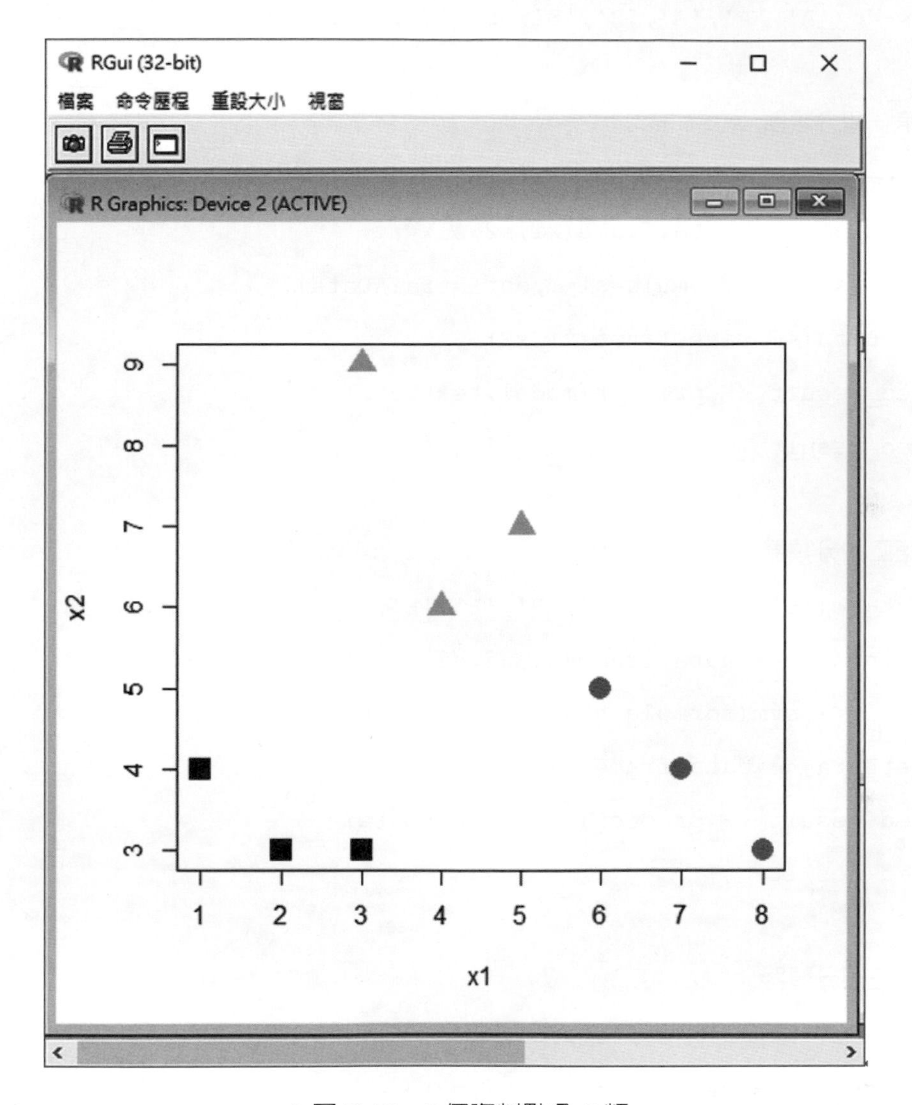

▲圖 7-19　9 個資料點分 3 類

按照 1 對其他 (one-against-all) 的策略，我們須執行 3 次的 SVM 機器學習。程式碼如下：

```
x1 <- c(1,2,3,6,7,8,4,3,5)
x2 <- c(4,3,3,5,4,3,6,9,7)
s <- c('A','A','A','B','B','B','C','C','C')

# 第一個分類器 A to {B,C}
s1 <- c('A','A','A','D','D','D','D','D','D')
trainData <- data.frame(x1,x2,s1)
model <- svm(formula=s1~.,data=trainData)
testData <- data.frame(x1,x2)
pred_result <- predict(model,testData)
pred_result

# 第二個分類器 B to {A,C}
s2 <- c('E','E','E','B','B','B','E','E','E')
trainData <- data.frame(x1,x2,s2)
model <- svm(formula=s2~.,data=trainData)
testData <- data.frame(x1,x2)
pred_result <- predict(model,testData)
pred_result

# 第三個分類器 C to {A,B}
s3 <- c('F','F','F','F','F','F','C','C','C')
trainData <- data.frame(x1,x2,s3)
model <- svm(formula=s3~.,data=trainData)
testData <- data.frame(x1,x2)
pred_result <- predict(model,testData)
pred_result
```

結果如圖 7-20 所示。

```
RGui (32-bit) - [R Console]
檔案 編輯 看 其他 程式套件 視窗 輔助

> x2 <- c(4,3,3,5,4,3,6,9,7)
> s <- c('A','A','A','B','B','B','C','C','C')
>
> #第一個分類器 A to {B,C}
> s1 <- c('A','A','A','D','D','D','D','D','D')
> trainData <- data.frame(x1,x2,s1)
> model <- svm(formula=s1~.,data=trainData)
> testData <- data.frame(x1,x2)
> pred_result <- predict(model,testData)
> pred_result
1 2 3 4 5 6 7 8 9
A A A D D D D D D
Levels: A D
>
> #第二個分類器 B to {A,C}
> s2 <- c('E','E','E','B','B','B','E','E','E')
> trainData <- data.frame(x1,x2,s2)
> model <- svm(formula=s2~.,data=trainData)
> testData <- data.frame(x1,x2)
> pred_result <- predict(model,testData)
> pred_result
1 2 3 4 5 6 7 8 9
E E E B B B E E E
Levels: B E
>
> #第三個分類器 C to {A,B}
> s3 <- c('F','F','F','F','F','F','C','C','C')
> trainData <- data.frame(x1,x2,s3)
> model <- svm(formula=s3~.,data=trainData)
> testData <- data.frame(x1,x2)
> pred_result <- predict(model,testData)
> pred_result
1 2 3 4 5 6 7 8 9
F F F F F F C C C
Levels: C F
> |
```

▲圖 7-20　one-against-all 策略

從結果看起來，1 對其它 (one-against-all) 的策略可以成功分類。除了 one-against-all 策略可以解決 SVM 的多元分類問題，還有另一個策略是 one-against-one 策略。

一對一 (one-against-one) 的多元分類是每次分類都是一對一互比，如果資料集包含了 M 個類別，one-against-one 的 SVM 分類策略就需要建立 $\frac{M(M-1)}{2}$ 個分類器。

一旦以 SVM 機器學習得到 $\frac{M(M-1)}{2}$ 個分類器後，當要針對新輸入的資料點進行分類時，就必須採樹狀決策方式做一對一互比。我們以完成機器學習的 {A,B,C}3 大類爲例，如圖 7-21 所示：

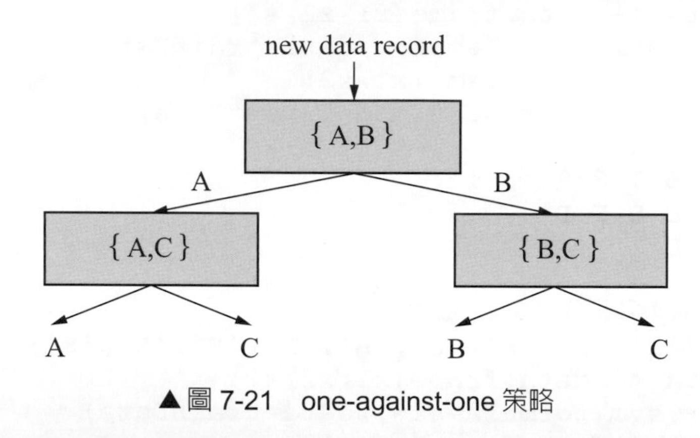

▲圖 7-21　one-against-one 策略

這是一種有向無還圖 (DAG，directed acyclic graph)，所以 one- against -one 的多元 SVM 分類策略也叫做 DAG SVM。當有一筆新資料輸入後，DAG SVM 分類的步驟是，先判斷 A 類或 B 類，再判斷是 A 或 C 類，以及 B 或 C 類，最後即可完成分類。R 軟體的 svm(…) 函式預設爲 DAG 的 one-against-one 的方法。

如前所述，R 的 svm(…) 函式預設使用 one-against-one，而不是 one-against-all 策略。接下來，使用 R 的 svm(…) 針對前述同樣有 3 類標記的資料集進行分類，程式碼如下：

```
x1 <- c(1,2,3,6,7,8,4,3,5)
x2 <- c(4,3,3,5,4,3,6,9,7)
s <- c('A','A','A','B','B','B','C','C','C')
trainData <- data.frame(x1,x2,s)
model <- svm(formula=s~.,data=trainData,kernel=" polynomial" )
testData <- data.frame(x1,x2)
pred_result <- predict(model,testData)
pred_result
```

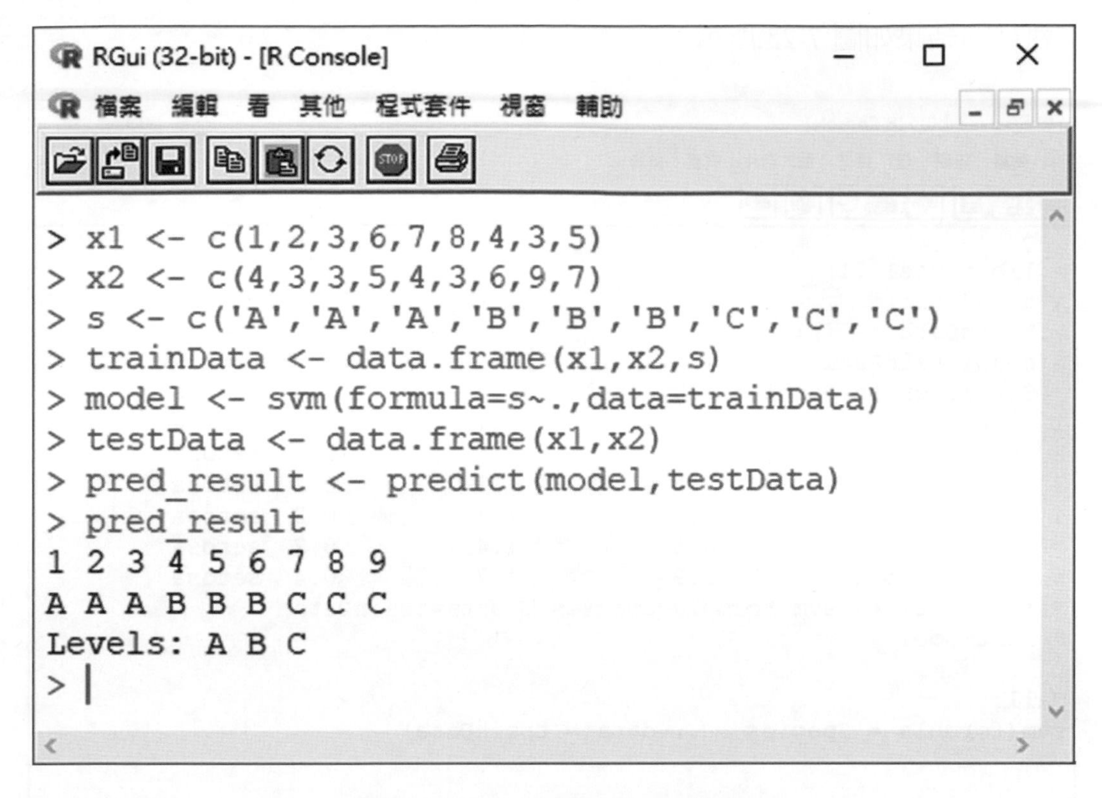

▲圖 7-22　one-against-one 策略

結果如圖 7-22，的確是可以正確分類好的。

接下來，我們以實際的資料集分類問題來展示 SVM 的應用。仍然使用 iris 資料集。iris 資料集總共有 150 筆資料紀錄。有三大類，分別是 setosa、versicolor、與 virginica。基於此一資料集，使用 SVM 機器學習演算法，我們可以得到一個 SVM 分類器。R 程式碼如下：

```
install.packages("e1071")
library(e1071)
data(iris)
trainData <- iris
head(trainData)
irisModel <- svm(formula=Species~.,data=trainData)
irisModel
```

執行的結果如圖 7-23 所示：

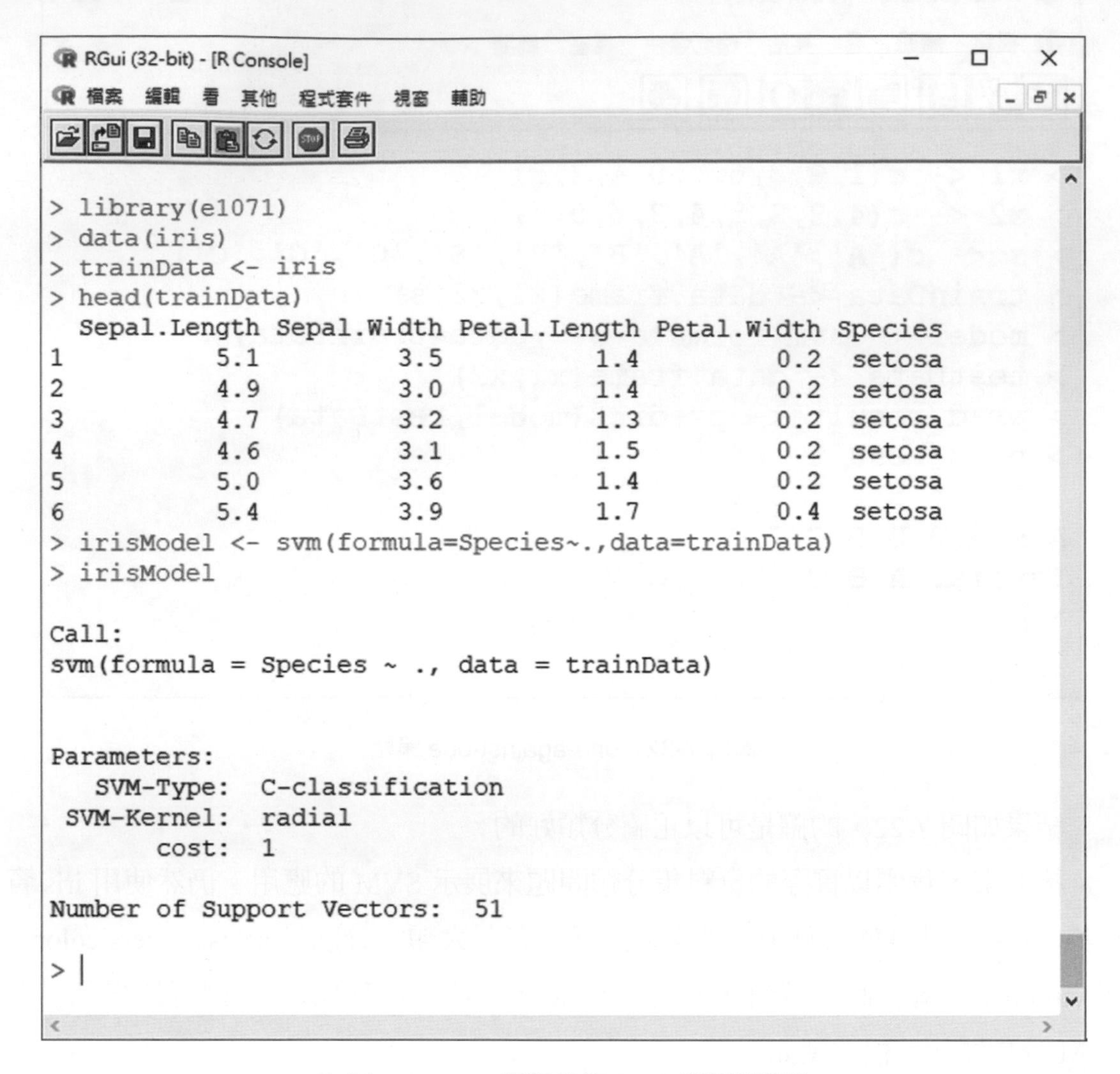

RGui (32-bit) - [R Console]
檔案 編輯 看 其他 程式套件 視窗 輔助
> library(e1071)
> data(iris)
> trainData <- iris
> head(trainData)
  Sepal.Length Sepal.Width Petal.Length Petal.Width Species
1   5.1   3.5   1.4   0.2 setosa
2   4.9   3.0   1.4   0.2 setosa
3   4.7   3.2   1.3   0.2 setosa
4   4.6   3.1   1.5   0.2 setosa
5   5.0   3.6   1.4   0.2 setosa
6   5.4   3.9   1.7   0.4 setosa
> irisModel <- svm(formula=Species~.,data=trainData)
> irisModel
Call:
svm(formula = Species ~ ., data = trainData)
Parameters:
   SVM-Type: C-classification
 SVM-Kernel: radial
       cost: 1
Number of Support Vectors: 51
>

▲圖 7-23　iris 資料集的 SVM 分類器模型

觀察上述結果，所學得的 SVM 分類器模型有幾個參數，SVM-Type 爲 C-classification，這裡的 C 就是我們在討論 SVM 原理所提到的常數 C，其值預設爲 1(cost=1)。SVM-Kernel 爲 radial，表是使用 RBF 核函數。所學習到的 SVM 模型之支持向量的數目 (number of support vectors) 爲 51。

如何決定 SVM 分類器的正確率，一個作法是將原本做爲訓練的資料集做爲分類器的輸入，得到的分類結果再與實際的結果比較，即可初步判斷分類器的效能。R 的程式碼如下：

```
testData <- trainData[,c(1:4)]
head(testData)
pred_result <- predict(irisModel,testData)
head(pred_result)
table(real=trainData$Species,pred=pred_result)
```

testData 是測試用的資料集，我們將訓練用資料集 trainData 的 Species 欄位去掉，只取用前 4 個欄位做爲測試資料集。

執行結果如圖 7-24 所示：

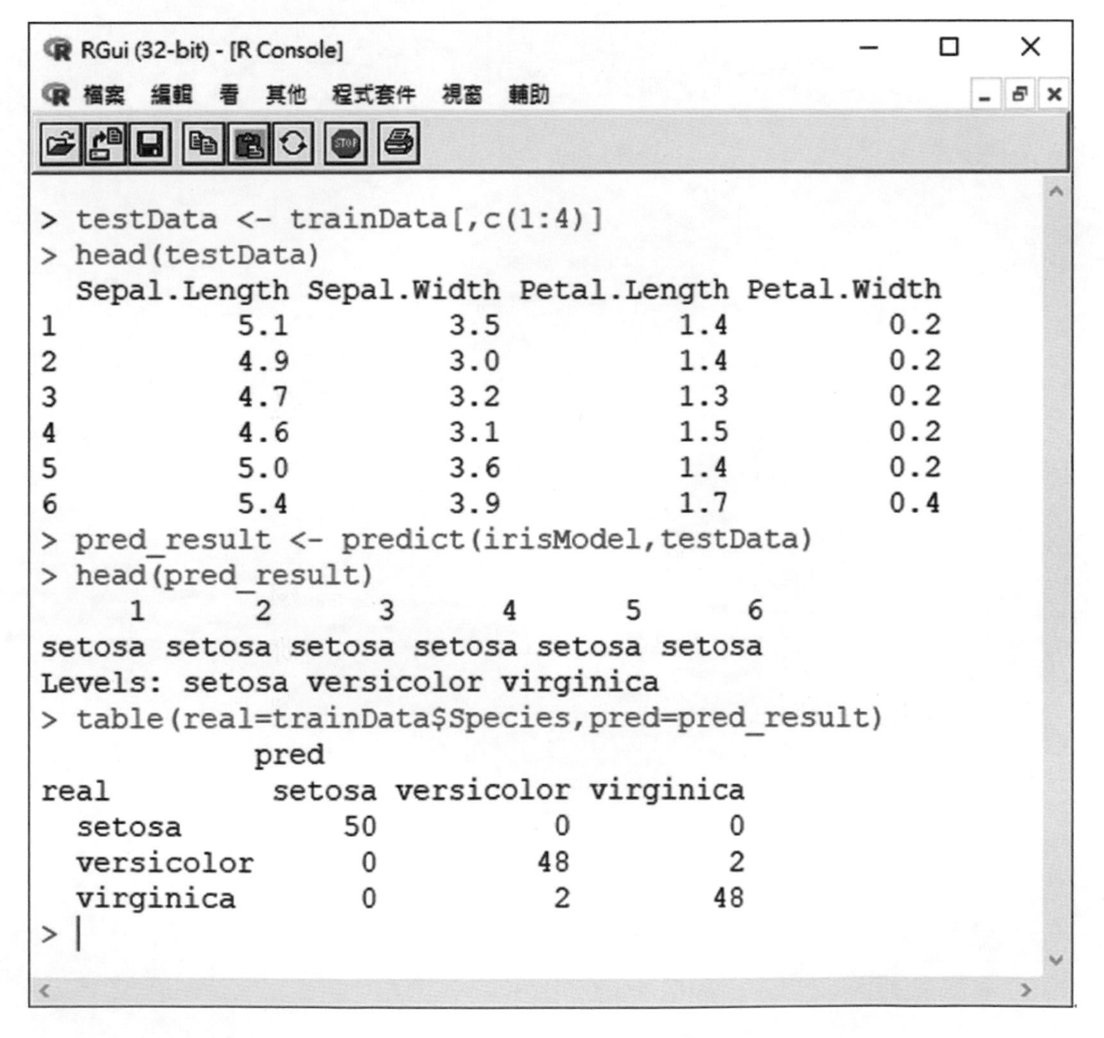

```
> testData <- trainData[,c(1:4)]
> head(testData)
  Sepal.Length Sepal.Width Petal.Length Petal.Width
1          5.1         3.5          1.4         0.2
2          4.9         3.0          1.4         0.2
3          4.7         3.2          1.3         0.2
4          4.6         3.1          1.5         0.2
5          5.0         3.6          1.4         0.2
6          5.4         3.9          1.7         0.4
> pred_result <- predict(irisModel,testData)
> head(pred_result)
     1      2      3      4      5      6 
setosa setosa setosa setosa setosa setosa 
Levels: setosa versicolor virginica
> table(real=trainData$Species,pred=pred_result)
            pred
real         setosa versicolor virginica
  setosa         50          0         0
  versicolor      0         48         2
  virginica       0          2        48
> 
```

▲圖 7-24　測試資料集的概念

分類的結果儲存在 pred_result 變數內。使用 table(…) 函式可比較資料集實際的分類結果 (real=trainData$Species) 與使用 SVM 的分類結果 (pred_result)。從上圖的表格可以看到，原本標記為 setosa 的 50 筆資料紀錄全部被正確分類，原本標記為 versicolor 的 50 筆資料紀錄有 48 筆被正確分類，原本標記為 virginica 的 50 筆資料紀錄有 48 筆被正確分類。從這個結果來看，SVM 的分類正確率非常高。

習題

1. 有一組氣溫與紅茶銷量的資料。請建立線性迴歸模型，並在控制台輸出係數及截距。(使用 lm() 函數)

氣溫	29	28	34	31	25	29	32	31	24	33	25	31	26	30
紅茶銷量	77	62	93	84	59	64	80	75	58	91	51	73	65	84

2. 續上題，假設明日的氣溫預測為 38 度，請問紅茶銷量預測為多少？
3. myModel <- lda(s~.,data = testData) ，這個描述式有何作用？
4. 何謂線性可分？
5. SVM 是哪三個英文字的縮寫？
6. SVM 的支持向量的定義是甚麼？
7. model <- svm(formula = s~. , data = trainData)

   pred_result <- predict(model,data.frame(x1,x2))

   這二個描述式有何作用？
8. SVM 的核函數的定義是甚麼？
9. 請寫出 RBF 核函數 (Gaussian Radial Basis Kernel Function) 的數學式。
10. 對於多元分類的問題，SVM 的 one-against-all 策略為何？

8 非線性分類器

8-1 類神經網路分類器概論

若類神經網路分類器 (neural network classifier) 已由機器學習得到，在推論階段就可以針對新輸入資料 (new data record) 進行分類。AI 應用建置者通常會建立一個資料輸入的使用者介面，如圖 8-1 所示，是一個類神經網路分類器網站的輸入介面的示意圖。

127.0.0.1/NNservice/serviceIF.p

127.0.0.1/NNservice/s...

這是一個類神經網路分類器的服務介面。
只要鍵入花萼長度、花萼寬度、花瓣長度、花瓣寬度，
Neural Network Classifying Model
就可以幫你做品種分類，setosa、versicolor、virginica。

輸入花萼長度 7.7

輸入花萼寬度 2.6

輸入花瓣長度 6.9

輸入花瓣寬度 2.3

送出

▲圖 8-1　類神經網路分類器網站的輸入介面示意圖

輸入花萼長度、花萼寬度、花瓣長度、花瓣寬度，按「送出」後，後端處理程式收到資料後就會呼叫類神經網分類器進行運算，然後給出分類的結果。如圖 8-2 所示，所得到的分類結果是 virginica。

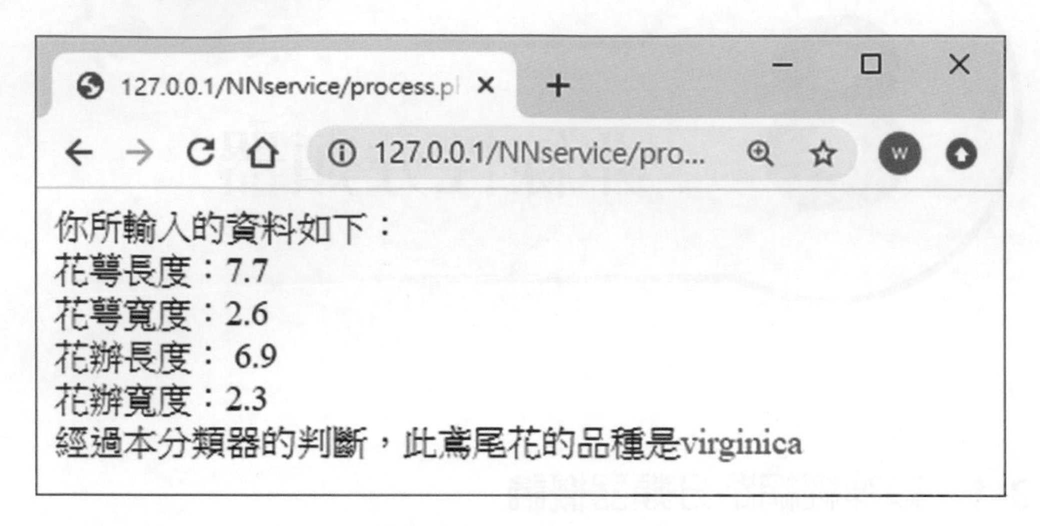

▲圖 8-2　分類結果的顯示

那類神經網路到底是如何運作的？要回答此問題，請參考圖 8-3，此圖是一個類神經網路三層架構圖，包含輸入層、隱藏層以及輸出層。

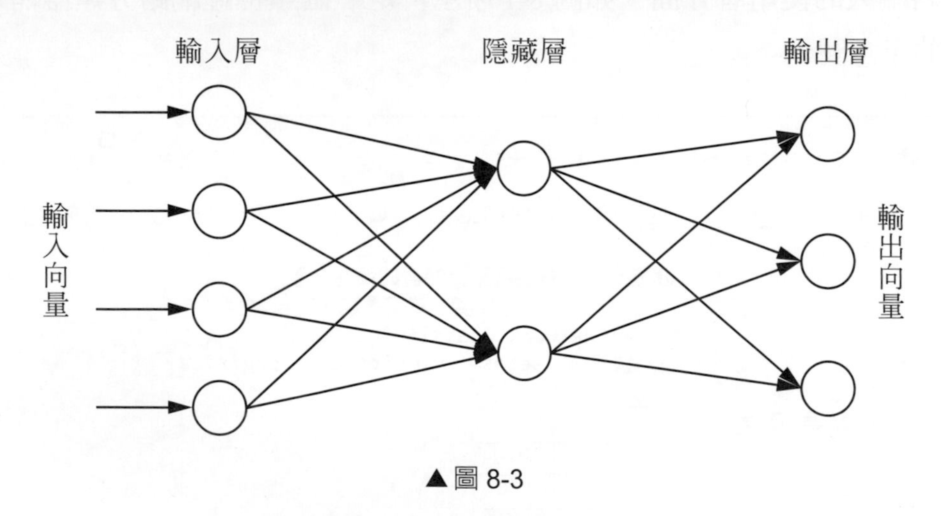

▲圖 8-3

輸入向量是有待分類的新資料紀錄，例如前圖的 {7.7,2.6,6.9,2.3}，而輸出向量是分類的結果，結果可能是 {1,0,0}，{0,1,0} 或 {0,0,1}，分別表示 3 種分類之一。

從這個結構圖來看，類神經網路分類器實際上是由左而右的一連串運算過程。圖 8-3 上的圓圈是節點，代表神經元 (neuron)。雖然叫神經元，但是僅是模仿生物領域的名稱，實際上只是一種數學運算的節點。神經元的運算步驟，輸入層的神經元比較單純，基本上是將輸入值乘上一個數，一般是 1.0，而且只有一個輸入。輸入層神經元的運算步驟，如圖 8-4 所示：

▲圖 8-4　輸入層的神經元運算步驟

除了輸入層，隱藏層與輸出層的神經元之輸入是前一層神經元的輸出，而且有多個，如圖 8-5 所示：

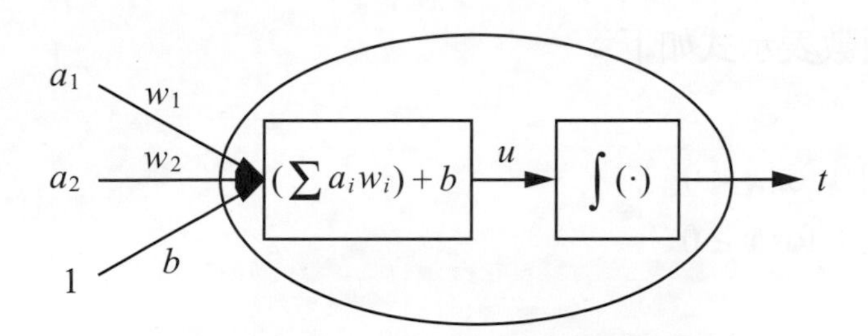

▲圖 8-5　隱藏層及輸出層的神經元運運算步驟

圖 8-5 的神經元是以 2 個輸入項 $\{a_1,a_2\}$ 爲例，運算步驟共分成 2 個階段，第一階段是積之和，第二階段是將積之和的結果經過一個非線性函數作用。另外除了輸入項之外，每一個神經元還有一個常數項作爲補償項，一般來說，會使用 1 做爲常數項的輸入，並乘上一個係數 b。以圖 8-5 爲例，第一階段的積之和的運算結果 u 爲：

$$u = a_1w_1 + a_2w_2 + b = \sum_{i=1}^{2} a_i w_i + b$$

第二階段的函數輸出值 t，也就是：

$$t = f(u) = f(\sum_{i=1}^{2} a_i w_i + b)$$

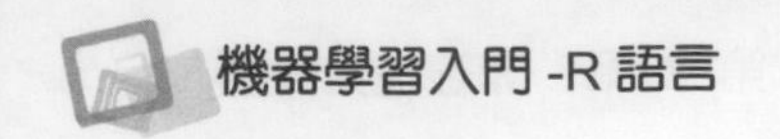

上式的 $f(u)$ 是一種非線性函數，稱爲激勵函數 (activation function)，主要的作用是引入非線性。常用的激勵函數有三種：Sigmoid、TanH 及 ReLu。

Sigmoid 激勵函數表示式如下：

$$f(x)=\frac{1}{1+e^{-x}}$$

TanH 激勵函數表示式如下：

$$f(x)=\frac{2}{1+e^{-2x}}-1$$

ReLu 激勵函數表示式如下：

$$f(x)=\begin{cases}0 \text{ for } x<0\\ x \text{ for } x\geq 0\end{cases}$$

3 種激勵函數的繪圖表示如下：

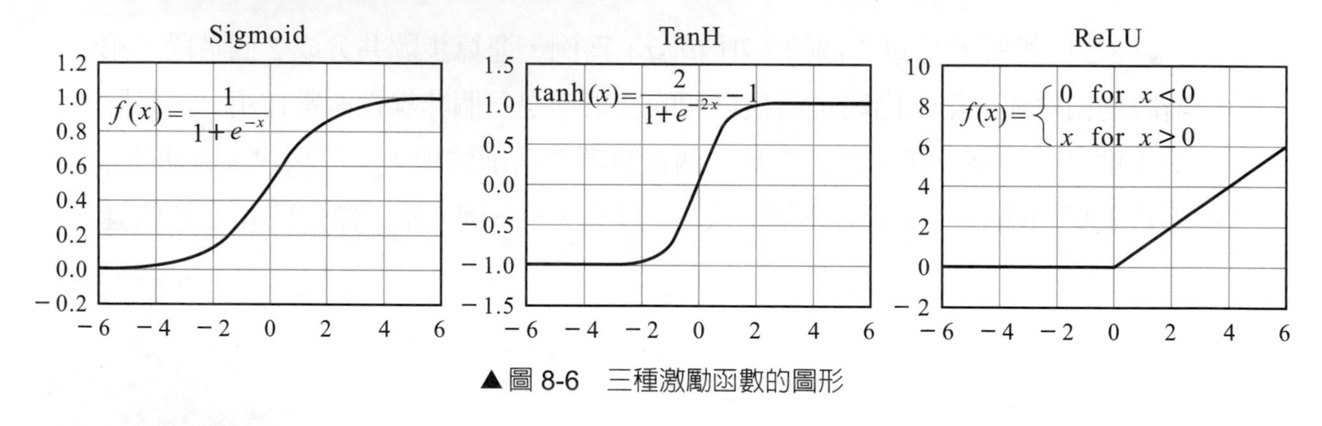

▲圖 8-6　三種激勵函數的圖形

每個神經元的輸入路徑上所標示的 w_i 叫做權重。爲了在繪圖時能清楚表達個符號的對應意義，常使用的方法是在符號上加下標，例如：$w_{i,j,k}$ 就表示第 i 層的第 j 個神經元接到次一層的第 k 個神經元的權重。$b_{i,j}$ 則表示第 i 層的第 j 個補償量。$u_{i,j}$ 則表示是第 i 層的第 j 個神經元的輸出。

t_i 則表示輸出層的第 i 個神經元的輸出。依此符號的表示法，我們重新繪製 3 層架構的類神經網路如圖 8-7 所示：

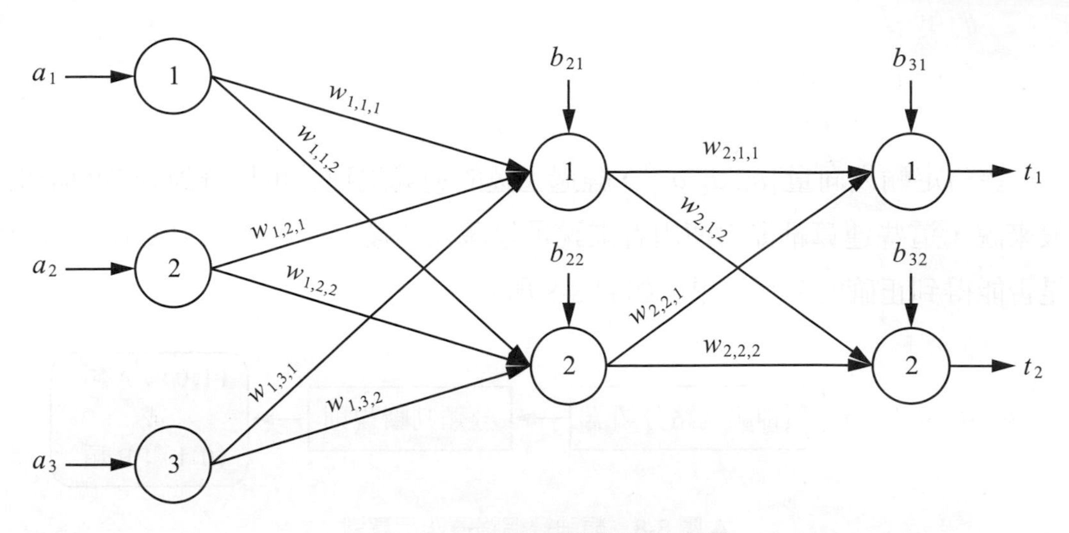

▲圖 8-7　三層類神經網路的架構

圖 8-7 是一個輸入層有 3 個神經元，隱藏層有 2 個神經元，輸出層有 2 個神經元的類神經網路。實際上，每一層的神經元可以有多個，隱藏層也可以不只有一層，可以有多層。由輸入層開始，配合前面已描述過的運算步驟與符號，上圖的數學運算可以依序表示如下：

$$u_{21} = f(a_1 \times w_{1,1,1} + a_2 \times w_{1,2,1} + a_3 \times w_{1,3,1} + 1.0 \times b_{21}) \quad ①$$

$$u_{22} = f(a_1 \times w_{1,1,2} + a_2 \times w_{1,2,2} + a_3 \times w_{1,3,2} + 1.0 \times b_{21}) \quad ②$$

$$t_1 = f(u_{21} \times w_{2,1,1} + u_{22} \times w_{2,2,1} + 1.0 \times b_{31}) \quad ③$$

$$t_2 = f\left(u_{21} \times w_{2,1,2} + u_{22} \times w_{2,2,2} + 1.0 \times b_{32}\right) \quad ④$$

如果 t_1 與 t_2 分別代表輸入向量經過類神經網路運算後的輸出值，因爲輸出層有 2 個神經元，所以是分 2 類，例如標記是 A 與 B。從 t_1 與 t_2 的結果如何判斷是 A 類或 B 類？一般式依照下列的規則：

如果 $t_1 \approx 1$ 而且 $t_2 \approx 0$ 則判斷爲 A 類。
如果 $t_1 \approx 0$ 而且 $t_2 \approx 1$ 則判斷爲 B 類。

或是更寬鬆的規則：

> 如果 $t_1 > t_2$ 則判斷 A 類。
> 如果 $t_1 \leq t_2$ 則判斷 B 類。

只要給定輸入向量 $[a_1, a_2, a_3]^T$，經過上述的運算過程就可以得到分類的結果。一般來說，這些運算細節對使用者來說是隱藏在背後，使用者只須要在乎給定輸入是否能得到正確的分類結果。如圖 8-8 所示。

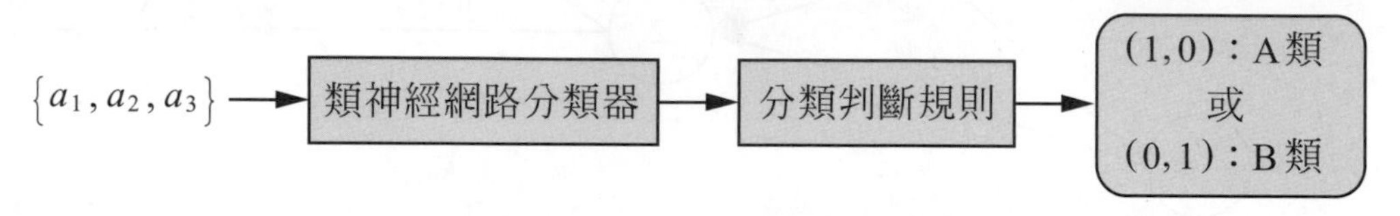

▲圖 8-8　類神經網路運作示意圖

依前述的討論，只要類神經網路的所有必要係數的值都確定，那在給定輸入向量後，的確可以得到分類的結果。但是許多人會有一個疑問，那類神經網路的係數的值到底要如何得到？

檢視圖 8-7 的 3 層類神經網路架構圖，總共有 10 個權重值 $\{w_{i,j,k}\}$ 要決定，以及 4 個補償值 $(b_{i,j})$ 要決定，也就是有 14 個未知數待決定。如何決定這些係數是類神經網路機器學習演算法要完成的工作。既然是一種機器學習演算法，依照本書前面幾章的討論，必須先有訓練資料集。還是以圖 8-7 的架構圖爲例，此架構圖所對應到之示意資料集如表 8-1 所示：

▼表 8-1　類神經網路的訓練資料集示意圖

a_1	a_2	a_3	t_1	t_2
2.3	5.1	7.8	1.0	0.0
2.5	2.1	6.7	0.0	1.0
1.0	−1.2	3.8	1.0	0.0
−2.3	7.8	2.5	0.0	1.0
3.8	9.8	−6.7	1.0	0
⋮	⋮	⋮	⋮	⋮

類神經網路機器學習演算法，其中最有名的一種叫倒傳遞 (back propagation) 學習演算法，執行步驟可以描述於下：

第一步：設定變數 preErr = 100000，Thr = 0.001，並以隨機方式設定所有權重值與補償量的初始值，也就是設定 $\{w_{i,j,k}\}$ 及 $\{b_{i,j}\}$ 的初始值。

第二步：將訓練資料集的每一筆資料記錄的 $\{a_1,a_2,a_3\}$，依據前段的運算式①②③④得到對應的預測輸入值 $\{\hat{t_1},\hat{t_2}\}$。

第三步：計算每一筆資料記錄的預測輸出向量值 $\{\hat{t_1},\hat{t_2}\}$ 與其實際的 $\{t_1,t_2\}$ 的差值，並將所有差值的平方相加。相加的結果記錄到變數 curErr 內。

第四步：如果 (abs(curErr-preErr)<Thr) 則停止執行並輸出 $\{w_{i,j,k}\}$ 及 $\{b_{i,j}\}$。不然執行 preErr= curErr 並執行第五步。

第五步：每一個係數都依最陡峭下降原則 (steepest descent) 變化少許值，也就是

$$w_{i,j,k} = w_{i,j,k} + \Delta_{i,j,k}$$
$$b_{i,j} = b_{i,j} + \Delta_{i,j}$$

第六步：回到第二步執行。

前述的機器學習步驟，我們省略了一些推導的步驟，有興趣者，可以搜尋 “Back propagation Neural Network” 即可找到許多參考資料。

8-2 類神經網路應用

如果有一個類神經網路的模型具有 4 個輸入層節點，2 個隱藏層節點，2 個輸出層節點，如圖 8-9 所示：

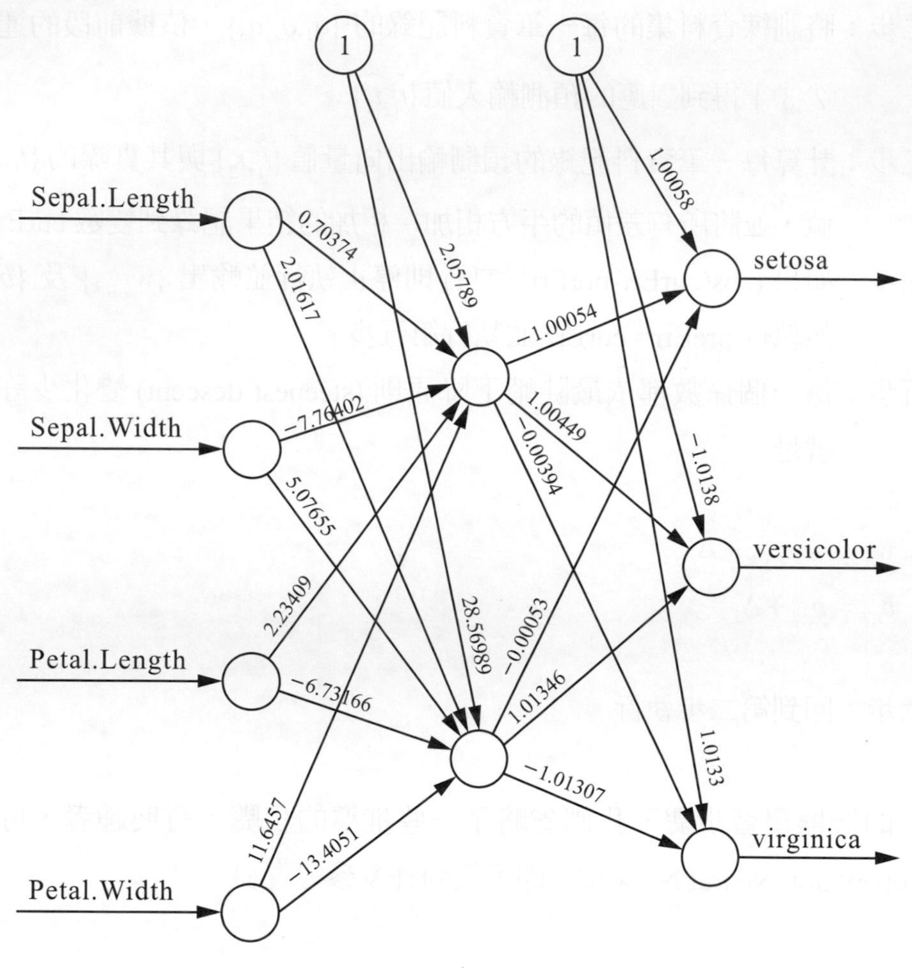

▲圖 8-9　4×2×3 的類神經網路模型

在運用時，通常必須寫程式，可以看成是開發一個 AI 應用系統，所以編程 (coding) 是必然的工作。圖 8-9 的模型中，權重值 $\{ w_{i,j,k} \}$ 及補償量 $\{ b_{i,j} \}$ 都已有確定值，所以可以編寫一個函式 (function) 完成從輸入層到輸出層的所有運算，以 R 語言爲例，一個 NN_Service(…) 函式如下：

```
Act_Fun <- function(u)
{
    result<-1.0/(1.0+exp(-u))
    return (result)
}

NN_Service <- function(a1,a2,a3,a4)
{
    z1  <-  1*(2.05789)+a1*(0.70374)+a2*(-7.76402)+a3*(2.23409)
    +a4*(11.6457)
    u1 <- Act_Fun(z1)
    z2  <-  1*(28.56989)+a1*(2.01617)+a2*(5.07655)+a3*(-
    6.73166)+a4*(-13.4051)
    u2 <- Act_Fun(z2)

    o1 <- 1*(1.00058)+u1*(-1.00054)+u2*(-0.00053)
    setosa <- Act_Fun(o1)
    o2 <- 1*(-1.0138)+u1*(1.00489)+u2*(1.01346)
    versicolo r<- Act_Fun(o2)
    o3 <- 1*(1.0133)+u1*(-0.00394)+u2*(-1.01307)
    virginica < -Act_Fun(o3)
    res <- c(setosa,versicolor,virginica)
    tg <- max(res)
    res <- (res == tg)
    res <- as.numeric(res)
    return (res)
}
NN_Service(5.7,2.8,4.1,1.3)
```

上述的程式碼中，我們定義了激勵函式 Act.Fun(...)，Act_Fun(...) 函式是一個 Sigmoid 激勵函式。a1 是 Sepal.Length，a2 是 Sepal.Width，a3 是 Petal.Length，a4 是 Petal.Width。若給定輸入向量 {a1,a2,a3,a4}= {5.7,2.8,4.1,1.3}，呼叫 NN_Service(5.7,2.8,4.1,1.3) 後而可以得到輸出結果，{0,1,0}。程式碼的最後段落，是先找出 {setosa,versicolor,virginica} 的最大值，並將其設爲 1，其餘設爲 0，然後回傳結果。以本例來說，就是回傳 {0,1,0}，如圖 8-10 最後之結果。

對照圖 8-9 的係數，以及追蹤對應的程式碼，即可理解本程式碼各行的作用。其中 tg <− max(res) 是找出輸出層 3 個節點的最大值，res <− (res == tg) 則是將最大的那個節點輸出傳回 TRUE，其餘爲 FALSE，res <− as.numeric(res) 則是將 TRUE 看做是 1，FALSE 是 0，所以 return(res) 的結果會是類似 {0,1,0} 的樣子。

RGui (32-bit)

檔案 編輯 看 其他 程式套件 視窗 輔助

R Console

```
>
> Act_Fun <- function(u)
+ {
+  result<-1.0/(1.0+exp(-u))
+  return (result)
+ }
>
> NN_Service <- function(a1,a2,a3,a4)
+ {
+   z1 <- 1*(2.05789)+a1*(0.70374)+a2*(-7.76402)+a3*(2.23409)+a4*(11.6457)
+   u1 <- Act_Fun(z1)
+   z2 <- 1*(28.56989)+a1*(2.01617)+a2*(5.07655)+a3*(-6.73166)+a4*(-13.4051)
+   u2 <- Act_Fun(z2)
+
+   o1 <- 1*(1.00058)+u1*(-1.00054)+u2*(-0.00053)
+   setosa <- Act_Fun(o1)
+
+   o2 <- 1*(-1.0138)+u1*(1.00489)+u2*(1.01346)
+   versicolor <- Act_Fun(o2)
+
+   o3 <- 1*(1.0133)+u1*(-0.00394)+u2*(-1.01307)
+   virginica <- Act_Fun(o3)
+
+   res <- c(setosa,versicolor,virginica)
+   tg <- max(res)
+   res <- (res == tg)
+   res <- as.numeric(res)
+   return (res)
+ }
>
> NN_Service(5.7,2.8,4.1,1.3)
[1] 0 1 0
> |
```

▲圖 8-10　NN_Service(...) 函式的應用

當然類神經網路分類器也能以其他程式語言實現，例如使用 php、java，或 ASP.NET 實現，然後部署在網頁伺服器 (web Server) 上，以網站應用程式 (web Application) 的方式提供給使用者使用。就如同本章一開頭所描述的那種應用方式。

8-3　R 的類神經網路機器學習模組

在這一節我們以鳶尾花 (iris) 資料集爲例，說明 R 的類神經網路機器學習模組的應用。首先複習 iris 資料集，我們列出資料紀錄的第 95 筆到第 105 筆，參考如圖 8-11 所示。

```
RGui (32-bit)
檔案 編輯 看 其他 程式套件 視窗 輔助
R Console
> iris[95:105,]
    Sepal.Length Sepal.Width Petal.Length Petal.Width    Species
95           5.6         2.7          4.2         1.3 versicolor
96           5.7         3.0          4.2         1.2 versicolor
97           5.7         2.9          4.2         1.3 versicolor
98           6.2         2.9          4.3         1.3 versicolor
99           5.1         2.5          3.0         1.1 versicolor
100          5.7         2.8          4.1         1.3 versicolor
101          6.3         3.3          6.0         2.5  virginica
102          5.8         2.7          5.1         1.9  virginica
103          7.1         3.0          5.9         2.1  virginica
104          6.3         2.9          5.6         1.8  virginica
105          6.5         3.0          5.8         2.2  virginica
> |
```

▲圖 8-11　iris 資料集第 95 筆到第 105 筆資料紀錄

很明顯的，Sepal.Length、Sepal.Width、Petal.Length、Petal.Width 就是輸入層之節點 (input nodes) 的輸入向量，而 Species 的分類數就是輸出層節點 (output node) 的數目。然而，由於 Species 是類別名稱，分別是 setosa、versicolor 與 virginica，類神經網路無法直接處理。因此必須先將 Species 轉變成數值型態，這也叫做啞變數 (dummy variables) 的型態。這裏啞變數的概念是當 Species 是 setosa 時，就轉換成 (1,0,0)，versicolor 時，就轉換成 (0,1,0)，virginica 時，就轉

換成 (0,0,1)。class.ind(…) 函式可以達成這個目的。圖 8-12 我們顯示 head(class.ind(iris$Species)) 的執行結果。很明顯 class.ind(iris$Species) 的結果是一個資料框有個 setosa、versicolor、virginica 等 3 個欄位，資料框每列的欄位值只能有一個爲 1，其餘爲 0。

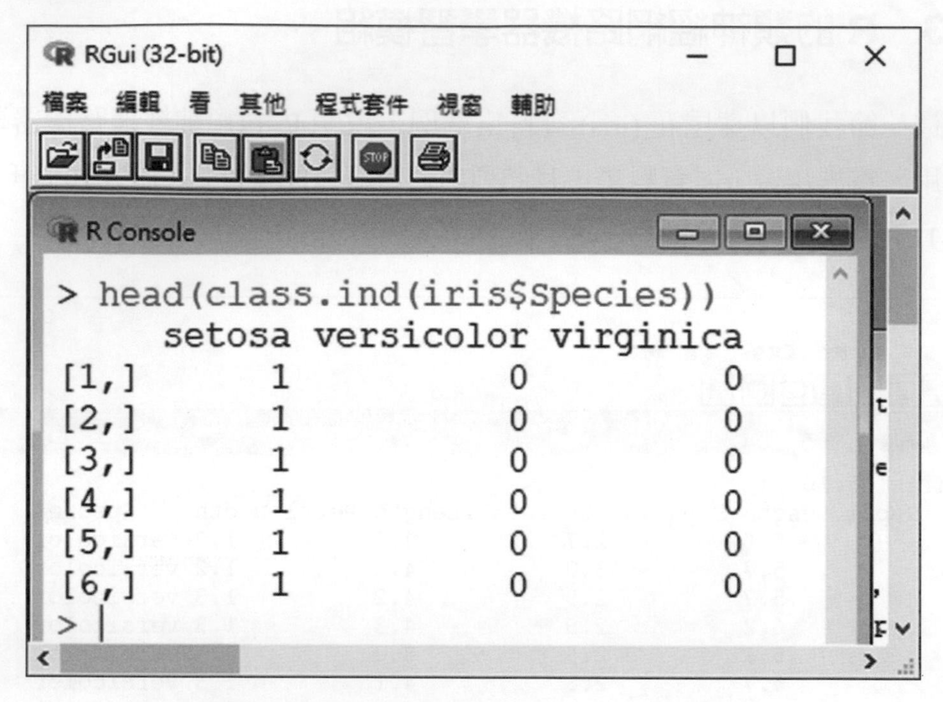

▲圖 8-12　class.ind(iris$Species) 的執行結果

R 的類神經網路機器學習套件就叫做 neuralnet，套件的 neuralnet(…) 函式只要給定訓練資料集，並設定一些訓練參數即可完成類神經網路模型的訓練。以下的程式碼可以用來訓練一個 4×2×3 的類神經網路模型。

```
install.packages("neuralnet")
require(neuralnet)
data <- iris
# 將使用的是 class.ind 函式 () 將 Species 的三種類別轉換成三個 output nodes
out <- class.ind(data$Species)
traindata <- cbind(data[,-5],out)
names(traindata[,1：4])
names(traindata[,5：7])
myformula <- setosa + versicolor + virginica ~ Sepal.Length +
Sepal.Width + Petal.Length + Petal.Width
bpn <- neuralnet(formula = myformula,
                 data = traindata,
                 hidden = c(2),    # 1 個隱藏層：2 個 node
                 learningrate = 0.01,  # 學習速率
                 # error function 偏微分的 stopping criteria
                 threshold = 0.01,
                 # 反覆學習次數的上限
                 stepmax = 5e5
)
plot(bpn)
```

上述在呼叫 neuralnet(…) 時，myformula 變數所表示的意思是資料集的 Sepal.Length, Sepal.Width, Petal.Length,Petal.Width 等 4 個是輸入欄位，setosa， versicolor，virginica 等 3 個要做爲輸出欄位。而訓練資料集是原本的資料集去掉 Species 欄位並聯合了從 Species 由 class.ind(…) 函式轉換來得 3 個啞變數欄位，setosa，versicolor，virginica，traindata<−cbind (data[,−5], out) 即完成此訓練資料集的準備工作。上述程式碼的執行結果，如圖 8-13 所示：

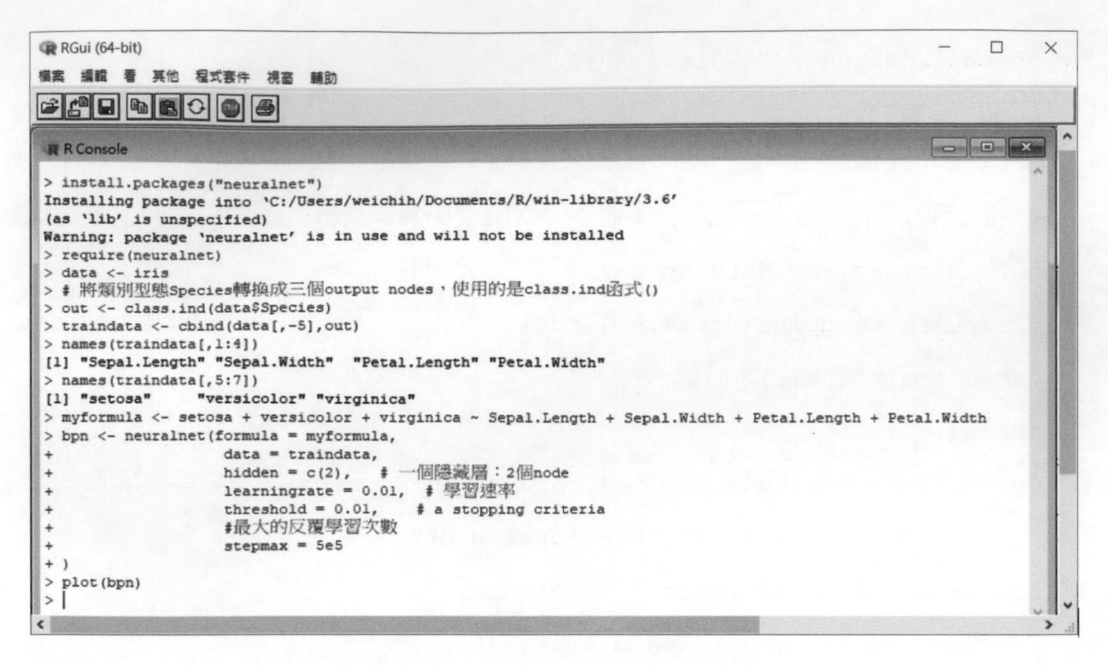
RGui (64-bit)
檔案 編輯 看 其他 程式套件 視窗 輔助
R Console
> install.packages("neuralnet")
Installing package into 'C:/Users/weichih/Documents/R/win-library/3.6'
(as 'lib' is unspecified)
Warning: package 'neuralnet' is in use and will not be installed
> require(neuralnet)
> data <- iris
> # 將類別型態Species轉換成三個output nodes，使用的是class.ind函式()
> out <- class.ind(data$Species)
> traindata <- cbind(data[,-5],out)
> names(traindata[,1:4])
[1] "Sepal.Length" "Sepal.Width" "Petal.Length" "Petal.Width"
> names(traindata[,5:7])
[1] "setosa" "versicolor" "virginica"
> myformula <- setosa + versicolor + virginica ~ Sepal.Length + Sepal.Width + Petal.Length + Petal.Width
> bpn <- neuralnet(formula = myformula,
+ data = traindata,
+ hidden = c(2), # 一個隱藏層：2個node
+ learningrate = 0.01, # 學習速率
+ threshold = 0.01, # a stopping criteria
+ #最大的反覆學習次數
+ stepmax = 5e5
+)
> plot(bpn)
>

▲圖 8-13　neuralnet(...) 函式的使用

呼叫 neuralnet(...) 函式時，hidden=c(2) 表示只有一個隱藏層，而且只有兩個節點。呼叫 neuralnet(...) 函式時所設定的 learningrate、threshold，以及 stepmax 是在進行倒傳遞學習步驟時繪使用到的參數。learningrate 可以視為每次進行權重值與補償量調整的幅度，learningrate 愈小幅度也愈小。threshold 可視為反覆調整權重值與補償量時之終止條件，threshold 愈小則需要花費更多次的反覆。stepmax 表示最多反覆幾次，5e5 表示反覆 50,000 次。學習後的類神經網路模型儲存於 bpn 變數，plot(bpn) 則可以繪出類神經網路模型，如圖 8-14 所示：

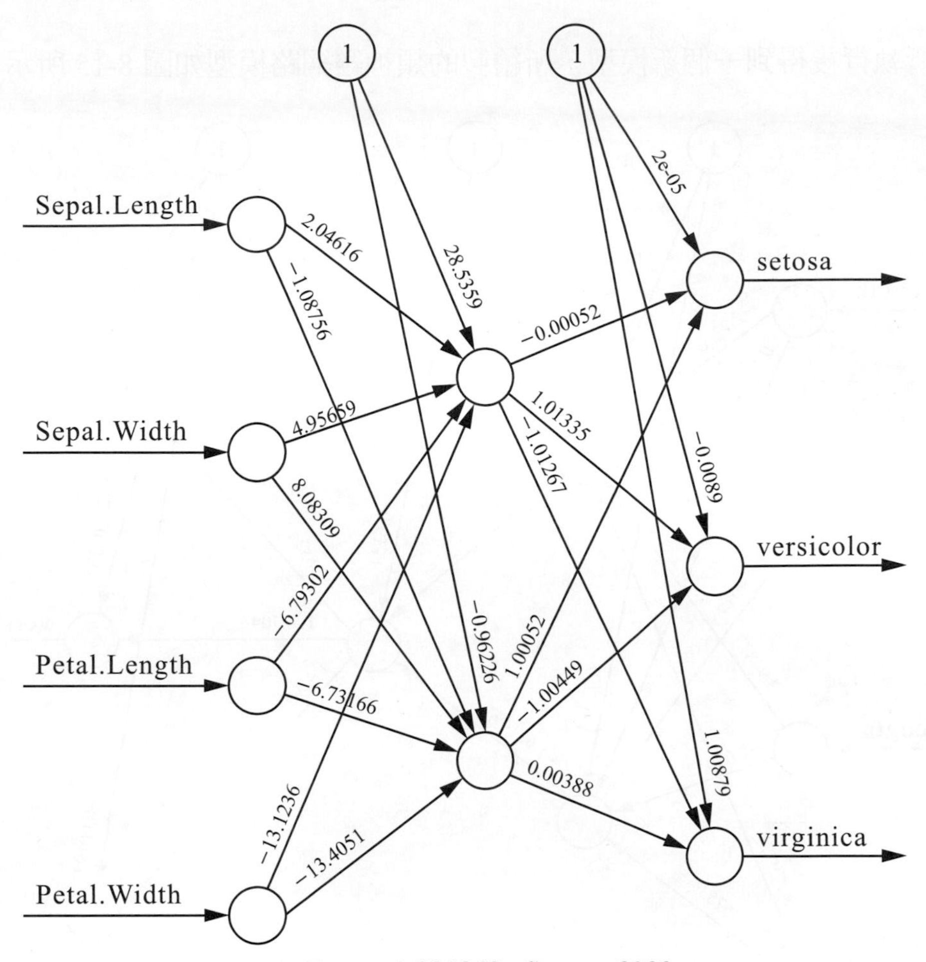

▲圖 8-14　繪出 4×2×3 類神經網路模型

若要改爲訓練 2 層隱藏層，分別有 2 個節點與 1 個節點的模型，只要改設定 hidden=c(2,1) 即可。將以下的程式碼取代之前的程式碼的對應段落再重新執行即可。

```
bpn1 <- neuralnet(formula = myformula,
                  data = traindata,
                  hidden = c(2,1),    # 2 個隱藏層：分別有 2 個 node 及 1
                                        個 node
                  learningrate = 0.01,
                  threshold = 0.01,
                  stepmax = 5e5
)
plot(bpn1)
```

重新執行後得到一個新模型，所繪製的類神經網路模型如圖 8-15 所示：

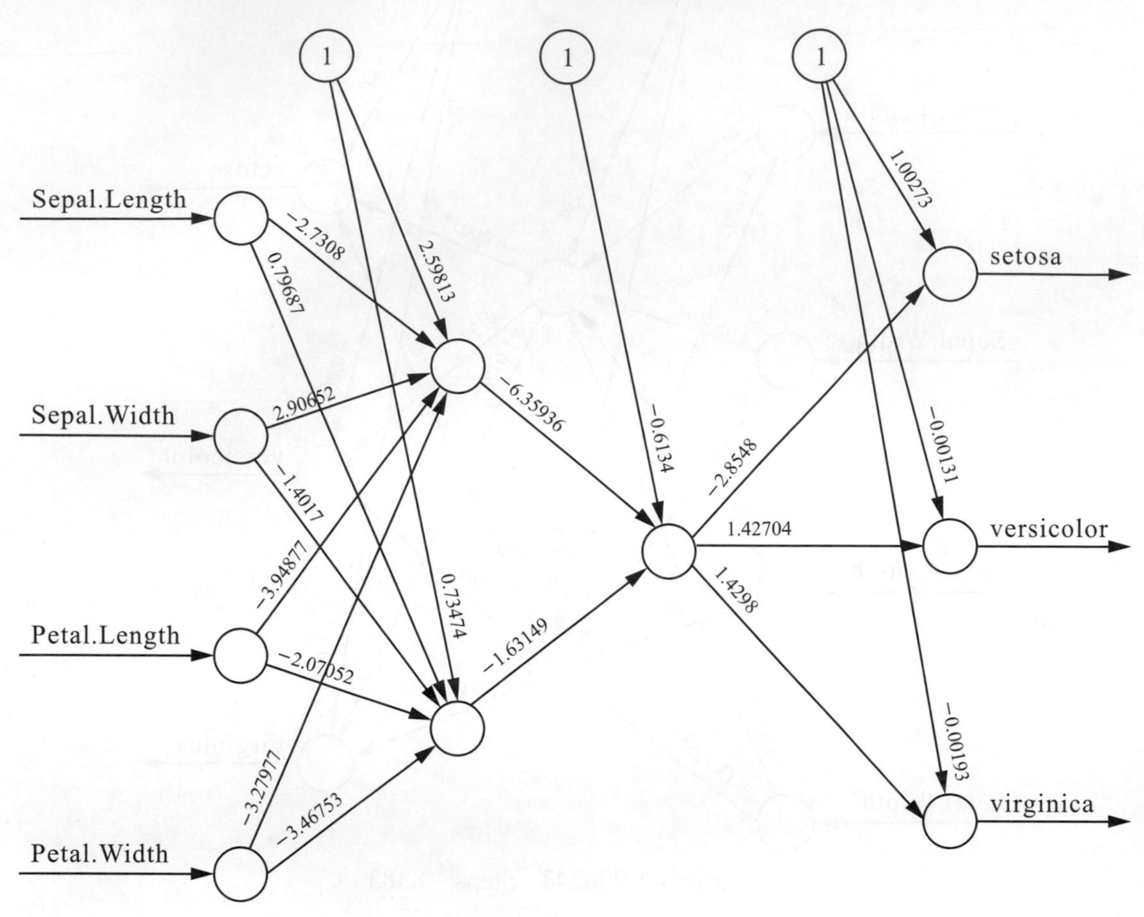

▲圖 8-15　繪出 4×2×1×3 類神經網路模型

圖 8-14 只有 1 層隱藏層的結果比較，圖 8-15 的誤差 (Error) 遠大於前者，一個是 25.000029 一個是 1.9002430。因此以 iris 資料集來說，比較適合的模型是只有 1 層隱藏層有 2 個節點的模型。我們再試一下有 2 層隱藏層，分別有 1 個及 2 個節點的情況，程式碼如下：

```
set.seed(123)
bpn <- neuralnet(formula = myformula,data = traindata,hidden =
c(1,2) )
plot(bpn)
model <- bpn$result.matrix
model
model["error",]
```

執行後所學習到的類神經網路繪圖如圖 8-16 所示：

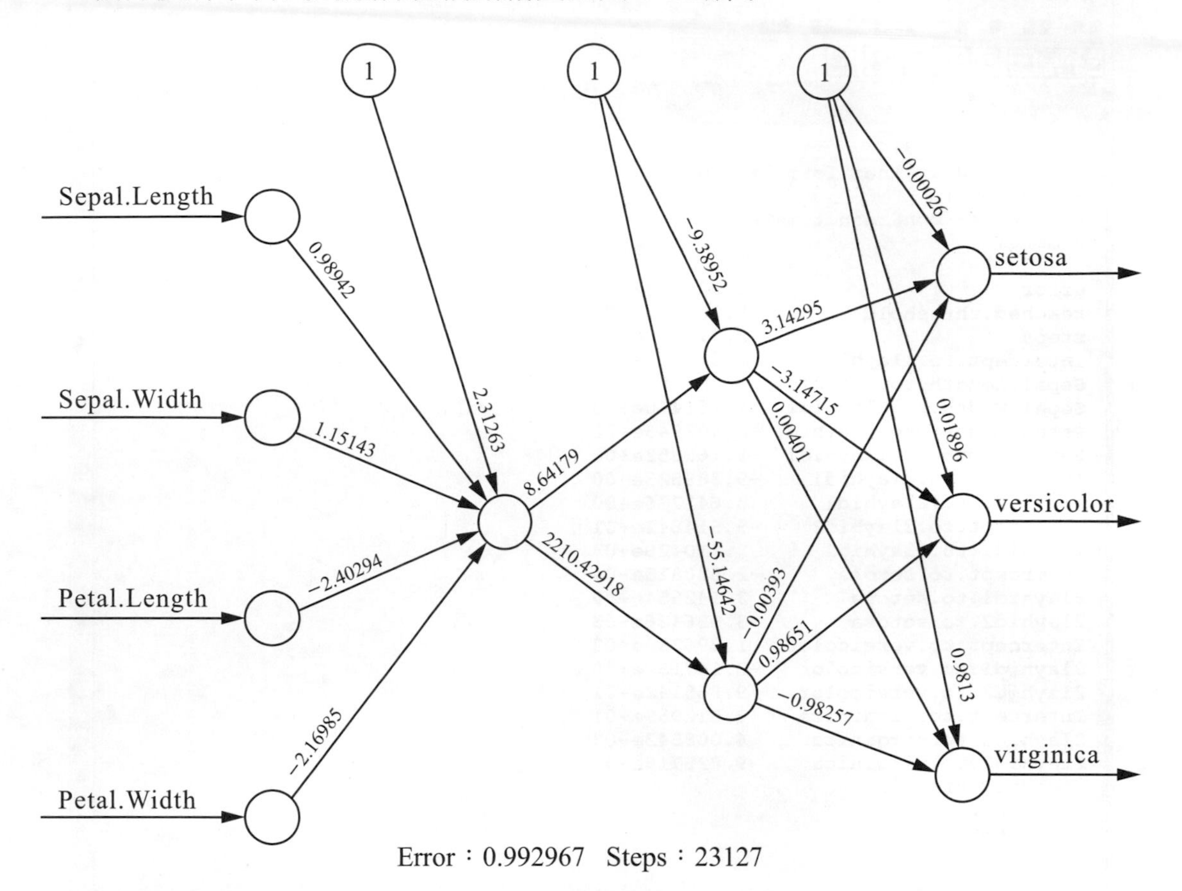

▲圖 8-16 繪出 4×1×2×3 類神經網路模型

這一次的 Error 就小很多了。所學習到模型的係數值可以從 bpn$result.matrix 得到，如圖 8-17 的執行結果，比對圖 8-17 與圖 8-16 的數字，即可看到各個係數值的對應關係。model["error",] 則可以得到 Error 結果，也就是 0.9929668。

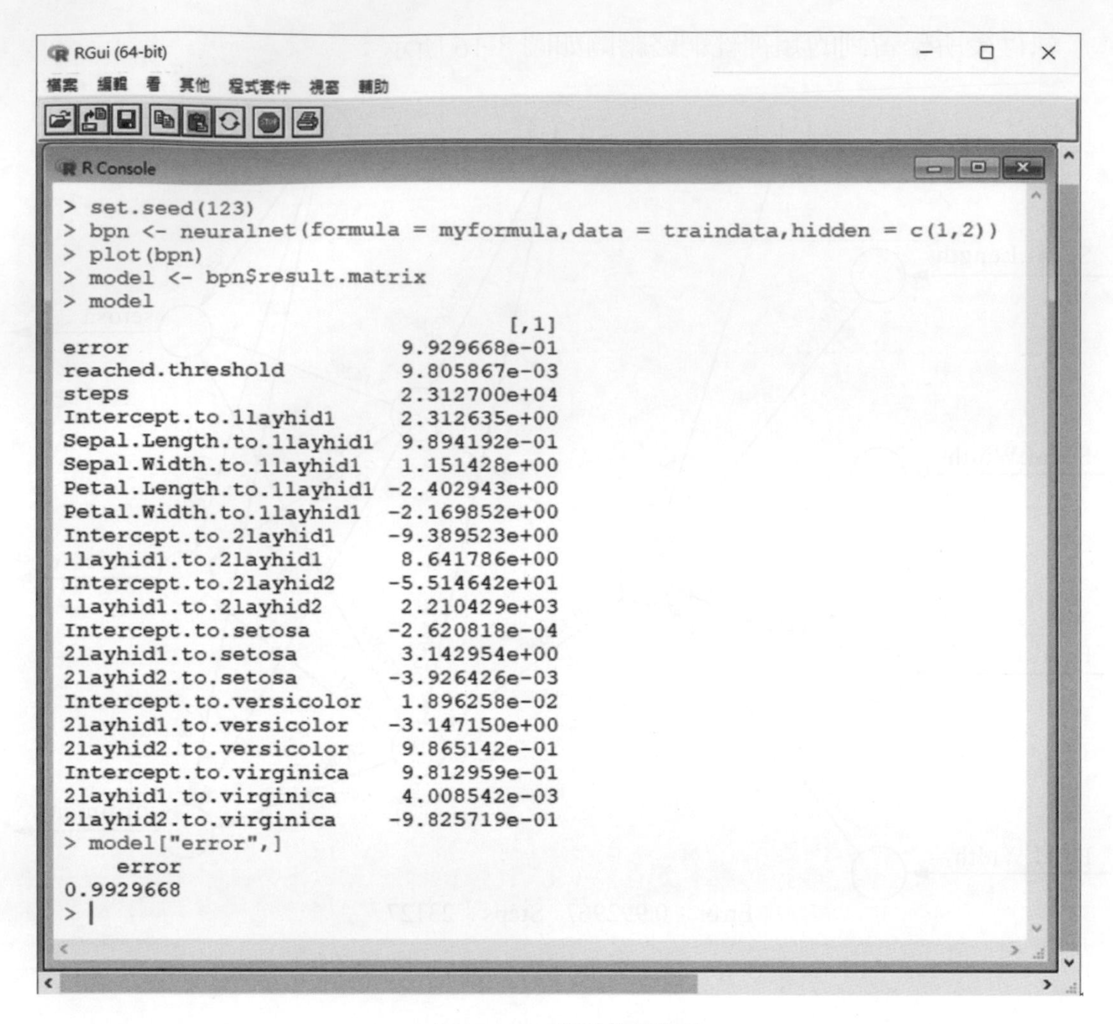

▲圖 8-17　模型的係數值

neuralnet 套件所使用的是倒傳遞類神經網路 (backpropagation neural network) 學習演算法。類神經網路有許多變形，所謂倒傳遞是指類神經網路模型上各個係數的一種反覆學習機制，在此我們不對細節加以描述，若有興趣可參考其他資料。在類神經機器學習演算法的機制中，所有未知數會從猜一個初始點開始，R 會隨機設定初始點，所以每次重新執行演算法的學習結果都會不一樣也就是每次得到的模型都不同。爲了使得每次的學習都得到相同的模型，因此在前述的程式碼，我們以 set.seed (123) 固定隨機種子值爲 123，當然也可以設定成其他種子值。

經由機器學習演算法建立了類神經網路模型後，爲了判斷分類器的效能，一個作法是將原本用來學習的訓練資料集，輸入到分類器，然後評估分類的正確率。R 軟體的 compute(...) 函式可以使用模型來對輸入資料集進行分類。程式碼如下：

```
pred <- compute(bpn, data[, 1：4])
head(pred$net.result)
pred.result <- round(pred$net.result)
pred.result[98：103,]
```

執行結果如圖 8-18 所示：

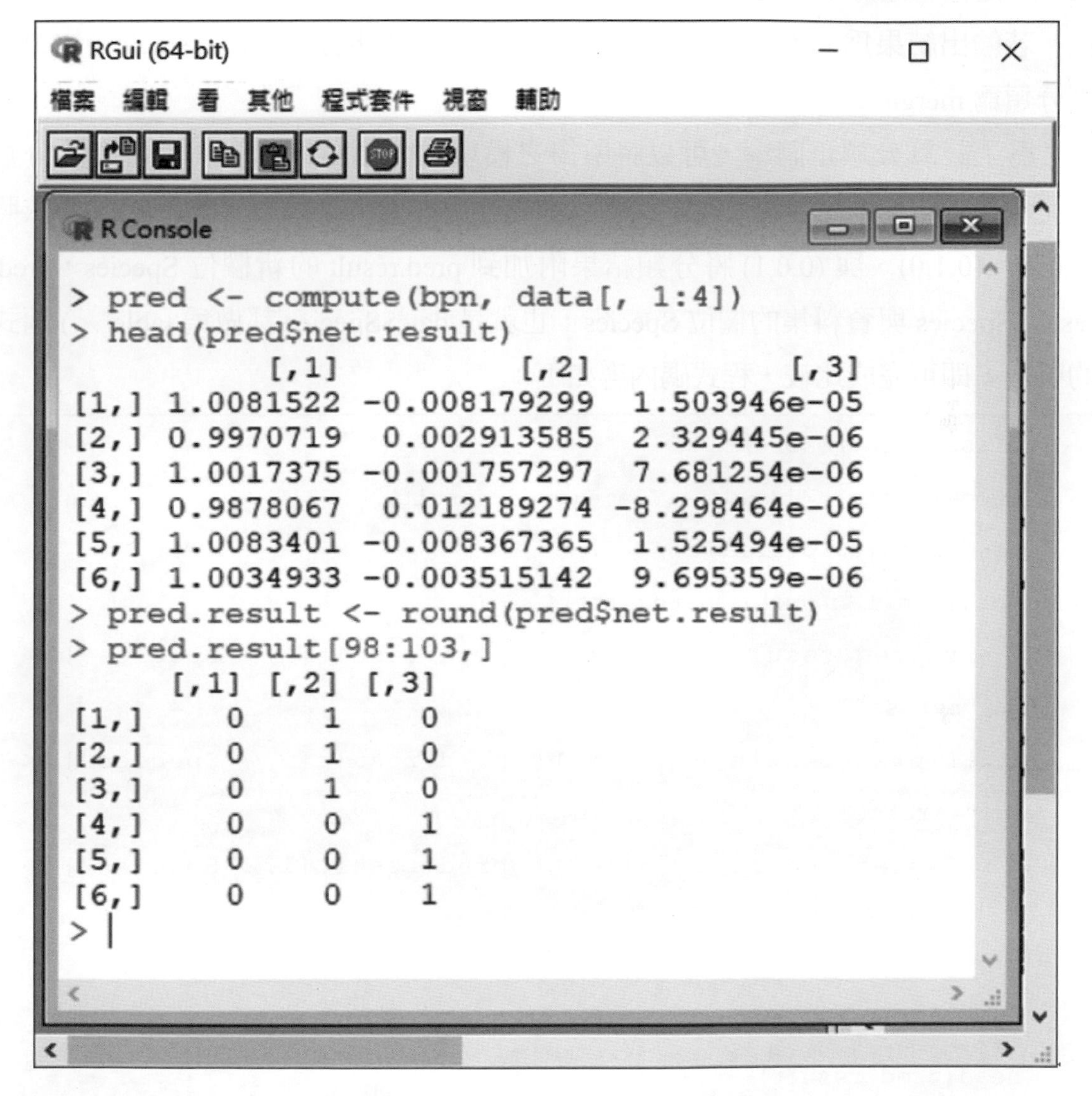

▲圖 8-18　compute(...) 函式的應用

前段程式碼之說明如下：compute(…) 函式的分類結果儲存於 pred，透過 pred$net.result 可以得到每個輸入向量在輸出層之輸出向量的值。因為是分類問題，我們只取最大的那一個分量，並將值設定為 1 即可。請參考程式碼，bpn 是類神經網路模型，針對輸入資料集，data[, 1：4] 呼叫 compute(…) 函式進行分類，得到輸出層的 3 個節點的輸出向量集。但是，類神經網路的輸出層節點，其輸出並不一定都會剛好 1 或是 0，所以我們使用了 R 的四捨五入函式 round(…) 進行轉換。若輸出結果為 (1,0,0) 則分類為 setosa，若 (0,1,0) 則分類為 versicolor，(0,0,1) 則分類為 merginica。

為了計算分類正確率，可以將所得之模型的分類結果與資料集實際的分類標記做比較。table(…) 函式可以比較兩個向量的內容，然後回傳比較結果。依照 (1,0,0)、(0,1,0)、與 (0,0,1) 將分類結果附加到 pred.result 的新欄位 Species，pred.result$Species 與資料集的欄位 Species，也就是 date$Species 都做為 table(…) 函式的引數，即可完成比較，程式碼內容如下：

```
class(pred.result)
pred.result <- as.data.frame(pred.result)
pred.result$Species <- ""
for(i in 1：nrow(pred.result)){
   if(pred.result[i, 1]==1){ pred.result[i, "Species"] <-
   "setosa"}
   if(pred.result[i, 2]==1){ pred.result[i, "Species"] <-
   "versicolor"}
   if(pred.result[i, 3]==1){ pred.result[i, "Species"] <-
   "virginica"}
}
head(data)
head(pred.result)
table(real= data$Species, predict = pred.result$Species)
```

上述程式碼的 for 迴圈的作用是將分類結果附加到 pred.result 的 Species 欄位。圖 8-19 爲執行過程與結果。

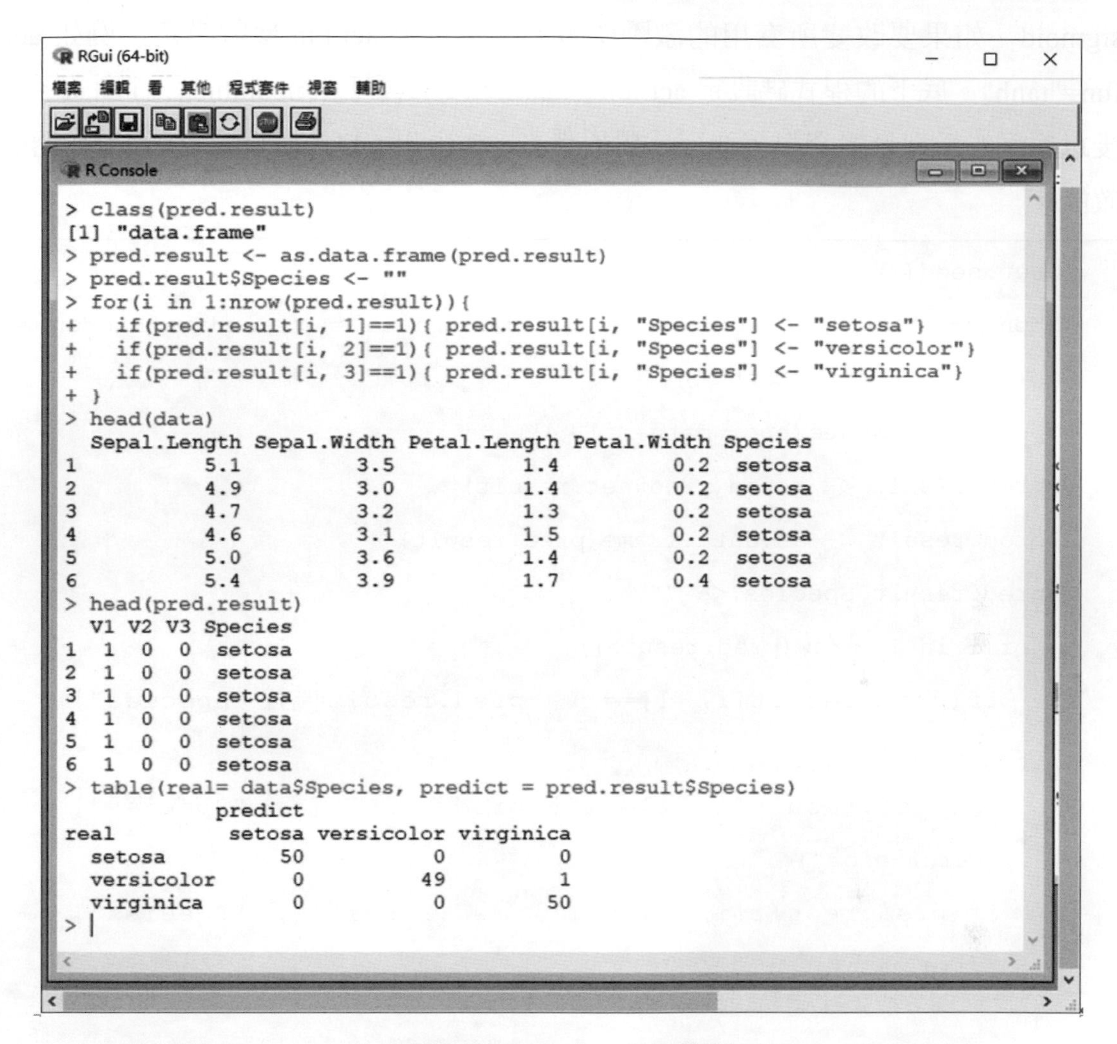

▲圖 8-19 table(...) 函式使用

從最後的執行結果可以看到，實際 (real) 之標記分類中，setosa 與 virginica 的 50 筆資料紀錄，類神經分類器都可以正確完成分類，而 50 筆的 versicolor 只有 1 筆被分類成 virginica。

接下來我們觀察激勵函數的作用。激勵函數 (activation function) 在類神經網路扮演非常重要的角色，neuralnet(…) 函式的預設激勵函式為 logistic，也就是 sigmoid。如果要改變所套用的激勵函數，可以透過 act.fun 參數設定，例如 act.fun="tanh"。底下的程式碼設定 act.fun="tanh"，接著再呼叫 neuralnet(…) 函式，然後以學到的模型針對資料集進行分類預測。最後再以 table (…) 函式檢視分類器的效能。

```
set.seed(1234)
bpn <- neuralnet(formula = myformula,data = traindata,hidden =
c(1,2),act.fct="tanh" )
pred <- compute(bpn, data[, 1:4])
pred.result <- round(pred$net.result)
pred.result <- as.data.frame(pred.result)
pred.result$Species <- ""
for(i in 1:nrow(pred.result)){
   if(pred.result[i, 1]==1){ pred.result[i, "Species"] <-
   "setosa"}
   if(pred.result[i, 2]==1){ pred.result[i, "Species"] <-
   "versicolor"}
   if(pred.result[i, 3]==1){ pred.result[i, "Species"] <-
   "virginica"}
}
table(real= data$Species, predict = pred.result$Species)
```

執行過程與結果如圖 8-20 所示：

```
RGui (64-bit)
檔案 編輯 看 其他 程式套件 視窗 輔助
R Console
> set.seed(1234)
> bpn <- neuralnet(formula = myformula,data = traindata,hidden = c(1,2),
+                   act.fct="tanh" )
> pred <- compute(bpn, data[, 1:4])
> pred.result <- round(pred$net.result)
> pred.result <- as.data.frame(pred.result)
> pred.result$Species <- ""
> for(i in 1:nrow(pred.result)){
+   if(pred.result[i, 1]==1){ pred.result[i, "Species"] <- "setosa"}
+   if(pred.result[i, 2]==1){ pred.result[i, "Species"] <- "versicolor"}
+   if(pred.result[i, 3]==1){ pred.result[i, "Species"] <- "virginica"}
+ }
> table(real= data$Species, predict = pred.result$Species)
            predict
real         setosa versicolor virginica
  setosa         50          0         0
  versicolor      0         49         1
  virginica       0          0        50
> |
```

▲圖 8-20　使用內建的激勵函數 tanh

將激勵函式設定成 act.fct="tanh" 所得到的，分類器模型的效能與 act.fct="loguistic" 是相同的。本例我們是將隨機種子設定為 set.seed(1234)，如果設定為其他種子值，分類效能可能會不一樣。

另外，我們也可以自訂激勵函數，然後再設定給 act.fct，以下就是我們可以稍微修改 sigmoid 的內容，exp $(-x)$ 改為 exp $(-2x)$ 之後再設定為激勵函數的程式碼內容。

```
custom <- function(x) {1.0/(1 + exp(-2*x))}
set.seed(123)
bpn <- neuralnet(formula = myformula,
data = traindata,hidden = c(1,2),act.fct=custom )
pred <- compute(bpn, data[, 1:4])
pred.result <- round(pred$net.result)
pred.result <- as.data.frame(pred.result)
pred.result$Species <- ""
for(i in 1:nrow(pred.result)){
   if(pred.result[i, 1]==1){ pred.result[i, "Species"] <-
   "setosa"}
   if(pred.result[i, 2]==1){ pred.result[i, "Species"] <-
   "versicolor"}
   if(pred.result[i, 3]==1){ pred.result[i, "Species"] <-
   "virginica"}
}
table(real= data$Species, predict = pred.result$Species)
```

執行過程與結果如圖 8-21 所示，跟前面的效能是相同的。

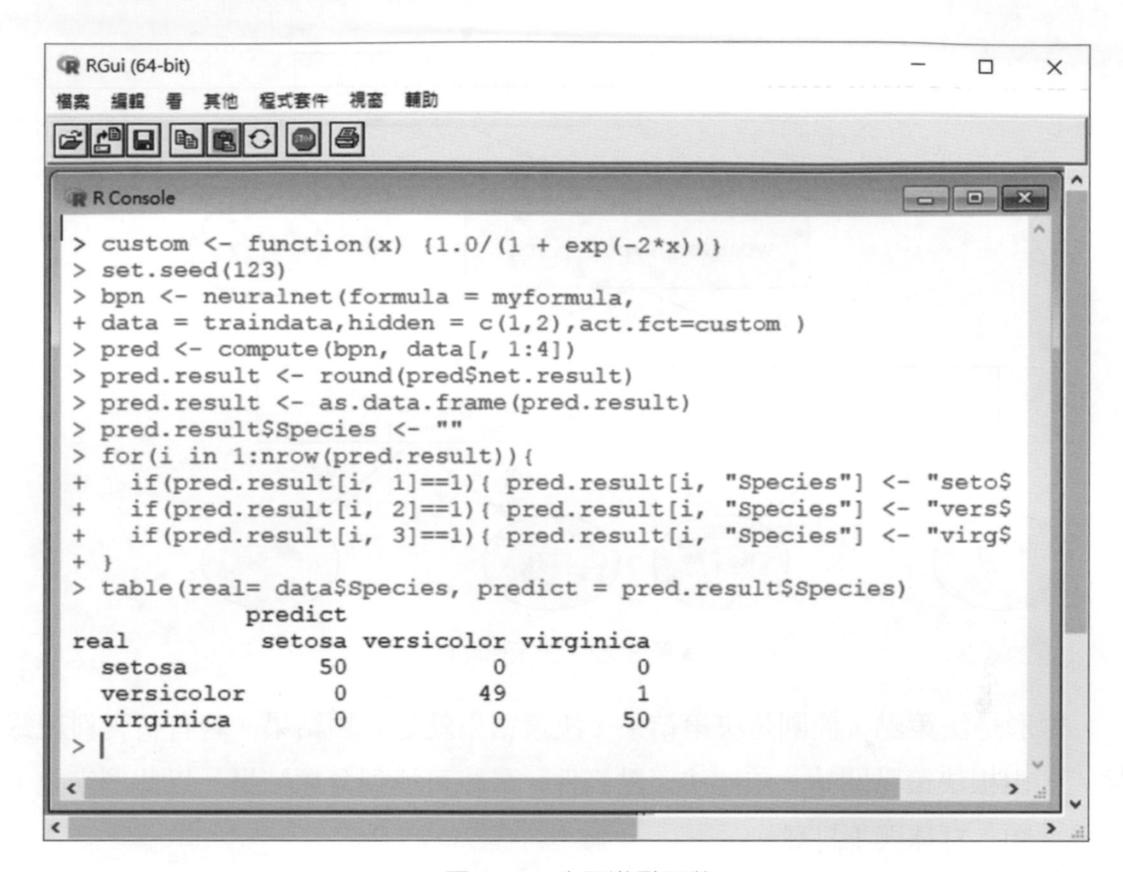

```
> custom <- function(x) {1.0/(1 + exp(-2*x))}
> set.seed(123)
> bpn <- neuralnet(formula = myformula,
+ data = traindata,hidden = c(1,2),act.fct=custom )
> pred <- compute(bpn, data[, 1:4])
> pred.result <- round(pred$net.result)
> pred.result <- as.data.frame(pred.result)
> pred.result$Species <- ""
> for(i in 1:nrow(pred.result)){
+   if(pred.result[i, 1]==1){ pred.result[i, "Species"] <- "seto$
+   if(pred.result[i, 2]==1){ pred.result[i, "Species"] <- "vers$
+   if(pred.result[i, 3]==1){ pred.result[i, "Species"] <- "virg$
+ }
> table(real= data$Species, predict = pred.result$Species)
            predict
real         setosa versicolor virginica
  setosa         50          0         0
  versicolor      0         49         1
  virginica       0          0        50
> |
```

▲圖 8-21　自訂激勵函數

從以上的類神經網路機器學習的範例可以看出，一旦訓練資料集蒐集完成後，要套用類神經網路學習演算法學到模型，並不是一件困難的事。但是比較麻煩的地方是，在訓練模型時，有許多參數值可以選擇，如何選擇到最適合的，這就必須透過效能的比較。一個效能比較的方法是透過 table(…) 函式，如上述的作法。

8-4　決策樹實務應用

決策樹 (decision tree) 顧名思義，就是依照樹狀結構達到分類的目的。舉例來說，圖 8-22 是一株是否要打高爾夫球的決策樹。

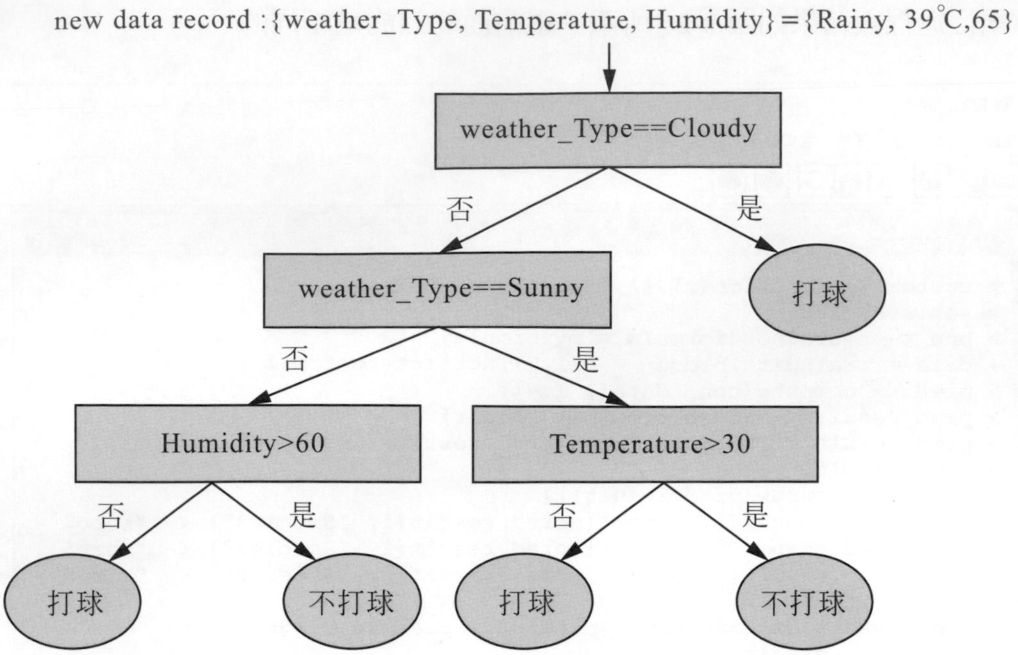

new data record : {weather_Type, Temperature, Humidity} = {Rainy, 39℃,65}

weather_Type==Cloudy
否 是
weather_Type==Sunny
打球
否 是
Humidity>60
Temperature>30
否 是 否 是
打球
不打球
打球
不打球

▲圖 8-22　決策樹範例

矩形是決策點，橢圓是決策結果，決策結果就是分類結果。若有新資料紀錄輸入，由根決策點開始，依據決策點條件，最終可達到分類結果。以此例來說，共分 2 類：打球與不打球。

例如給定以下的輸入，weather_Type：Rainy；Temprature：39℃；Humidity：65，按照前述的決策樹，weather_Type 不等於 Cloudy，所以向左邊跑到「weather_Type == Sunny」的決策點，weather_Type 也不等於 Sunny 所以向左方路徑到「Humidity > 60」的決策點。輸入的 Humidity 是 65 大於 60，所以向右方路徑，因此最後決策為「不打球」。

一般來說，決策樹會被編寫成應用函式，並提供介面讓使用者輸入新資料紀綠後，再呼叫決策樹函式，示意圖如圖 8-23 所示：

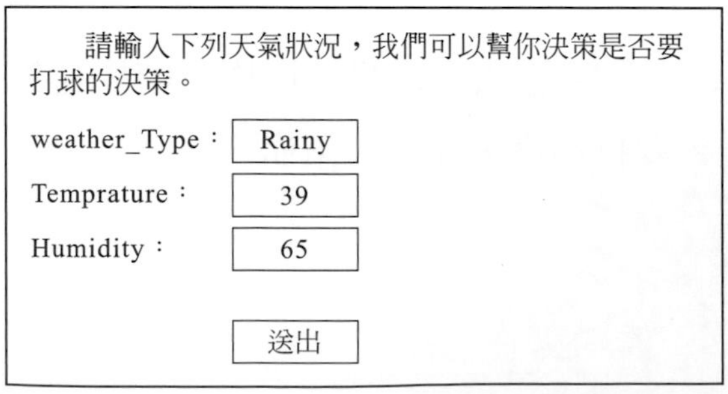

請輸入下列天氣狀況，我們可以幫你決策是否要打球的決策。
weather_Type：Rainy
Temprature：39
Humidity：65
送出

▲圖 8-23　使用者輸入介面

在介面填妥資料並按「送出」後，所輸入的資料記錄即送至決策樹函式，完成分類決策後，在畫面上輸出決策結果。決策樹函式以及呼叫的語法的 R 程式碼如下：

```
DT.fun<-function(weather_Type,Temprature,Humidity)
{
  if(weather_Type=="cloudy"){
     return("Play")
} else if  (weather_Type=="Sunny")
{
  if(Temprature>30){return("No Play")}
  else {return("Play")}
}
  else if(Humidity>60) {return("No Play")}
  else{ return("Play")}
}
DT.fun(weather_Type="rainy",Temprature=39,Humidity=61)
```

呼叫語法爲

DT.Fun (weather_Type="Rainy",Temprature=39,Humidity=61)

執行結果如圖 8-24 所示：

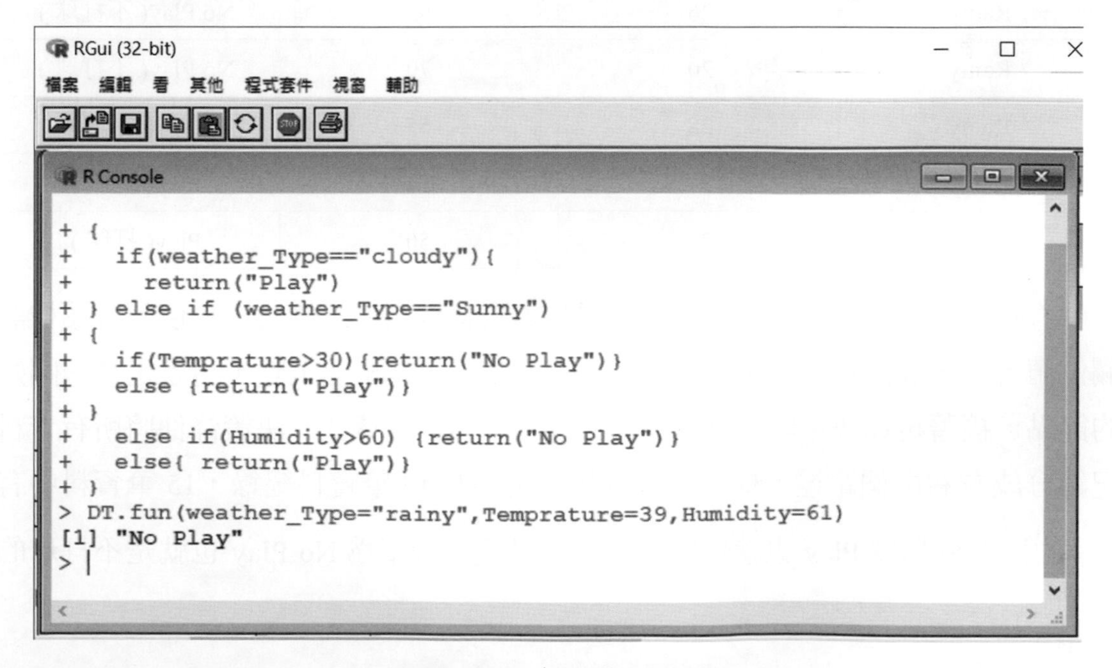

▲圖 8-24　決策樹執行結果

許多人的一個疑問會是，上述的決策樹是如何得到的，答案當然是從訓練資料集經過決策樹機器學習演算法運算所得到的。以下，我們舉一個訓練資料集爲例展示決策樹機器學習演算法。表 8-2 的資料集，weather_Type、Temperature、Humidity 等 3 個變數是自變數，Decision 是分類標記。分類標記有 Play(打球) 與 No Play(不打球) 的 2 種情況。

▼表 8-2　Decision Tree 訓練資料集

weather_Type	Temperature	Humidity	Decision
Cloudy	29	50	Play(打球)
Cloudy	24	49	Play(打球)
Cloudy	27	52	Play(打球)
Cloudy	26	56	Play(打球)
Sunny	31	55	No Play(不打球)
Sunny	33	61	No Play(不打球)
Sunny	34	59	No Play(不打球)
Sunny	28	58	Play(打球)
Sunny	27	55	Play(打球)
Rainy	28	62	No Play(不打球)
Rainy	26	63	No Play(不打球)
Rainy	20	70	No Play(不打球)
Rainy	28	55	Play(打球)
Rainy	27	54	Play(打球)
Rainy	29	50	Play(打球)

基於此訓練資料集，建立決策樹的基本觀念是在每一個決策點依照分類標記欄位値，先統計出各類別出現的機率。舉例來說，在根決策點，也就是最一開始的節點，接著再爲決策點設定一種決策條件，然後依據此一決策條件將所有資料記錄分成左右兩個路徑。檢視訓練資料集總共有 15 筆資料紀錄，15 筆資料中有 9 筆的標記分類爲 Play 也就是打球的機率是 $\frac{9}{15}$，6 筆爲 No Play 也就是不打球的

機率為 $\frac{6}{15}$。如果根部決策點的決策條件，選擇「weather_Type == Cloudy?」，也就是判斷 weather_Type 欄位是否為 Cloudy?

依據這些資訊，根部決策點的統計資料及決策條件。如下：

(打球 $\frac{9}{15}$，不打球 $\frac{6}{15}$)
weather_Type == Cloudy?

檢視資料集中 weather_Type 的欄位值為 Cloudy 的資料記錄，總共有 4 筆，非 Cloudy 總共有 11 筆。從根決策點分左右兩個路徑。右路徑代表符合 weather_Type == Cloudy 的條件 4 筆，檢視這 4 筆資料記錄的標記欄位，全部都為 "Play"，因此右邊路徑直接就是決策結果，不需再設決策點，節點形成繪成橢圓，表示已是葉子節點 (leaf node)。左路徑代表不符合 weather_Type == Cloudy 條件的情況，總共有 11 筆，也就是左路徑是 weather_Type! = Cloudy 的情況共有 11 筆，其中有 5 筆 " 打球 "，6 筆 " 不打球 "，尚未有明確結果，所以需再設決策點，節點形狀為矩形。若將目前的決策條件為「weather_Type == Sunny?」，原本只有根決策點，加上此決策節點，重新繪出新的決策樹如圖 8-25 所示。

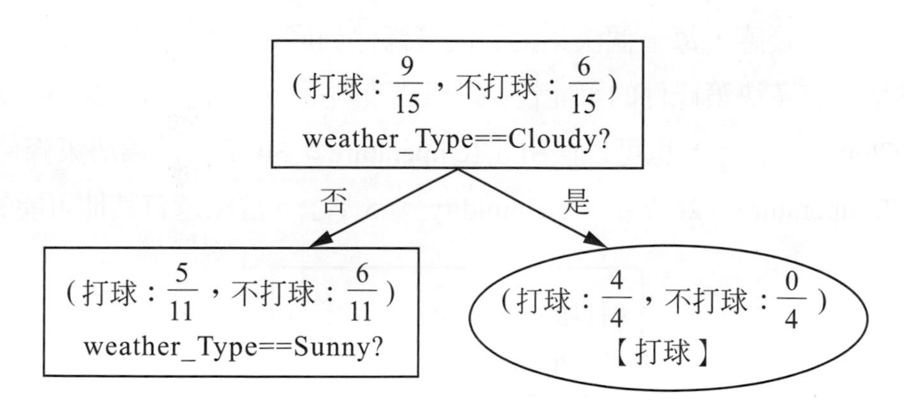

▲圖 8-25　決策點分左右路徑

右邊路徑「打球」的機率 100%，也就是如果根決策點之後是往右路徑，也就是 weather_Type 是 Cloudy，即可做出「打球」的決策，所以圖 8-25 就以橢圓形表示葉節點 (leaf node)。圖 8-25 左邊路徑無法做出「打球」或「不打球」的決策，因此必須再設定一個決策條件，「weather_Type == Sunny ？」，也就是判斷

weather_Type 是否等於 Sunny。依前面所描述的規則繼續往下拆解，我們最終可以完成圖 8-26 的決策樹模型。在圖 8-26 上，我們在「weather_Type == Sunny」決策點再分左右路徑，並分別選擇了「Humidity > 60」及「Temperature > 30」做爲決策條件。

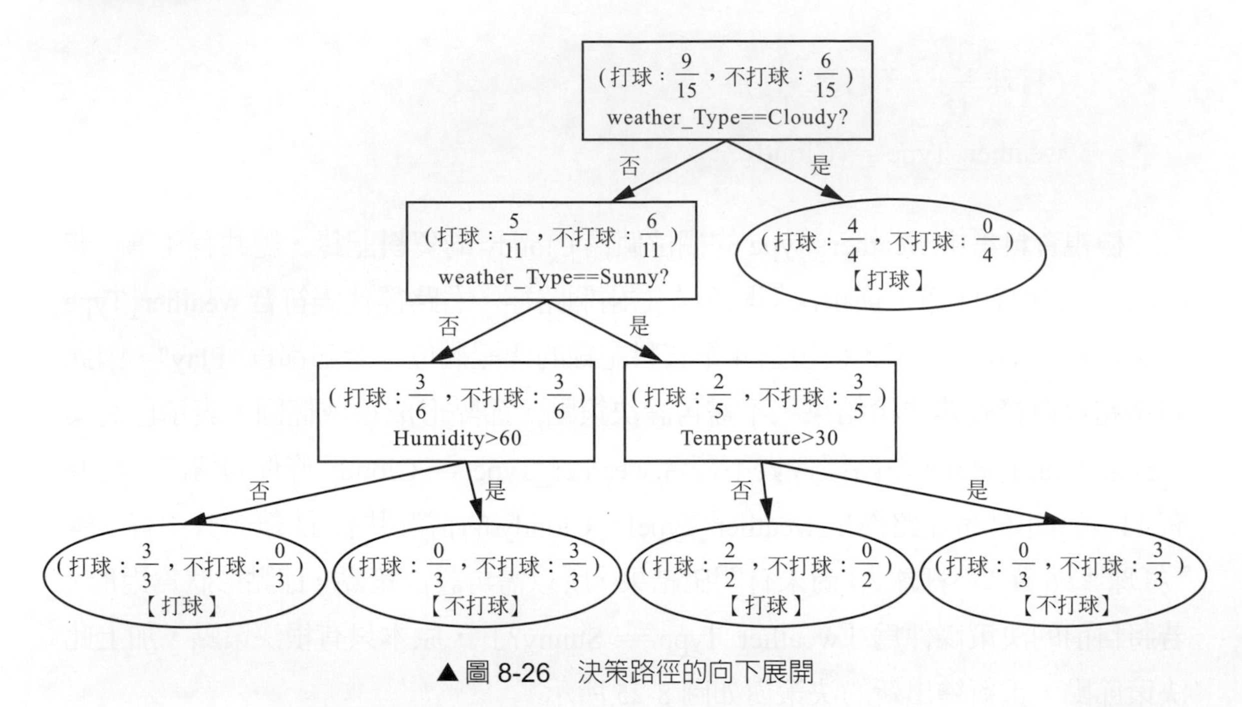

▲圖 8-26　決策路徑的向下展開

許多人會有疑惑，每一個決策點的決策條件到底要如何設定。實際上，每一個決策點都有許多決策條件的可能性。以根決策點爲例，除了圖 8-26 的「weather_Type == Cloudy」之外，也可以使用「Temperature > 30 ？」做爲決策條件，也可以使用「Temperature > 26 ？」、「Humidity < 65 ？」。當然還有其他可能的選擇。

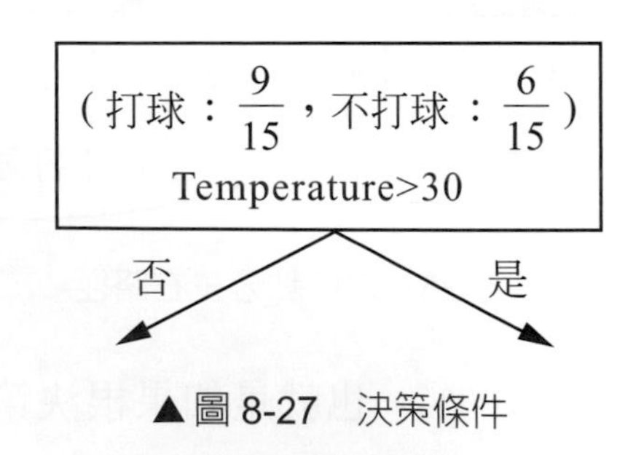

▲圖 8-27　決策條件

換句話說，給定了訓練訓練集，我們可以建立許多棵的決策樹。所以，現在的關鍵是，給定訓練資料集，依照前面的步驟，可以建立許多棵決策樹，那如何決定哪一棵才是最佳的決策樹。一個量化決定的方式是在選擇每一個決策節點的決策條件時，是以最大資訊增益 (information gain) 爲依據。

資訊增益 (information gain, IG) 的計算方式，最常見的是基於熵 (Entropy) 與 Gini 不純度 (Gini Impurity) 做計算。熵是對不確定性的一種測量，若有一事件 x，有 n 種可能性，分別是 x_1、x_1、x_2、... x_n，每一種可能性的機率爲 $p(x_1)$、$p(x_2)$、... $p(x_n)$，則 x 的熵，$E(x)$，如下式：

$$E(x)=-\sum_i p(x_i)\log_2 p(x_i)$$

若有一事件有 2 種情況，機率皆爲 0.5，則熵爲 $-0.5\log_2\frac{1}{2}-0.5\log_2\frac{1}{2}$ 結果爲 1，表示不確定最大。因爲 2 種情況都有相同的發生機會。若事件的 2 種情況，機率分別是 1.0 與 0.0，則熵就是 0.0。

我們舉一個例子，說明如下。假設資料集有 100 筆資料紀錄，其中 70 筆是類別 A，30 筆是類別 B。以此做爲根決策點 (root node)，則根節點的熵，E (*root*) 計算如下：

$$E(root)=-\frac{70}{100}\log_2\frac{70}{100}-\frac{30}{100}\log_2\frac{30}{100}=0.88$$

假設從根決策點依某種決策條件可以分左右兩個路徑。右路徑包含 60 筆資料紀錄，其中 35 筆歸在 A 類，25 筆歸在 B 類。左路徑包含 40 筆資料紀錄，其中 35 筆爲 A 類，5 筆爲 B 類。

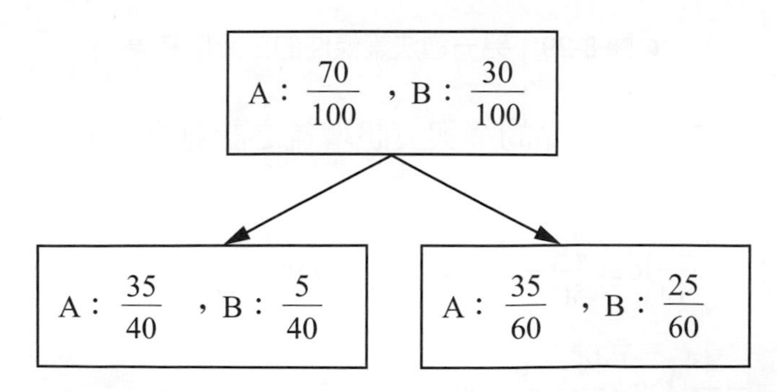

▲圖 8-28　從根決策點依某種決策條件分左右兩路徑

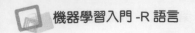

右路徑 (right) 決策點與左路徑 (left) 決策點的熵分別計算如下：

$$E(right) = -\frac{35}{60}\log_2\frac{35}{60} - \frac{25}{60}\log_2\frac{25}{60} = 0.98$$

$$E(left) = -\frac{35}{40}\log_2\frac{35}{40} - \frac{5}{40}\log_2\frac{5}{40} = 0.54$$

某一決策節點的資訊增益 (IG) 是該節點的熵減掉分割後的各路徑節點之熵的權重總和，這裡的權重是各路徑的發生機率。以圖 8-28 的決策樹爲例，其資訊增益 (IG) 如下計算：

$$\begin{aligned}\mathrm{IG} &= E(root) - \frac{60}{100}E(right) - \frac{40}{100}E(left) = 0.88 - \frac{60}{100}\times 0.98 - \frac{40}{100}\times 0.54\\ &= 0.076\end{aligned}$$

若有第二棵樹，左右路徑的機率皆爲 $\frac{50}{100}$，如圖 8-29 所示：

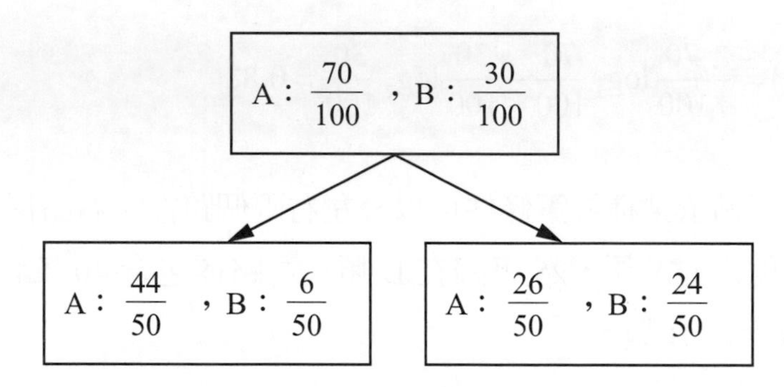

▲圖 8-29　另一種決策條件的二元樹結果

則這一棵二元樹的各決策點的熵與資訊增益之計算方式如下：

$$E(right) = -\frac{26}{50}\log_2\frac{26}{50} - \frac{24}{50}\log_2\frac{24}{50} = 0.999$$

$$E(left) = -\frac{44}{50}\log_2\frac{44}{50} - \frac{6}{50}\log_2\frac{6}{50} = 0.529$$

$$E(root) = -\frac{70}{100}\log_2\frac{70}{100} - \frac{30}{100}\log_2\frac{30}{100} = 0.881$$

$$\text{IG}=E(root)-\frac{50}{100}E(right)-\frac{50}{100}E(left)$$

$$=0.88-\frac{50}{100}\times 0.999-\frac{50}{100}\times 0.529=0.117$$

比較這 2 個決策樹，由於第一棵的資訊增益 0.076 小於第二棵的 0.117，因此第二棵是較佳的選擇。

以前面是否打球的資料集所建立的決策樹圖 8-26 爲例，從最底部的葉子節點展示如何計算各節點的熵，及各決策點的 IG。從最左邊開始，由於機率不是 1.0 就是 0.0，所以 4 個葉子節點子熵都是 0.0；因爲 0 乘上任何數都是 0，而 $-\frac{3}{3}\log_2\frac{3}{3}-\frac{0}{3}\log_2\frac{0}{3}$ 的計算中，$\frac{0}{3}$ 爲 0，且 $\log_2\frac{3}{3}=\log_2 1=0$。圖 8-26 的「Humidity > 60」與「Temperature > 30」決策點的 Entropy，分別是 $-\frac{3}{6}\log_2\frac{3}{6}-\frac{3}{6}\log_2\frac{3}{6}=1.0$ 及 $-\frac{2}{5}\log_2\frac{2}{5}-\frac{3}{5}\log_2\frac{3}{5}=0.971$。而「weather_Type == Sunny」節點的熵爲 $-\frac{5}{11}\log_2\frac{5}{11}-\frac{6}{11}\log_2\frac{6}{11}=0.994$。「weather_Type == Cloudy」節點的 Entropy 爲 $-\frac{9}{15}\log_2\frac{9}{15}-\frac{6}{15}\log_2\frac{6}{15}=0.971$，而「weather_Type == Cloudy」右路徑的節點之熵爲 $-\frac{4}{4}\log_2\frac{4}{4}-\frac{0}{4}\log_2\frac{0}{4}=0$。根節點「weather_Type == Cloudy」的 IG 可由其本身及左右路徑節點的熵計算得到，如算式：

$$\text{IG}=0.971-\frac{11}{15}\times 0.994-\frac{4}{15}\times 0=0.242$$

圖 8-26 的「weather_Type == Sunny」決策點，依同樣的作法，

$$\text{IG}=0.994-\frac{6}{11}\times 1.0-\frac{5}{11}\times 0.971=0.007$$

由於決策樹是從資料集中以決策條件任意組合的方式而得到。從圖 8-26 的資料集中，我們也有可能得到另一棵樹，如圖 8-30 所示：

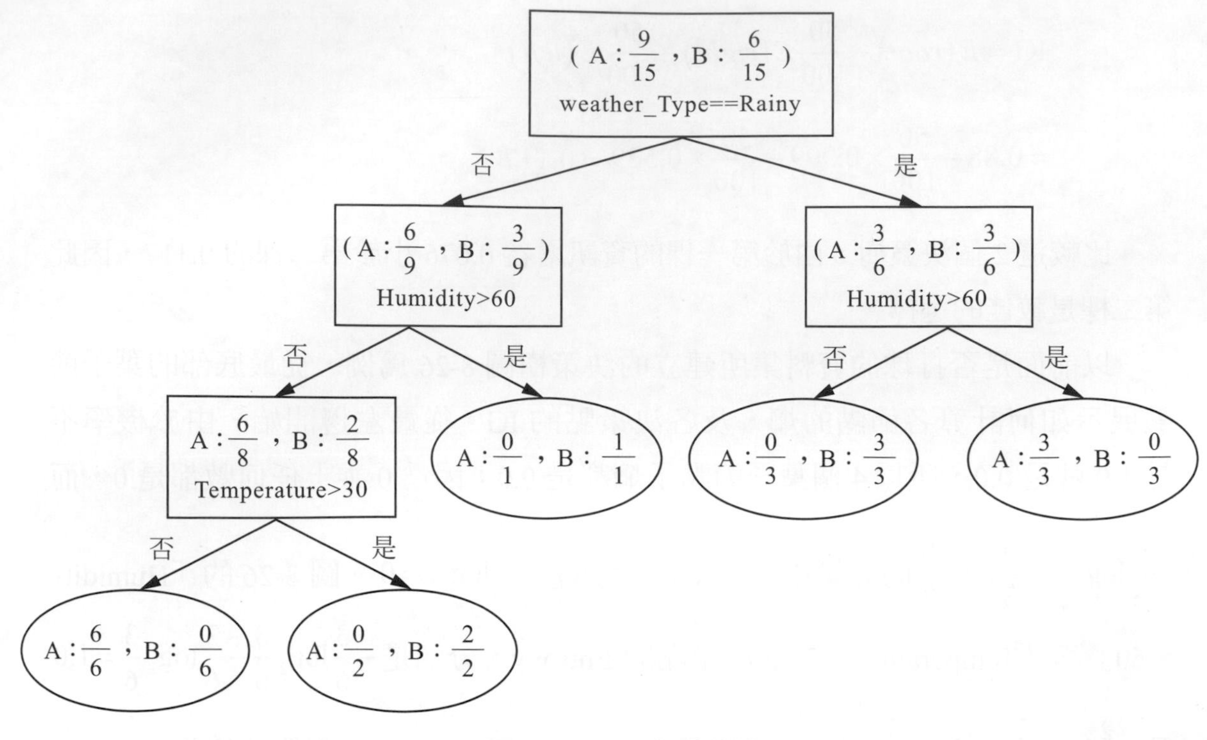

▲圖 8-30　另一棵決策樹

「weather_Type == Rainy」的節點之 Entropy 爲$-\frac{9}{15}\log_2\frac{9}{15}-\frac{6}{15}\log_2\frac{6}{15}=0.971$。而分出去的左節點「Humidity > 60」之 Entropy 爲$-\frac{6}{9}\log_2\frac{6}{9}-\frac{3}{9}\log_2\frac{3}{9}$=0.92，分出去的右節點「Humidity > 60」之 Entropy 爲 $-\frac{3}{6}\log_2\frac{3}{6}-\frac{3}{6}\log_2\frac{3}{6}$=1.0 。依此，「weather_Type == Rainy」節點的資訊增益爲$0.971-\frac{9}{15}\times0.92-\frac{6}{15}\times1.0=0.019$。與圖 8-26 的決策樹之根部決策條件分左右路徑後之根節點「weather_Type == Cloudy」比較，圖 8-30 的根部決策點條件之 IG 小很多。如果要選，應該選圖 8-26。

每一個決策點的決策條件有很多種選擇，作法是在每一個決策點列舉每一種可能性，再一一計算其資訊增益並選擇具有最大 IG 的，這顯然要花非常多的運算時間，也要花費許多編程的時間。針對此，R 軟體提供了決策樹機器學習套件。

R 軟體的決策樹套件叫 rpart，決策樹機器學習函式名稱也叫 rpart(…)，呼叫時有一些參數需要設定。若資料集含有因子 (factor) 欄位，也就是非數值型式，則需要設定參數 method=“class”，而參數 control 可以設定決策樹在機器學習的一些限制條件，一般會先將限制條件透過 rpart.control(…) 函式儲存在變數內，再設

定給 rpart(…) 函式的 control 參數。限制條件中，minsplit 用來設定一個節點內可以繼續再往下分割的最少資料紀錄筆數，minbucket 則可設定葉子節點所需的最少資料紀錄筆數。接下來，我們就以此套件來求解表 8-2 是否打球的資料集之最佳決策樹。

我們先建立資料集，程式碼內容如下：

```
weather_Type <- c("cloudy","cloudy","cloudy","cloudy","sunny",
          "sunny","sunny","sunny","sunny","rainy","rainy","rainy",
          "rainy","rainy","rainy")
temperature <- c(29,24,27,26,31,33,34,28,27,28,26,20,28,27,29)
humidity <- c(50,49,52,56,55,61,59,58,55,62,63,70,55,54,50)
decision <- c("Play","Play","Play","Play","NoPlay","NoPlay",
               "NoPlay","Play","Play","NoPlay","NoPlay","NoPlay",
               "Play","Play","Play")
golfData <- data.frame(weatherType,temperature,humidity,decision)
golfData
```

執行結果如圖 8-31 所示：

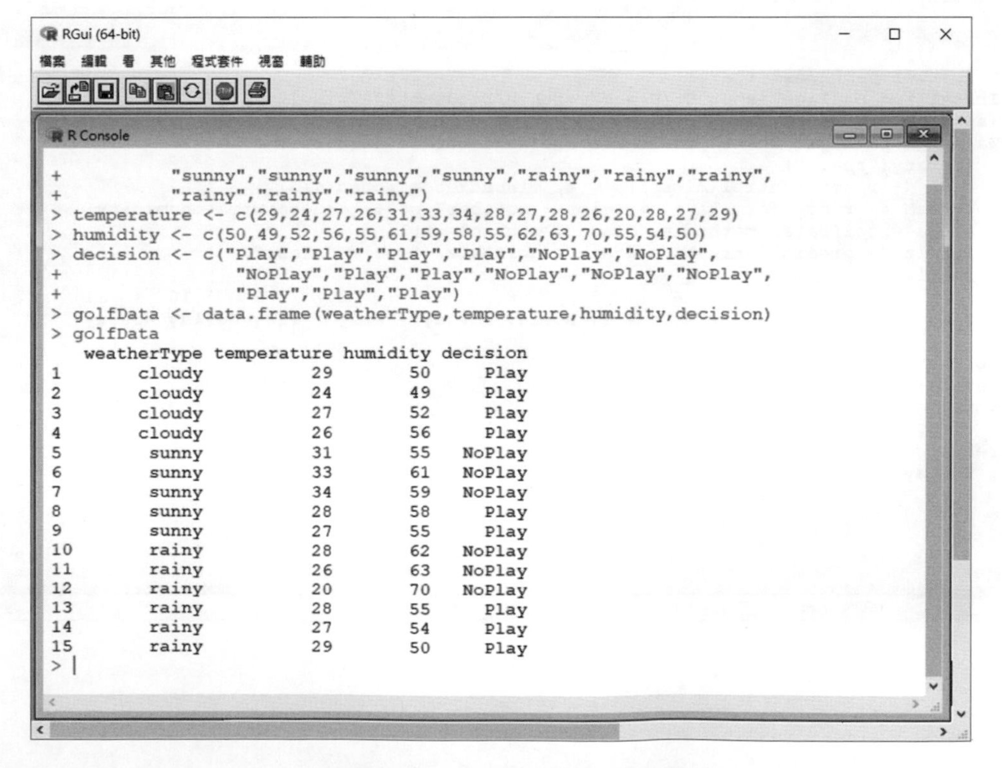

▲圖 8-31　範例資料集的建立

接下來，使用 R 軟體決策樹機器學習套件的 rpart(...) 函式針對前述的資料集進行決策樹機器學習，程式碼內容如下：

```
install.packages("rpart")
library("rpart")
ctrl <- rpart.control(minsplit = 4, minbucket = round(4/3) )
dtreeM <- rpart(formula = decision ~ weatherType + temperature +
humidity  ,
 data = golfData, method = "class", control=ctrl)
result <- predict(dtreeM, newdata = golfData, type = "class")
result
table(result,golfData$decision)
```

程式碼中，minsplit = 4 是設定當決策點的資料總記錄小於 4 時就不往下拆，也就是做爲葉子節點，minbucket = round (4/3) 相當於 minbucket = 1，表示葉子節點最少要有 1 筆資料紀錄。

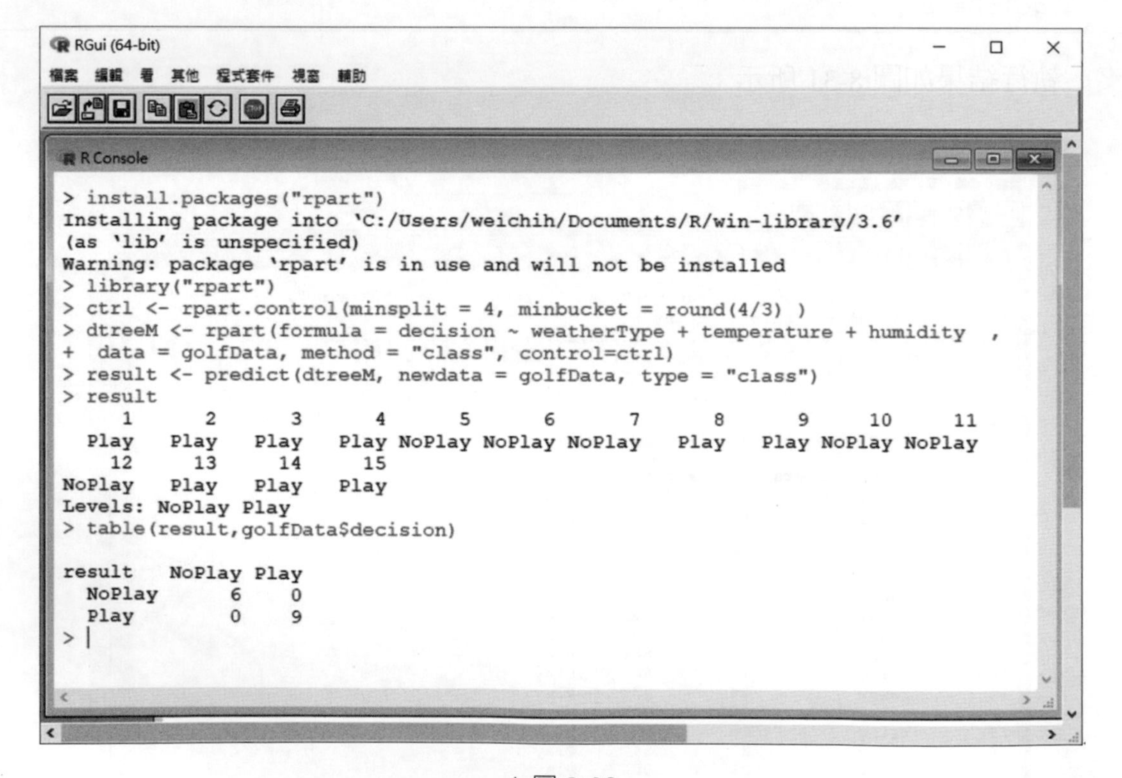

▲圖 8-32

經由上述程式碼的執行，得到模型 dtreeM 之後，我們可以將這個模型畫出來，要繪製決策樹圖，可以使用 R 軟體的 rattle 套件的 fancyRpartPlot(...) 函式。程式碼與執行結果如圖 8-33 所示：

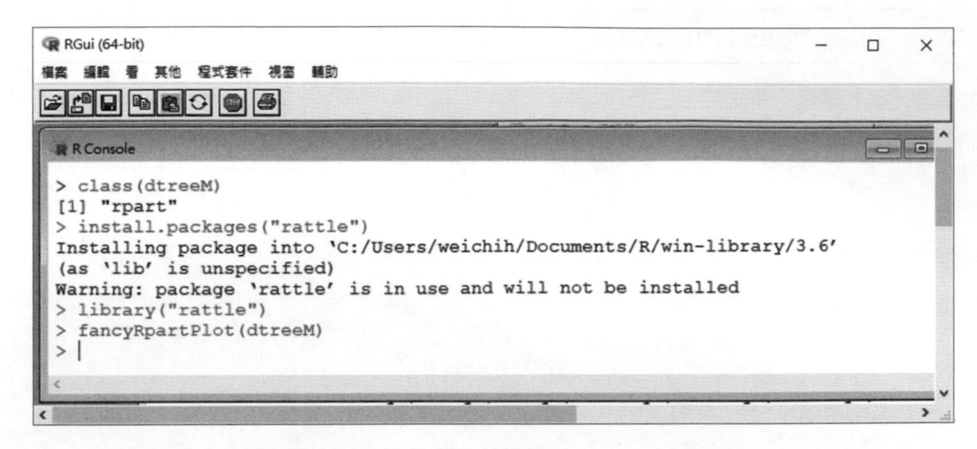

▲圖 8-33　fancyRpartPlot(...) 函式的使用

所繪製的 dtreeM 樹狀結構如圖 8-34 所示：

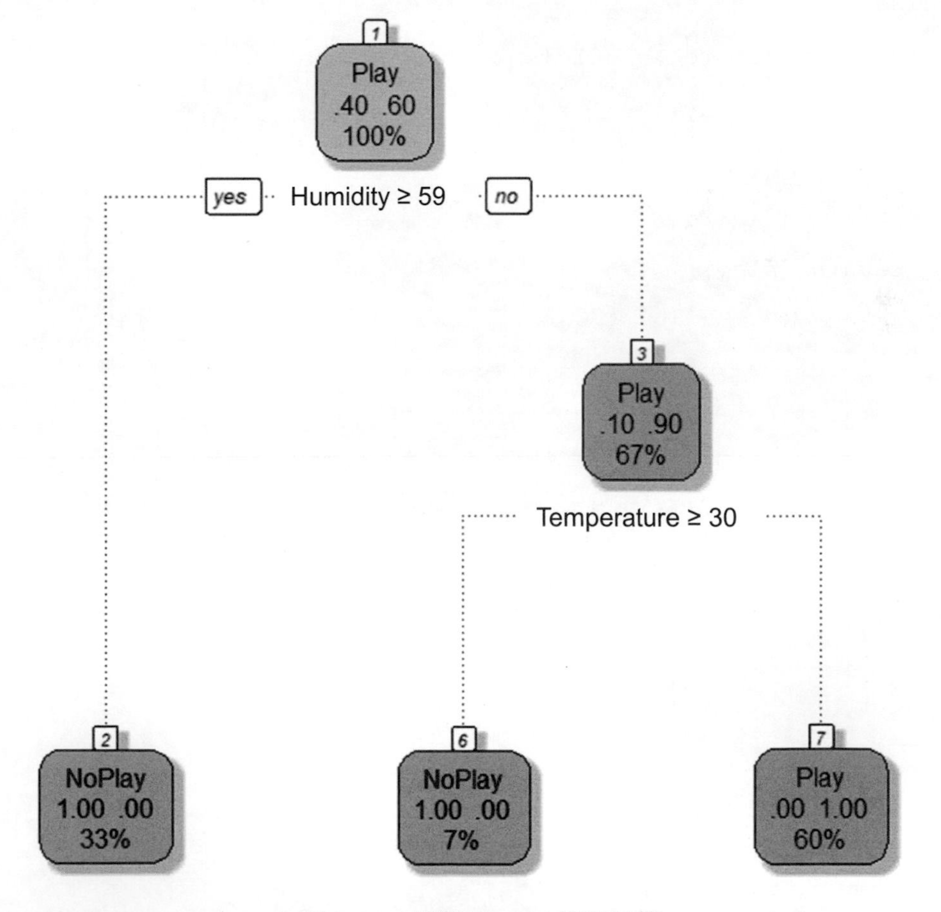

▲圖 8-34　繪製 dtreeM 樹狀結構

依照這個圖的決策規則，給定新的輸入向量，例如 weather_Type="sunny", humudity=52，temperature=34，我們可以得到決策："No play"，如以下的 R 程式碼內容：

```
mkDecision("sunny",52,34)

mkDecision <- function(weatherType,humidity,temperature) {

play<-"play"
noplay<-"Noplay"

 if (humidity >= 59) {
   return (noplay)
 }
 else {
  if (temperature >= 30) {
   return (noplay)
  }
  else {
   return (play)
  }
 }
}
```

以下為執行結果：

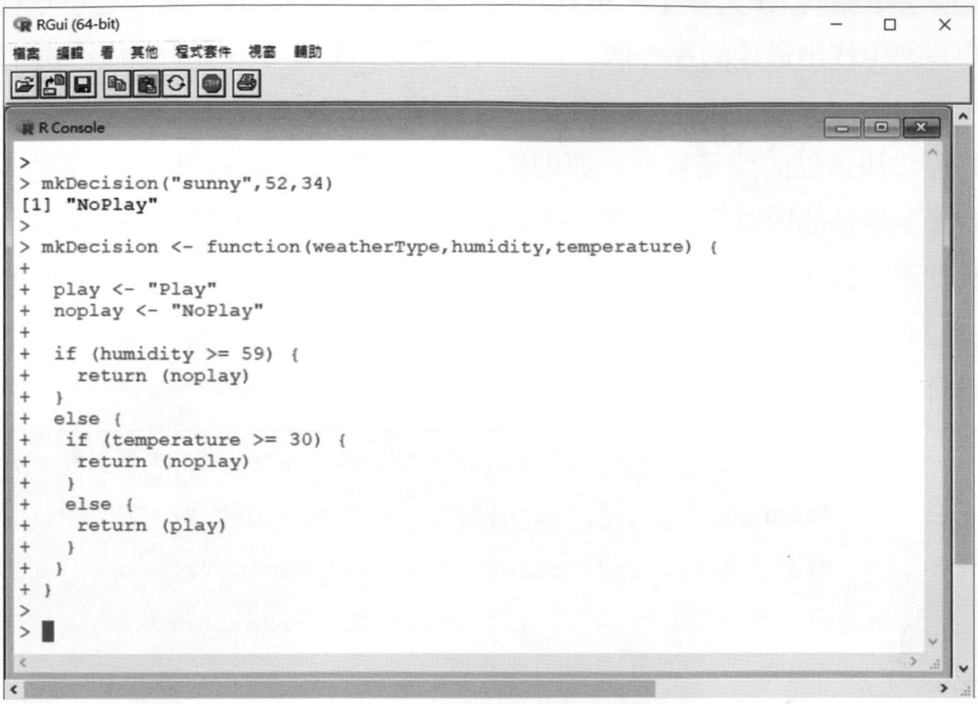

```
RGui (64-bit)
檔案 編輯 看 其他 程式套件 視窗 輔助
R Console
>
> mkDecision("sunny",52,34)
[1] "NoPlay"
>
> mkDecision <- function(weatherType,humidity,temperature) {
+
+  play <- "Play"
+  noplay <- "NoPlay"
+
+  if (humidity >= 59) {
+    return (noplay)
+  }
+  else {
+   if (temperature >= 30) {
+    return (noplay)
+   }
+   else {
+    return (play)
+   }
+  }
+ }
>
> 
```

▲圖 8-35　決策樹模型的使用

檢視上述的決策樹圖，經由 R 軟體的 rpart(...) 所學習到的模型，顯然將 weather_Type 欄位忽略了。此模型的資訊增益可以計算如下之程式碼，node1enp 是根決策點的熵，node3enp 是其右路徑決策點的熵，因為左路徑的熵為 0，就不計。

```
getEntrp <- function(p,q) {
 entropy <- (-p)*log(p,base=2)+(-q)*log(q,base=2)
}


node3enp <- getEntrp(0.10,0.90)
node1enp <- getEntrp(0.40,0.60)
IG <- node1enp - node3enp*0.67
```

執行後所得到的 IG = 0.657，顯然比我們前面所建置的兩棵樹（圖 8-26 及圖 8-30）根決策點的 IG 大多了。這就是使用機器學習套件的好處，它可以從眾多可能的答案中找出最佳的那一個。實際的運算方式是從根決策點開始，選擇可以使資訊增益最大的決策條件，或稱爲特徵選擇。一旦根節點決定了，再分別決定其他路徑之決策點的決策條件，原則還是 " 可產生最大資訊增益 "。當然，所謂最佳的答案是基於所給定的訓練資料集而決策。當資料集有變化時，最佳模型的解可能就不一樣了。如果在 golfData 加上 3 筆資料紀錄，{"cloudy",33,61,"Paly"}, {"rainy",24,58,"NoPlay"},{"sunny",29,54,"NoPlay"}，然後再學習一遍，我們看一下結果如何。

```
weatherType <- c("cloudy","cloudy","cloudy","cloudy","sunny",
         "sunny","sunny","sunny","sunny","rainy","rainy","rainy",
         "rainy","rainy","rainy","cloudy","rainy","sunny")
temperature <- c(29,24,27,26,31,33,34,28,27,28,26,20,28,27,29,33,
24,29)
humidity <- c(50,49,52,56,55,61,59,58,55,62,63,70,55,54,50,61,58,
54)
decision <- c("Play","Play","Play","Play","NoPlay","NoPlay",
             "NoPlay","Play","Play","NoPlay","NoPlay","NoPlay",
             "Play","Play","Play","Play","NoPlay","NoPlay")
newData <- data.frame(weatherType,temperature,humidity,decision)
dtreeM2 <- rpart(formula = decision ~ weatherType + temperature +
humidity , data = newData, method = "class", control=ctrl)
fancyRpartPlot(dtreeM2)
```

所學習到的決策樹如圖 8-36 所示：

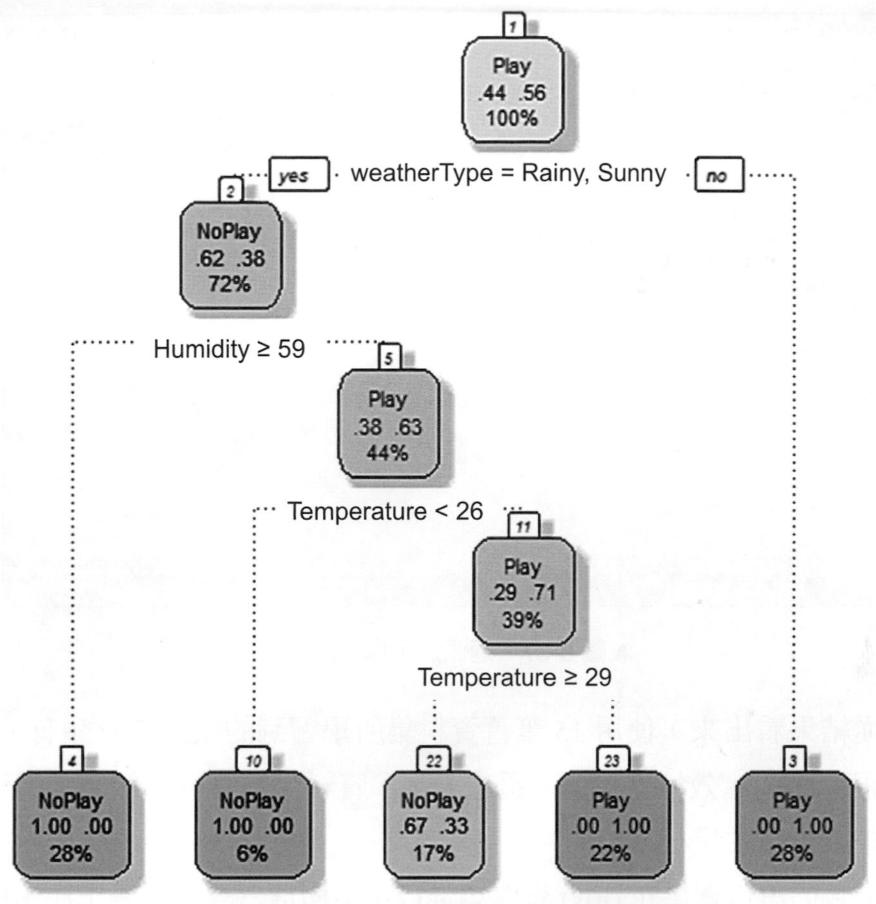

▲圖 8-36　重新訓練的結果

顯然，資料集改變了，結果也會不一樣。這一次 weather_Type 欄位被當做根決策點的決策條件，而且還是 weather_Type == Rainy, Sunny，也就是 weather_Type == Rainy 或 weather_Type = Sunny。如果將總共 18 筆資料記錄的資料集，分別使用第一棵樹 (dtreeM) 與目前這一棵樹 (dtreeM2) 圖的決策樹模型做分類，我們來比較一下分類效能。程式碼如下：

```
result1 <- predict(dtreeM, newdata = newData, type = "class")
table(real=newData$decision,test=result1)


result2 <- predict(dtreeM2, newdata = newData, type = "class")
table(real=newData$decision,test=result2)
```

執行結果如圖 8-37 所示：

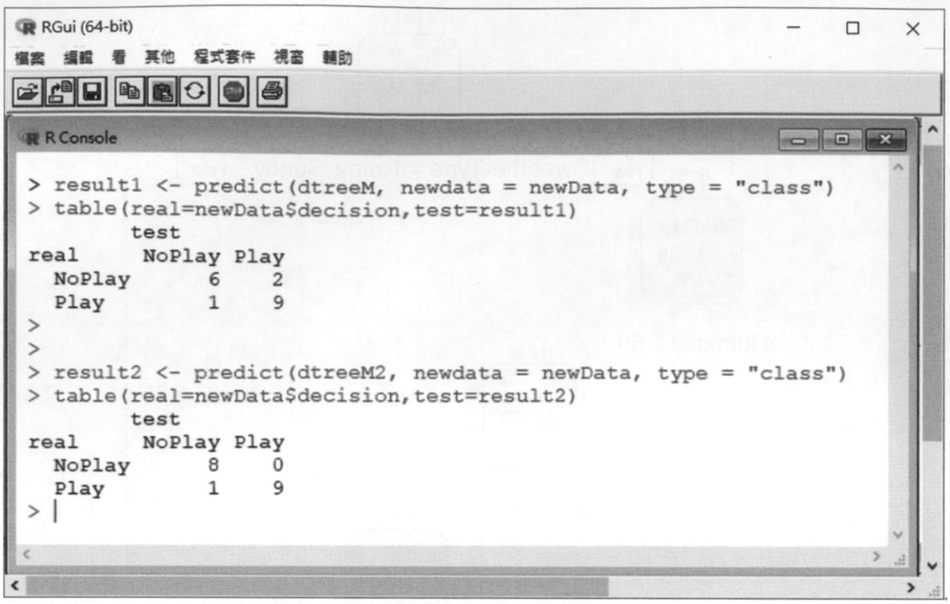

```
RGui (64-bit)
檔案 編輯 看 其他 程式套件 視窗 輔助
R Console
> result1 <- predict(dtreeM, newdata = newData, type = "class")
> table(real=newData$decision,test=result1)
        test
real     NoPlay Play
  NoPlay      6    2
  Play        1    9
>
>
> result2 <- predict(dtreeM2, newdata = newData, type = "class")
> table(real=newData$decision,test=result2)
        test
real     NoPlay Play
  NoPlay      8    0
  Play        1    9
> |
```

▲圖 8-37　兩個決策模型的比較

可以從結果看出來，使用 15 筆舊資料集所學習到的模型來分類有 18 筆的新資料集，很明顯的，效能比較差。這也表示，資料集的資料記錄筆數與資料集品質對機器學習演算法是很重要的。

接下來我們再以鳶尾花 (iris) 資料集進行決策樹機器學習，繪出決策樹的圖，並檢視其效能。程式碼內容如下：

```
install.packages("rpart")
library("rpart")
data(iris)
traindata <- iris
dtreeM <- rpart(formula = Species~. , data = traindata, method =
"class")


install.packages("rattle")
library("rattle")
fancyRpartPlot(dtreeM)
result <- predict(dtreeM, newdata = traindata, type = "class")
table(traindata$Species, result, dnn = c("實際", "預測"))
```

所建立的決策樹如圖 8-38 所示：

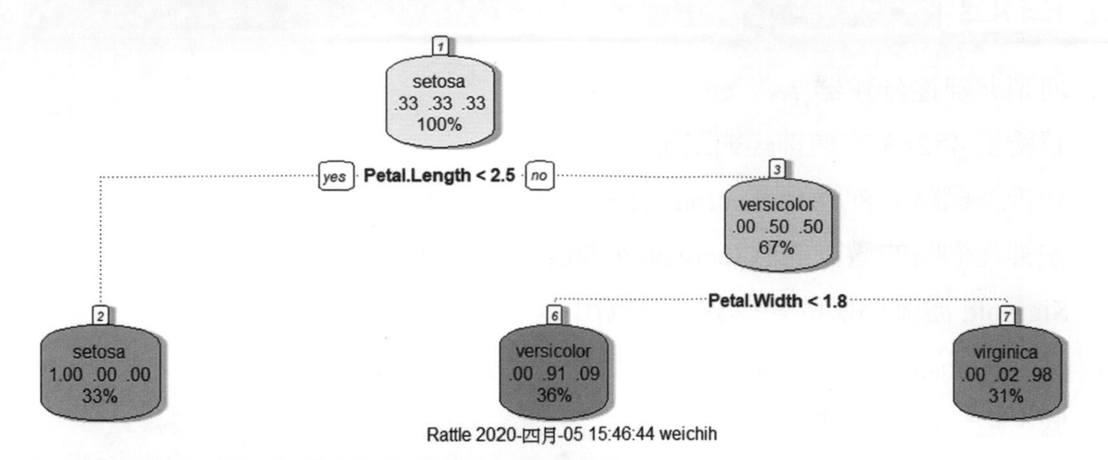

▲圖 8-38　鳶尾花 (iris) 資料集進行決策樹機器學習的結果

按照這棵樹的決策邏輯，當有一筆新輸入資料時，先判斷 Petal.Length 是否小於 2.5，若是 (Yes) 則歸類爲 setosa：若否則再判斷 Petal.Width 是否小於 1.8，若是，則歸類爲 versicolor，若否則歸類爲 virginaica。圖 8-39 顯示了最後的決策結果，實際 virginaica 的 50 筆中，有 5 筆被分類成 versicolor；而實際 versicolor 的 50 筆中，有 1 筆被分類成 virginaica。

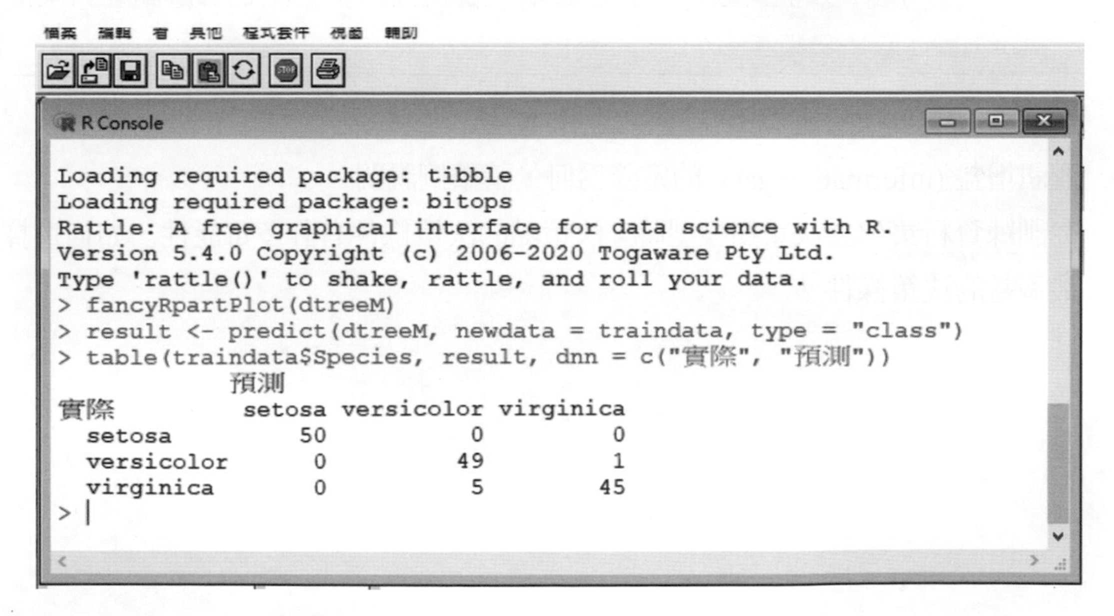

▲圖 8-39　鳶尾花 (iris) 資料集決策樹模型的效能

習題

1. 何謂非線性分類器？
2. 請繪出 4×2×3 的類神經網路架構。
3. 類神經網路的神經元 (neuron) 會依序執行哪兩種運算？
4. 類神經網路的激勵函數 (activation function) 有何作用？
5. Sigmoid 激勵函數的數學式，請寫出。
6. out <− class.ind(iris$Species)，這個描述式有何作用？
7. 底下這一段描述式有何作用？

```
bpn1 <- neuralnet(formula = myformula,
                  data = traindata,
                  hidden = c(2,1),
                  learningrate = 0.01,
                  threshold = 0.01,
                  stepmax = 5e5
)
plot(bpn1)
```

8. 熵 (Entropy) 的定義爲何，請舉例說明。
9. 資訊增益 (information gain) 的定義爲何，請舉例說明。
10. 從訓練資料集建立決策樹模型時，決策點的決策條件有許多可能性，如何選擇最適當的決策條件？

9 模型評估

9-1 分類器效能指標

對於一個二元分類器，許多人在乎的是分類的正確率 (accurancy, 準確率)。在討論正確率之前，我們先說明什麼是混淆矩陣 (confusion matrix)。所謂混淆矩陣有以下的二維結構：

N = total number of samples

actual \ prediction	Yes	No
Yes	TP	FN
No	FP	TN

實際 (actual) 與預測 (prediction) 欄位的 Yes 是代表目標類別，No 指的是非目標類別，例如：若是要判定良品，以及不良品，當我們在乎的是 " 不良品 "，則 " 不良品 " 就是目標類別。TP 是 true positive 的縮寫，翻譯爲眞陽性，也就是實際爲目標類別被分類器也分類爲目標類別的資料記錄筆數；FN 是 false negative 的縮寫，翻譯爲僞陰性或假陰性，也就是實際爲目標類別卻被錯誤分類爲非目標類別的資料記錄筆數。FP 爲 false positive 的縮寫，翻譯爲僞陽性或假陽性，也就是實際爲非目標類別但卻被錯誤歸類爲目標類別的數目。TN 是 true negative，翻譯爲眞陰性，也就是實際不是目標類別也被分類爲非目標類別的數目。

舉一個可以判別是否爲垃圾郵件 (span mail) 的垃圾郵件分類器爲例，垃圾郵件是目標類別。假設分類器要針對 1000 封做垃圾郵件 (spam) 與非垃圾郵件 (non-spam) 的判別。其中實際情況，有 100 封已知是 Spam，900 封已知是 Non Spam。假設某分類器得到下列的混淆矩陣：

prediction / actual	spam	non-spam
spam	20 (TP)	80 (FN)
non-spam	50 (FP)	850 (TN)

對照上一個表的符號，TP = 20，FN = 80，FP = 50，TN = 850。實際 (actual) 是 spam 的總筆數是 TP+FN = 20+80 = 100，實際爲 non-spam 的總筆數是 FP+TN = 50+850 = 900。實際爲 spam 被正確預測爲 spam 的眞陽性筆數，TP = 20。假陰性筆數 FN = 80。實際爲 non-spam 被誤判爲 spam 的假陽性筆數，FP = 50。實際爲 non-spam 被正確分類爲 non-spam 的眞陰性筆數，TN = 850。很明顯 N = TP+FN+FP+TN，也就是 1000 = 20+80+50+850。得到一個分類器的混淆矩陣之後，正確率指的是，實際爲目標類別被分類器正確歸類爲目標類別，以及實際爲非目標類別也被分類器正確歸類爲非目標類別的機率。很顯然，依照此定義：

$$\text{accuracy rate} = \frac{\text{TP} + \text{TN}}{\text{TP+FN+FP+TN}} + \frac{\text{TP} + \text{TN}}{\text{N}}$$

以上述垃圾郵件分類器的混淆矩陣範例，算出來的正確率爲：

$$\text{accuracy rate} = \frac{20 + 850}{1000} = \frac{870}{1000} = 87\%$$

正確率是很常用的分類器性能評量指標。然而有時我們也還需使用精準度 (precision) 做爲效能評量指標，尤其當在乎被分類器判別爲目標類別的樣本中到底有多少比例原本就是目標類別。當比例越高，表示分類器的預測越精準也就是假陽性與眞陽性相比，後若比例愈高。換句話說，當我們在乎「模型預測爲眞的結果必須能符合現實」時，就需要使用 precision rate 作爲效能的指標。但是精準度高，並無法保證僞陰性率會低，也就是僞陰情況可能會多。精準度的公式如下：

$$\text{precision rate} = \frac{\text{TP}}{\text{TP} + \text{FP}}$$

以前述 spam 的混淆矩陣爲例，算出來的 precision rate $= \frac{20}{70} = 29\%$

另外，還有一種稱爲召回率 (recall rate) 的效能衡量指標，召回率使用的場合是當我們比較在乎實際爲眞，也期待模型能夠正確預測其爲眞的情況。召回率高表示僞陰性的比例低。召回率有時也被稱爲靈敏度 (sensitivity)。召回率的定義是 TP 除以 (TP+FN)，也就是：

$$\text{recall rate} = \frac{\text{TP}}{\text{TP} + \text{FN}}$$

以前例算出來的 recall rate $= \frac{20}{100} = 20\%$

有許多人會覺得疑惑，正確率、精準率、召回率，到底要使用那一種做爲評估效能的指標，這決定於分類器到底要使用在什麼情況？通常正確率不適用時，就會考慮使使用精準率及召回率。舉一個情況來說，如果有一個垃圾郵件的分類器，輸入的郵件中只有少部分是垃圾郵件，例如 10%。在這種情況下，要實做一個有高正確率的分類器是很容易的，只要能將大部分的郵件分類成非垃圾郵件即可。因爲有 90% 的郵件實際就是非垃圾郵件 (non-spam)，所以即使將 spam 誤判爲 non-spam，正確率還是可以維持很高。前述所給的垃圾郵件分類器混淆矩陣就是此種情況。在所有輸入的郵件中，垃圾郵件 (spam mail) 只有 10%，分類器即使只能將 100 封 spam 正確判斷出 20 封爲 spam，但因爲它能將大部分的 non-spam 皆能判斷爲 non-spam，所以按照前面的正確率公式，正確率仍高達 85%，計算如下：

$$\text{accuracy rate} = \frac{\text{TP} + \text{TN}}{\text{N}} = \frac{850}{1000} = 85\%$$

垃圾郵件分類器在乎的是被判斷爲垃圾郵件就是眞正的垃圾郵件 (TP)，而且正常郵件 (non-spam) 被判斷爲垃圾郵件 (FP) 的比例要低。垃圾郵件是目標類別，目前這個情況是 TP 要遠大於 FP。這時評估指標就要改用精準率 (或稱爲精準度)，也就是精準度要高。以前述的混淆矩陣爲例，計算出 prescision。

$$\text{precision rate} = \frac{TP}{TP + FP} = \frac{20}{20 + 50} = \frac{20}{70} = 29\%$$

發現 precision rate 非常低，顯然不符合要求，因爲被分類器判斷爲垃圾郵件的有大部分其實是正常郵件。因爲具有此混淆矩陣的垃圾郵件分類器不適用，必須再研發另一款比較適合的分類器。假設經過一段時間，終於研發出新的分類器垃圾郵件分類器，具有以下的混淆矩陣：

prediction / actual	Yes	No
Yes	70 (TP)	30 (FN)
No	20 (FP)	880 (TN)

基於此一混淆矩陣所計算出來的 precision rate 如下：

$$\text{precision rate} = \frac{70}{70 + 20} = \frac{20}{90} = 78\%$$

精準率已經從 29% 提高到 78%。基於同一個混淆矩陣，也可算出召回率。

召回率計算如下：

$$\text{recall rate} = \frac{TP}{TP + FN} = \frac{70}{70 + 30} = \frac{70}{110} = 70\%$$

如果從召回率判斷，100 封垃圾郵件中，有 70 封可正確分類爲垃圾郵件，也就是 100 封垃圾郵件會有 30 封會被誤判爲正常郵件，也就是誤判比例還頗多的。就垃圾郵件分類來說，將正常郵件誤判成垃圾郵件比較嚴重，將垃圾郵件誤判成正常郵件尙可接受。因此，以垃圾郵件的應用場合，精準度是適當的效能評估指標。

召回率 (recall rate) 的適用場合，以許多大學都會實施的成績期中預警為例，以「成績須預警」為陽性 (positive) 也就是目標類別。召回率的分子是 TP(true positive)，也就是被系統正確判斷為「成績須預警」的學生人數。分母則是實際上「成績須預警」的學生人數。當召回率高，表示「成績須預警」者大部分都可以被偵測到這也是成績預警系統的目的。召回率高，如果精準率低，也就是 FP(false positive) 有一定的學生人數，代表本來有些成績不需預警的學生卻被告知「成績須預警」。雖然這種情況，還算可以接受，但是在有些應用的場合，不僅精準度要高，召回率也要高。然而這兩者通常無法同時滿足。

召回率及精準率，如果單看一種指標，如前所述可能會偏於一端。如果召回率及精準率都同等重要，有一個稱為 Fl score 或叫 F1 measure 的指標，可以當做折衷的評估指標。F1 measure 的公式如下：

$$\text{F1 measure} = \frac{2}{\frac{1}{\text{precision}} + \frac{1}{\text{recall}}}$$

F1 measue 實際上只是 F measure 的特例，F measure 可以使用調整參數 β 的方式來設定 precision rate 及 recall rate 的權重。F measure 的公式如下：

$$\text{F measure} = F_{\beta} = (1+\beta)^2 \times \frac{\text{precision} \times \text{recall}}{(\beta^2 \times \text{precision}) + \text{recall}}$$

當 $\beta = 0$ 時，F measure 就是 precision rate，當 β 是無限大時，F measure 就是 recall rate。也就是，若要強調 recall 則 β 調大一點，若要強調 precision 則 β 調小一點。

當我們要比較多個不同的分類器的效能時，可以先求出所有分類器的混淆矩陣 (confusion matrix)，然後再算出各種效能評估指標，然後再依應用領域本身重視的是那一個指標，挑選適合的分類器。接下來，我們將以 iris 資料集為例，使用決策樹進行分類，建立混淆矩陣，並計算分類器的各項效能指標。

另外，有一個基本觀念非常重要，在此先做說明。在評估分類器效能時，儘量避免使用訓練資料集來建立混淆矩陣，而是要使用測試資料集。簡單來說，訓練資料集用來做爲機器學習演算法的輸入以得到模型，而測試資料集 (testing data set) 則用來做爲模型的輸入以建立混淆矩陣。

訓練資料集與測試資料集當然都來自已經收集的資料集，在前幾章的範例中，我們都以全部的資料集做爲模型訓練用。如果要將資料集分成訓練用與測試用，一般會使用 80–20 法則，也就是資料集的 80% 做爲訓練資料集，20% 做爲測試資料集。爲了避免所訓練的模型產生偏差，80–20 的法則必須使用隨機方式進行資料紀綠選擇。一個作法是先建立資料紀錄的索引編號，再基於這些索引編號以隨機的方式選出訓練資料集，未被選到的資料紀錄就做爲測試資料集。

底下我們就以 iris 資料集來說明上述的作法。另外，爲了以平衡資料集體現二元分類器的效能，我們只取用 iris 資料集的 versicolor 與 virginica 子資料集，因爲前 50 筆是屬於 setosa，在這個例子就不取用。也就是只取用第 51 筆至第 150 筆的資料紀錄，而且依 80–20 法則，隨機取 80% 的樣本做爲訓練資料集，其他爲測試資料集，程式碼內容如下：

```
myiris <- iris[51:150,1:4]
Species <- as.character(iris[51:150,5])
head(Species)
myiris$Species <- Species
head(myiris)
set.seed(2)
n <- round(0.8*nrow(myiris))
L <- nrow(myiris)
rank_num <- sample(1:L,n)
rank_num
traindata <- myiris[rank_num,]
testdata <- myiris[-rank_num,]
```

上述程式碼的執行過程與結果如圖 9-1 所示：

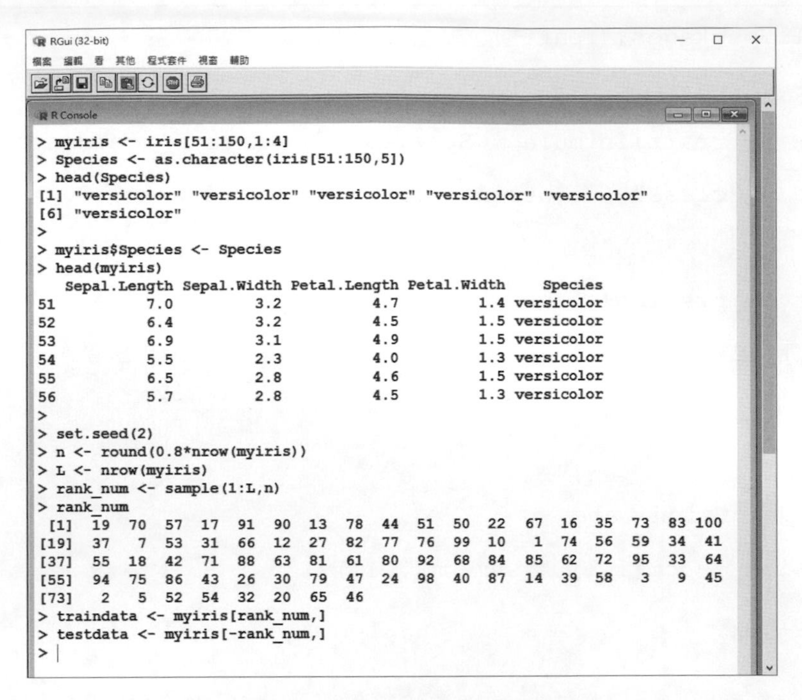

RGui (32-bit)
R Console
> myiris <- iris[51:150,1:4]
> Species <- as.character(iris[51:150,5])
> head(Species)
[1] "versicolor" "versicolor" "versicolor" "versicolor" "versicolor"
[6] "versicolor"
>
> myiris$Species <- Species
> head(myiris)
Sepal.Length Sepal.Width Petal.Length Petal.Width Species
51 7.0 3.2 4.7 1.4 versicolor
52 6.4 3.2 4.5 1.5 versicolor
53 6.9 3.1 4.9 1.5 versicolor
54 5.5 2.3 4.0 1.3 versicolor
55 6.5 2.8 4.6 1.5 versicolor
56 5.7 2.8 4.5 1.3 versicolor
>
> set.seed(2)
> n <- round(0.8*nrow(myiris))
> L <- nrow(myiris)
> rank_num <- sample(1:L,n)
> rank_num
[1] 19 70 57 17 91 90 13 78 44 51 50 22 67 16 35 73 83 100
[19] 37 7 53 31 66 12 27 82 77 76 99 10 1 74 56 59 34 41
[37] 55 18 42 71 88 63 81 61 80 92 68 84 85 62 72 95 33 64
[55] 94 75 86 43 26 30 79 47 24 98 40 87 14 39 58 3 9 45
[73] 2 5 52 54 32 20 65 46
> traindata <- myiris[rank_num,]
> testdata <- myiris[-rank_num,]
>

▲圖 9-1　iris 訓練資料集的產生

R 的 sample(…) 函式可以從序列數值中以隨機的方式挑選若干個，例如 sample(1:L, n) 會從 1 到 L 的數字隨機選出 n 個，它們被儲存在 rank_num 向量內。n 就是資料集樣本數的 80%，所選出的 n 筆資料紀錄就做爲訓練樣本，儲存於 traindata 向量內，如指令 traindata <− newiris[rank_num,]。剩下的就做爲測試樣本，如指令 testdata <− newiris[− rank_num,]。這裡的 − rank_num 的意義是 " 其他 "。完成 80/20 的分派，接下來，我們以決策樹完成分類，並且計算出 Precision Rate、Recall Rate、Accurate Rate。

底下是使用決策樹分類的程式碼內容，執行結果則顯示在圖 9-2。

```
install.packages("rpart")
library("rpart")
dtreeM <- rpart(formula = Species ~ ., data = traindata,
method = "class",  control = rpart.control(cp = 0.001) )

result <- predict(dtreeM, newdata = testdata, type = "class")
cm <- table(testdata$Species, result, dnn = c("實際", "預測"))
cm

#計算 precision rate
precision <- cm[1,1] / sum(cm[, 1])
precision

#計算 recall rate
recall <- cm[1,1] / sum(cm[1, ])
recall

#整體準確率
accuracy <- sum(diag(cm)) / sum(cm)
accuracy
```

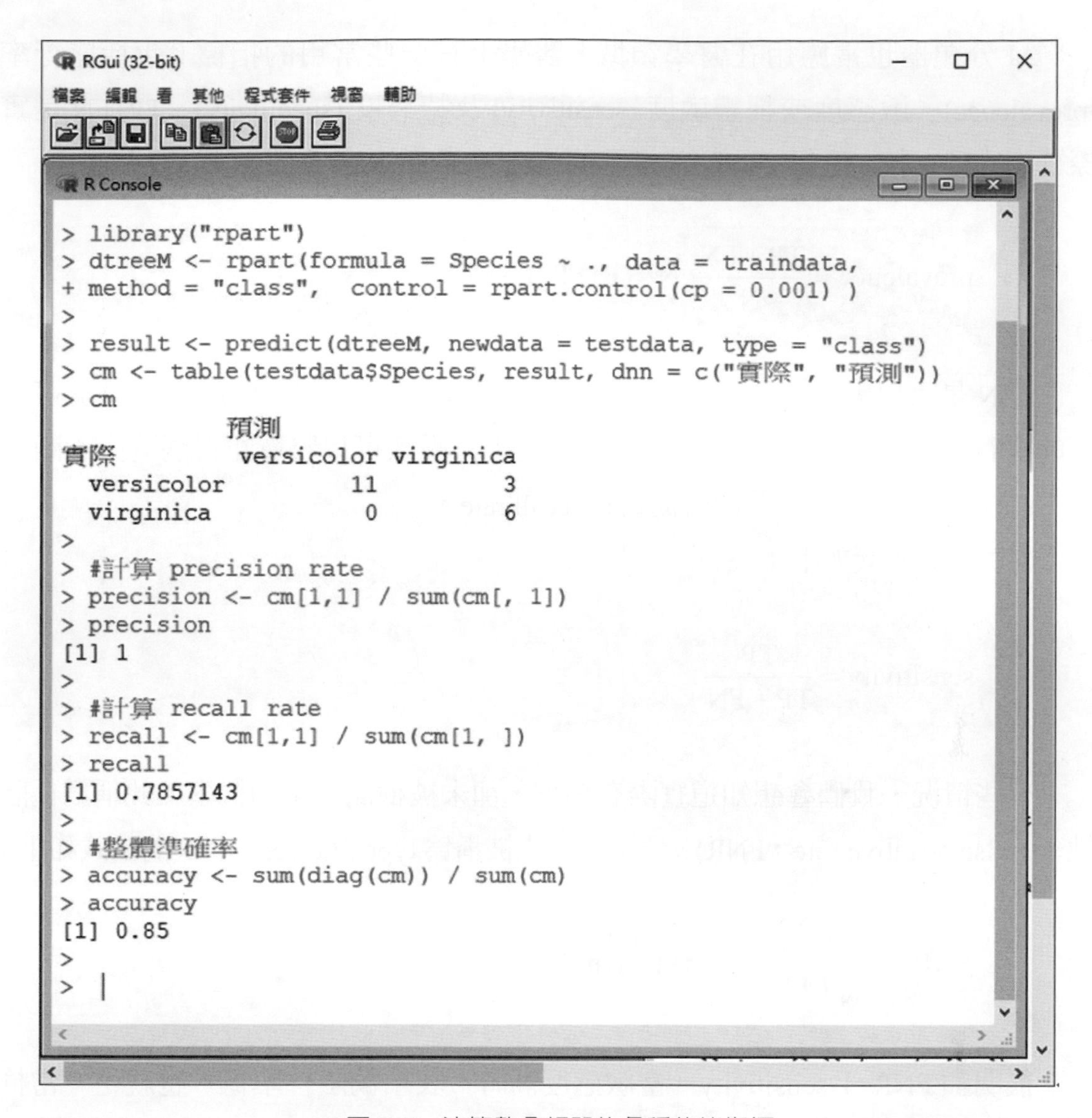
RGui (32-bit)
檔案 編輯 看 其他 程式套件 視窗 輔助
R Console
> library("rpart")
> dtreeM <- rpart(formula = Species ~ ., data = traindata,
+ method = "class", control = rpart.control(cp = 0.001))
>
> result <- predict(dtreeM, newdata = testdata, type = "class")
> cm <- table(testdata$Species, result, dnn = c("實際", "預測"))
> cm
預測
實際 versicolor virginica
versicolor 11 3
virginica 0 6
>
> #計算 precision rate
> precision <- cm[1,1] / sum(cm[, 1])
> precision
[1] 1
>
> #計算 recall rate
> recall <- cm[1,1] / sum(cm[1,])
> recall
[1] 0.7857143
>
> #整體準確率
> accuracy <- sum(diag(cm)) / sum(cm)
> accuracy
[1] 0.85
>
>

▲圖 9-2　決策數分類器的各種效能指標

因為只分兩類：versicolor 與 virginica，我們將 versicolor 類別為視為目標類別。程式碼中，cm[1,1] 是 TP，sum(cm[,1]) 則是 TP+FP，而 sum(cm[1,]) 則是 TP+FN。所得到的 Precision、Recall、以及 Accuracy 分別是 1.0、0.79、及 0.85。類神經網路、SVM 也可以使用類似上述的作法得到效能指標，這部分請參考前二章自行完成。

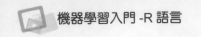

AI 分類器也常應用在醫學領域，醫學上有一些常用的指標，包括盛行率(prevalence)，敏感度或稱靈敏度 (sensitivity) 及特異度 (specificity)。TP+FN 是實際罹病的總人數，盛行率的定義如下：

$$\text{prevalence} = \frac{TP + FN}{N}, N=TP+FP+FN+TN$$

若 N 是人口數，則 prevalence 則代表實際得病者占總人口的比例，代表流行病的盛行情況。sensitivity 代表診斷方法是否夠靈敏可以將眞正得病的人診斷出來。sensitivity 其實就是前面所提到的 recall rate。

靈敏度的定義如下：

$$\text{sensitivity} = \frac{TP}{TP + FN}$$

有些情況，我們會想知道實際有罹病，卻未被檢測出來的機率。此稱爲僞陰性率 (false negative rate，FNR)。僞陰性率也被稱爲 type-II error。FNR 的公式如下：

$$FNR = \frac{FN}{TP + FN} = 1 - \text{sensitivity}$$

很明顯 FNR=1-sensitivity。當敏感度高時，表示僞陰性率低。也就是，當檢測方法的敏感度高時，若檢測結果是陰性，判斷爲未罹病會是一個可靠的判斷。有時也會將僞陰性率稱爲漏診率，僞陰性率低相當於漏診率低。

另外還有一種稱爲特異度 (specificity) 的效能指標。特異度是指未罹患疾病確實也被檢測爲陰性者的機率，特異度的公式如下：

$$\text{specificity} = \frac{TN}{FP + TN}$$

有些情況，我們會想知道實際未罹病，卻被檢測爲陽性的機率。此稱爲僞陽性率 (false positive rate，FPR)。FPR 的公式如下：

$$FPR = \frac{FP}{FP + TN} = 1 - \text{specificity}$$

當特異度高時，表示 FPR 低，也就是僞陽性率低。僞陽性率低的意義是若被診斷爲陽性，那眞正罹病的機率就很高，也就是誤判爲罹病的機率少。僞陽性率也叫誤診率，也被稱爲第一型錯誤 (type-I error)。

魚與熊掌難以兼得，對於一個檢測方法，例如快篩，若要有高敏感度，也就是僞陰性率 (FNR) 要低。因爲關注的焦點是 FN 很有可能疏忽僞陽性，也就是有可能會有許多陰性的狀況被誤判爲陽性。此觀念只要將檢測方法等效於是將一個最終度量値與閥値 (threshold value) 做比較即可理解。將閥値設定爲一個値之後，度量値高於這個閥値就表示陽性，小於此閥値就表示陰性。閥値設得越小，陽性數目就越多。反之，閥値設得越大，陽性數目就越少。閥値小時，雖然大多數陽性都會被檢測出來，但可能也會連帶使得僞陽性增加，亦即未罹病也被檢測爲罹病。口語一點的說法，閥値比較小時，檢測爲陽性的結果是較不可靠的，還需再進一步檢測，但檢測爲陰性則是較可靠的，因爲僞陰率低。依此論述，敏感度與僞陽性率，也就是 Sensitivity 與 (1-Specificity) 大致呈現正相關。Sensitivity 高，僞陽性率就高。縱軸爲 Sensitivity，橫軸爲 1-Specificity，隨著每一個閥値的變化，將其對應的 (1-Specificity, Sensitivity) 的點標出後連成一個曲線，就可以繪出類似如圖 9-3 所示。

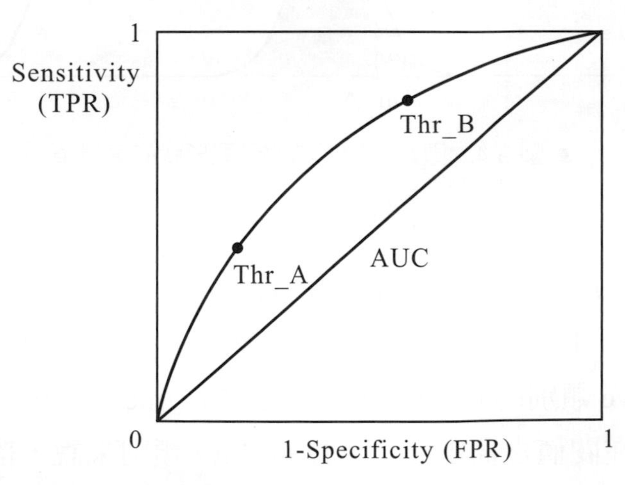

▲圖 9-3　分類器 (1-Specificity Sensitivity) 的變化圖

這種圖被稱爲接收者操作曲線 (receiver operating characteristic curve，ROC)。sensitivity 也稱爲眞陽性率 (true positive rate，TPR)，1-Specificity 也叫做僞陽性率 (false positive rate，FPR)。在曲線上的任何一個點都會對應到一個閥值，基於此閥值會得到一組 (1-Specificity, Sensitivity)。在圖 9-3 曲線上，我們特別標出了 Thr-A 與 Thr-B。

那 ROC 曲線是如何畫出來的，如前所述，是變化閥值所畫出來的。爲了解釋這個概念，我們假設有這樣的一種情況，要檢測的樣本，不論其實際爲陽性或陰性，經過某分類器的計算之後最終都會轉換成一個度量值。若將這些度量值由小而大繪製成直方圖 (histogram)。實際陰性 Negative 類別的樣本之度量值，以及實際陽性 Positive 類別的樣本度量值的直方圖形狀會類似常態分配，分別出現在左右兩邊，示意圖如圖 9-4 所示：

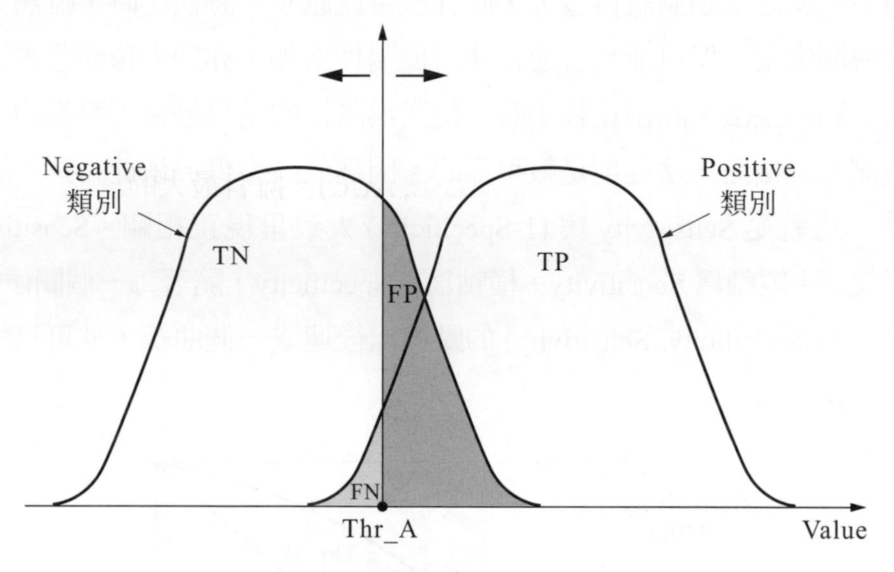

▲圖 9-4　直方圖類似常態分配形狀的度量值

實際陽性類別的樣本爲右邊的分佈圖，實際陰性類別的樣本爲左邊的分佈圖。一旦某閥值決定後，TN、FP、TP、FN 就跟著決定。以圖 9-4 爲例，當 Thr_A 決定之後，以 Ngative 類別的直方圖曲線來說，TN(true negative) 會落在閥值的曲線左側，FP 則落在閥值之曲線右側。以 Positive 類別來說，落在閥值右側的爲 TP(true positive)，落爲閥值左側的爲 FN(false negative)。

一旦 TP、FN、TN、FP 確定了，1-Specificity 及 Sensitivity 就可以被計算出來。Thr_A 往右或往左移動，TP、FN、TN、FP 也就跟著變化，當然 1-Specificity 及 Sensitivity 也會跟著改變。也就是每變化一個臨界值 (閥值)，就可以得到一組 (1-Specificity, Sensitivity)。

將 (1-Specificity, Sensitivity) 的變化繪製成曲線就可以構成 ROC 曲線。ROC 曲線上通常也會標記出若干個閥值 (threshold values)。ROC 曲線圖可以將由左下至右上對角線當做參考基準，若有一個分類器或檢測方法的 ROC 曲線剛好就是那條對角線，那表示此分類器沒有任何鑑別度。在對角線上的 TPR 與 FPR 是相等的，也就是不論是實際有罹病或實際未有罹病，分類器都以相同機率判斷有罹病或未罹病，這相當於用猜的。ROC 曲線越偏往左上角，表示僞陽性率越低，敏感度越高。左上角的點 (0,1) 代表僞陽性最小 (0.0)，敏感度最大 (1.0)，是理想分類器。如果要爲分類器決定一個閥值，ROC 上最接近 (0,1) 的那一個點所對應的閥值就是最佳選擇。

要比較兩種分類器的優劣，一個方法是分別繪製這 2 個分類器的 ROC 曲線，並計算 ROC 曲線下的面積 (area under curve, AUC)，擁有最大的 AUC 的分類器就是效能比較好的。參考圖 9-3，AUC 的 ROC 曲線是在寬度與長度均爲 1.0 的正四方形內，所以 AUC 的值必然是介於 0 與 1 之間。一般來說，若能使用 AUC 評價分類器效能可以參考以下的規則：

1. $0.9 \le AUC \le 1.0$ 代表極佳的鑑別力 (outstanding discrimination)
2. $0.8 \le AUC \le 0.9$ 代表優良 (excellent discrimination)
3. $0.7 \le AUC \le 0.8$ 爲可接受 (acceptable)
4. $AUC = 0.5$ 無鑑別力 (no discrimitination)

9-2 ROC 曲線的繪製

爲了展示 ROC 曲線的繪製，我們假設有一個分類器已針對資料集的每一筆資料紀錄進行運算後得到了一個度量值 (measurement)，每一筆資料紀錄屬於兩種分類之一，不是 "Healthy" 就是 "Ill"。底下的程式內容就模擬這樣的一種情況。執行結果如圖 9-5 所示。

```
set.seed(1010)

Str1 <- rep("Healthy",times = 100)
D1   <- rep(1,times = 100)
M1   <- rnorm(100, mean = 1.5, sd = .65)

Str2 <- rep("Ill",times = 100)
D2   <- rep(0,times = 100)
M2   <- rnorm(100, mean = 1, sd = .75)

Divide <- c(Str1,Str2)
Dval   <- c(D1,D2)
Measure <- c(M1,M2)
test <- data.frame(D = Dval,M = Measure)
test[98:103,]
```

上述的程式碼中，Str1<- rep ("Healthy",times=100) 是重覆產生 100 個 "Healthy" 字串，然後儲存在 Str1 變數內，表示第一種分類。程式碼中 D1 與 D2 分別是 2 個分類的分類標記值，等同於 Healthy 與 Ill。

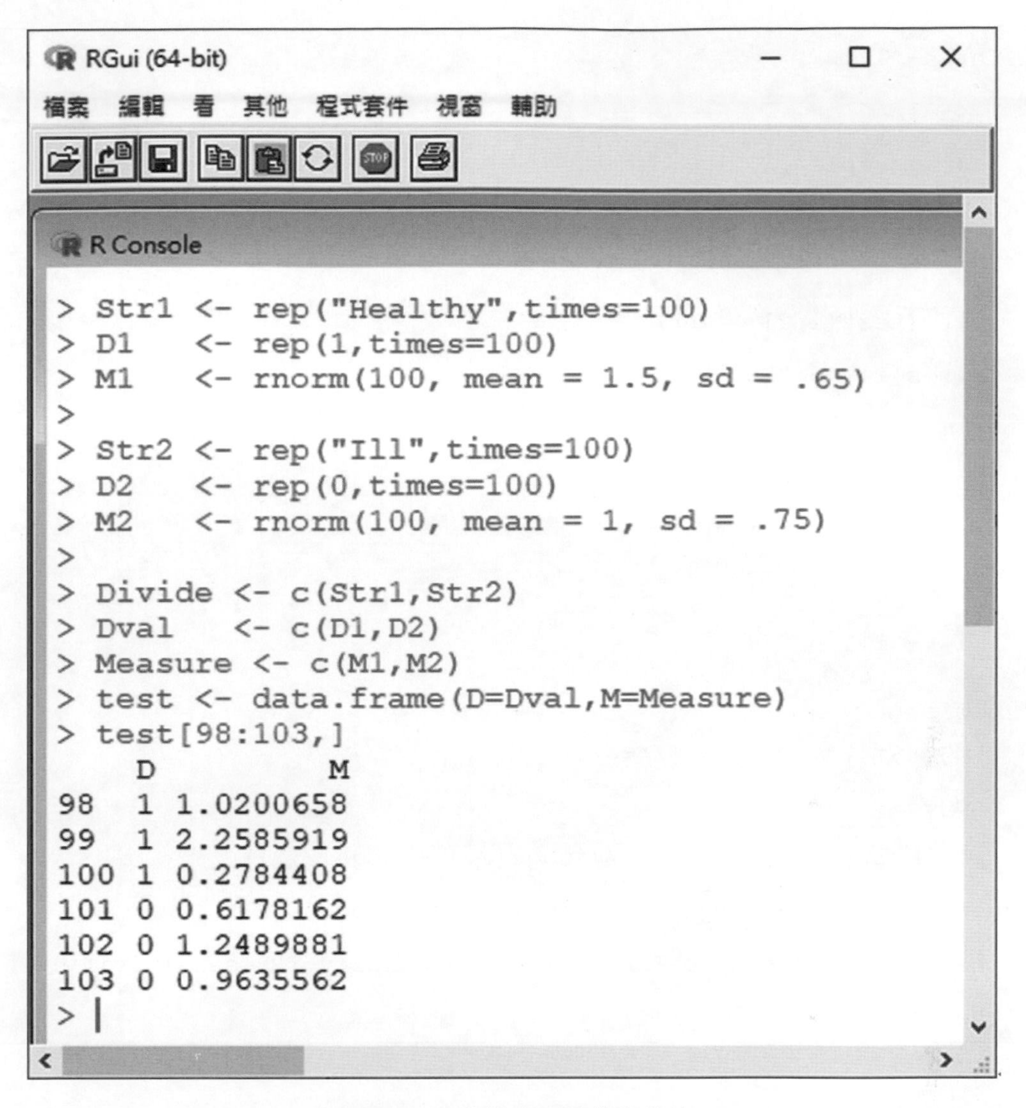

▲圖 9-5 產生度量值模擬數據

M1 是 Healthy 這一分類的資料紀錄所對應的度量值，M2 是 Ill 這一個類別的資料紀錄所對應的度量值。它們都是在常態分配下隨機產生的，只是平均值 (mean) 與標準差不一樣，mean = 1.5，sd = 0.65 模擬第一種類別的度量值，mean = 1，sd = 0.75 模擬第二種類別的度量值。我們總共產生 200 筆，兩個類別各 100 筆。爲了查看內容，我們顯示了第 98 筆到 103 筆。第 98 到 100 筆是 Healthy 分類，而第 101 到 103 筆是 Ill 分類。觀察顯示的結果，兩個類別的度量值並非可明顯以大小區分。設定一個臨界值閥值 1.20，若度量值大於此臨界值則歸類爲 Healthy，小於此度量值則歸類爲 Ill。那麼，第 98 與 100 筆會被誤判爲 Ill，第 102 會被誤歸類爲 Healthy。以下是依照閥值進行分類決策的程式碼內容：

```
Thr <- 1.20
i <- 1
res <- rep('',200)
while (i < 201) {

  if (test[i,2] > Thr) {
   res[i] <- "Healthy"
  }
  else {
   res[i] <- "Ill"
  }
  i <- i+1
}
judge <- table(Divide,res)
judge
specificity <- judge[2,2]/(judge[2,1]+judge[2,2])
sensitivity <- judge[1,1]/(judge[1,1]+judge[1,2])
check <- c(Threshold=Thr,FPR=1.0-specificity,TPR=sensitivity)
check
```

上述程式碼，我們使用了 while 迴圈。在迴圈內度量值與閥值比較分類結果儲存在 res 向量。依之前的敘述有些會分類錯誤。實際分類是儲存在 divide 向量，所以 table(Divide，res) 可以算出混淆矩陣。基於混淆矩陣，我們可計算出閥值在 1.2 時的特異度 (specificity) 與敏感度 (sensitivity)。1-specificity 就是偽陽性率 (false positive rate,FPR)，而敏感度就是真陽性率 (true positive rate,TPR)。

```
> Thr <- 1.20
> i <- 1
> res <- rep('',200)
> while (i < 201) {
+
+   if (test[i,2] > Thr) {
+     res[i] <- "Healthy"
+   }
+   else {
+     res[i] <- "Ill"
+   }
+   i <- i+1
+ }
> judge <- table(Divide,res)
> judge
         res
Divide    Healthy Ill
  Healthy      61  39
  Ill          43  57
> specificity <- judge[2,2]/(judge[2,1]+judge[2,2])
> sensitivity <- judge[1,1]/(judge[1,1]+judge[1,2])
> check <- c(Threshold=Thr,FPR=1.0-specificity,TPR=sensitivity)
> check
Threshold       FPR       TPR
     1.20      0.43      0.61
> |
```

▲圖 9-6　FPR 與 TPR 的計算

圖 9-6 的執行結果中，judge 是混淆矩陣，TP = 61，FN = 39，FP = 43，TN = 57。參考前一節 所討論的公式，可算出 FPR 與 TPR。從執行結果可以看出，當閥值爲 1.2 時，FPR 與 TPR 分別是 0.43，0.61。可想而知，若變化閥值，那麼 FPR 與 TPR 也會跟著改變。底下，我們分別以 {1.9,1.4,1.1,0.6} 做爲閥值 (threshold)，再計算出 1-specificity 與 sensitivity。程式碼內容與執行結果如下：

```
thrArr <- c(1.9,1.4,1.1,0.6)
k <- 1
check <- data.frame(Threshold=double(),FPR=double(),TPR=double())
for (Thr in thrArr) {
 i <- 1
 while (i < 201) {
  if (test[i,2] >= Thr) {
   res[i] <- "Healthy"
  }
  else {
   res[i] <- "Ill"
  }
  i <- i+1
 }
 judge <- table(Divide,res)
 specificity <- judge[2,2]/(judge[2,1]+judge[2,2])
 sensitivity <- judge[1,1]/(judge[1,1]+judge[1,2])
 check <- rbind(check,c(Thr,1.0-specificity,sensitivity))
 k <- k +1
}
check
```

```
RGui (32-bit)
檔案 編輯 看 其他 程式套件 視窗 輔助
R Console
> thrArr <- c(1.9,1.4,1.1,0.6)
> k <- 1
> check <- data.frame(Threshold=double(),FPR=double(),TPR=double())
> for (Thr in thrArr) {
+  i <- 1
+  while (i < 201) {
+   if (test[i,2] >= Thr) {
+    res[i] <- "Healthy"
+   }
+   else {
+    res[i] <- "Ill"
+   }
+   i <- i+1
+  }
+  judge <- table(Divide,res)
+  specificity <- judge[2,2]/(judge[2,1]+judge[2,2])
+  sensitivity <- judge[1,1]/(judge[1,1]+judge[1,2])
+  check <- rbind(check,c(Thr,1.0-specificity,sensitivity))
+  k <- k +1
+ }
> check
  X1.9 X0.14 X0.23
1  1.9  0.14  0.23
2  1.4  0.35  0.47
3  1.1  0.46  0.68
4  0.6  0.70  0.91
> |
```

▲圖 9-7　不同閥值的 FPR 與 TPR

從結果可以看到，不同的閥值就對應到不同的 FPR 與 TPR。以 FPR 爲橫軸，TPR 爲縱軸，不同閥值會得到一個 (FPR,TPR) 座標點，將不同的閥值所產生的座標點串連起來就可以畫出 ROC。爲了方便可以繪出 ROC 圖，R 軟體提供了一個 plotROC 套件，可以繪出 ROC 曲線。以本例子來說，使用 plotROC 繪製 ROC 的程式碼內容如下：

```
install.packages("plotROC")
library(plotROC)

myROC <- ggplot(test,aes(d = Dval, m = Measure)) + geom_roc(n.cuts = 6,
                labelsize = 6, labelround = 1, pointsize = 1.0)
myROC
calc_auc(myROC)
```

所繪製的 ROC 曲線如圖 9-8 所示。曲線上標示了 6 個閥值，這是因爲在呼叫 geom_roc(...) 函式時，設定 ncuts = 6 所導致的結果。本例子的 ROC 曲線非常接近從左下角到右上角的對角線，表示這一個分類器效能很差，幾乎沒有任何鑑別力。這可以理解，因爲我們所模擬的度量值有高度的重疊性，因此無法有效的以度量值區別二個不同的類別。

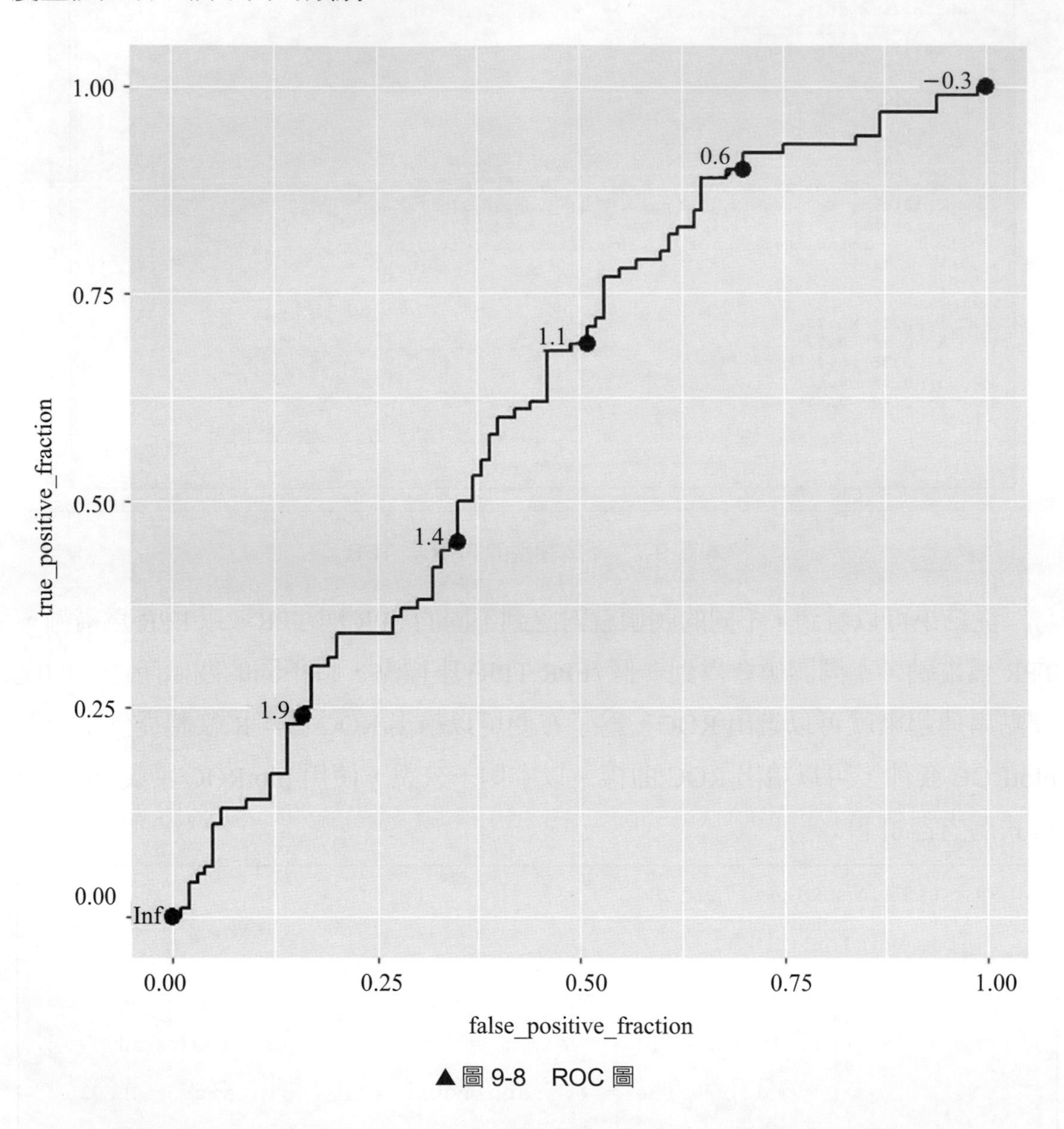

▲圖 9-8　ROC 圖

程式於主控台執行過程與結果如圖 9-9 所示。呼叫 calc_auc(myROC) 就可以算出 ROC 曲線下的面積，其值為 0.6236，接近 0.5，顯示此分類器效能不是很好。

```
> install.packages("plotROC")
Installing package into 'C:/Users/weichih/Documents/R/win-library/3.6'
(as 'lib' is unspecified)
Warning: package 'plotROC' is in use and will not be installed
> library(plotROC)
>
> myROC <- ggplot(test,aes(d = Dval, m = Measure)) + geom_roc(n.cuts = 6,
+               labelsize = 6, labelround = 1, pointsize = 1.0)
> myROC
> calc_auc(myROC)
  PANEL group    AUC
1     1    -1 0.6236
>
```

▲圖 9-9　calc_auc(...) 函式的使用

如前所述，此分類器的效能之所以不佳，是我們就不同類別所模擬的度量值不是分得很清楚。接下來，我們假設有另一個分類器可以得到分得比較清楚的度量值，然後重做以上的計算。程式碼內容如下：

```
set.seed(25129)
Dval <- rbinom(200, size = 1, prob = .5)
Measure   <- rnorm(200, mean = Dval, sd = .55)
Divide <- c("Ill","Healthy")[Dval + 1]
test <- data.frame(D=Dval,M=Measure)
head(test)
install.packages("plotROC")
library(plotROC)

myROC <- ggplot(test,aes(d = Dval, m = Measure)) + geom_roc(n.cuts = 6,
            labelsize = 6, labelround = 1, pointsize = 1.0)
myROC
calc_auc(myROC)
```

上述程式碼中，rbinom(…) 所產生的值不是 0 就是 1，用來表示兩個分類的標記值。而度量值是以常態分佈隨機產生，mean 就設定為 0 或 1，因此可明顯分開，從圖 9-10 的 head(test) 結果即可看出，而這一次 calc_aucc(…) 的結果大約為 0.89。

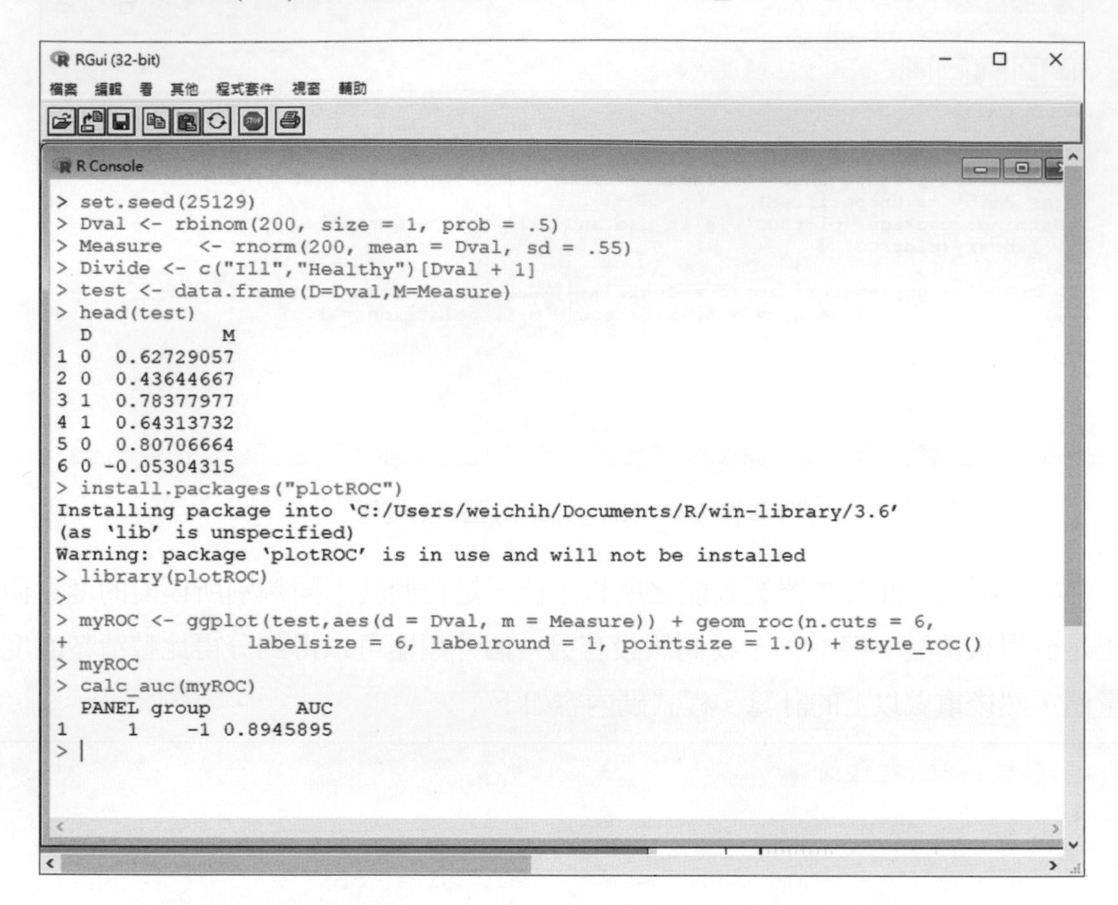
RGui (32-bit)
檔案 編輯 看 其他 程式套件 視窗 輔助
R Console
> set.seed(25129)
> Dval <- rbinom(200, size = 1, prob = .5)
> Measure   <- rnorm(200, mean = Dval, sd = .55)
> Divide <- c("Ill","Healthy")[Dval + 1]
> test <- data.frame(D=Dval,M=Measure)
> head(test)
D   M
1 0 0.62729057
2 0 0.43644667
3 1 0.78377977
4 1 0.64313732
5 0 0.80706664
6 0 -0.05304315
> install.packages("plotROC")
Installing package into 'C:/Users/weichih/Documents/R/win-library/3.6'
(as 'lib' is unspecified)
Warning: package 'plotROC' is in use and will not be installed
> library(plotROC)
>
> myROC <- ggplot(test,aes(d = Dval, m = Measure)) + geom_roc(n.cuts = 6,
+   labelsize = 6, labelround = 1, pointsize = 1.0) + style_roc()
> myROC
> calc_auc(myROC)
PANEL group   AUC
1   1   -1 0.8945895
>

▲圖 9-10　度量值以 mean 為 0 或 1 常態分佈隨機產生的分類結果

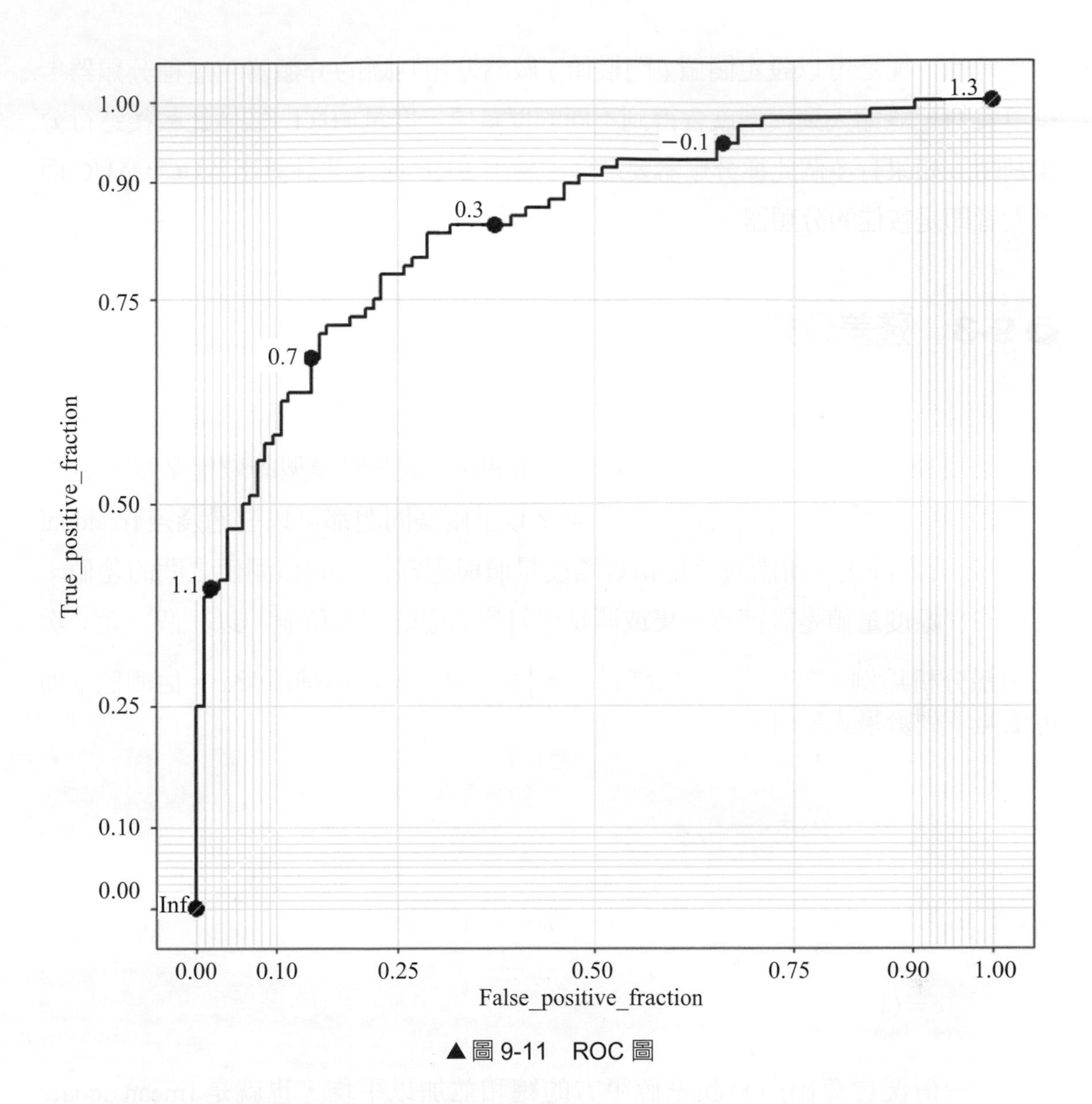

▲圖 9-11 ROC 圖

無論從 ROC 圖形判斷或從 AUC 的值爲 0.89 判斷，目前的分類器有比較好的效能。以上的程式碼中，於繪圖時，多使用了 style_roc() 函式，它可以繪出外觀比較好看的圖。

許多人會有一個疑問，是否所有分類器都會有 ROC 曲線？實際上，並不是所有的分類器都能得到 ROC 曲線。可以繪出 ROC 曲線的分類器是那些最終可以類比於使用閥值進行分類的分類器。這可以分成兩種不同情況討論。一種是在呼叫分類器機器學習演算法時的參數設定，不同的參數值會產生不同的分類器結果，也就是具有不同的效能。這也相當於閥值的變化，也可據此繪出 ROC，然後選擇具有最折衷的 FPR 與 TPR 的參數組合當做分類器的參數。

另外一種是可以設定閥值 (門檻值) 做爲分類判斷的分類器。這種分類器，每筆資料紀錄輸入到模型就會得到不同的度量值，度量值與門檻值比較後進行分類判斷。如果有多個此種分類器要選擇，繪出 ROC 曲線並計算出 AUC，AUC 面積大者即是較佳的分類器。

9-3 殘差分析

迴歸分析是常被採用的資料分析方法，尤其在給定自變項輸入值希望就可以得到應變項預測值的應用場合。但是如何評估一個迴歸模型的效能？以及若有多個迴歸模型要選用時，有何評估準則？以上兩個問題都可以透過殘差 (residual error) 分析來解決。所謂殘差是指實際度量值與迴歸模型的預測值之間的差值，這裡的實際度量值是訓練資料集或測試資料集的應變項欄位值。以一個二元一次的迴歸分析爲例，若已得到自變項$\{x_1, x_2\}$的係數 $\{a,b\}$ 與補償量 c，估測值 $\hat{y}$ 即可依照下列數學式算出。

$$\hat{y} = ax_1 + bx_2 + c$$

將估測值 $\hat{y}$ 與實際的 y 相減，可得到誤差值的通式如下：

$$e = (\hat{y} - y)$$

一般情況會算出所有誤差值平方的總和並加以平均，也就是 (mean square error，MSE) 做爲評估指標。若 y_i 代表第 i 筆資料紀錄的應變項欄位值，則殘差就是 $\varepsilon_i = y_i - \hat{y}_i$，MSE 的計算方式如下：

$$\text{MSE} = \frac{1}{n}\sum_{i=1}^{n}\left(y_i - \hat{y}_i\right)^2$$

若有多個迴歸模型可以選用時，算出每個模型的 MSE，然後選用具有最小的 MSE 的那一個，這是很常用的方法。

迴歸分析模型的選擇準還可以使用 AIC(akaike information criterion) 或 BIC(bayesian information criteriaon)。AIC 叫做赤池資訊準則，是由日本統計學家赤池弘次創立和發展的。AIC 可用來選擇具有最少自由度但能最好地解釋資料的模型。AIC 越小的模型，效能越佳。BIC 與 AIC 類似，BIC 的懲罰項比 AIC 的大，可以避免過擬合 (overfitting)。AIC 與 BIC 都可以基於殘差分析而得到，本書省略此細節，只列出最後結果。

假設模型的誤差項服從常態分佈，則 AIC 與 BIC 可以表示如下：

$$\mathrm{AIC} = 2k + n \cdot \ln(\frac{\mathrm{RSS}}{n})$$

$$\mathrm{BIC} = k \cdot n \cdot \ln(n) + n \cdot \ln\left(\frac{\mathrm{RSS}}{n}\right)$$

上式中，k 是模型要預測的係數總數目，n 是資料筆數，而 RSS 是 Residual Sum of Squares 的縮寫，也叫做殘差平方和，SSE(sum of squared error)，可以表示如下式

$$\mathrm{RSS} = \mathrm{SSE} = \sum_{i=1}^{n}\left(y_i - \hat{y}_i\right)^2$$

前面已提到常被使用來評估預測值與實際值的擬合度的指標 MSE，其實就等效於 SSE，它們的關係如下：

$$\mathrm{MSE} = \frac{\mathrm{SSE}}{n} = \frac{1}{n}\sum_{i=1}^{n}\left(y_i - \hat{y}_i\right)^2$$

若想了解模型預測的結果與實際數據的符合程度還可以使用決定係數 (coefficient of determination)，決定係數的記號為 R^2，用來判斷模型所預測的數據與實際量測數據之間的符合性。決定係數的定義如下：

$$R^2 = \frac{SSR}{SST}$$

$$SSR = \sum_{i=1}^{n}\left(\hat{y}_i - \bar{y}\right)^2$$

$$SST = \sum_{i=1}^{n}\left(y_i - \bar{y}\right)^2$$

$$\bar{y} = \frac{1}{n}\sum_{i=1}^{n} y_i$$

SSR(sum of squares for regression)，也就是迴歸預測值 $(\hat{y}_i)$ 與實際數據平均值 $(\bar{y})$ 的差值的平方和。而 SST(sum of squares for total) 是實際數據值 (y_i) 與實際數據平均值之差值的總平方和。當 R^2 越接近 1.0 代表模型配適度越好。由於可證明 SST=SSR+SSE，而 SST 是 R^2 公式的分母項，所以 R^2 的值會小於 1.0。

迴歸分析是對 2 個或 2 個以上變量之間的因果關係進行定量研究的一種統計分析方法。決定係數是一種解釋性係數，其主要作用是評估迴歸模型對應變項產生變化的解釋程度。R^2 是評估迴歸模型很常用的指標。一般來說，R^2 大於 0.75 表示模型擬合度爲可接受，也就是可解釋程度高。若 R^2 小於 0.5 表示模型擬合 (fitting) 有問題，不宜採用進行迴歸分析。

R^2 的最大問題是，當增加自變項的個數時，因爲可調整的參數變多，預測值會越來越接近實際值，所以 R^2 值會變大。感覺上這應該是比較好的擬合效果，但因爲 R^2 的計算是以訓練資料集爲範圍，在實際應用時，若新樣本不在資料集範圍內，也就是 “ 模型不認識樣本 ” 時，反而有可能產生偏差很大的預測結果，這種現象稱爲過度擬合 (overfitting)。爲避免這種現象，調整型 R^2(Adjusted R^2) 就考慮了自由度的補償而對 R^2 加以修正：

$$\text{Adjusted } R^2 = 1 - \left(1 - R^2\right)\frac{(n-1)}{(n-k-1)}$$

如果 R^2 與 Adjusted R^2 有明顯差距，則表示擬合不佳，須逐一剔除自變項後，重新進行模型的機器學習，然後再計算 R^2 與 Adjusted R^2 並加以評估。

如第 7 章所述，迴歸模型之假設條件是誤差項要服從常態分配，而且其平均值為 0.0。若誤差項的標準差為 α，也就是變異數為 α^2 則誤差項 ε_i 機率分配應類似 $N(0,\alpha)$。

誤差值 (ε_i) 是迴歸模型預測值 $(\hat{y}_i)$ 與實際值 (y_i) 的差值，我們有 $\varepsilon_i = \hat{y}_i - y_i$。若要誤差值的平均值為 0，表示 $\hat{y}_i$ 與 y_i 要有相同的平均值。若 $\hat{y}_i$ 與 y_i 也能有相同的變異數，那就表示迴歸模型的預測效果甚佳。F 檢定 (F-test 可以用來檢測兩個服從常態分配的資料群，是否有相同的標準差)。R 的 summary(...) 函式可以算出 F 值。如果查閱統計數學推導的相關書籍，F 值 (F value) 可以由 SSR、SST 及 SSE 得到。F 值得到後，可以算出 p 值 (p-value)。從 p 值就可以判斷常態分佈的假設符不符合。這也是一種評估模型的方法，其推算細節本書就不討論，有興趣者可以自行參考統計分析的相關書籍。只要記得，當 p 值小於 0.05，就表示所求得的模型即具備 95% 的信賴度。也就是至少有一個自變數可以有效預測依變數。而要選擇哪些自變數，可以選擇 Pr(>1t1) 的值小於 0.05 的自變數。

為了展示 AIC、BIC、R-squared、與 Adjusted R-squared 在迴歸模型評估上之應用，我們進行以下實驗。

實驗一：以公式 y = a0 + a1*X1 + a2*X2 ，{a0,a1,a2} = { 2.5，−3.4，6.7} ，並假設 X1 與 X2 為均質分布的隨機變數，產生 200 筆資料紀錄，然後應用 lm(...) 函式進行迴歸分析，再找出各評估指標。

程式碼內容如下：

```
set.seed(1234)
count <- 200
X1 <- runif(count , -10 , 10)
X2 <- runif(count , -5, 5)
a1 <- 6.7
a2 <- -3.4
a0 <- 2.5
y  <- a0 + a1*X1 + a2*X2
trainData <- data.frame(X1,X2,y)
Model1 <- lm(y~ X1 + X2, data=trainData)
AIC(Model1)
BIC(Model1)
summary(Model1)
```

上述程式碼中，X1 <- runif (count , −10 , 10) 會從 −10 倒 10 之間以相同機率產生 200 個隨機值。依前述公式產生的 y 與 X1 及 X2 構成資料框 trainData。

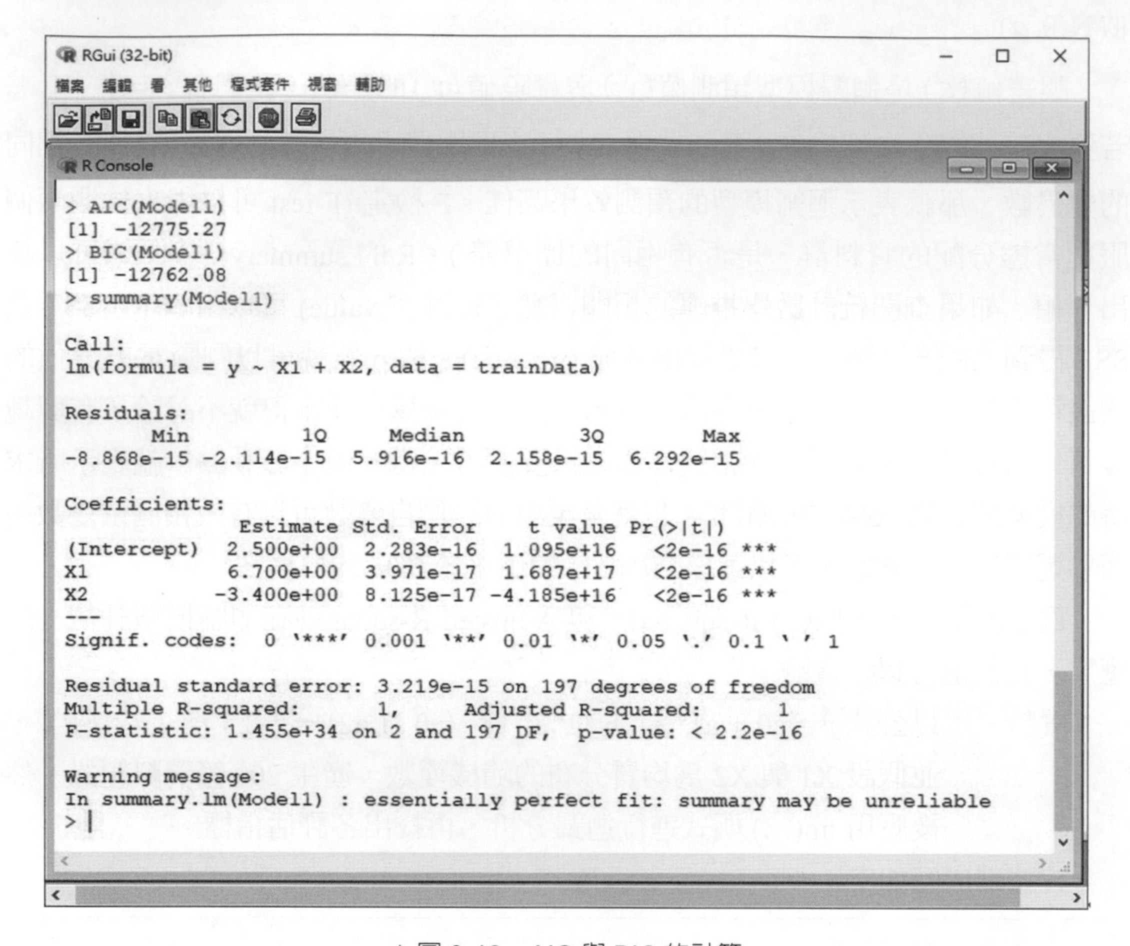

▲圖 9-12 AIC 與 BIC 的計算

從執行結果來看，R-squared 與 Adjusted R-squared 都是 1.0，表示是完美的預測，也就是 MSE 為 0.0。AIC 與 BIC 有很小的負值，分別是 −12755 與 −12762，表示預測效果甚佳。從 Warning message 的段落的內容，“essentially perfect fit” 做評估，也顯示是完美的預測。這不意外，因為在上述程式碼中產生 y 的公式中沒有引入誤差項。

實驗二：引入誤差項。以方程式 y=a0 + a1*X1 + a2*X2 + e， {a0,a1,a2} = { 2.5，−3.4，6.7} 產生 200 筆資料紀錄，然後應用 lm(...) 函式進行迴歸分析，再找出各評估指標。程式碼內容如下：

```
e  <- rnorm(200, mean=0, sd=1)
y  <- a0 + a1*X1 + a2*X2 + e
trainData <- data.frame(X1,X2,y)
Model2 <- lm(y~ X1 + X2, data=trainData)
AIC(Model2)
BIC(Model2)
summary(Model2)
```

上述產生 y 的公式中，我們引入了誤差項 e，而在程式碼中，e 是平均值 0.0，而標準差 1.0，服從常態分配的隨機變數。程式碼的執行步驟與結果如圖 9-13 所示。在程式碼中，我們並沒有加上 set.seed(…)，所以每次執行結果會略有差異，因為隨機變數 $\{x1, x2, e\}$ 並不一定每次都一樣。

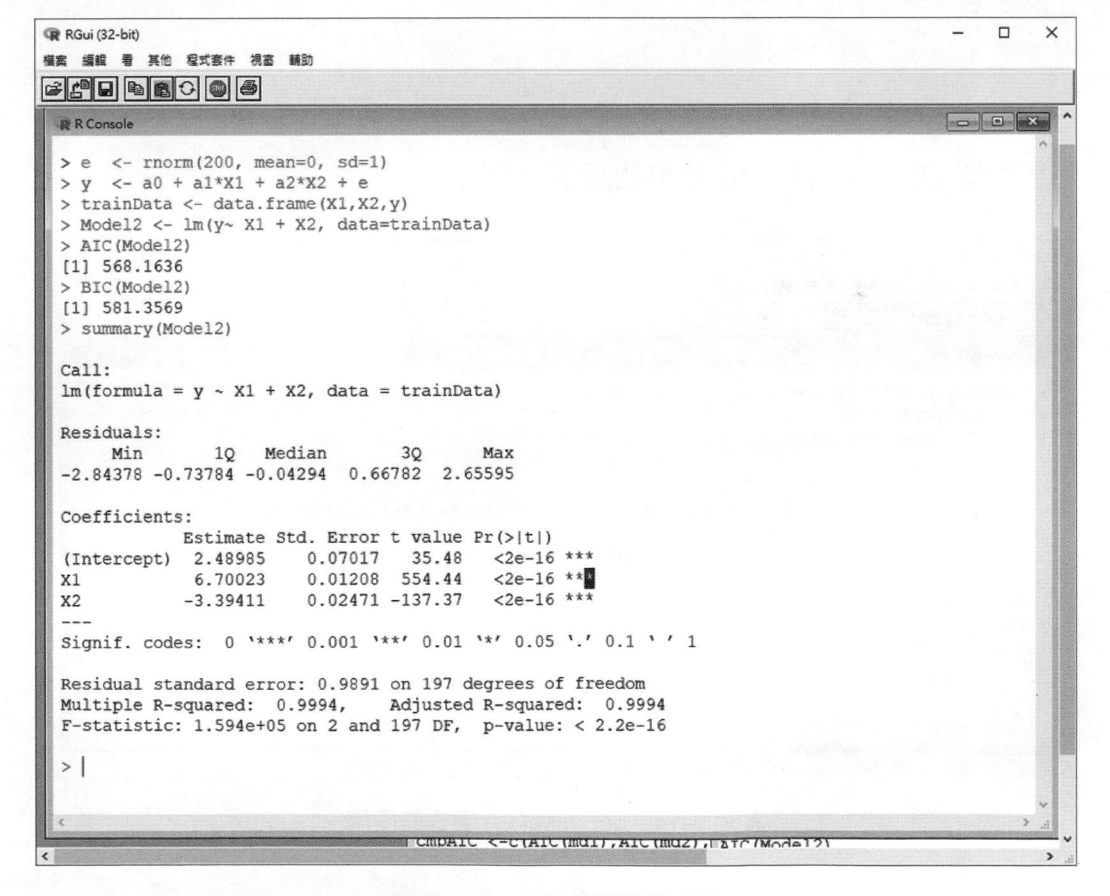

▲圖 9-13　引入誤差項的結果

所產生的 y 值被加上了服從常態分配的誤差項 e 之後，R-squared 與 Adjusted R-squared 就不再是 1.0，但也頗接近，都是 0.9994，表示此模型有很好的預測結果，也就是對學習樣本有很強的解釋力。之所以有很好的預測結果，主要原因是誤差項符合常態分布，這是迴歸分析適用的基本條件。AIC 與 BIC 都是正值，分別是 568 與 581，這表示有預測誤差。若要從所訓練的模型中得到 R-squared 與 Adjusted R-squared ，可以從 summary(...) 的結果之 r.squared 與 adj.r.squared 欄位取出。另外 R 有一個 dvmisc 套件的 get_mse(...) 函式可以求出 MSE，以下為計算 MSE 的程式碼內容：

```
summary(Model2)$r.squared
summary(Model2)$adj.r.squared
install.packages("dvmisc")
library(dvmisc)
MSE <- get_mse(Model2)
MSE
```

上述程式碼的執行步驟與結果如圖 9-14 所示。

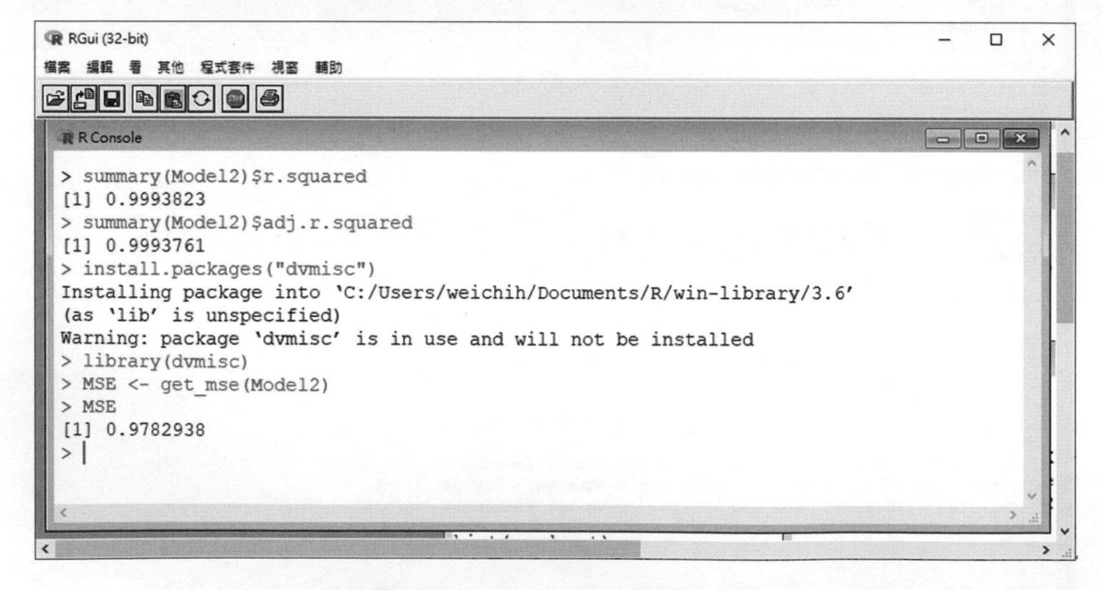
RGui (32-bit)
檔案 編輯 看 其他 程式套件 視窗 輔助
R Console
> summary(Model2)$r.squared
[1] 0.9993823
> summary(Model2)$adj.r.squared
[1] 0.9993761
> install.packages("dvmisc")
Installing package into 'C:/Users/weichih/Documents/R/win-library/3.6'
(as 'lib' is unspecified)
Warning: package 'dvmisc' is in use and will not be installed
> library(dvmisc)
> MSE <- get_mse(Model2)
> MSE
[1] 0.9782938
>

▲圖 9-14　get_mse(...) 函式的使用

實驗三：以方程式 $y = a0 + a1*X1^2 + a2*X2 + e$ ，{a0,a1,a2} = { 2.5，−3.4，6.7} 產生 200 筆資料紀錄，然後應用 lm(...) 函式進行迴歸分析，再找出各評估指標。本實驗的 y 值產生公式，其中 X1 是以平方項方式出現。在呼叫 lm(...) 時，formula 考慮到 X1 與 X2 的不同組合。也就是有多個迴歸分析模型。我們將比較下列建立迴歸模型的方式：

trymd1 ： y ~ X1 + X2　　相當於 $y = a_0 + a_1x_1 + a_2x_2$

trymd2 ： y ~ X1 * X2　　相當於 $y = a_0 + a_1x_1x_2$

trymd3 ： y ~ X1 + X2 + I(X1^2)　　相當於 $y = a_0 + a_1x_1 + a_2x_2 + a_3x_1^2$

trymd4 ： y ~ I(X1^2) + X2　　相當於 $y = a_0 + a_1x_1^2 + a_2x_2$

程式碼內容如下：

```
set.seed(12345)
count <- 200
X1 <- runif(count , -10 , 10)
X2 <- runif(count , -5, 5)
a1 <- 6.7
a2 <- -3.4
a0 <- 2.5
e  <- rnorm(count, mean=0, sd= 1)
y  <- a0 + a1*X1^2 + a2*X2 + e
trainData <- data.frame(X1,X2,y)

trymd1 <- lm(y~ X1 + X2, data=trainData)
trymd2 <- lm(y~ X1*X2, data=trainData)
trymd3 <- lm(y~ X1 + X2 + I(X1^2), data=trainData)
trymd4 <- lm(y~ I(X1^2) + X2, data=trainData)
cmpAIC <-c(AIC(trymd1),AIC(trymd2),AIC(trymd3),AIC(trymd4))
cmpAIC
cmpBIC <-c(BIC(trymd1),BIC(trymd2),BIC(trymd3),AIC(trymd4))
cmpBIC
MSE <-
c(get_mse(trymd1),get_mse(trymd2),get_mse(trymd3),get_mse(trymd4))
MSE
mysqrR  <- c(summary(trymd1)$r.squared,summary(trymd2)$r.squared,
              summary(trymd3)$r.squared,summary(trymd4)$r.squared)
mysqrR
adjsqrR <- c(summary(trymd1)$adj.r.squared,summary(trymd2)$adj.r.squared,
          summary(trymd3)$adj.r.squared,summary(trymd4)$adj.r.squared)
adjsqrR
```

上述程式碼中，lm(…) 函式中的 formula 的 I(X1^2) 函式是設定 x_1^2 要當做一個獨立的自變數出現在 lm(…) 函式中的 formula 參數值中。

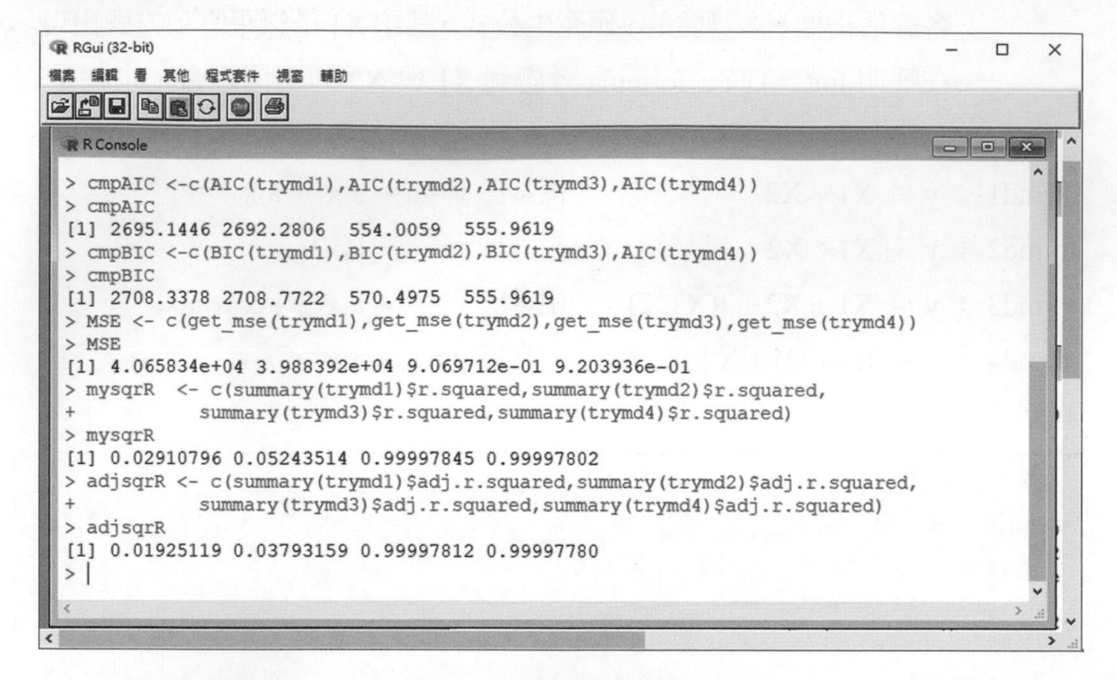

▲圖 9-15　多個模型的效能比較

從執行結果來看，前面 2 個模型，因爲自變數與應變數的關係無法配適到實際資料產生的方式，不論是 AIC、BIC、MSE、R-squared、Adjusted R-squared 來評估，都不是很好的模型。後面 2 個模型因爲有引入了 X1^2 項，所以配適得很好。以 adjusted R^2 爲例，圖 9-15 的結果是 {0.01925119,0.03793159,0.99997812,0.99997780}。接下來，我們繪出第 4 個模型的預測誤差值的直方圖，查看是否接近常態分配。程式碼內容如下：

```
pred_out <- predict(object=trymd4,trainData)
hist(pred_out-trainData$y)
```

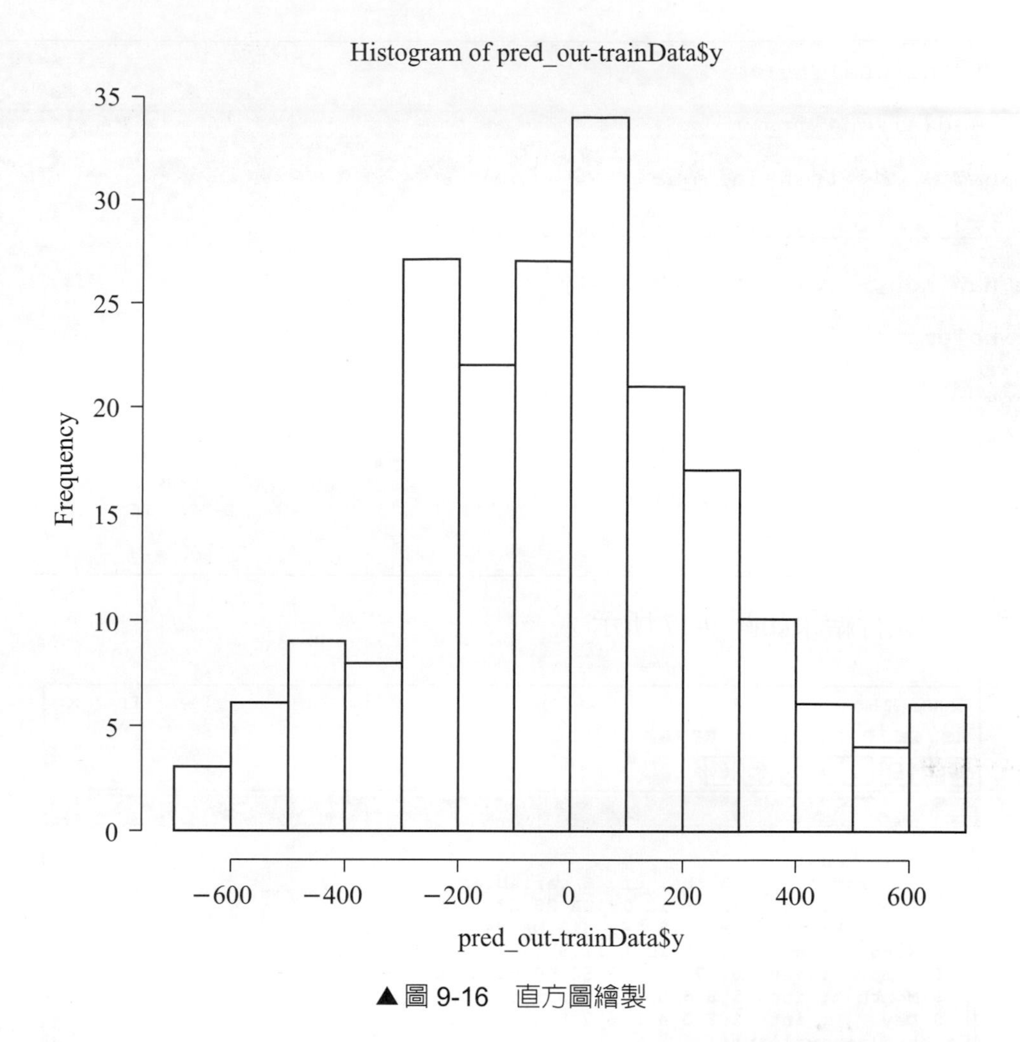

▲圖 9-16　直方圖繪製

從結果來看是接近常態分配，而且平均值也大致在 0.0 附近。

接下來，我們以實際的資料集展示殘差分析的運用。R dataset 套件中的有一個 airguality 資料集，此資料集爲 1973 年 5 月到 9 月的每日空氣品質度量値，包括臭氧濃度 (Ozone)，太陽輻射 (Solar.R)，平均風速 (Wind)，最高溫度 (Temp)。由於 airguality 資料集有些資料紀錄有遺失值 (NA)，我們在程式碼中只取用所有欄位都不包含 NA 的那些資料紀錄。is.na(…) 可以判斷資料集的每一筆資料紀錄是否有包含 NA，若有就回傳 TRUE，若無則回傳 FALSE。結合 which(…) 即可找出有完整欄位值的那些資料紀錄的列編號。我們使用如指令 ind <− which (!(naO | naSol | naWind | naTemp)) 完成這個動作。naO 是 is.na (airquality$Ozone) 的結果，其餘以此類推。以下的程式碼內容可以檢視 airquality 資料集的資訊與內容，並建立一個新的未包含 NA 的資料集 myData。

```
str(airquality)
head(airquality)
naO    <- is.na(airquality$Ozone)
naSol  <- is.na(airquality$Solar.R)
naWind <- is.na(airquality$Wind)
naTemp <- is.na(airquality$Temp)
ind <- which (!(naO | naSol | naWind | naTemp))
head(ind)
myData <- airquality[ind,]
head(myData)
```

程式的執行結果如圖 9-17 所示：

```
RGui (32-bit)
檔案 編輯 看 其他 程式套件 視窗 輔助
R Console
> str(airquality)
'data.frame':   153 obs. of  6 variables:
 $ Ozone  : int  41 36 12 18 NA 28 23 19 8 NA ...
 $ Solar.R: int  190 118 149 313 NA NA 299 99 19 194 ...
 $ Wind   : num  7.4 8 12.6 11.5 14.3 14.9 8.6 13.8 20.1 8.6 ...
 $ Temp   : int  67 72 74 62 56 66 65 59 61 69 ...
 $ Month  : int  5 5 5 5 5 5 5 5 5 5 ...
 $ Day    : int  1 2 3 4 5 6 7 8 9 10 ...
> head(airquality)
  Ozone Solar.R Wind Temp Month Day
1    41     190  7.4   67     5   1
2    36     118  8.0   72     5   2
3    12     149 12.6   74     5   3
4    18     313 11.5   62     5   4
5    NA      NA 14.3   56     5   5
6    28      NA 14.9   66     5   6
> naO    <- is.na(airquality$Ozone)
> naSol  <- is.na(airquality$Solar.R)
> naWind <- is.na(airquality$Wind)
> naTemp <- is.na(airquality$Temp)
> ind <- which (!(naO | naSol | naWind | naTemp))
> head(ind)
[1] 1 2 3 4 7 8
> myData <- airquality[ind,]
> head(myData)
  Ozone Solar.R Wind Temp Month Day
1    41     190  7.4   67     5   1
2    36     118  8.0   72     5   2
3    12     149 12.6   74     5   3
4    18     313 11.5   62     5   4
7    23     299  8.6   65     5   7
8    19      99 13.8   59     5   8
> |
```

▲圖 9-17　airguality 資料集的觀察

從執行結果可以看到 airquality 資料集包含 Ozone、Solar.R、Wind、Temp 等欄位。

我們想要找出 Ozone 與其他變項之間是否存在線性關係。底下的程式碼可以繪出 Ozone 與 Solar.R、Wind、及 Temp 等變項的散佈圖，程式碼與執行結果如圖 9-18 所示：

```
plot(myData$Ozone, myData$Solar.R)
plot(myData$Ozone, myData$Wind)
plot(myData$Ozone, myData$Temp)
```

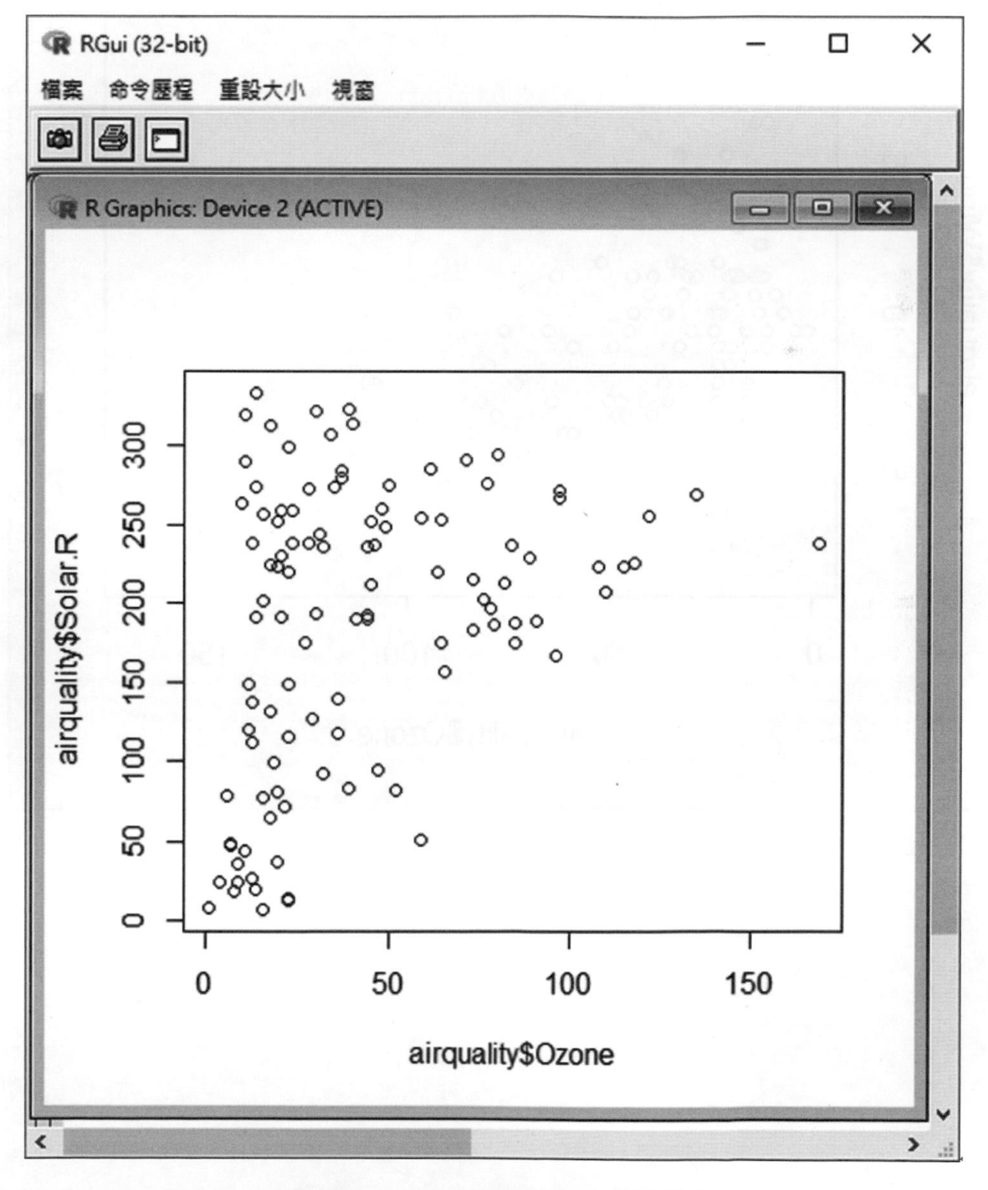

▲圖 9-18　Ozone 與 Solar.R 的散佈圖

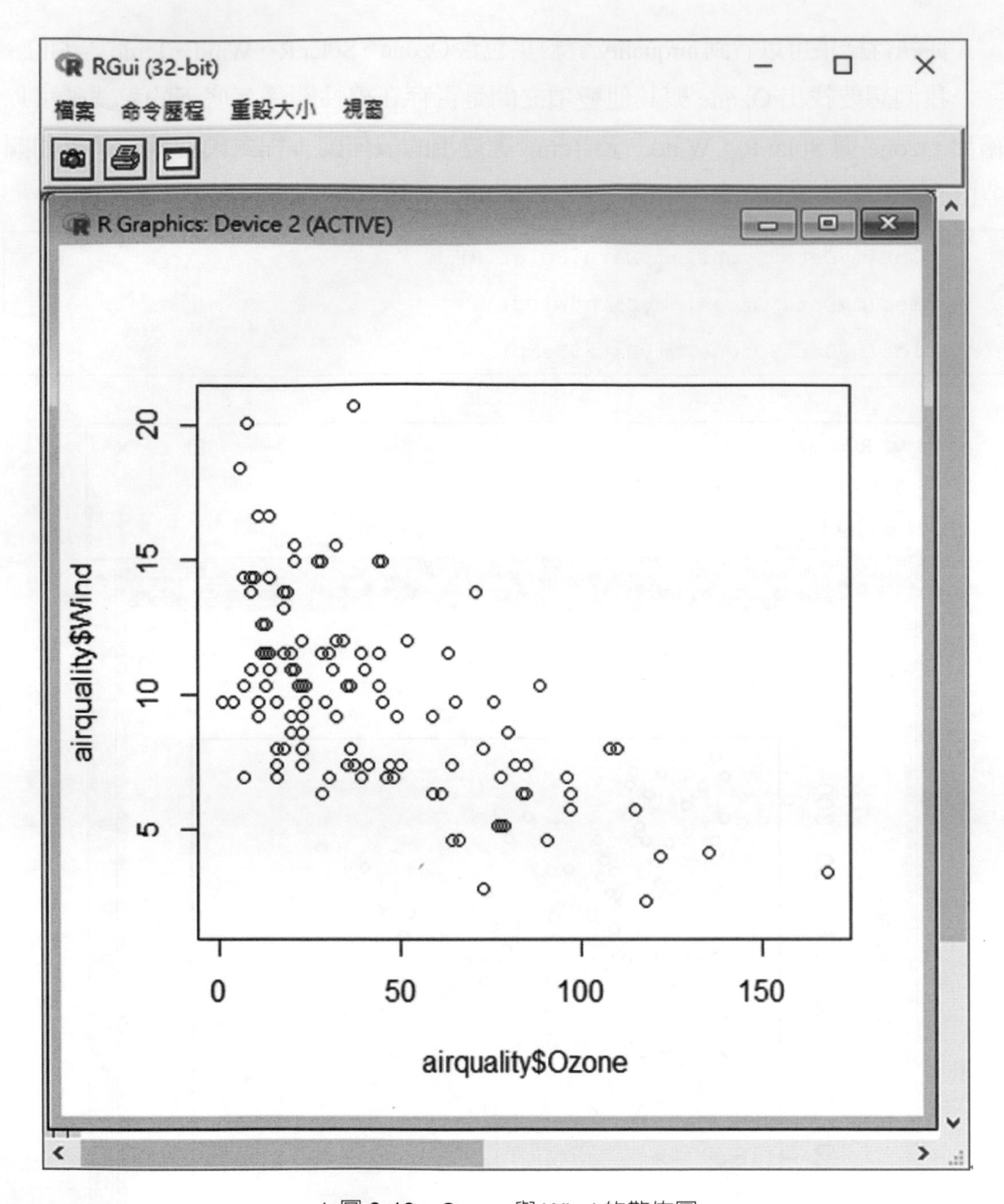

▲圖 9-19　Ozone 與 Wind 的散佈圖

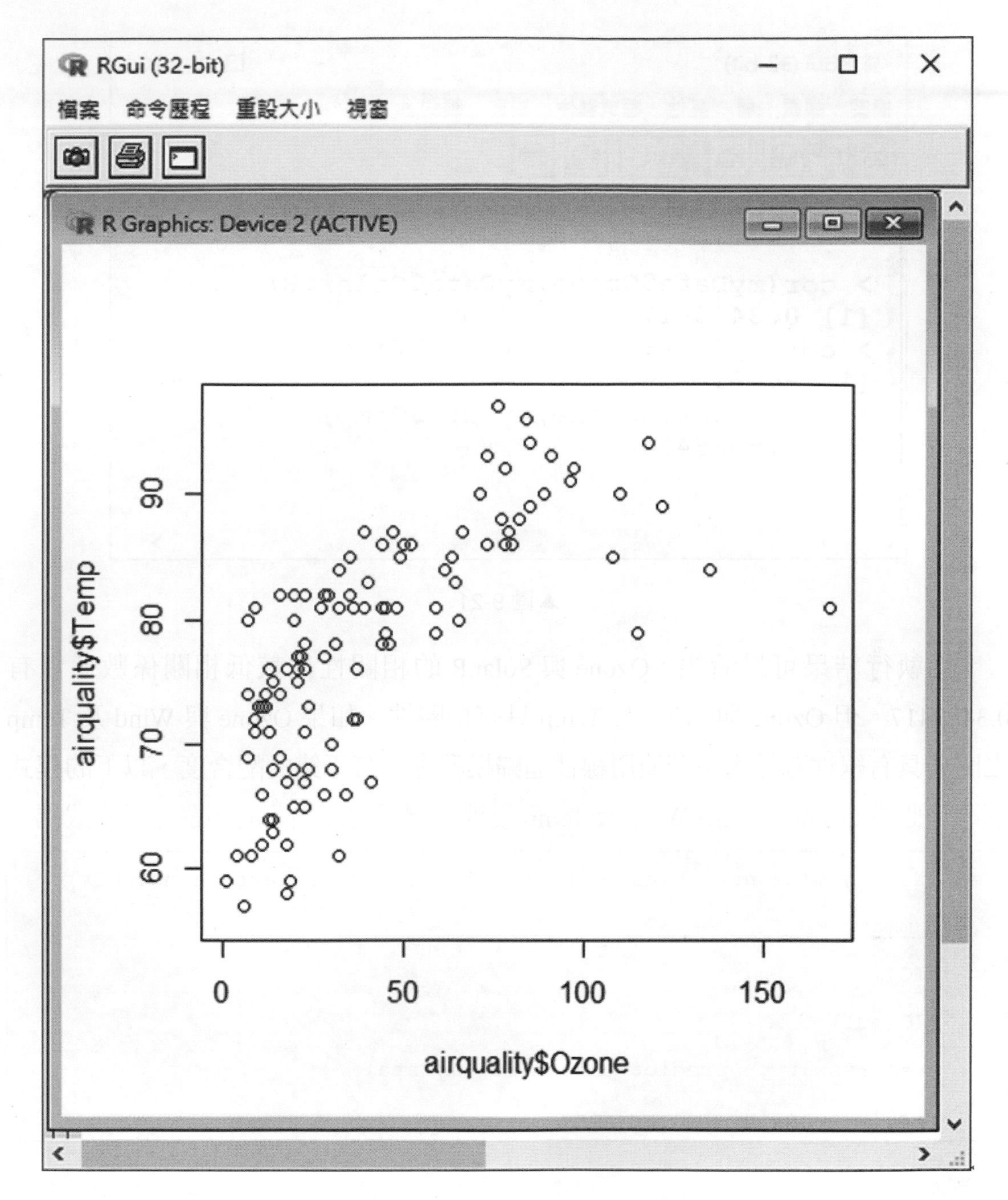

▲圖 9-20　Ozone 與 Temp 的散佈圖

從執行的結果圖來看，Ozone 與 Wind 及 Temp 具有一些相關性，但是與 Solar.R 相關性似乎不高，因爲分佈得很散。以下的程式碼可以求出 Ozone 與其他變項的相關係數值：

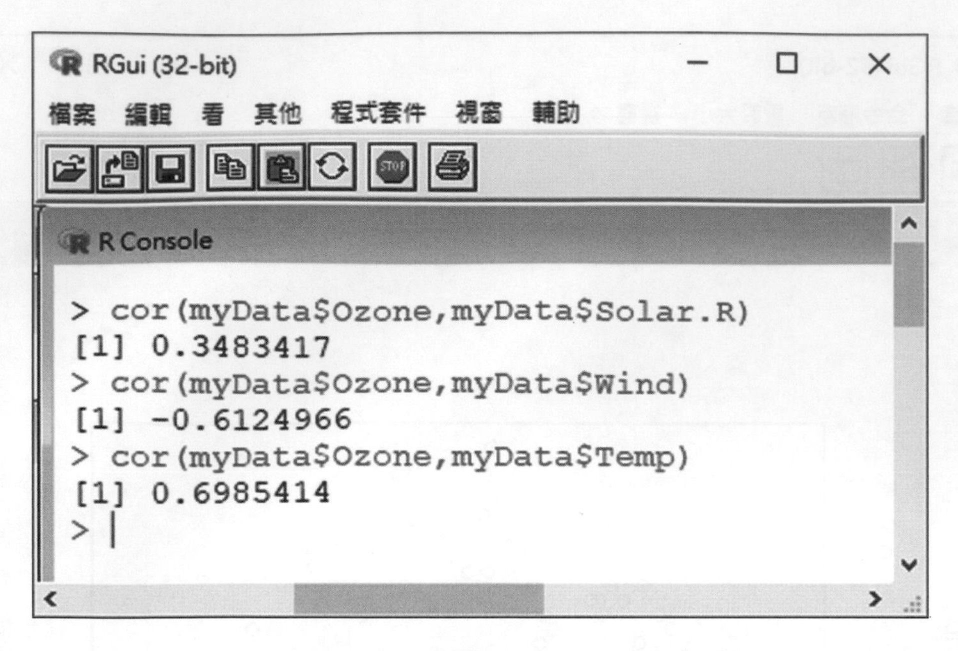

▲圖 9-21

從執行結果可以看出，Ozone 與 Solar.R 的相關性比較低相關係數值只有 0.3483417。但 Ozone 與 Wind 及 Temp 具有相關性。如果 Ozone 與 Wind 及 Temp 之間若具有線性關係那麼若使用線性迴歸模型應該有不錯的配合度，以下的程式碼即是假設 Ozone 可以由 Wind 及 Temp 以線性關係進行預測的迴歸分析程式碼。

```
md1 <- lm(Ozone ~ Wind + Temp, data=myData, na.action=na.omit)
summary(md1)
AIC(md1)
BIC(md1)
pred_result <- predict(object=md1,myData)
hist(pred_result)
```

上述程式碼的執行結果如圖 9-22 所示：

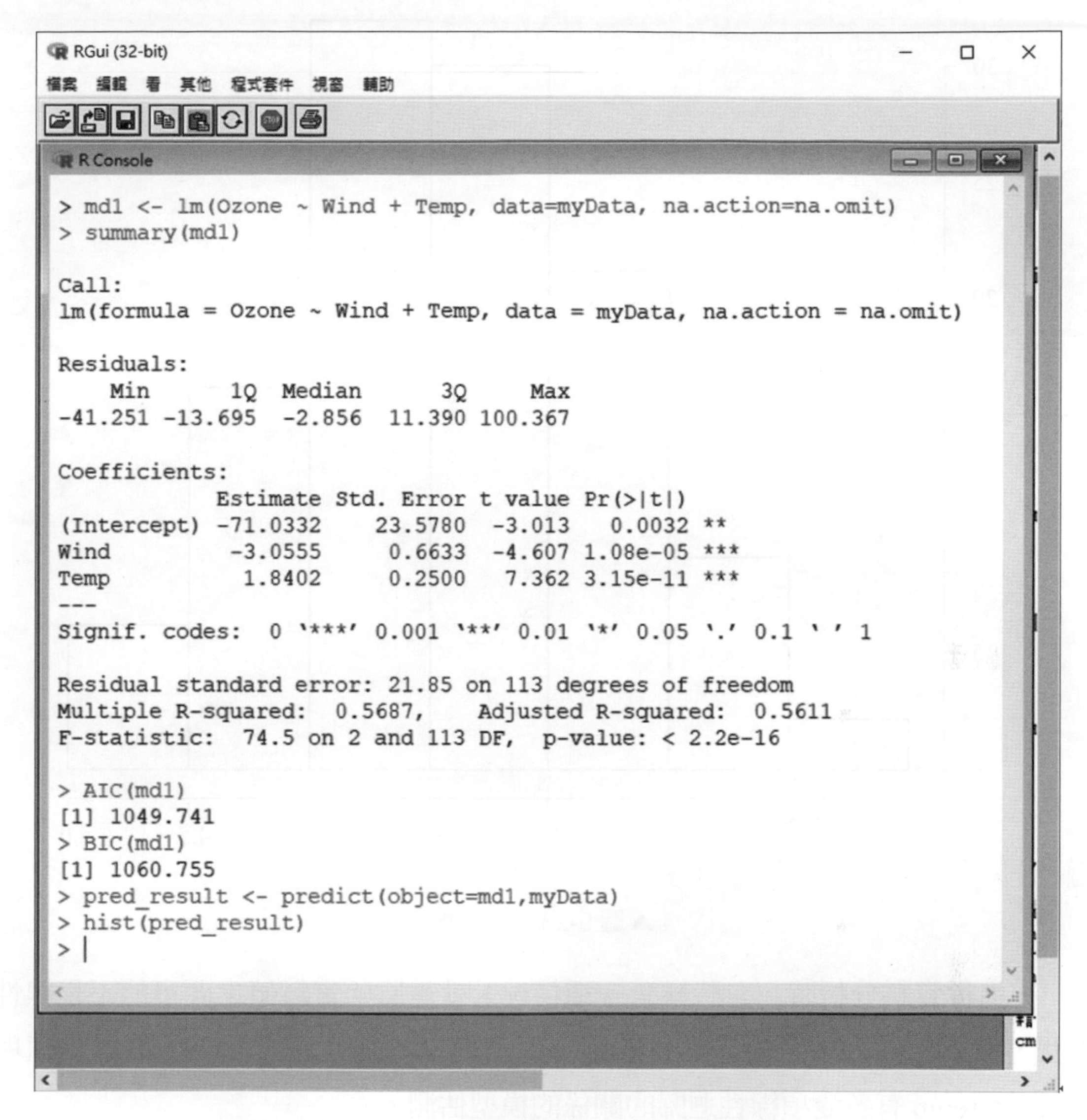

▲圖 9-22　Ozone 與 Wind 及 Temp 的迴歸模型

從 R^2、Adjusted R^2、AIC，及 BIC 的值都可以判斷線性相關的假設不成立。R^2 的值為 0.5687，小於可接受的 0.75。從殘差值的直方圖並不像常態分配也可得到此結論。

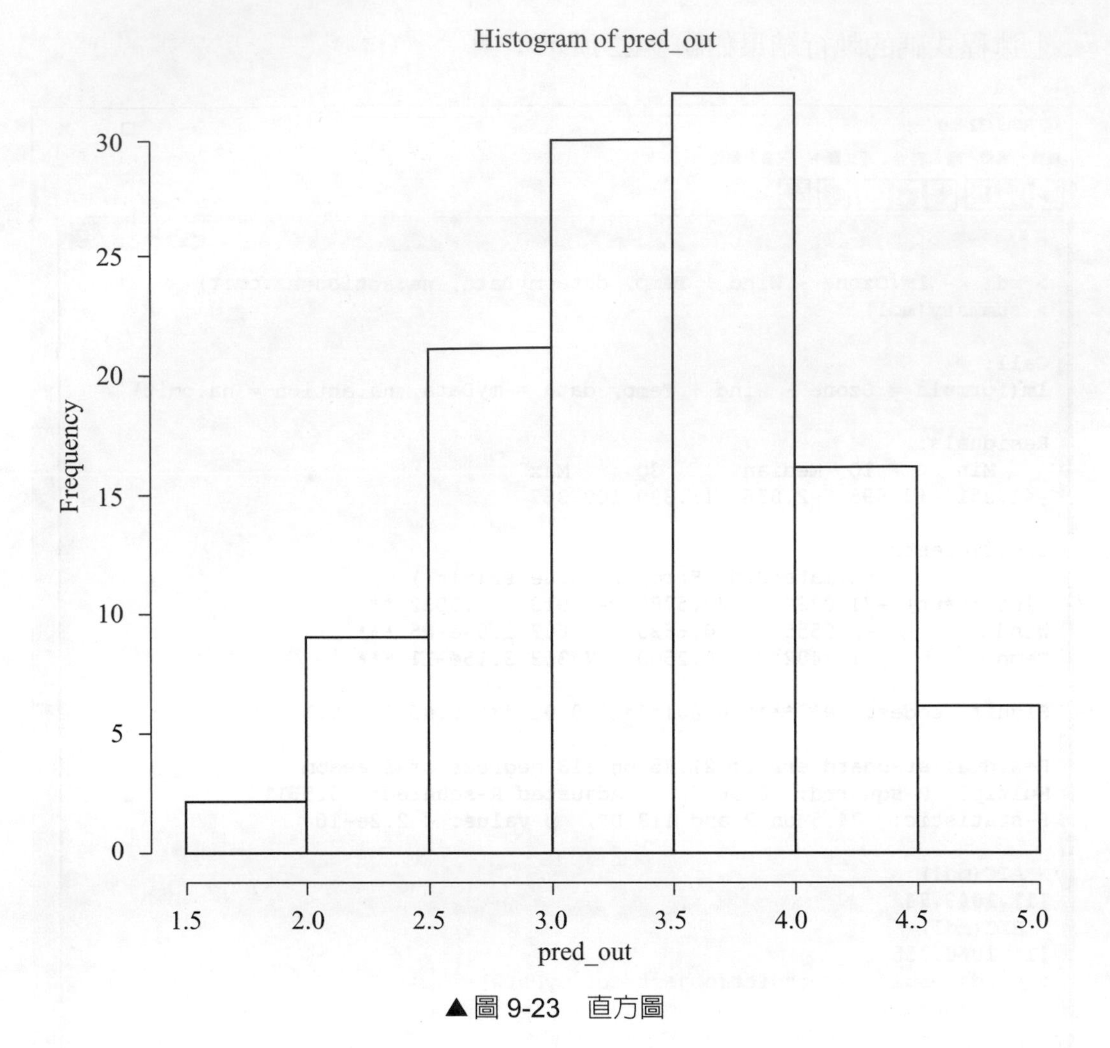

▲圖 9-23　直方圖

在進行資料分析時，有時候有一種情況，就是原始資料值之間可能不是線性相關，但取對數之後可能是線性相關。底下的程式碼是假設 Ozone 的對數值與 Wind 及 Temp 有多變項線性迴歸的關係的模型估測。

```
newData <- myData[,c(3,4)]
newData$LogOzone <- log(myData[,1])
md2 <- lm(LogOzone ~ Wind + Temp, data=newData)
summary(md2)
AIC(md2)
BIC(md2)
pred_out <- predict(object=md2,newData)
hist(pred_out)
```

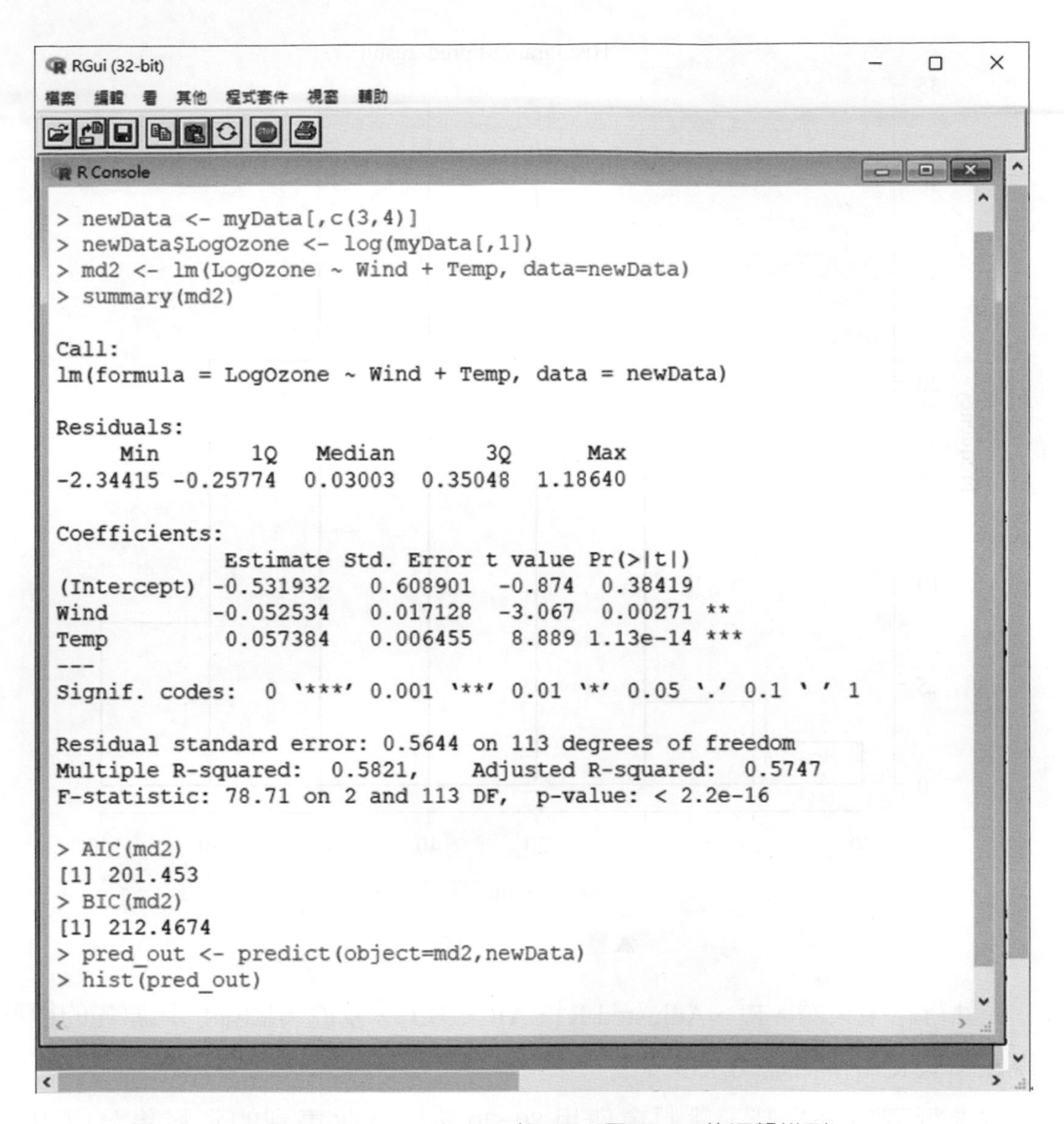
RGui (32-bit)
檔案 編輯 看 其他 程式套件 視窗 輔助
R Console
> newData <- myData[,c(3,4)]
> newData$LogOzone <- log(myData[,1])
> md2 <- lm(LogOzone ~ Wind + Temp, data=newData)
> summary(md2)
Call:
lm(formula = LogOzone ~ Wind + Temp, data = newData)
Residuals:
Min 1Q Median 3Q Max
-2.34415 -0.25774 0.03003 0.35048 1.18640
Coefficients:
Estimate Std. Error t value Pr(>|t|)
(Intercept) -0.531932 0.608901 -0.874 0.38419
Wind -0.052534 0.017128 -3.067 0.00271 **
Temp 0.057384 0.006455 8.889 1.13e-14 ***

Signif. codes: 0 '***' 0.001 '**' 0.01 '*' 0.05 '.' 0.1 ' ' 1
Residual standard error: 0.5644 on 113 degrees of freedom
Multiple R-squared: 0.5821, Adjusted R-squared: 0.5747
F-statistic: 78.71 on 2 and 113 DF, p-value: < 2.2e-16
> AIC(md2)
[1] 201.453
> BIC(md2)
[1] 212.4674
> pred_out <- predict(object=md2,newData)
> hist(pred_out)

▲圖 9-24　Log(Ozone) 與 Wind 及 Temp 的迴歸模型

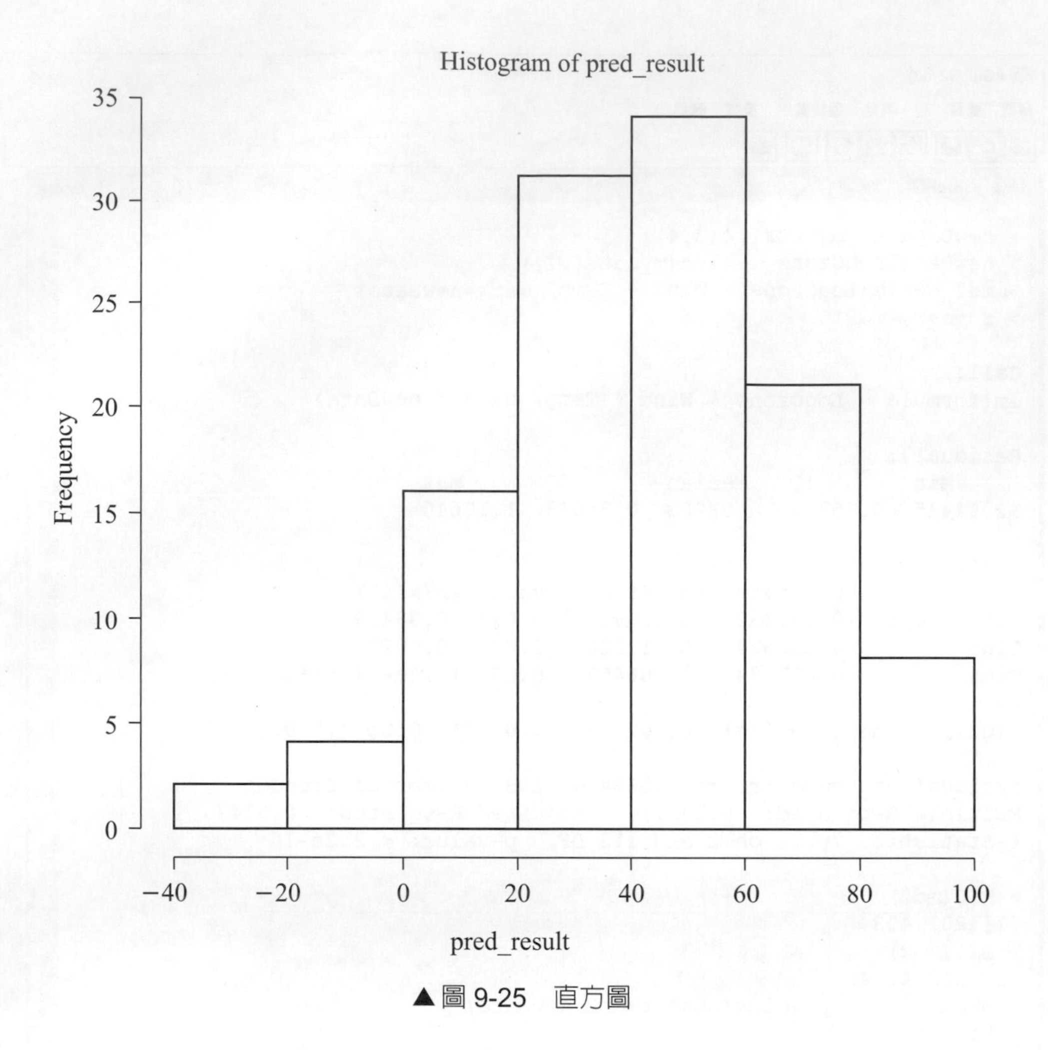

▲圖 9-25　直方圖

從執行結果來看，R^2、Adjusted R^2、AIC、BIC，及直方圖都已比原先的模型來得好，但 R^2 仍然小於 0.75。

在進行資料分析時，我們會使用 80−20 法則將收集到的資料集分成訓練資料集與測試資料集。另外，若發現到單純將自變項當做獨立變項時之 Linear Regression 並不是適當的預測模型時，我們則嘗試自變項之間交互關係的各種排列組合，甚至還會將非線性函數，例如指數函數、平方根函數、或對數函數等作用到變項上。以下的程式碼就是自變項之間交互關係的排列組合的一種嘗試，

```
L<-nrow(myData)
trainIndex <- sample(1:L,0.8*L)
trainData <- myData[trainIndex,]
trainData$LogOzone <- log(trainData$Ozone)
testData<- myData[-trainIndex,]
mod <- lm(LogOzone~Wind*Temp+I(sqrt(Temp)),data=trainData,na.action=na.omit)
summary(mod)
AIC(mod)
BIC(mod)
pred_y <- predict(object=mod,newdata=testData)
pred_y <- (exp(1))^pred_y
plot(pred_y)
```

從圖 9-26 的執行結果來看，比起前面的模型，在決定係數、AIC、BIC 上都有所改善。上述程式碼中，測試資料集的 Ozone 預測值，必須從以指數函數從 LogOzone 轉換才是所要的預測值，也就是 pred_ y <– (exp(1)) ^ pred_ y。

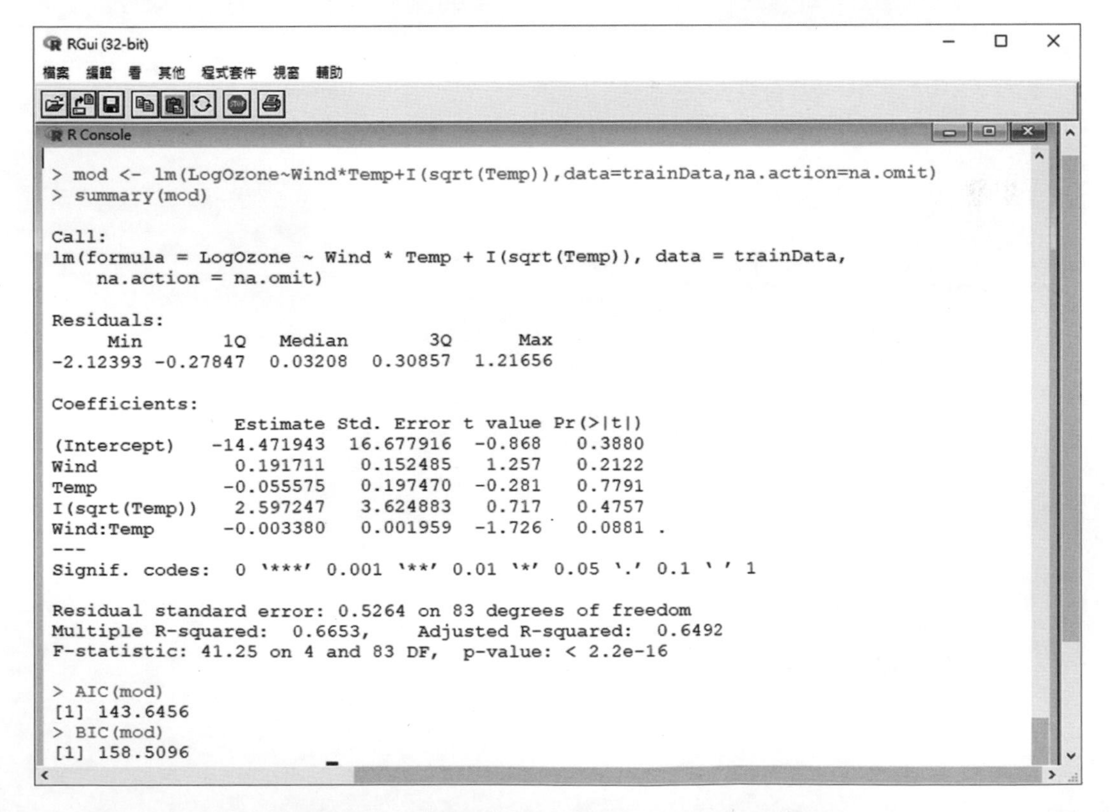

▲圖 9-26 自變項之間交互關係的排列組合的嘗試

習題

1. Confusion Matrix 的 TP、FN、FP、TN 分別代表甚麼意義？
2. Precision rate 與 TP、FN、FP、TN 的關係為何？
3. Recall rate 與 TP、FN、FP、TN 的關係為何？
4. Sensitivity 與 TP、FN、FP、TN 的關係為何？
5. Specificity 與 TP、FN、FP、TN 的關係為何？
6. 甚麼是 Type-I Error?
7. 甚麼是 Type-II Error?
8. AIC 的定義請寫出，並說明個符號的意義。
9. ROC 曲線有何用途？
10. R Squared 有何作用？

國家圖書館出版品預行編目資料

機器學習入門：R 語言 / 徐偉智, 社團法人台灣數位經濟發展學會編著. -- 初版, -- 新北市：全華圖書股份有限公司, 2021.01
面； 公分
ISBN 978-986-503-533-4(平裝)
1.CST: 機器學習 2.CST: 資料探勘 3.CST: 電腦程式語言

312.831 109019346

機器學習入門－R 語言(附範例光碟)

作者 / 徐偉智、社團法人台灣數位經濟發展學會
發行人 / 陳本源
執行編輯 / 張峻銘
出版者 / 全華圖書股份有限公司
郵政帳號 / 0100836-1 號
印刷者 / 宏懋打字印刷股份有限公司
圖書編號 / 06457007
初版二刷 / 2022 年 11 月
定價 / 新台幣 420 元
ISBN / 978-986-503-533-4(平裝)
全華圖書 / www.chwa.com.tw
全華網路書店 Open Tech / www.opentech.com.tw
若您對書籍內容、排版印刷有任何問題，歡迎來信指導 book@chwa.com.tw

臺北總公司(北區營業處)
地址：23671 新北市土城區忠義路 21 號
電話：(02) 2262-5666
傳真：(02) 6637-3695、6637-3696

南區營業處
地址：80769 高雄市三民區應安街 12 號
電話：(07) 381-1377
傳真：(07) 862-5562

中區營業處
地址：40256 臺中市南區樹義一巷 26 號
電話：(04) 2261-8485
傳真：(04) 3600-9806(高中職)
(04) 3601-8600(大專)

（請由此線剪下）

歡迎加入 全華會員

會員獨享

會員享購書折扣、紅利積點、生日禮金、不定期優惠活動…等。

如何加入會員

掃 QRcode 或填妥讀者回函卡直接傳真（02）2262-0900 或寄回，將由專人協助登入會員資料，待收到 E-MAIL 通知後即可成為會員。

如何購買 全華書籍

1. 網路購書

全華網路書店「http://www.opentech.com.tw」，加入會員購書更便利，並享有紅利積點回饋等各式優惠。

2. 實體門市

歡迎至全華門市（新北市土城區忠義路 21 號）或各大書局選購。

3. 來電訂購

(1) 訂購專線：(02) 2262-5666 轉 321-324
(2) 傳真專線：(02) 6637-3696
(3) 郵局劃撥（帳號：0100836-1　戶名：全華圖書股份有限公司）
※ 購書未滿 990 元者，酌收運費 80 元。

全華網路書店 www.opentech.com.tw
E-mail: service@chwa.com.tw

※ 本會員制如有變更則以最新修訂制度為準，造成不便請見諒。

廣　告　回　信
板橋郵局登記證
板橋廣字第540號

行銷企劃部　收

23671 新北市土城區忠義路 21 號
全華圖書股份有限公司

（請由此線剪下）

讀者回函卡

掃 QRcode 線上填寫 ▶▶▶

姓名：＿＿＿＿＿＿ 生日：西元＿＿＿＿年＿＿＿＿月＿＿＿＿日 性別：□男 □女

電話：（ ）＿＿＿＿＿＿ 手機：＿＿＿＿＿＿

e-mail：（必填）＿＿＿＿＿＿

註：數字零，請用 Φ 表示，數字 1 與英文 L 請另註明並書寫端正，謝謝。

通訊處：□□□□□＿＿＿＿＿＿

學歷：□高中・職 □專科 □大學 □碩士 □博士

職業：□工程師 □教師 □學生 □軍・公 □其他

學校／公司：＿＿＿＿＿＿ 科系／部門：＿＿＿＿＿＿

・需求書類：

□A. 電子 □B. 電機 □C. 資訊 □D. 機械 □E. 汽車 □F. 工管 □G. 土木 □H. 化工 □I. 設計

□J. 商管 □K. 日文 □L. 美容 □M. 休閒 □N. 餐飲 □O. 其他

・本次購買圖書為：＿＿＿＿＿＿ 書號：＿＿＿＿＿＿

・您對本書的評價：

封面設計：□非常滿意 □滿意 □尚可 □需改善，請說明＿＿＿＿＿＿

內容表達：□非常滿意 □滿意 □尚可 □需改善，請說明＿＿＿＿＿＿

版面編排：□非常滿意 □滿意 □尚可 □需改善，請說明＿＿＿＿＿＿

印刷品質：□非常滿意 □滿意 □尚可 □需改善，請說明＿＿＿＿＿＿

書籍定價：□非常滿意 □滿意 □尚可 □需改善，請說明＿＿＿＿＿＿

整體評價：請說明＿＿＿＿＿＿

・您在何處購買本書？

□書局 □網路書店 □書展 □團購 □其他＿＿＿＿＿＿

・您購買本書的原因？（可複選）

□個人需要 □公司採購 □親友推薦 □老師指定用書 □其他＿＿＿＿＿＿

・您希望全華以何種方式提供出版訊息及特惠活動？

□電子報 □DM □廣告（媒體名稱＿＿＿＿＿＿）

・您是否上過全華網路書店？（www.opentech.com.tw）

□是 □否 您的建議＿＿＿＿＿＿

・您希望全華出版哪方面書籍？＿＿＿＿＿＿

・您希望全華加強哪些服務？＿＿＿＿＿＿

感謝您提供寶貴意見，全華將秉持服務的熱忱，出版更多好書，以饗讀者。

填寫日期：　／　／

2020.09 修訂

親愛的讀者：

感謝您對全華圖書的支持與愛護，雖然我們很慎重的處理每一本書，但恐仍有疏漏之處，若您發現本書有任何錯誤，請填寫於勘誤表內寄回，我們將於再版時修正，您的批評與指教是我們進步的原動力，謝謝！

全華圖書　敬上

勘　誤　表

書號		書名		作者	
頁數	行數	錯誤或不當之詞句		建議修改之詞句	

我有話要說：（其它之批評與建議，如封面、編排、內容、印刷品質等・・・）